UNREAL ENGINE 5

C++ 游戏开发完全学习教程

【游戏开发者之书】

［英］贡萨洛·马克斯　　［英］德文·谢里　　［英］大卫·佩雷拉　　［英］哈马德·福齐　**著**
（Gonçalo Marques）　（Devin Sherry）　（David Pereira）　（Hammad Fozi）

未蓝文化　**译**

中国青年出版社

图书在版编目（CIP）数据

Unreal Engine 5 C++游戏开发完全学习教程 /（英）贡萨洛·马克斯等著；未蓝文化译. — 北京：中国青年出版社，
2024.9. — ISBN 978-7-5153-7346-1

I.TP391.98

中国国家版本馆CIP数据核字第2024GA9447号

版权登记号：01-2023-5559

Copyright © Packt Publishing 2022. First published in the English language under the title – 'Elevating Game Experiences
with Unreal Engine 5 – Second Edition – (9781803239866)'

Unreal Engine 5 C++
游戏开发完全学习教程

著　者：[英]贡萨洛·马克斯　[英]德文·谢里
　　　　[英]大卫·佩雷拉　[英]哈马德·福齐
译　者：未蓝文化

出版发行：中国青年出版社
地　　址：北京市东城区东四十二条21号
电　　话：（010）59231565
传　　真：（010）59231381
网　　址：www.cyp.com.cn
编辑制作：北京中青雄狮数码传媒科技有限公司

责任编辑：张君娜
策划编辑：张鹏　张沣
封面设计：乌兰

印　　刷：北京瑞禾彩色印刷有限公司
开　　本：787mm×1092mm　1/16
印　　张：32.5
字　　数：827千字
版　　次：2024年9月北京第1版
印　　次：2024年9月第1次印刷
书　　号：978-7-5153-7346-1
定　　价：168.00元

本书如有印装质量等问题，请与本社联系
电话：（010）59231565
读者来信：reader@cypmedia.com
投稿邮箱：author@cypmedia.com

我想把这本书献给我的父母和女友，是他们一直的支持使我踏上这充满奇妙与不确定性的游戏开发之旅。

——贡萨洛·马克斯（Gonçalo Marques）

我愿将此书及我在创作过程中的付出，献给我在世界各地的朋友和家人。感谢你们所有人，没有你们的爱、支持、善良和鼓励，就不会有今天的我。感谢你们！

——德文·谢里（Devin Sherry）

我要衷心感谢我的女友、家人和所有朋友，在这段旅程中对我的鼓励和支持。

此书献给我敬爱的祖母特雷莎（"*E vai daí ós'pois...!*"）。

——大卫·佩雷拉（David Pereira）

我愿将本书献给我的妈妈，她始终如一的支持和乐观精神对我来说意味着整个世界。我相信，不管她目前在哪里，都会为我所取得的成就感到骄傲。

——哈马德·福齐（Hammad Fozi）

撰稿人

关于作者

贡萨洛·马克斯（Gonçalo Marques）从6岁起就是一名活跃的游戏玩家。自2016年以来，他一直在使用虚幻引擎，并使用虚幻引擎从事自由职业和咨询工作。贡萨洛还发布了一个名为UI Navigation的免费开源的插件，该插件获得了极高的评价，下载量超过10万次，并且仍在不断地更新和修复。正是这个插件的开发，使他成为Epic MegaGrant的获得者。他目前在里斯本（葡萄牙的首都）的游戏工作室Funcom ZPX工作，该工作室参与了《流放者柯南》（*Conan Exiles*）、《突变元年：伊甸园之路》（*Mutant Year Zero*）和《疯狂之月》（*Moons of Madness*）等游戏的开发。目前，贡萨洛正在开发一款基于《沙丘》（*Dune*）宇宙的新游戏。

德文·谢里（Devin Sherry）是波兰People Can Fly公司的首席技术设计师，曾使用虚幻引擎4开发《先驱者》（*Outriders*）和《先驱者：世界杀手》（*Outriders: Worldslayer*）。在此之前，他在塞尔维亚的Digital Arrow工作室担任技术设计师，专注于《未来水世界：深度侵袭》（*Aquanox: Deep Descent*）的开发。德文拥有从虚幻开发者工具包到最新发布的虚幻引擎5十年的使用经验，他致力于为玩家创造难忘的游戏体验，并将游戏机制变得栩栩如生。

大卫·佩雷拉（David Pereira）从1998年开始制作游戏，当时他学会了如何使用Clickteam（游戏制作工具的公司名称）的游戏工厂（The Games Factory）（Clickteam的一款产品，用于制作游戏的工具）。他毕业于葡萄牙新里斯本大学（FCT-UNL）的计算机科学专业，在那里他学习了C++、OpenGL和DirectX，这让他能够制作出更复杂的游戏。在IT咨询行业工作了几年后，他加入了葡萄牙的Miniclip游戏公司，参与开发了多款流行的移动游戏，如《8球台球》（*8 Ball Pool*）、《重力小子1》（*Gravity Guy 1*）、《重力小子2》（*Gravity Guy 2*）、《极限滑板》（*Extreme Skater*）、《特技滑雪2》（*iStunt 2*）和《英雄哈勃》（*Hambo*）以及许多其他游戏。从那时起，他担任MPC的首席开发人员，参与开发了约翰·路易斯圣诞虚拟现实（John Lewis Christmas VR）体验。他还参与了《致命躯壳》（*Mortal Shell*）早期版本的开发。大卫积极从事志愿者工作，教授患有阿斯伯格综合征的人使用虚幻引擎4制作游戏。现在，他正在开发自己的游戏，这是一款即将公布的第一人称动作角色扮演游戏。

哈马德·福齐（Hammad Fozi）具有深厚的游戏开发背景，自2017年以来一直使用虚幻引擎进行工作。他参与了一些非常成功的AAA项目，如Virtua FanCave（元宇宙）、未命名的AAA级科幻DJ体验、《英雄与将军》（*Heroes and Generals*）和《VR拳击游戏》（*Creed: Rise to Glory VR*）。哈马德与曾在育碧娱乐软件公司（Ubisoft Entertainment）、华纳兄弟游戏公司

（Warner Bros. Games）、2K Games（一家游戏制作公司）等公司工作过的团队合作！在短暂而令人印象深刻的职业生涯中，他成功地帮助由10—30人组成的团队扩大到150余人的规模。目前，哈马德是一名高级C++游戏开发工程师，在虚拟现实（VR）和增强现实、PC/PS5/Xbox/Android/iOS/macOS游戏开发和Web3/Metaverse/NFT系统（在虚幻引擎内）方面拥有丰富的工作经验。

关于审稿人

伦纳德·冯特恩（Lennard Fonteijn）在青少年时期就在一台老式的DOS计算机上开始了BASIC编程。多年来，他不断提升自己的技能，并将编程视为自己的爱好。伦纳德曾担心把爱好变成职业会让他对编程失去兴趣，因此决定学习计算机科学。在第一份实习工作中，他意识到开发网站和应用程序并不是他的职业方向，于是决定专注于编程之外的其他爱好：游戏。伦纳德总是着迷于游戏的内部运作方式，在花费大量的时间研究诸如OpenGL和DirectX之类的库后，便深信有一天这将成为自己的专长领域。因此，他从计算机科学研究方向转向了游戏领域，选修了一个与游戏相关的ActionScript 3课程，并辅修游戏技术。伦纳德的最后一次实习是在一家游戏公司，并于2013年获得计算机科学学士学位。毕业后，伦纳德回到最初实习的公司担任首席技术官，并在一所大学担任计算机科学讲师。在闲暇时间，他致力于个人游戏的相关项目。

普拉纳夫·帕哈里亚（Pranav Paharia）是一位经验丰富的游戏程序员，使用虚幻引擎和Unity3D构建游戏解决方案。曾为移动设备、计算机和虚拟现实等各种平台开发单人和多人游戏。自2013年以来，一直在游戏行业工作。普拉纳夫为另一本关于虚幻引擎的书籍，《Unreal Engine 4入门：蓝图可视化编程》（*Beginning Unreal Engine 4 Blueprints Visual Scripting*）撰写过书评。普拉纳夫曾在视频游戏、动画、AEC、军事、教育和社交媒体等多个领域工作。他小时候热衷于玩电脑游戏，这种对电脑游戏的热爱激励他制作游戏，并将自己的热情转化为职业。我们可以通过pranavpaharia@gmail.com与他联系。

卡什珀·普伦基维茨（Kacper Prędkiewicz），尽管主要从事游戏设计工作，但在虚幻引擎5中做出了显著贡献，这让他对非技术人员如何在虚幻引擎中工作有了独特的见解。卡什珀一直在Unity、Goodot、GameMaker和虚幻引擎等引擎中制作游戏，并参与过各种类型的游戏——从移动游戏和小型独立项目到大型AAA游戏不等。卡什珀毕业于游戏设计专业，目前是People Can Fly工作室的游戏设计师，同时也是一名狂热的养蜂人。

大卫，谢谢你邀请我做你的技术审稿人，以及你教给我的一切。

前言

本书可以让我们沉浸在虚幻的游戏项目中，由行业内四位经验丰富的专业人士撰写，他们有着多年的虚幻引擎开发经验。本书将帮助我们亲身体验游戏项目创作，并了解最新版本的虚幻引擎。首先介绍了虚幻编辑器和关键概念，如Actor、蓝图、动画、继承和玩家输入。然后，进入第一个项目：构建躲避球游戏。在此过程中，我们将学习射线检测、碰撞、投射物、用户界面和音效的概念。第二个项目是横版动作游戏，在游戏的制作过程中我们将理解动画混合、敌人人工智能（AI）、生成对象和收集物品等概念。第三个项目是一款第一人称射击游戏，游戏涵盖创建多人游戏的关键概念。学完本书，我们将对如何使用虚幻引擎提供的工具来构建自己的游戏有一个全面的了解。

本书适合读者群体

本书专为游戏开发人员设计，帮助他们使用虚幻引擎5进行游戏项目开发。任何想巩固、提高并使用掌握的技能开发游戏的人都会从本书中受益。为了更好地理解本书所涉及的概念，建议读者具备C++基础知识，如变量、函数、类、多态和指针等。同时，为了与本书中使用的集成开发环境（IDE）完全兼容，建议使用Windows系统。

本书的内容

第1章 虚幻引擎简介，介绍了虚幻引擎编辑器主窗口的组成，如何在一个关卡上操控Actor，蓝图可视化编辑语言的基础知识，以及如何创建材质资产并应用在网格上。

第2章 使用虚幻引擎，介绍了使用虚幻引擎创建游戏的基础知识，如何创建一个C++项目和设置项目的"内容"文件夹，以及动画应用的相关内容。

第3章 角色类组件和蓝图设置，介绍了虚幻引擎中的角色类、对象继承的概念，以及如何使用输入映射。

第4章 玩家输入入门，介绍了玩家输入的内容，以及如何通过使用操作映射和轴映射将按键或触摸输入与游戏内动作（如跳跃或移动）关联起来。

第5章 射线检测，开始了一款名为躲避球（Dodgeball）的新项目。本章介绍射线检测的概念，以及在游戏中使用它的各种方法。

第6章 设置碰撞对象，介绍了碰撞组件、碰撞事件和物理模拟，以及计时器、投射物移动组件和物理材质的相关内容。

第7章 使用虚幻引擎5中的实用工具，介绍了如何使用虚幻引擎中一些有用的实用工具，包括Actor组件、接口和蓝图函数库，这些工具有助于保持良好的项目结构，并使加入团队的其他人能够轻松地理解项目。

第8章 使用UMG创建用户界面，介绍了游戏的用户界面（UI）的主题，例如使用虚幻引擎的用户界面系统UMG制作菜单和HUD，以及使用进度条显示玩家角色的生命值。

第9章 添加音视频元素，介绍了虚幻引擎中音效和粒子效果的相关内容，例如在项目中导入声音文件并将其用作2D和3D声音，以及在游戏中添加现有的粒子系统。最后，我们将创建一个新关卡，使用前几章构建的所有游戏机制来完成躲避球项目。

第10章 创建超级横版动作游戏，详细讨论了超级横版动作游戏项目的目标，并通过操纵默认人体模型骨骼的示例，介绍了虚幻引擎5中动画的工作原理。

第11章 使用混合空间1D、键绑定和状态机，介绍了如何使用混合空间1D、动画状态机，以及虚幻引擎5中的增强输入系统，为玩家角色创建基于移动的动画逻辑。

第12章 动画混合和蒙太奇，进一步讨论了虚幻引擎5中的动画概念，例如动画混合和动画蒙太奇，这些功能可以使玩家角色在移动和投掷投射物时执行动画。

第13章 创建和添加敌人人工智能，介绍了如何在虚幻引擎5中使用AI控制器、黑板和行为树来为玩家面对的敌人创建简单的人工智能逻辑。

第14章 生成玩家投射物，介绍了如何生成和摧毁游戏对象，并使用其他基于动画的概念，如动画通知和动画通知状态，在投掷动画期间生成玩家投射物。

第15章 探索收集品、能量升级和拾取物，介绍了虚幻引擎5中UMG的用户界面概念。同时，我们还会利用这些知识来创建额外的收集品和能量升级道具，并进行玩家测试。

第16章 多人游戏基础，介绍了多人游戏和服务器–客户端架构的工作原理，以及连接、所有权、角色和变量复制等概念。此外，还探讨了2D混合空间的应用，为2D运动创建动画网格，并讨论Transform (Modify) Bone节点在运行时更改骨骼变换的应用。

第17章 使用远程过程调用，介绍了远程过程调用的工作原理、不同类型的调用，以及使用它们时需要注意的重要事项。本章还展示了如何向编辑器公开枚举，并演示了如何使用数组索引包装数组之间双向循环。

第18章 在多人游戏中使用游戏玩法框架类，介绍了如何在多人游戏中使用游戏玩法框架中最重要的类。本章还深入介绍了更多关于游戏模式、玩家状态、游戏状态和一些实用的虚幻引擎内置函数等。

阅读本书要求

书中使用的软件	操作系统
虚幻引擎 5（Unreal Engine 5）	Windows、macOS 或 Linux

要查看本书提供的虚幻引擎GitHub存储库的文件，请访问以下链接。

https://www.unrealengine.com/en-US/ue-on-github

如果通过上述网址链接到虚幻引擎文档时出现"404"错误，意味着该链接还没有更新到5.0版本。我们可以从页面左上角的下拉列表中选择以前的引擎版本。

安装Visual Studio

由于我们将使用C++与虚幻引擎5工作，所以需要一个易于与虚幻引擎协同工作的**集成开发环境（IDE）**。Visual Studio Community是Windows操作系统上可用的最佳集成开发环境。如果读者使用的是macOS或Linux操作系统，则可以使用Visual Studio Code、Qt Creator或Xcode（仅在macOS上提供）等集成开发环境。

本书中的内容是基于Windows操作系统上Visual Studio Community集成开发环境的，如果读者使用的是不同的操作系统和（或）集成开发环境，还需要研究一下如何在自己的工作环境中进行设置。接下来我们将完成Visual Studio的安装，以便可以轻松地编辑虚幻引擎5中的C++文件。

步骤01 下载Visual Studio。在本书中，我们使用的虚幻引擎5的版本是5.3，推荐Visual Studio的版本是Visual Studio Community 2022。请确保下载该版本。

步骤02 执行以上操作后，打开刚刚下载的可执行文件。接着会打开一个对话框，需要在"**桌面应用和移动应用**"区域选择Visual Studio安装的模块，此处必须选择"**使用C++的桌面开发**"模块，然后单击右下角的"**安装**"按钮。单击该按钮后，Visual Studio开始执行下载和安装。安装完成后，可能会要求重新启动计算机。重新启动计算机后，就已经安装了Visual Studio并准备使用。

步骤03 当我们第一次运行Visual Studio，可能会弹出几个窗口，其中第一个是登录窗口。如果我们有Microsoft Outlook/Hotmail账户，可以进行登录，否则单击"**暂时跳过此项**"按钮，跳过登录。

> **注意事项**
>
> 以上步骤中，如果我们没有输入电子邮件地址，则只有30天的试用时间来使用Visual Studio，然后就会被锁定，这时必须输入一个电子邮件地址才能继续使用它。

步骤04 接着，系统会要求我们选择配色方案。黑暗主题是最受欢迎的一种，也是我们将要使用的配色文案。

最后，可以选择Start Visual Studio选项，选择后也可以再次关闭它。我们将在本书"第2章 使用虚幻引擎"中更深入地讨论如何使用Visual Studio。

Epic Games Launcher

要访问虚幻引擎5，我们需要下载Epic Games Launcher应用程序，以下是下载链接。

https://store.epicgames.com/en-US/download。

在下载虚幻引擎5之前，请务必在以下链接中查看对硬件的要求。

https://docs.unrealengine.com/5.0/en-US/hardware-and-software-specifications-for-unreal-engine/。

以下链接可以下载适用于Windows和macOS的Epic Games Launcher。如果我们使用Linux操作系统，则需要下载虚幻引擎源代码并从源代码编译。

https://docs.unrealengine.com/5.0/en-US/downloading-unreal-enginesource-code/。

步骤01 单击"**下载启动器**"按钮，下载一个.msi文件到计算机上。下载完成后打开.msi文件，将提示安装Epic Games Launcher。按照安装说明进行操作，然后启动Epic Games Launcher，会打开登录界面。

步骤02 如果我们已经有一个账户，则用现有的账户登录。若尚未注册，请单击底部的"**注册**"按钮来注册一个Epic Games账户。登录账户后，就可以进入欢迎主页。

步骤03 进入主页后，我们会看到"**虚幻商城**"标签。Epic Games Launcher不仅是安装和启动虚幻引擎5的地方，也是一个游戏商城。切换到启动器左侧的"**虚幻引擎**"选项卡。

步骤04 在Epic Games Launcher的顶部显示几个子标签，其中第一个是News子标签。News是虚幻引擎资源的中心，从这个页面能够访问以下内容。

- ⊙ "新闻"页面：我们可以在其中查看最新的虚幻引擎新闻。
- ⊙ "技术视频"频道：我们可以在该频道上观看数十个教程和直播，这些教程和直播详细介绍了不同的虚幻引擎主题。
- ⊙ Q&A页面：我们可以在其中查看、询问和回答虚幻引擎社区提出的问题。
- ⊙ "论坛"页面：我们可以在其中访问虚幻引擎论坛。
- ⊙ "开发路线图"页面：我们可以在该页面访问虚幻引擎路线图，包括过去版本的引擎中提供的功能，以及当前正在为未来版本开发的功能。

步骤05 在"示例"选项卡下可以访问几个项目的示例，从而学习如何使用虚幻引擎5。

步骤06 "示例"选项卡右侧是"虚幻商城"选项卡。此选项卡显示虚幻引擎社区成员制作的资产和代码插件。在这里，能够找到3D资产、音乐、关卡和代码插件，这些插件将帮助我们推进和加速游戏的开发。

步骤07 在"虚幻商城"选项卡的右侧是"库"选项卡。在这里，能够浏览和管理所有虚幻引擎安装版本、虚幻引擎项目和商城资产保管库。因为目前我们还没有使用这些功能，所以这部分都是空的。

步骤08 单击"引擎版本"右侧的黄色加号，在下方会显示一个新的图标，单击左上角版本号下三角按钮，列表中显示了虚幻引擎的版本，选择需要安装的版本进行安装。

步骤09 在本书中，我们将使用虚幻引擎的5.3版本。选择该版本后，单击"安装"按钮，如前言图1-1所示。

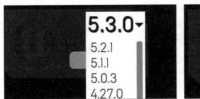

⬆ 前言图1-1　选择安装虚幻引擎5.3.0版本

步骤 10 完成此操作后，可以选择此虚幻引擎版本的安装目录，然后再次单击"安装"按钮。

注意事项

　　如果在安装5.3.0版本时遇到问题，请确保将其安装在D盘驱动器上，并使用最短路径（也就是说，不要尝试将其安装在太多文件夹的深处，并确保这些文件夹具有短的路径名称）。

步骤 11 开始安装虚幻引擎5.3.0。安装完成后，可以通过单击该版本图标的"启动"按钮启动编辑器，如前言图1-2所示。

　　如果我们使用的是本书的电子版，建议自己输入代码或从本书的GitHub存储库访问代码（下一节提供了链接）。这样做能帮助我们避免与复制和粘贴代码相关的任何潜在错误。

⬆ 前言图1-2　安装完成后的版本图标

下载示例代码文件

　　我们可以从GitHub下载本书的示例代码文件，链接：https://github.com/PacktPublishing/Elevating-Game-Experiences-with-Unreal-Engine-5-Second-Edition。如果代码有更新，将在GitHub存储库中更新。

　　我们还有丰富的书籍和视频目录的其他代码包，快来看看吧！可在以下链接中下载：https://github.com/PacktPublishing/。

　　我们可以下载第1章、第3章、第4—9章和第16—18章的视频，这将有助于更好地理解这些章节中的内容。以下是视频的链接：https://packt.link/1GnAS。

下载彩色图片

　　我们还提供了一个PDF文件，其中包含本书中使用的截图和图表的彩色图像。以下是下载的链接：https://packt.link/iAmVj。

使用约定

　　本书中使用了许多文本约定，以帮助读者更清晰地理解书中的内容。

　　文本代码：指的是在文本中用于表示的代码词、数据库表名、文件夹名、文件名、文件扩展名、路径名、虚拟URL、用户输入和Twitter句柄的文本。目的是为了让读者能够更清晰地识别这些特定的元素，从而更准确地理解文本内容。例如：以下几行代码表示Tick()和BeginPlay()函数的声明，这些函数默认情况下包含在每个基于Actor的类中。

代码块的设置如下。

```cpp
// Called when the game starts or when spawned
void APlayerProjectile::BeginPlay()
{
    Super::BeginPlay();
}
// Called every frame
void APlayerProjectile::Tick(float DeltaTime)
{
    Super::Tick(DeltaTime);
}
```

粗体： 表示出现新的术语、重要的词语。例如，菜单或对话框中的参数以粗体显示。示例：在"打开关卡"对话框中导航到/ThirdPersonCPP/Maps，找到SideScrollerExampleMap。

> **注意事项**
>
> 本书中包含"注意事项"体例，该体例的样式和此处相同。

联系我们

我们非常希望得到来自读者的反馈。

一般反馈： 如果您对本书有任何疑问，请发送电子邮件至customercare@packtpub.com，并在邮件主题中标记书名。

勘误表： 虽然我们已经尽一切努力确保内容的准确性，但错误还是会发生。如果您在本书中发现了错误，请向我们反馈，我们将不胜感激。请访问以下链接并填写表格：www.packtpub.com/support/errata。

盗版： 您在互联网上遇到以任何形式非法复制本作品，如果能够提供位置地址或网站名称，我们将不胜感激。请通过copyright@packt.com与我们联系，并提供该材料的链接。

如果您有兴趣成为一名作家，或者有一个擅长的主题，并且也有兴趣写一本书或为一本书贡献力量，请访问authors.packtpub.com与我们联系。

分享想法

阅读本书后，我们很乐意听听您的想法！请进入本书的亚马逊评论页面，并分享您的反馈。您的评论对我们和技术社区都很重要，将帮助我们提供高质量的内容。

目录

第2章 使用虚幻引擎

第3章 角色类组件和蓝图设置

第6章　设置碰撞对象

第7章　使用虚幻引擎5中的实用工具

第8章　使用UMG创建用户界面

第9章　添加音视频元素

9.3　理解粒子系统　　　　　　　　　　　　　193

9.4　探索关卡设计　　　　　　　　　　　　　196

9.5　额外的功能　　　　　　　　　　　　　　199

9.6　本章总结　　　　　　　　　　　　　　　199

第10章　创建超级横版动作游戏

10.1　技术要求　　　　　　　　　　　　　　　201

10.2　项目分解　　　　　　　　　　　　　　　201

10.3　将第三人称游戏模板转换为横版动作　　　203

10.4　探索横版动作游戏的功能　　　　　　　　208

10.5　理解虚幻引擎5中的动画　　　　　　　　216

10.6　本章总结　　　　　　　　　　　　　　　222

第11章 使用混合空间1D、键绑定和状态机

第12章 动画混合和蒙太奇

第13章　创建和添加敌人人工智能

第14章　生成玩家投射物

第17章　使用远程过程调用

虚幻引擎简介

　　如果你是第一次使用虚幻引擎5（UE5），本书将帮助你开启游戏引擎的应用之旅。从本书中，你将学习如何通过创建游戏来构建和提升自己的游戏开发技能。如果你已经有了一定的虚幻引擎5开发经验，本书将帮助你进一步拓展知识和技能，以便可以更轻松有效地构建游戏。虚幻引擎是一种软件应用程序，可以从零开始制作视频游戏。它们的功能集差异很大，但通常可以导入多媒体文件，例如3D模型、图像、音频和视频，并我们可以通过使用C++、Python和Lua等编程语言来操作这些文件。虚幻引擎5主要使用两种编程语言，分别是C++和蓝图，后者（蓝图）是一种可视化的编程语言，可以完成大多数C++中实现的功能。虽然我们将在本书中讲授一些蓝图的操作，但主要还是介绍C++编程语言，因此希望你先对C++语言有基本的了解，包括变量、函数、类、继承和多态等。在适当的地方，我们将在本书中提示这些内容。

　　使用虚幻引擎4（虚幻引擎5是基于虚幻引擎4版本）制作的热门视频游戏包括《堡垒之夜》（*Fortnite*）、《最终幻想VII：重制版》（*Final Fantasy VII Remake*）、《无主之地3》（*Borderlands* 3）、《星球大战：绝地陨落武士团》（*Star Wars: Jedi Fallen Order*）、《战争机器5》（*Gears* 5）和《盗贼之海》（*Sea of Thieves*）等。这些游戏具有非常高的视觉保真度，拥有数百万玩家。

本章将介绍虚幻引擎编辑器的相关内容。我们将了解虚幻引擎编辑器的界面，在关卡中添加、移除和操作对象，使用虚幻引擎的蓝图可视化编程语言，以及将材质与网格结合使用等。

在本章结束时，我们将能够熟悉虚幻引擎编辑器、创建并在关卡中操作Actor，并创建材质等。我们将通过学习如何创建一个新的虚幻引擎5项目来开始本章内容。

注意事项

在学习本章之前，必须确保我们已经在计算机上安装了前言中介绍的所有必要的软件。

 # 技术要求

本章的代码文件可以从本书的GitHub存储库中下载，链接如下：

https://github.com/PacktPublishing/Elevating-Game-Experiences-with-Unreal-Engine-5-Second-Edition。

练习1.01 | 创建虚幻引擎5项目

在第一个练习中，我们将学习如何创建一个新的虚幻引擎5项目。虚幻引擎5具有预定义的项目模板，可以实现项目的基本设置。我们将在本练习中使用"**第三人称游戏**"模板创建项目。

根据以下步骤完成此练习。

步骤01 安装虚幻引擎5.3版本后，单击版本图标旁边的"**启动**"按钮启动虚幻引擎编辑器。

步骤02 完成以上操作，将弹出"**虚幻项目浏览器**"对话框，该对话框将显示可以打开并处理的现有项目（因为我们还没有创建过项目，所以在"**最近打开的项目**"区域不显示任何项目），还提供创建新项目的功能。要创建新项目，首先要选择一个项目类别选项，此处选择左侧的"**游戏**"选项。

步骤03 在该对话框的中间区域显示虚幻引擎中所有可用的"**游戏**"项目模板。当创建一个新项目时，可以选择添加一些资产和代码，否则将创建一个空项目。对于不同类型的游戏，有许多可用的项目模板，此处我们使用"**第三人称游戏**"模板创建项目。

步骤04 选择游戏的模板后，在当前对话框的右上角显示对该模板的简要介绍。在"**项目默认设置**"区域可以设置新建项目的相关参数。

下面介绍关于项目设置的相关参数的含义。

◉ **蓝图或C++：** 可以选择是否添加C++类。默认选项是"**蓝图**"，如果要添加C++类，则需要单击C++按钮。

◉ **质量预设：** 此选项可以设置创建的项目是具有高质量的图形还是高性能的。单击右侧下三角按钮，列表中包含"**最大**"和"**可缩放**"两个选项。此处选择"**最大**"选项。

◉ **光线追踪**：可以设置启用还是禁用光线追踪。光线追踪是一种先进的图形渲染技术，可以模拟数字环境中的光路（使用光线）来渲染对象。尽管这项技术对计算机的性能要求很高，但也提供了更逼真的图形，尤其是在照明方面。此处取消勾选该复选框。

◉ **目标平台**：可以选择要运行此项目的主要平台，包括"**桌面**"和"**移动平台**"两个选项。此处选择"**桌面**"选项。

◉ **初学者内容包**：可以选择是否希望创建的项目附带一组额外的基本资产，该资产包括模型、材质、特效、贴图、音效和蓝图等。此处勾选该复选框。

◉ **项目位置和项目名称**：在对话框底部，可以选择项目存储在计算机上的位置并设置项目的名称。

确保所有选项都设置为预期值后，单击"**创建**"按钮。根据设置的参数创建项目，可能需要几分钟时间完成此过程。这样，我们就创建了第一个虚幻引擎5项目了！

接下来，让我们深入了解虚幻引擎5的基础知识。

1.2 了解虚幻引擎编辑器

在本节中，我们将介绍虚幻引擎编辑器的相关内容，这些内容是应用虚幻引擎5的基本要求。

项目创建完成后，将自动打开虚幻引擎编辑器。图1-1为虚幻引擎编辑器界面，该界面可能是在使用虚幻引擎时看到最多的部分，因此我们必须熟悉它的功能分布。

让我们了解虚幻引擎编辑器主窗口中各部分的功能及其含义。

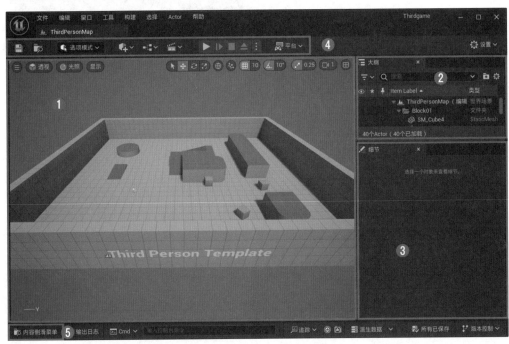

⬆ 图1-1　虚幻引擎编辑器的主要窗口

下面详细介绍虚幻引擎编辑器主窗口各部分的功能。

⊙ **"视口"选项卡**：在窗口的正中央显示"**视口**"选项卡，该选项卡展示了当前关卡的内容，并允许我们浏览关卡以及添加、移动、删除和编辑其中的对象。视口中还包含了"**透视**"（切换显示视图）、"**显示**"（在列表中显示看到的对象）和"**光照**"等参数。

⊙ **"大纲"面板**：在窗口的右上角显示"**大纲**"面板。该面板中列出了关卡中对象名称的列表。"**视口**"和"**大纲**"两部分结合操作，可以管理关卡，前者展示关卡及对象的外观，后者管理和组织关卡。"**大纲**"面板可以通过显示关卡中的对象来组织列表中的关卡对象。

⊙ **"细节"面板**：该面板在窗口的最右侧、"**大纲**"面板的下方，可以编辑在关卡中选择的对象的属性。因为在图1-1中没有选择对象，所以"**细节**"面板是空的。单击关卡中的任何对象，将其选中，"**细节**"面板将显示选中对象的属性，如图1-2所示。

⊙ **工具栏**：在窗口的顶部是**工具栏**区域，通过单击**工具栏**中对应的按钮，可以执行保存当前关卡、向关卡中添加对象或播放关卡等操作。

图 ⬆1-2 "细节"面板中显示对象的属性

注意事项

我们在制作游戏时通常使用工具栏中的部分按钮，例如"将当前关卡保存到磁盘中""快速添加到项目"和"播放"按钮等。

⊙ **"内容侧滑菜单"按钮**：在游戏制作时，经常使用该按钮。单击"**内容侧滑菜单**"按钮，可以快速访问**内容浏览器**窗口，用户也可以按Ctrl+Space（空格）组合键打开该窗口。**内容浏览器**窗口允许浏览和操作位于项目文件夹中的所有文件和资产。如本章开头所述，虚幻引擎可以导入多种类型的多媒体文件，**内容浏览器**是在各自的子编辑器中浏览和编辑这些文件的窗口。每当创建一个虚幻引擎项目时，它总是会生成一个"**内容**"文件夹。此文件夹将是**内容浏览器**窗口的根目录，这意味着我们只能浏览该文件夹中的文件。我们也可以通过**内容浏览器**窗口的顶部查看当前正在浏览的目录。在本案例中，该目录是"**内容 | ThirdPerson**"，如图1-3所示。

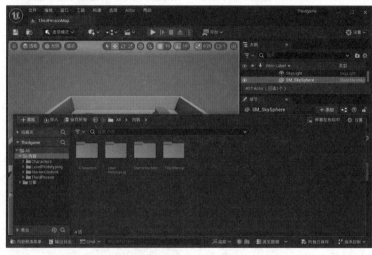

🔼 图1-3　虚幻引擎编辑器界面中内容浏览器窗口

在**内容浏览器**窗口的左侧，显示"**内容**"文件夹的目录层级结构。此目录层级结构可以选择、展开或折叠项目的"**内容**"文件夹中的各个目录，如图1-4所示。

🔼 图1-4　内容浏览器窗口的目录层级结构

注意事项

　　"内容侧滑菜单"和内容浏览器这两个术语是可以互换的。

现在我们已经理解了虚幻引擎编辑器主窗口中各部分的功能，接下来再看看如何管理这些窗口（隐藏和显示它们的选项卡）。

浏览编辑器窗口

正如上一节介绍的，虚幻引擎编辑器由许多窗口组成，这些窗口都是可调整大小、可移动的，并且在窗口的顶部有相应的设置选项卡的功能。我们可以单击并按住窗口的标签拖动，将其移动到其他位置。也可以右键单击标签，在打开的快捷菜单中选择"隐藏选项卡"命令来隐藏该选项卡，如图1-5所示。

如果选项卡标签被隐藏，我们可以通过单击该窗口左上角的"**显示选项卡**"（蓝色三角形）来重新显示隐藏的选项卡，如图1-6所示。

⬆图1-5　如何隐藏选项卡　　　　　⬆图1-6　显示隐藏的选项卡

我们还可以将窗口固定到侧边栏以隐藏它们，在需要使用这些窗口时，也可以轻松地将其调出来。对应选项卡标签，在快捷菜单中选择"停靠到侧边栏"命令，即可将该选项卡固定到侧边栏，如图1-7所示。

之后，要显示或隐藏停靠在侧边栏的窗口，只需单击对应的标签即可，如图1-8所示。

⬆图1-7　将选项卡隐藏到侧边栏　　　⬆图1-8　显示停靠在侧边栏上的窗口

对于停靠在下边栏的窗口，例如内容浏览器窗口，可以通过单击右上角的"停靠在布局中"按钮，将它们从下边栏取消停靠到编辑器中，如图1-9所示。

需要记住，单击编辑器左上角的"**窗口**"菜单按钮，在打开的菜单中可以浏览并打开编辑器中可用的所有窗口，包括刚才介绍的窗口。

我们还应该知道的另一个非常重要的操作是如何在编辑器（也称为PIE）中播放关卡的内容。在**工具栏**的右侧，显示绿色的"**播放**"按钮，如图1-10所示。单击该按钮，将开始在编辑器中播放当前打开的关卡内容。

⬆图1-9　从下边栏取消窗口的停靠　　　⬆图1-10　播放的相关按钮

单击"**播放**"按钮后，我们能够通过键盘上的W、A、S和D键操控关卡中的玩家角色，可以利用空格键让玩家跳跃，并通过移动鼠标旋转摄像机，如图1-11所示。

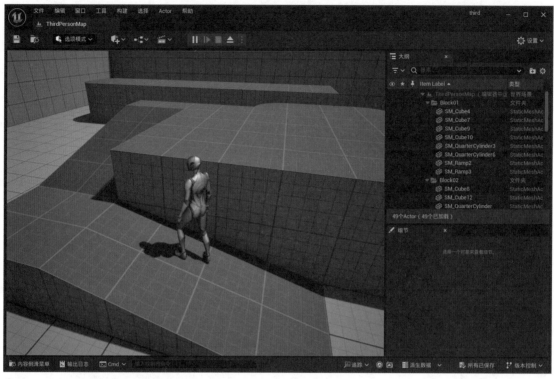

然后，可以按Shift+Esc组合键停止播放关卡。

现在我们已经认识了虚幻引擎编辑器窗口中各部分的功能，接下来让我们更深入地了解"**视口**"选项卡的应用。

I.4 "视口"选项卡

在1.2节中，我们介绍"**视口**"选项卡可以可视化关卡，以及如何操作其中的对象。"**视口**"选项卡是一个非常重要的窗口，具有很多有用的功能，本节将详细介绍"**视口**"选项卡的更多功能。

在开始学习"**视口**"选项卡的应用之前，让我们快速了解关卡。在虚幻引擎5中，关卡表示**对象的集合**，以及它们的位置和属性。"**视口**"选项卡中始终显示当前选定关卡的内容，在本例中，关卡已与"**第三人称游戏**"模板项目一起制作和生成。在关卡中，我们可以看到四个墙对象、一个地面对象、一组楼梯、其他高架对象，以及由虚幻引擎5人体模型表示的玩家角色。我们可以创建多个关卡，并通过**内容浏览器**窗口打开关卡，还可以在多个关卡之间进行切换。

若要操作和导航当前选定的关卡，必须使用"**视口**"选项卡。如果在窗口内按住鼠标左键，则可以通过左右移动鼠标来水平旋转摄像机，并通过前后移动鼠标来前后移动摄像机。我们还可以通过按住鼠标右键来获得类似的结果，只是向前和向后移动鼠标时，摄像机将垂直旋转，从而可以更方便地水平和垂直旋转摄像机。

此外，我们可以通过在"视口"选项卡中单击鼠标右键并按住，在关卡中移动（鼠标左键也可以，但因为旋转摄像机时没有那么自由，所以使用它来移动不太方便），并使用键盘上的W和S键向前和向后移动，使用A和D键向左和向右移动，使用E和Q键向上和向下移动。

在"视口"选项卡的右上角有一个小的摄像机图标，在右侧有一个数字，可以改变摄像机在"视口"选项卡中移动时的速度。

在"视口"选项卡中可以进行的另一项操作是修改其可视化设置。通过单击窗口左上角的"光照"按钮，可以在"视口"选项卡中更改可视化类型，该按钮的列表将显示可用于不同照明和其他类型的可视化过滤器的所有选项。

单击"透视"按钮，可以选择从透视视图和正交视图关卡之间切换，后者可以帮助我们更快地构建关卡。

现在我们已经学习了如何导航视口，接下来将学习如何在关卡中操作对象。

1.5 操作Actor

在虚幻引擎中，所有可以放置在关卡中的对象都被称为Actor。在电影中，演员是扮演Actor的人，但在虚幻引擎5中，关卡中的每一个物体，包括墙壁、地板、武器和人物等，都是Actor。

每个Actor都必须有一个"**变换**"属性，该属性是三个元素的集合。

- ⊙ **位置：** 向量属性，表示选中Actor在X、Y和Z轴上的水平位置。向量只是一个有三个浮点数的集合，每个轴上一个浮点数表示点的位置。
- ⊙ **旋转：** Rotator（旋转器）属性，表示该Actor沿X、Y和Z轴的旋转。旋转器也是一个具有三个浮点数的集合，每个浮点数表示每个轴上的旋转角度。
- ⊙ **缩放：** 向量属性，表示该Actor在X、Y和Z轴上的缩放（即大小）。这也是三个浮点数的集合，每个轴上的一个浮点数表示刻度值。

对象可以在关卡中移动、旋转和缩放，只需要相应地修改其"**变换**"属性。要执行此操作，首先激活**移动**工具，然后在关卡中选择任一对象。

移动工具是一个三个轴的装置，可以同时在任何轴上移动对象。**移动**工具的红色箭头（图1-12中指向左边）代表X轴，绿色箭头（图1-12中指向右边）代表Y轴，蓝色箭头（图1-12中指向上面）代表Z轴。如果单击并按住这些箭头中的任何一个，然后在关卡中拖动，即可沿着关卡中的轴移动Actor。如果单击连接两个箭头的手柄，可以同时沿着这两个轴移动Actor。如果单击所有箭头交叉处的白色球体，可以沿着这三个轴自由移动Actor。在图1-13中，使用移动工具将蓝色立方体沿着Z轴向上移动，左侧为移动前的效果，右侧为移动后的效果。

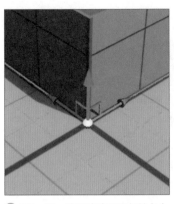

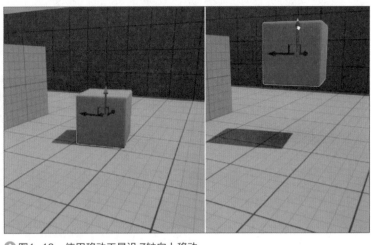

🔼 图1-12　使用移动工具在关卡中
　　　移动Actors

🔼 图1-13　使用移动工具沿*Z*轴向上移动

使用**移动**工具可以在关卡中移动Actor，如果想旋转或缩放Actor，则需要分别使用**旋转**和**缩放**工具。我们也可以按键盘上的W、E和R键，分别在**移动**、**旋转**和**缩放**工具之间切换。按E键切换到旋转工具，如图1-14所示。

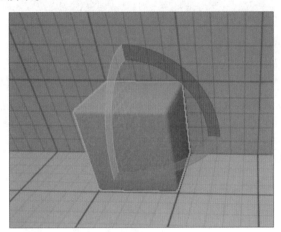

🔼 图1-14　使用旋转工具旋转Actor

使用**旋转**工具可以旋转关卡中的Actor，单击并按住任何圆弧可围绕相关轴进行旋转，如图1-15所示。红色弧线（图1-14右上方）将围绕*X*轴旋转Actor，绿色弧线（图1-14左上方）将围绕*Y*轴旋转Actor，蓝色弧线（图1-14下方）将围绕*Z*轴旋转Actor。

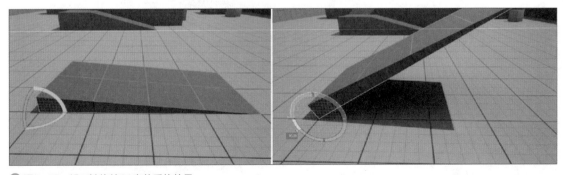

🔼 图1-15　沿*Y*轴旋转30度前后的效果

需要记住，一个对象围绕X轴的旋转通常被称为**滚动**，围绕Y轴的旋转通常被称为**俯仰**，围绕Z轴的旋转通常被称为**偏航**。

最后，按R键切换到缩放工具，如图1-16所示。

⬆ 图1-16　使用缩放工具

缩放工具可以在X、Y和Z轴上增加和减少Actor的缩放（大小），其中红色手柄（图1-16右侧）将在X轴上缩放Actor，绿色手柄（图1-16左侧）将在Y轴上缩放Actor，蓝色手柄（图1-16上方）将在Z轴上缩放Actor。图1-17为立方体缩放前后的对比。

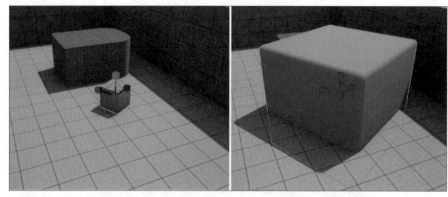

⬆ 图1-17　在三个轴上缩放前后的立方体Actor

我们也可以通过单击"视口"选项卡顶部的图标来切换移动、旋转和缩放工具，如图1-18所示。

此外，可以通过**"移动""旋转"**和**"缩放"**工具图标右侧的栅格捕捉选项更改移动、旋转和缩放对象的增量。通过单击蓝色高亮显示的按钮，能够完全禁用捕捉。通过单击显示当前捕捉增量的按钮，可以更改这些增量值，如图1-19所示。

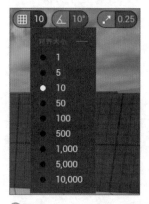

⬆ 图1-18　移动、旋转和缩放工具图标　　⬆ 图1-19　用于移动、旋转和缩放的栅格捕捉图标

现在我们知道了如何操作关卡中已经存在的Actor，接下来将学习如何在关卡中添加和删除Actor。

练习*I.02* 在关卡中添加和删除Actor

在这个练习中，我们将介绍如何在关卡中添加和删除Actor。

在关卡中添加Actor，常用的方法有两种：从**内容浏览器**窗口中拖动资产到关卡中，或者从"快速添加到项目"列表中拖动资产到关卡中。

按照以下步骤完成此练习。

步骤01 切换到**内容浏览器**窗口的"内容 | ThirdPerson | Blueprints"文件夹中。在右侧区域显示BP_ThirdPersonCharacter的Actor。使用鼠标左键将该资产拖动到关卡中，即完成向关卡中添加该Actor实例的操作。Actor将放置在释放鼠标左键的位置，如图1-20所示。

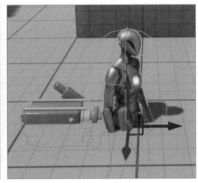

⬆图1-20 将BP_ThirdPersonCharacter Actor的实例拖动到关卡中

步骤02 单击**工具栏**窗口中的"**快速添加到项目**"按钮（带有绿色加号的立方体），在列表中选择合适的Actor选项并拖到关卡中。例如将圆柱体添加到关卡中，如图1-21所示。

⬆图1-21 在关卡中添加圆柱体Actor

步骤03 要删除一个Actor，只需选中并按键盘上的Delete键。我们也可以鼠标右键单击Actor，在快捷菜单中选择"编辑>删除"命令。我们还可以在快捷菜单中查看有关该Actor的其他可用命令。

至此，我们完成了练习，并学会了如何在关卡中添加和删除Actor。

在本节中，我们学习了如何导航"视口"选项卡，下一节将理解什么是蓝图Actor。

1.6 理解蓝图Actor

在虚幻引擎5中，蓝图这个词可以用来指两种不同的概念：虚幻引擎5的可视化编程语言或特定类型的资产（也被称为蓝图类或蓝图资产）。

正如我们之前介绍的，Actor是一个可以放置在关卡中的对象。这个对象可以是C++类的一个实例，也可以是蓝图类的一个实例，两者都必须直接或间接地继承Actor类。有人可能会问，C++类和蓝图类之间的区别是什么？下面进行介绍。

- 如果将编程逻辑添加到C++类中，我们将获得比创建一个蓝图类更高级的引擎功能。
- 在蓝图类中，我们可以轻松地查看和编辑该类的可视化组件，例如3D网格或触发框碰撞，以及修改在C++类中定义并公开给编辑器的属性，这使得管理这些属性变得更加容易。
- 在蓝图类中，我们可以轻松地引用项目中的其他资产，在C++中也可以这样引用其他资产，但不是那么简单，也没那么灵活。
- 运行在蓝图可视化编程上的编程逻辑在性能方面比C++类慢。
- 在源版本平台上，可以非常方便地让多人同时处理一个C++类而不发生冲突。而对于蓝图类，它被解释为二进制文件而不是文本文件，如果两个不同的人编辑同一个蓝图类，则会在源版本平台上发生冲突。

需要记住，蓝图类既可以继承一个C++类，也可以继承另一个蓝图类。

最后，在创建第一个蓝图类之前，我们应该知道的另一件重要的事情是，可以在C++类中编写编程逻辑，然后创建从该类继承的蓝图类，但如果在C++类中进行相应设置，也可以访问其属性和方法。蓝图类可以编辑在C++类中定义的属性，以及使用蓝图编程语言调用和重写函数。

现在对蓝图类有了更多的了解，下面让我们创建自己的蓝图类。

练习*1.03* | 创建蓝图Actor

在这个简短的练习中，我们将学习如何创建一个新的蓝图Actor。

请按照以下步骤完成创建蓝图Actor的练习。

步骤01 转到**内容浏览器**窗口中的"**内容 | ThirdPerson | Blueprints**"文件夹，在空白处右击，弹出快捷菜单，选择"**蓝图类**"命令，如图1-22所示。

此快捷菜单包含可以在虚幻引擎5中创建的资产类型（蓝图只是一种资产类型，还有其他类型的资产，如关卡、材质和音频等）。

步骤02 在Blueprints文件夹中创建一个新的蓝图类。完成该操作时，还需要在打开的"**选取父类**"对话框中选择要从中继承的C++类或蓝图类，如图1-23所示。

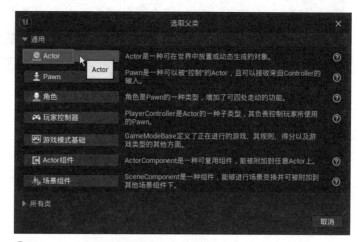

⬆图1-22　内容浏览器中右击的快捷菜单　　⬆图1-23　创建新蓝图类时弹出的"选取父类"对话框

步骤03 选择"选取父类"对话框中的第一个类，即"Actor"类。在此之后，新蓝图类的文本将为可编辑状态，以便我们可以轻松地为其重命名。将这个蓝图类命名为TestActor，并按Enter键完成重命名操作。

完成创建蓝图类的练习后，双击创建的资产，即可打开蓝图编辑器。我们将在下一节中对蓝图编辑器进行更多介绍。

1.7 蓝图编辑器

蓝图编辑器是虚幻引擎编辑器中的一个子编辑器，专门用于编辑蓝图类。在这里，我们可以编辑蓝图类或其父类的属性、逻辑，以及它们的可视化外观。

打开Actor蓝图类时，会显示蓝图编辑器，我们可以在此窗口中编辑虚幻引擎5的蓝图类。接下来，让我们了解一下蓝图编辑器窗口的组成部分，如图1-24所示。

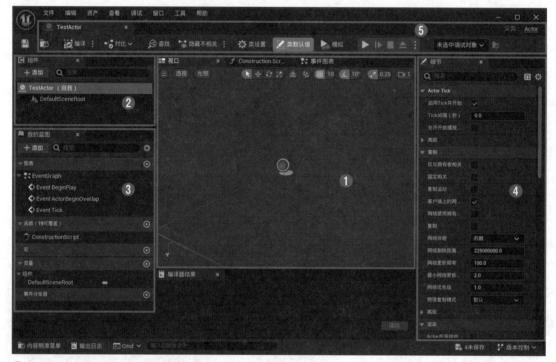

⬆ 图1-24　蓝图编辑器窗口分为五个部分

下面详细介绍蓝图编辑器窗口各组成部分的作用。

◉ **视口**：编辑器的中间区域是"**视口**"窗口。该窗口与我们已经了解的关卡中的"**视口**"选项卡类似，可以可视化Actor并编辑其组件。每个Actor都可以有多个Actor组件，其中一些组件具有可视化表示形式，例如网格体组件和碰撞组件。我们将在本书之后的章节中更深入地讨论Actor组件。

从技术层面上讲，这个中心窗口包含三个选项卡，其中一个是"**视口**"选项卡，第二个是"事件图表"选项卡，在我们介绍完这个编辑器的界面之后将重点介绍。第三个是Construction Script选项卡，本章不介绍该选项卡。

◉ **组件**：在编辑器的左上角，有一个"**组件**"面板。正如前面介绍的，Actor可以有几个Actor组件，"组件"面板可以在蓝图类中添加和删除那些Actor组件，或访问它所继承的C++类中定义的Actor组件。

◉ **我的蓝图**：编辑器的左下角是"**我的蓝图**"面板，在这里可以浏览、添加和删除此蓝图类及其继承的C++类中定义的变量和函数等。需要注意，蓝图有一种称为事件的特殊功能，用于表示游戏中发生的**事件**。在此面板中能看到其中三个事件：BeginPlay、ActorBeginOverlap和Tick。我们之后很快就会讨论这些内容。

◉ **细节**："细节"面板位于编辑器的右侧。与虚幻引擎编辑器的"**细节**"面板类似，该面板用于显示当前选定的Actor组件、函数、变量、事件或该蓝图类的任何其他单个元素的属性。如果当前未选择任何元素，则此面板为空。

◉ **工具栏**：该面板位于编辑器的顶部中央，提供了多种功能。我们可以编译在蓝图类中编写的代码、保存代码、在内容浏览器窗口中定位代码，以及访问该类的设置等。

在蓝图编辑器的右上角，显示蓝图类的父类名称。单击父类的名称，将通过虚幻引擎编辑器转到相应的蓝图类，或者通过Visual Studio转到C++类。

另外，我们可以通过单击蓝图编辑器左上角的"**文件**"菜单按钮，在打开的菜单中选择"**重设蓝图父项**"命令，更改蓝图类的父类，指定此蓝图类的新父类。

现在我们已经理解了蓝图编辑器的基础知识，接下来了解它的"**事件图表**"选项卡的应用。

1.8 "事件图表"选项卡

在"事件图表"选项卡中，我们可以编写所有的蓝图可视化编程代码，创建变量、函数，以及访问在该类父类中声明的其他变量和函数。

切换至"**事件图表**"选项卡（在"**视口**"选项卡的右侧而不是Construction Script选项卡），在该选项卡中显示图1-25的内容。

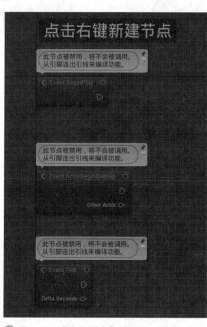

⬆ 图1-25 "事件图表"选项卡，显示三个禁用的事件

通过按住鼠标右键并在图表中拖动（光标变成小手的形状），可以在"**事件图表**"选项卡中导航；通过滚动鼠标滚轮，可以放大或缩小选项卡；通过单击鼠标左键选择节点区域，可以从图表中选择相应的节点。

此外，我们还可以在"**事件图表**"选项卡内右键单击以访问蓝图的操作菜单，该菜单允许访问可以在"**事件图表**"选项卡中执行的操作，包括获取和设置变量、调用函数或事件，以及许多其他操作。

在蓝图中，脚本的工作方式是通过引脚连接节点，节点包括变量、函数和事件等几种类型，我们可以通过引脚连接这些节点。引脚有以下两种类型。

- **执行引脚**：这些引脚将决定节点执行的顺序。如果想先执行节点1再执行节点2，可以将节点1的输出执行引脚与节点2的输入执行引脚连接，如图1-26所示。

⬆图1-26　蓝图中的执行引脚

- **可变引脚**：这些引脚作为参数（也称为输入引脚），位于节点的左侧。节点右侧的引脚作为返回值（也称为输出引脚），表示特定类型的值（整数、浮点、布尔值等），如图1-27所示。

⬆图1-27　Get Scalar Parameter Value节点中的引脚

让我们通过完成下一个练习来更好地理解以上内容吧！

练习1.04 创建蓝图变量

在本练习中，我们将学习如何通过创建布尔类型的新变量来创建蓝图变量。

在蓝图中，变量的工作方式与C++中使用的变量类似。我们可以创建变量，获取它们的值，或者设置它们。

按照以下步骤完成此练习。

步骤01 要创建一个新的蓝图变量，首先切换到"**我的蓝图**"面板，单击"**变量**"类别右侧的"**变量**"（加号）按钮，如图1-28所示。

步骤02 将在该类别下创建新变量，此时变量名称为可编辑状态，将此新变量命名为MyVar，如图1-29所示。

图1-28　单击"变量"类别右侧的加号按钮

图1-29　将新变量命名为MyVar

步骤 03 单击**工具栏**左侧的"**编译**"按钮，编译蓝图，如图1-30所示。

步骤 04 现在查看"**细节**"面板，将会看到变量MyVar相关的属性，在面板下方的"**默认值**"类别中可以设置该变量，如图1-31所示。

步骤 05 在"**细节**"面板中，我们能够设置与该变量相关的

图1-30　单击"编译"按钮

所有属性，其中最重要的是设置"**变量命名**""**变量类型**"和"**默认值**"。我们可以通过单击"**布尔**"变量右边的下三角按钮，在列表中选择相应的选项来修改变量的类型，如图1-32所示。

图1-31　"细节"面板中MyVar变量的参数

图1-32　"变量类型"下拉列表中可用的变量类型

步骤06 我们可以将"**我的蓝图**"面板中的变量拖动到"**事件图表**"选项卡的空白处，在列表中可以选择"**获取MyVar**"或"**设置MyVar**"选项，如图1-33所示。

⬆ 图1-33　将MyVar变量拖动到"事件图表"选项卡中

"**获取MyVar**"是包含变量当前值的节点，而"**设置MyVar**"是允许我们更改变量值的节点。

步骤07 为了允许一个变量在这个蓝图类的每个实例中被编辑，可以在"**我的蓝图**"面板中单击该变量右侧的眼睛图标，如图1-34所示。

步骤08 然后，把这个类的一个实例拖到关卡中。选择该实例，在关卡编辑器的"**细节**"面板中查看改变变量值的选项，如图1-35所示。

⬆ 图1-34　单击眼睛图标使变量可以　　　　⬆ 图1-35　通过对象的"细节"面板编辑公开的
在此蓝图的实例中被编辑　　　　　　　　　　　　　MyVar变量

通过以上操作，我们可以理解如何创建蓝图变量。接下来，让我们通过创建蓝图函数的练习，学习如何创建蓝图函数。

练习1.05│创建蓝图函数

在蓝图中，函数和事件相似，区别是事件只有一个输出引脚，因为它通常从蓝图类外部被调用。在本练习中，我们将创建第一个蓝图函数。函数和事件如图1-36所示。

⬆ 图1-36　事件（左）、不需要执行引脚的纯函数调用（中）和普通函数调用（右）

请按照以下步骤完成此练习。

步骤01 单击"**我的蓝图**"面板中"**函数**"类别右侧的加号按钮，如图1-37所示。

步骤02 将新函数命名为MyFunc。通过单击工具栏中的"**编译**"按钮来编译蓝图。

↑图1-37 单击"函数"右侧加号按钮创建函数

步骤 03 现在，切换至"**细节**"面板，可以看到图1-38的内容。

↑图1-38 MyFunc函数的"细节"面板

在"**细节**"面板中，我们可以设置与此函数相关的所有属性，其中最重要的是"**输入**"和"**输出**"。这两个属性将指定此函数必须接收并返回的变量。

最后，在"**我的蓝图**"面板中选择创建的函数来编辑它的功能。这将在中心窗口中打开一个新的选项卡，允许我们指定此函数的操作。在这种情况下，每次调用此函数都会返回False，如图1-39所示。

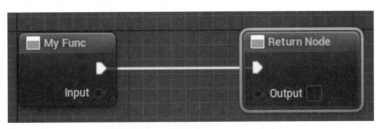

↑图1-39 MyFunc函数

要保存我们对此蓝图类所做的修改，需要单击工具栏上"**编译**"按钮左侧的"**保存**"按钮。或者，可以单击"**编译**"右侧的三个点图标，在列表中选择"在编译时保存"选项，然后在子列表中选择"仅在成功时"选项，以便每次成功编译蓝图时，蓝图都会自动保存。

现在，我们理解了如何创建蓝图函数。在接下来的练习和活动中，我们将使用到Multiply蓝图节点。

1.9 理解Multiply节点

　　蓝图包含更多与变量或函数无关的节点，下面介绍的节点是算术节点（即加法、减法和乘法等）。我们可以在蓝图操作菜单中搜索Multiply，找到Multiply节点，如图1-40所示。

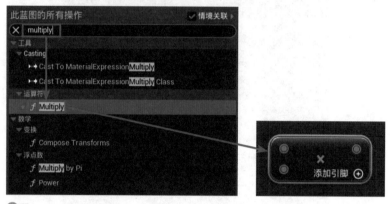

⬆图1-40　Multiply节点

　　此节点可以输入两个或多个参数，这些参数可以是多种类型（例如整数、浮点、向量等，我们可以通过单击"添加引脚"右侧的加号图标添加更多参数），并输出所有参数相乘的结果。稍后将在本章中使用此节点。

1.10 探索BeginPlay和Tick事件

　　现在，让我们看看虚幻引擎5中最重要的两个事件：BeginPlay和Tick。

　　事件通常会从蓝图类外部调用。在BeginPlay事件情况下，当这个蓝图类的实例被放置在关卡中，关卡开始播放时，或者当这个蓝图类的实例在游戏正在播放时被动态生成，就会调用该事件。我们可以把BeginPlay事件看作是这个蓝图实例中被调用的第一个事件，可以用它来进行初始化。

　　虚幻引擎5中另一个需要了解的重要事件是Tick事件。因为游戏以一定的帧率运行，最常见的是每秒30帧或60帧（FPS），即游戏将每秒渲染30或60次更新游戏图像。Tick事件将在每次游戏执行此操作时被调用，这意味着如果游戏以30帧运行，Tick事件将每秒被调用30次。

　　转到蓝图类的"**事件图表**"选项卡，选择所有事件并按Delete键，删除三个灰色显示的事件节点。此操作后，"**事件图表**"选项卡变为空的。之后，在"**事件图表**"选项卡的空白处右击，在打开的上下文菜单的搜索框中输入BeginPlay，并通过按Enter键或选择对应的选项来添加**Event BeginPlay**节点。该事件被添加到"**事件图表**"选项卡中，如图1-41所示。

图1-41 在"事件图表"选项卡中添加BeginPlay事件

在"**事件图表**"选项卡空白处右击，在打开的上下文菜单的搜索框中输入Tick，添加**Event Tick**节点。该事件被添加到"**事件图表**"选项卡中，如图1-42所示。

图1-42 添加Event Tick节点

与BeginPlay事件不同，Tick事件将使用参数Delta Seconds进行调用。此参数是一个浮点值，表示从最后一帧渲染后经过的时间。如果我们设置的游戏以30帧的速度运行，这意味着每两个渲染帧之间的间隔（增量时间）平均为1/30秒，约为0.033秒（33.33毫秒）。如果渲染第1帧，然后在0.2秒后渲染第2帧，则第2帧的Delta Seconds将为0.2秒。如果在第2帧之后0.1秒渲染第3帧，则第3帧的Delta Seconds将为0.1秒，依此类推。

为什么Delta Seconds参数如此重要呢？让我们看看以下场景：有一个蓝图类，每次使用Tick事件渲染帧时，它在Z轴上的位置都会增加1个单位。然而，我们面临着一个问题：玩家可能会以不同的帧速率运行这款游戏，例如30帧和60帧。以60帧运行游戏的玩家将导致Tick事件被调用的次数是以30帧运行游戏玩家的两倍，因此蓝图类的移动速度将增加一倍。此时，就体现**Delta Seconds参数**的作用，因为以60帧运行的游戏将使用较低的**Delta Seconds**值（渲染的帧之间的间隔要小得多）调用Tick事件，所以可以使用该值更改Z轴上的位置。尽管在游戏中以60帧运行时，Tick事件会被调用的次数是原来的两倍，但其**Delta Seconds**是其值的一半，这样两者都平衡了。这将导致两个玩家以不同帧速率运行游戏时得到相同的结果。

注意事项

在本书中，出于演示目的，使用几次Tick事件。但是，由于该事件对性能的影响，我们应该在使用时谨慎对待。如果使用Tick事件来做不需要每一帧都执行的内容，可能有其他更好或更有效的方法。

如果我们想要使用Delta Seconds移动一个蓝图，可以通过将Delta Seconds乘以每秒移动的单位数来让它移动得更快或更慢（例如，如果希望蓝图在Z轴上每秒移动3个单位，可以告诉它每帧移动3×DeltaSeconds单位）。

下面，让我们完成一个练习，其中将使用蓝图节点和引脚的相关操作。

|练习1.06| 在Z轴上偏移TestActor类

在这个练习中，当游戏开始播放，我们将使用BeginPlay事件让TestActor在Z轴上按指定速度偏移（移动）。

请按照以下步骤完成这个练习。

步骤01 双击TestActor蓝图类，打开蓝图编辑器。

步骤02 切换至"事件图表"选项卡，在空白处右击，在打开的上下文菜单中搜索并添加Event BeginPlay节点（如果还没有该事件）。

步骤03 根据相同的方法添加Add Actor World Offset函数，并将BeginPlay事件的输出执行引脚连接到该函数的输入执行引脚，如图1-43所示。Add Actor World Offset函数负责在预期的轴（X、Y和Z）上移动Actor，并接收以下参数。

- ⊙ **Target:** 表示调用Add Actor World Offset函数的Actor。默认行为是在调用Add Actor World Offset函数的Actor上调用函数，这正是我们想要的，并使用self属性显示。

- ⊙ **Delta Location:** 在X、Y和Z 3个轴上偏移此Actor的量。

- ⊙ **Sweep和Teleport:** 都是布尔类型，应保留为False，因此需要保持默认未勾选的状态。我们在本书中不会讨论这两个参数。

⬆图1-43　BeginPlay事件调用Add Actor World Offset函数

步骤04 拆分Delta Location输入引脚，这将导致向量属性拆分为三个浮点属性。我们可以对任何由一个或多个子类型组成的变量类型执行此操作（不能对浮点类型执行这样的操作，因为它不由任何变量子类型组成）。在参数上右击，在快捷菜单上选择**"分割结构体引脚"**命令，即可将该参数拆分为三个参数，如图1-44所示。

⬆图1-44　Delta Location参数从一个向量拆分为三个浮点数

步骤05 在分割后参数的数值框中输入数字，然后按Enter键，将Delta Location *Z*属性设置为100个单位，使TestActor在游戏开始时在*Z*轴上向上移动100个单位。

步骤06 使用"组件"面板向TestActor添加一个立方体，这样我们就可以看到Actor。在"组件"面板中单击"添加"按钮，在打开列表的搜索框中输入"立方体"，然后选择"基本形状"区域中"立方体"选项。切换至"视口"选项卡中，查看添加的立方体效果，如图1-45所示。

步骤07 单击"编译"按钮，编译并保存蓝图类。

步骤08 返回到关卡的"视口"选项卡，在关卡中放置一个TestActor蓝图类的实例（如果还没有添加本练习中的实例），如图1-46所示。

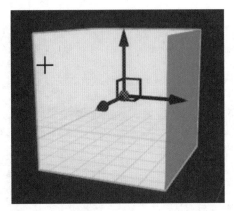

⬆ 图1-45　添加立方体组件

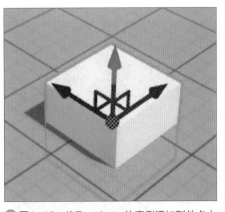

⬆ 图1-46　将TestActor的实例添加到关卡中

步骤09 在关卡中单击"播放"按钮，我们会看到添加到关卡中的TestActor类位于更高的位置，如图1-47所示。

步骤10 完成以上操作后，按Ctrl+S组合键或单击工具栏中的"将当前关卡保存到磁盘中"按钮，保存对关卡所做的更改

在本练习中，我们学习了如何使用蓝图编程逻辑创建第一个Actor蓝图类。

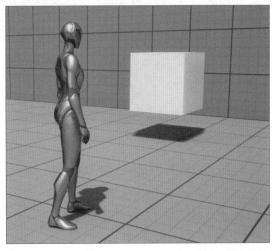

⬆ 图1-47　游戏开始时，TestActor增加其在*Z*轴上的位置

注意事项

TestActor蓝图资产、Map资产以及本练习的最终结果都可以在以下链接中找到。

https://github.com/PacktPublishing/Elevating-Game-Experiences-with-Unreal-Engine-5-Second-Edition。

接下来，让我们进一步了解BP_ThirdPersonCharacter蓝图类。

1.11 BP_ThirdPersonCharacter蓝图类

BP_ThirdPersonCharacter蓝图类是代表玩家控制角色的蓝图，本节我们将查看它包含的Actor组件。

进入**内容浏览器**中的"内容 | ThirdPerson | Blueprints"文件夹，双击打开**ThirdPersonCharacter**资产，如图1-48所示。

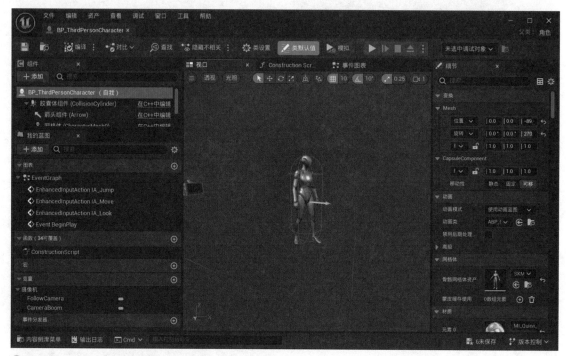

⬆ 图1-48　ThirdPersonCharacter蓝图类

之前，在蓝图编辑器中介绍"**组件**"面板时，提到过Actor组件。

Actor组件是必须存在于Actor内部的实体，可以将Actor的逻辑扩展到几个不同的Actor组件中。在这个蓝图中，我们可以看到四个可视化的Actor组件。

⊙ 骨骼网格体组件显示虚幻引擎5人体模型。

⊙ Camera Boom显示玩家可以从何处观看游戏。

⊙ 箭头组件可以让我们看到角色面对的方向（主要用于开发目的，而不是在游戏进行时）。

⊙ 胶囊体组件用于指定该角色的碰撞范围。

在"**组件**"面板中，将会看到比"**视口**"选项卡中显示更多的Actor组件。这是因为有些Actor组件没有可视化表示，完全由C++或蓝图代码组成。我们将在下一章和"第7章　使用虚幻引擎5中的实用工具"中更深入地研究Actor组件。

切换至这个蓝图类的"事件图表"选项卡，我们会发现它基本上是空的，类似于在TestActor蓝图类中看到的，尽管它有一些与之相关的逻辑。这是因为逻辑是在C++类中定义的，而不是在蓝图类中定义的。我们将在下一章讨论如何实现这一点。

为了解释这个蓝图类的骨骼网格体组件，我们应该首先讨论网格体和材质。

I.I2 探索网格体和材质的使用

为了让计算机直观地表示三维对象，需要两个关键元素：三维网格体和材质。三维网格体可以指定对象的形状及其大小，而材质可以指定其颜色和视觉色调等。在接下来的内容中，我们将更深入地理解这两个方面，并了解虚幻引擎5如何使用它们。

I.I2.I 网格体

使用三维网格体可以指定对象的大小和形状，例如表示猴子头部的网格体，如图1-49所示。

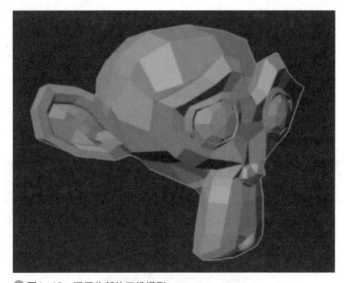

⬆图1-49　猴子头部的三维模型

网格体由若干个顶点、边和面组成。顶点只是具有X、Y和Z位置的三维坐标；边是两个顶点之间的连线（即直线）；面是三个或更多个边缘的连接。图1-49中显示了网格体的各个顶点、边和面，其中每个面的颜色在白色和黑色之间，具体取决于面反射的光的多少。如今，视频游戏可以渲染具有数千个顶点的网格体，因为顶点的数量太多了，而且之间的距离很小，我们很难区分各个顶点。

I.I2.2 材质

材质可以指定网格体的表示方式，例如网格体的颜色、在其表面上绘制纹理，甚至操纵其顶点等。

在撰写本书时，虚幻引擎5不支持创建网格体，因此需要使用其他软件（如Blender或Autodesk Maya）进行创建，我们在此不会详细介绍该过程。但是，我们将学习如何为现有网格体创建材质。

在虚幻引擎5中，我们可以通过网格体组件添加网格体，这些网格体继承自Actor组件类。虚幻引擎5中有几种类型的网格体组件，本书将介绍两种最重要的网格体，其一是静态网格体组件，适用于没有动画的网格体（例如立方体、静态关卡几何体）；其二是骨骼网格体组件，是用于具有动画的网格体（例如，播放运动动画的角色网格体）。正如我们之前介绍的，ThirdPersonCharacter蓝图类包含一个骨骼网格体组件，用于表示播放运动动画的角色网格体。在下一章中，我们将学习如何将网格体等资产导入到虚幻引擎5项目中。

下一小节，我们将学习如何在虚幻引擎5中设置材质。

 # 1.13 在虚幻引擎5中设置材质

在本节中，我们将了解材质在虚幻引擎5中的工作原理。材质是用于表现特定对象的视觉形式，包括其颜色和对光的反应等。要了解更多相关信息，请执行以下步骤。

步骤01 返回到关卡"视口"选项卡中，选择一个蓝色**立方体**对象，如图1-50所示。

步骤02 切换至"**细节**"面板，在其中可以看到与该对象的"**静态网格体**"组件关联的网格体和材质，如图1-51所示。

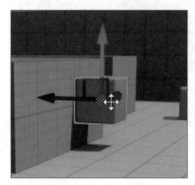

⬆图1-50 选择立方体对象

⬆图1-51 立方体对象的静态网格体组件的静态网格体和材质（元素0）特性

注意事项

需要记住，网格体可以由多种材质构成，但必须至少有一种材质。

步骤03 单击"**材质**"类别中"**元素0**"右侧文件夹和放大镜的图标，将打开"内容浏览器"窗口并显示该材质的位置，如图1-52所示。此图标适用于编辑器中任何资产的引用，因此我们可以对作为立方体对象的静态网格体的资产执行同样的操作。

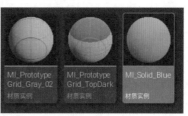

⬆图1-52　文件夹和放大镜图标（左），打开资产在内容浏览器中的位置（右）

步骤04 双击资产以打开其属性面板。因为该材质是另一种材质的子材质，我们需要选择其父材质。在该材质的"**细节**"面板中，我们会看到"**父项**"属性。单击文件夹和放大镜图标⬛，在打开的浏览器窗口中选择它，如图1-53所示。

⬆图1-53　"父项"属性

步骤05 选择该资产并双击，在材质编辑器中打开它。现在让我们来了解材质编辑器中窗口的组成部分，如图1-54所示。

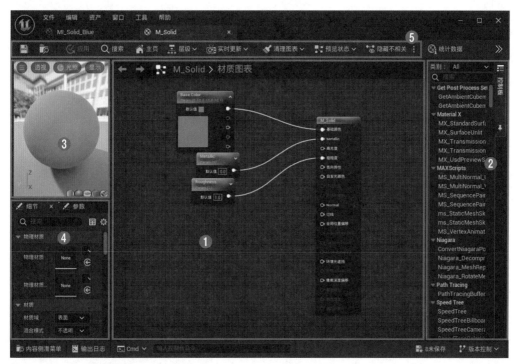

⬆图1-54　材质编辑器窗口分为五个部分

让我们更详细地了解该窗口各部分的应用。

- **图表：** 在编辑器的中间是**图表**窗口。与蓝图编辑器的"**事件图表**"选项卡类似，**材质编辑器**的图表也是基于节点的，我们可以在其中找到通过引脚连接的节点。在这里，除了输入和输出引脚外，找不到执行引脚。
- **控制板：** 在编辑器的右侧是"**控制板**"面板，我们可以在其中搜索可以添加到**图表**窗口的所有节点。也可以使用与蓝图编辑器的"**事件图表**"选项卡中相同的方式执行此操作，方法是在**图表**窗口内单击鼠标右键，然后在打开的上下文菜单中键入要添加的节点的名称，最后选择该选项即可。
- **视口：** 在编辑器的左上角是**视口**窗口。在这里，我们可以预览材质的结果，以及它将在一些基本的形状（如球体、立方体和平面）上的显示方式。
- **细节：** 在编辑器的左下角是"**细节**"面板，类似于蓝图编辑器中的"**细节**"面板。该面板显示图表窗口中选择的材质资产或当前节点的详细信息。
- **工具栏：** 在编辑器顶部边缘的是**工具栏**，我们可以在其中应用和保存对材质所做的更改，以及执行与**图表**窗口相关的操作。

在虚幻引擎5的每一个材质编辑器中，都有一个具有该**材质**资产名称的节点，在该节点中，我们可以通过将该节点的引脚连接其他节点来指定与之相关的几个参数。

在这种情况下，我们可以看到一个名为**Roughness**节点连接到"粗糙度"输入引脚上。此节点是一个常量节点，允许指定与其关联的数字——在本例中设置为0.7。我们还可以创建一个数字的常量节点，一个2向量，例如（1,0.5），一个3向量，例如（1,0.5,4），和一个4向量，例如（1,0.5,4,0）。要创建这些节点，可以分别按住1、2、3或4的数字键，同时用鼠标左键单击图表窗口的空白处。

M_Solid节点中有多个输入参数，下面让我们来了解一些比较重要的参数的应用。

- **基础颜色：** 这个参数是简单的材质颜色。通常，常量或纹理样本用于连接到该引脚，以使对象具有特定的颜色或映射到特定的纹理。
- **Metallic：** 此参数将决定对象看起来像金属表面的程度。我们可以通过连接一个恒定单数字节点来进行设置，该节点的范围从0（非金属）到1（金属）。
- **高光度：** 这个参数决定物体反射光的程度。我们可以通过连接一个恒定的单数值节点进行设置，该节点的范围从0（不反射任何光）到1（反射所有光）。如果物体已经具有较高的金属性，则几乎看不出区别。
- **粗糙度：** 该参数决定物体反射光线的散射程度（光散射越多，物体反射周围的物体就越不清晰）。我们可以通过连接一个恒定的单数值节点来实现这一点，该节点的范围从0（该对象实际上成为一个镜子）到1（该对象的反射是模糊的）。

注意事项

要想了解更多关于前面介绍的材质信息，请访问以下链接。
https://docs.unrealengine.com/en-US/Engine/Rendering/Materials/MaterialInputs。

虚幻引擎5还支持导入图像（.jpeg、.png）作为纹理资产，并且可以使用Texture Sample节点在材质中引用这些资产。Texture Sample节点如图1-55所示。

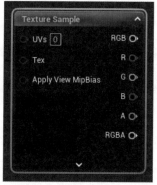

↑图1-55 Texture Sample节点允许指定纹理并使用它或它的颜色通道作为引脚

注意事项

我们将在下一章中学习如何将文件导入到虚幻引擎5项目中。

要创建一个新的**材质**资产，则可以在**内容浏览器**窗口打开想要保存新资产的目录，并在空白处右击，然后在快捷菜单中选择要创建的资产，此处选择"**材质**"命令。

这样，我们就知道如何在虚幻引擎5中创建和设置材质了。

现在，让我们进入本章的活动，这也是本书的第一个活动。

活动*1.01* 在Z轴上无限推动TestActor

在这个活动中，我们将使用TestActor的Tick事件在Z轴上无限移动它，而不是只在游戏开始时移动一次。

请按照以下步骤完成此活动。

步骤01 在**内容浏览器**窗口中双击TestActor蓝图类，打开蓝图编辑器。

步骤02 将Event Tick节点添加到蓝图的"事件图表"选项卡中。

步骤03 添加AddActorWorldOffset函数，拆分DeltaLocation输入引脚，并将Tick事件的输出执行引脚连接到该函数的输入执行引脚，与我们在"练习1.01 创建虚幻引擎5项目"中的操作类似。

步骤04 将Float Multiplication节点添加到"事件图表"选项卡中。

步骤05 将Tick事件的**Delta Seconds**输出引脚连接到Multiply节点的第一个输入引脚。

步骤06 创建一个浮点类型的新变量，命名为VerticalSpeed，编译蓝图，然后将其默认值设置为25。

步骤07 将VerticalSpeed变量拖放在"**事件图表**"选项卡的空白处，添加一个"获取"节点，并将其引脚连接到Multiply节点的第二个输入引脚。之后，将Multiply节点的输出引脚连接到AddActorWorldOffset函数的Delta Location Z输入引脚。

步骤08 删除BeginPlay事件和与其连接的AddActorWorldOffset函数，这两个函数都是我们在"练习1.01 创建虚幻引擎5项目"中创建的。

步骤09 删除该关卡中的Actor现有实例，并替换为一个新的实例。

步骤 10 在关卡中播放，我们会发现随着时间的推移，添加的TestActor会从地面上升到空中，如图1-56所示。

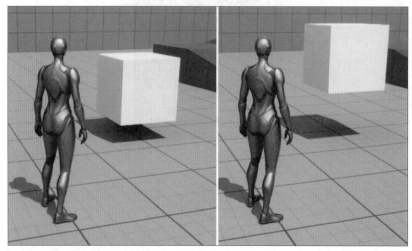

↑图1-56 TestActor垂直向上升起

完成以上步骤，就完成了本书多个活动中的第一个。我们学习了如何在蓝图编辑器的"**事件图表**"选项卡中添加和删除节点，并使用**Tick**事件及其**DeltaSeconds**属性来创建保持不同帧速率之间一致性的游戏逻辑。

注意事项

这个活动的解决方案可以在GitHub上找到，链接如下。

https://github.com/PacktPublishing/Elevating-Game-Experiences-with-Unreal-Engine-5-Second-Edition/tree/main/Activity%20solutions

TestActor蓝图资产可以在以下链接中找到：https://github.com/PacktPublishing/Elevating-Game-Experiences-with-Unreal-Engine-5-Second-Edition。

1.14 本章总结

通过本章的学习，我们迈出了学习虚幻引擎5游戏开发旅程的第一步。我们现在掌握了导航虚幻引擎编辑器、在关卡中操纵Actors、创建Actors、使用蓝图编程语言，以及在虚幻引擎5中表示三维对象等。

希望你能够意识到前方的世界充满了无限的可能性，并且能够使用这款游戏开发工具创造出无限的内容。

在下一章中，我们将重新创建本章中自动生成的项目模板。我们将学习如何创建C++类，并创建可以操作父类中声明的属性的蓝图类。我们还会学习如何将角色网格体和动画导入虚幻引擎5，并熟悉其他动画相关资产，如动画蓝图。

第 2 章

使用虚幻引擎

在前一章，我们介绍了Epic Games Launcher的基础知识，介绍了虚幻引擎编辑器的基本操作，除了探索第一人称游戏模板外，我们还学习了如何处理关卡中的对象以及蓝图的基本概念。在本章中，我们将在此基础上进行拓展，探索第三人称游戏模板并使用输入和动画功能。

游戏开发可以使用多种编程语言进行，如C、C++、Java、C#，甚至Python。每种编程语言都有优缺点，本书将使用C++，因为它是虚幻引擎主要采用的编程语言。

在本章中，我们将讨论以下内容。

- 创建并配置一个空白的C++项目
- 在虚幻引擎中了解内容文件夹的结构
- 使用Visual Studio解决方案进行开发
- 导入所需资产
- 了解虚幻引擎游戏模式类
- 理解关卡和关卡蓝图的概念
- 使用动画

2.1 技术要求

代码调试对于开发人员来说至关重要，有助于错误（bug）的解决。虚幻引擎5提供的调试代码工具使用非常方便，对任何虚幻引擎开发人员来说都是必不可少的。在本章中，我们将介绍如何在虚幻引擎5中创建C++项目，并执行在本关卡中的调试。

接下来，我们将深入了解在虚幻引擎中创建游戏和体验的核心类。我们将探索游戏模式和相关的类概念，并进行实践练习，以加深对此的理解。

几乎每一款游戏都有动画功能，其中包括对游戏体验至关重要的细节，有些动画是非常基础的，而有些则达到了较高的水平。虚幻引擎提供了多种用来创建和处理动画的工具，其中的动画蓝图提供了复杂图形和状态机。本章的最后一节将介绍动画相关的内容。

本章将重点介绍虚幻引擎中的基本概念和功能，包括如何创建C++项目、如何进行基本的调试，以及如何使用特定于角色的动画。

在本章结束时，我们将能够在Visual Studio中创建C++模板项目并进行代码调试，理解文件夹结构和所涉及的最佳实践，并能够根据它们的状态设置角色动画。

本章的技术要求如下。

- 安装虚幻引擎5。
- 安装Visual Studio 2022。
- 从本书的GitHub存储库下载本章的完整代码，链接：https://github.com/PacktPublishing/Elevating-Game-Experiences-with-Unreal-Engine-5-Second-Edition。

2.2 创建并配置一个空白的C++项目

在每个项目开始时，我们可以从Epic提供的合适的模板（其中包含准备执行的基本代码）开始，并在此基础上进行进一步开发。但是大多数情况下，可能需要建立一个空白的项目，以便满足我们个性化的需求。我们将在下面的练习中学习如何创建一个空的项目。

练习2.01 创建一个空的C++项目

在本练习中，我们将学习如何从Epic提供的模板中创建一个空的C++项目。这一步将成为未来许多C++项目的基础。

请按照以下步骤完成这个练习。

步骤 01 从Epic Games Launcher启动虚幻引擎5。

步骤 02 打开"**虚幻项目浏览器**"对话框，在左侧选择"**游戏**"选项，在中间区域选择"**空白**"模式。

步骤 03 在右侧的"**项目默认设置**"区域中选择C++。

注意事项

确保项目文件夹和项目名称分别使用适当的目录和名称指定。

步骤 04 设置项目的路径和名称后，单击"**创建**"按钮。此时，我们的项目目录设置在名为UnrealProjects的文件夹中，该文件夹位于E驱动器中。将项目名称设置为MyBlankProj（建议使用这些名称和项目目录，当然也可以使用自己设置的名称）。

注意事项

项目名称中不能包含任何空格。最好让项目目录尽可能靠近驱动器的根目录（以避免在创建或将资产导入项目的工作目录时遇到如256个字符的路径限制等问题。对于小型项目，这可能没有问题，但对于更大规模的项目，文件夹层次结构会变得过于复杂，这一步很重要）。

步骤 05 在生成代码并创建项目文件之后，打开项目，同时将打开它的Visual Studio解决方案文件（后缀为.sln的文件）。

确保Visual Studio解决方案配置设置为Development Editor，然后将解决方案平台设置为桌面开发的Win64，如图2-1所示。

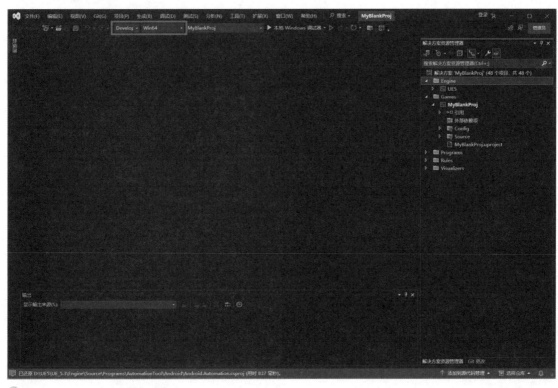

🔵 图2-1　Visual Studio部署设置

通过完成本练习，我们学会了如何在虚幻引擎5上创建一个空的C++项目，了解了设置项目名称和保存项目的注意事项。

在下一节中，我们将讨论文件夹结构，以及虚幻引擎开发人员使用的最基础和最常用的文件夹结构格式。

2.3 虚幻引擎中内容文件夹的结构

在项目目录（我们的案例目录为E:｜UnrealProjects｜MyBlankProj）中，我们将看到一个Content文件夹。这是项目用于不同类型资产和项目相关数据（包括蓝图）的主文件夹，C++代码将保存在项目的Source文件夹中。需要注意，最佳做法是直接通过虚幻编辑器创建新的C++代码文件，这简化了流程，并减少了错误的发生。

我们可以采用多种不同的策略来组织Content文件夹中的数据，其中最基本且最容易理解的是使用文件夹名称来描述所包含内容的类型。

注意事项

所有的蓝图都应该在其名称前加上BP前缀（以区别于虚幻引擎使用的默认蓝图），其余的前缀是可选的（但是，最佳实践是使用前面显示的前缀格式）。

在下一节中，我们将介绍Visual Studio解决方案。

2.4 使用Visual Studio解决方案

虚幻引擎中的每个C++项目都有一个Visual Studio解决方案。这个解决方案驱动着所有代码，并允许开发人员在代码运行状态下设置执行逻辑和调试代码。

解决方案分析

在项目目录中生成的Visual Studio解决方案（.sln）文件包含整个项目以及添加的所有相关代码。

查看Visual Studio中存在的文件，双击后缀为.sln的文件，在Visual Studio中打开。

在解决方案资源管理器中，我们将看到名为Engine和Games的两个项目。

引擎项目

在基础关卡上，虚幻引擎本身是一个Visual Studio项目，并且有一个解决方案文件。该文件包含了虚幻引擎中所有的代码和第三方集成。这个项目中的所有代码称为**源代码**。

引擎项目由当前用于此项目的虚幻引擎的外部依赖项、配置、插件、着色器和源代码组成。我们可以随时浏览"UE5 | Source"文件夹来查看任何引擎的代码。

注意事项

由于虚幻引擎是开源的，Epic允许开发人员查看和编辑源代码，以满足他们的开发需要。然而，我们不能在通过Epic Games Launcher安装的虚幻引擎版本中编辑源代码。为了能够对源代码进行构建和修改，还需要通过GitHub下载虚幻引擎的源版本。我们可以通过以下链接下载虚幻引擎的源版本：https://docs.unrealengine.com/en-US/GettingStarted/DownloadingUnrealEngine/index.html。

下载后，我们也可以参考以下指南编译和构建新下载的引擎：https://docs.unrealengine.com/en-US/Programming/Development/BuildingUnrealEngine/index.html。

游戏项目

在Games目录展开后，可以看到一组文件夹，存在以项目命名的解决方案文件夹。我们需要了解以下内容。

- **Content文件夹：** 该文件夹包含所有为项目和构建设置的配置（也可选择特定的平台设置，例如Windows、Android、iOS、Xbox或PlayStation）。
- **Plugins文件夹：** 这是一个可选文件夹，是我们添加第三方插件（从Epic Marketplace下载或通过互联网获得）时创建的文件夹。此文件夹将包含与本项目相关的插件的所有源代码。
- **Source文件夹：** 这是我们将要使用的主文件夹，其中包含了生成目标文件和项目的所有源代码。以下是Source文件夹中默认文件的说明。
  - **目标文件和构建文件：** 这些文件（图2-2所示）包含指定虚幻构建工具（构建游戏的程序）的代码，包含任何需要添加到游戏中的额外模块，以及其他与构建相关的设置。默认情况下，有两个目标文件（一个用于虚幻编辑器，另一个用于构建），以.Target.cs扩展名结尾，还有一个以build.cs扩展名结尾的构建文件。
  - **项目名称代码文件（.cpp和.h）：** 默认情况下，这些文件是为每个项目创建的，包含用于运行默认游戏模块代码的代码。
  - **项目名称GameMode代码文件（.cpp和.h）：** 默认情况下，会创建一个空的项目游戏模式库。但大多数情况下不使用它。
  - **项目名称.uproject文件：** 此文件包含用于提供项目相关的基本信息的描述符以及与之相关的插件列表。

在Visual Studio中调试代码

在Visual Studio中，通过设置代码断点，提供了强大的调试功能。这使得开发人员在特定代码行暂停游戏，以便查看变量的当前值，并以可控的方式逐步执行代码和游戏（他们可以逐行、逐函数调试）。

当开发的游戏项目中存在大量变量和代码文件时，若我们想看到变量的值被逐步更新和使用，以调试代码，找出存在的问题并解决它们，Visual Studio是很有用的工具。调试是开发人员工作中基本而必要的一个过程，只有经历了许多连续的调试、分析和优化周期，项目才能得到足够的优化并最终进行部署。

现在我们已经了解了Visual Studio解决方案的基本概念，接下来我们将深入讨论与其相关的实际练习。

练习2.02 | 调试第三人称游戏模板代码

在这个练习中，我们将使用虚幻引擎的**第三人称游戏**模板创建项目，并使用Visual Studio调试代码。我们将在这个模板项目的**角色**类中研究一个名为BaseTurnRate的变量的值。我们将逐行阅读代码，了解变量的值是如何更新的。

请按照以下步骤完成此练习。

步骤01 从Epic Games Launcher启动虚幻引擎。

步骤02 打开"**虚幻项目浏览器**"对话框，在左侧选择"**游戏**"选项。

步骤03 在中间区域选择"**第三人称游戏**"模板。

步骤04 选择C++，将项目名称设置为ThirdPersonDebug，然后单击"**创建**"按钮。

步骤05 关闭虚幻引擎编辑器，在UnrealProjects文件夹中双击ThirdPersonDebug.sln文件，进入Visual Studio解决方案，打开ThirdPersonDebugCharacter.cpp文件，如图2-2所示。

↑ 图2-2 ThirdPersonDebugCharacter.cpp文件的位置

步骤 06 在第18行左侧栏上单击，会出现一个红点图标（可以通过再次单击它来关闭），如图2-3所示。

⬆ 图2-3 碰撞胶囊初始化代码

步骤 07 在这里，我们将获得角色的胶囊组件（在"第3章 角色类组件和蓝图设置"中进一步解释），默认情况下，它是根组件。然后，我们调用它的InitCapsuleSize方法，它接受两个浮点类型的参数：InRadius和InHalfHeight。

步骤 08 确保Visual Studio中的解决方案配置设置为Development Editor，然后单击"本地Windows调试器"按钮，如图2-4所示。

⬆ 图2-4 Visual Studio构建设置

步骤 09 稍等一会，我们将在左下角看到图2-5中的窗口。

⬆ 图2-5 Visual Studio变量监视窗口

注意事项

如果没有弹出该窗口，我们可以在菜单栏中单击"**调试**"按钮，选择"**窗口>自动窗口**"命令，在界面的下方手动打开"**自动窗口**"。除此之外，还可以使用"**局部变量**"面板。

this显示了对象本身。对象包含其存储的变量和方法，通过展开它，我们可以看到当前代码执行时整个对象及其变量的状态。

步骤 10 单击左侧三角按钮，将其展开。接着展开ACharacter，最后展开CapsuleComponent。在这里，我们可以看到变量的值分别为CapsuleHalfHeight = 88.0和CapsuleRadius = 34.0。在第18行（最初红点所在的位置）旁边，将显示一个箭头。这意味着代码执行到第17行末尾，还没有执行第18行。

步骤 11 单击"**逐语句**"按钮转到下一行代码（快捷键为F11功能键），如图2-6所示。"**逐语句**"将移动到行中函数（如果存在函数）内部的代码中。另一方面，"**逐过程**"将只执行当前代码并移到下一行。由于当前行没有函数，"**逐语句**"将模拟"**逐过程**"功能。

⬆ 图2-6 单击"逐语句"按钮

步骤12 需要注意，此时箭头已经移动到第21行，变量也已经更新。CapsuleHalfHeight=96.0和CapsuleRadius=42.0以红色突出显示。另外，还要注意BaseTurnRate变量已经初始化为0.0，如图2-7所示。

⬆ 图2-7　BaseTurnRate初始值

步骤13 再次单击"**逐语句**"按钮（或按F11功能键），转到第22行。现在，BaseTurnRate变量的值为45.0，并且BaseLookUpRate已初始化为0.0，如图2-8所示。

⬆ 图2-8　BaseTurnRate更新值

步骤14 再次单击"逐语句"按钮（或按F11功能键），转到第27行。现在，BaseLookUpRate变量的值为45.0。

同样，我们可以调试代码的其他部分，这样不仅可以熟悉调试器，还可以了解代码在幕后是如何工作的。

通过完成本练习，我们学会了如何在Visual Studio中设置调试点，并能够在特定位置停止调试，然后在观察对象及其变量值的同时逐行进行调试。这对任何开发人员来说都是非常重要的工具，许多开发人员经常使用这个工具来排除代码中繁琐的错误，尤其是在代码流复杂且变量数量庞大的情况下。

在任何时候，我们都可以通过使用顶部菜单栏上的按钮停止调试、重新启动调试，或者继续执行其余的代码，如图2-9所示。

⊕ 图2-9　Visual Studio中的调试工具

接下来，我们来学习将资产导入到虚幻引擎项目中的操作。

2.5 导入所需资产

虚幻引擎允许用户导入多种文件类型，以满足用户项目的个性化需求。开发人员可以根据需要调整和优化多种导入选项。

游戏开发人员经常导入一些常见文件类型，包括场景、网格、动画（从Maya或其他类似软件导出）、电影文件、图像（主要用于用户界面）、纹理、声音、CSV文件中的数据和FBX文件。这些文件可以从Epic Marketplace或其他途径（如互联网）获得，并在项目中使用。

我们可以通过将资产拖放到**"内容"**文件夹中，或者通过单击内容浏览器区域中的"导入"按钮来导入资产。

现在，让我们进行下一个练习，学习如何导入FBX文件，并了解其实施过程。

练习2.03 | 导入角色FBX文件

FBX文件广泛用于导出和导入三维模型，以及与之相关的材质、动画和纹理。本练习的重点是从FBX文件导入三维模型。

请按照以下步骤完成此练习。

步骤01 首先在GitHub上查找"Chapter02 | Exercise2.03 | ExerciseFiles"目录中的FBX文件，下载SK_Mannequin.FBX、ThirdPersonIdle.FBX、ThirdPersonRun.FBX和Third-PersonWalk.FBX文件。

> **注意事项**
>
> ExerciseFiles文件夹可在GitHub上找到，链接：https://github.com/PacktPublishing/Game-Development-Projects-with-Unreal-Engine/tree/master/Chapter02/Exercise2.03/ExerciseFiles。

步骤02 打开在练习2.01"创建一个空的C++项目"中创建的空项目。

步骤 03 在项目的"**内容浏览器**"区域，单击"**导入**"按钮，如图2-10所示。

步骤 04 在打开的"导入"对话框中，打开下载的文件夹，选择SK_Mannequin.FBX文件，然后单击"**打开**"按钮。

步骤 05 打开"**FBX导入选项**"对话框，确保"**动画**"类别下未勾选"**导入动画**"复选框，然后单击"**导入所有**"按钮。可能会弹出"**消息日志**"的警告对话框，说明在此FBX场景中未发现平滑组信息，现在可以忽略这个信息。成功地从FBX文件中导入了骨骼网格体后，我们还需要导入它的动画。

步骤 06 再次单击内容浏览器中"**导入**"按钮，在打开的对话框中将ThirdPersonIdle.FBX、ThirdpersonRun.FBX和ThirdpersonWalk.FBX文件全部导入。

步骤 07 确保将骨骼设置为在步骤05中导入的骨骼，然后单击"**导入所有**"按钮，如图2-11所示。

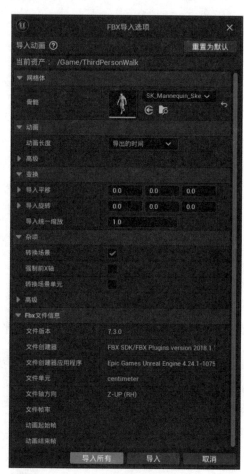

⬆ 图2-10 单击内容浏览器中的"导入"按钮　　⬆ 图2-11 "FBX导入选项"对话框

步骤 08 现在，在**内容浏览器**的"**内容**"文件夹中可以看到导入的三个动画（ThirdpersonIdle、ThirdpersonRun和ThirdpersonWalk）。

步骤 09 双击并打开Thirdpersonidle动画序列，我们看到角色的左臂是下垂的，这意味着存在重定向的问题，如图2-12所示。当动画与骨骼分开导入时，虚幻引擎将动画中的所有骨骼内部映射到骨骼上。然而，有时会导致一个小故障，接下来让我们来解决这个问题。

步骤10 如果之前没有打开，现在打开SK_Mannequin骨骼网格体，切换至"**骨骼树**"选项卡，如图2-13所示。

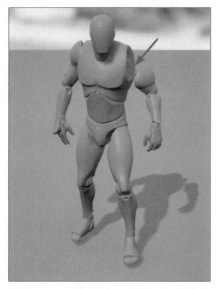

⬆ 图2-12　ThirdPersonIdle导入虚幻引擎　　⬆ 图2-13　SK_Mannequin骨骼树选项卡
后出现的人体模型动画故障

步骤11 在选项卡下单击搜索框右侧的 ⚙️∨ 按钮，在列表中勾选"**显示重定向选项**"复选框，如图2-14所示。

步骤12 现在，在"骨骼树"选项卡中减少spine_0l、thigh_1和thigh_r骨骼，以获得更好的可见性。

步骤13 按住Ctrl键并选择spine_0l、thigh_1和thigh_r骨骼，然后单击鼠标右键，在快捷菜单中选择"**递归设置翻译重定向骨骼**"命令，修复之前遇到的骨骼转换问题。

步骤14 重新打开Thirdpersonidle动画序列，可以看到人物模型吊臂问题已解决，如图2-15所示。

⬆ 图2-14　勾选"显示重定向选项"复选框　　⬆ 图2-15　固定ThirdPersonIdle动画

通过完成此练习，我们已经掌握了如何导入资产，更具体地说，我们在项目中导入了一个FBX骨骼网格体和动画数据。这对于众多游戏开发者的工作流程是至关重要的，因为资产是构建整个游戏的基础模块。

在下一节中，我们将介绍用于创建游戏的虚幻引擎核心类，以及如何在项目中使用它们。这对于游戏创建或体验是非常重要的。

2.6 虚幻引擎游戏模式类

在进行游戏开发时，我们希望能够在游戏中实现暂停游戏功能。为了满足这个需求，我们将所有与暂停游戏相关的逻辑和实现都封装在一个单独的类中。该类负责处理玩家进入游戏时的整个流程。游戏流程可以是游戏中出现的任何动作或一组动作。例如，简单的游戏暂停、播放和重新启动等。同样地，在多人游戏中，我们需要将所有与网络相关的游戏逻辑集中在一起。这正是游戏模式类存在的原因。

游戏模式是一个驱动游戏逻辑并将游戏相关规则强加给玩家的类，该类包含关于当前游戏的信息，例如游戏变量和事件等，这些将在本章后面介绍。游戏模式可以容纳所有游戏对象的管理器，作为一个单例类，可以被游戏中存在的任何对象或抽象类访问。

与所有其他类一样，游戏模式类可以在蓝图或C++中扩展。这样做可以通过添加额外的功能和逻辑，使玩家能够实时了解游戏中发生的事情。

让我们来看看游戏模式类中的游戏逻辑示例。

- 限制允许进入游戏的玩家数量。
- 控制新连接玩家的生成位置和玩家控制器逻辑。
- 记录游戏得分。
- 记录游戏的输赢情况。
- 实现游戏结束和重新启动游戏场景。

在下一节中，我们将介绍游戏模式提供的默认类。

2.6.1 游戏模式的默认类

除了游戏模式本身，还使用了几个类来实现游戏逻辑。我们可以为以下默认值指定相应的类。

- **游戏会话类：** 处理管理级别的游戏流程，如登录审批。
- **游戏状态类：** 处理游戏的状态，以便客户端可以看到游戏内部的情况。
- **玩家控制器类：** 用来拥有和控制Pawn的主要类，它可以被认为是一个决定做什么的大脑。
- **玩家状态类：** 保存游戏中玩家的当前状态。
- **HUD类：** 处理显示给玩家的用户界面。
- **默认Pawn类：** 玩家控制的主要角色，该类本质上就是玩家角色。
- **旁观者类：** 作为"默认Pawn类"的子类，Specatorpawn类指定负责观看游戏的Pawn。
- **重新播放旁观者玩家控制器类：** 在游戏回放过程中负责操纵回放的玩家控制器。
- **服务器统计数据复制器类：** 负责复制服务器统计网络数据。

我们既可以使用默认的类，也可以指定自己的类来实现自定义功能和行为。这些类将与游戏模式协同工作，并且会自动运行而无需放置在游戏世界中。

2.6.2 游戏事件

就多人游戏而言，当许多玩家进入游戏，处理逻辑以允许他们加入游戏、保持自身状态、查看其他玩家的状态，以及处理互动变得至关重要。

游戏模式提供了一系列事件，可以重写这些事件来处理这种多人游戏玩法逻辑。以下事件对于网络功能特别有用，它们主要用于以下方面。

- **On Post Log In：** 此事件在玩家成功登录游戏后被调用。从这一点开始，在玩家控制器类上调用复制逻辑（用于多人游戏中的联网）是安全的。
- **Handle Starting New player：** 这个事件在On Post Log In事件之后被调用，可以用来定义新进入的玩家会发生什么。默认情况下，它会为新连接的玩家创建一个Pawn。
- **SpawnDefaultPawnAtTransform：** 这个事件触发游戏中实际的Pawn生成。新连接的玩家可以在特定的变换或在关卡中预设的玩家起始位置生成（这些预设的玩家起始位置可以从"模型"窗口拖拽并放置到世界中来添加）。
- **On Logout：** 当玩家离开游戏或被销毁时调用此事件
- **On Restart player：** 调用该事件来让玩家重生。与SpawnDefaultPawnAtTransform类似，玩家可以在特定的变换或预先指定的位置（使用玩家的起始位置）重生。

2.6.3 网络

游戏模式类不会复制到任何客户端或连接的玩家，其使用范围仅限于生成它的服务器。从本质上讲，客户端-服务器模型规定客户端仅作为在服务器上正在运行的游戏的输入。因此，游戏玩法逻辑不应该存在于客户端，它应该只存在于服务器上。

2.6.4 游戏模式基础与游戏模式

从4.14版本开始，Epic引入了**游戏模式基础**类，作为所有**游戏模式**类的父类。它本质上是**游**

戏模式类的简化版本。

然而，**游戏模式**类包含一些额外的功能，更适合多人射击类型的游戏，这是因为它实现了匹配状态的概念。默认情况下，游戏模式基础包含在新的基于模板的项目中。

游戏模式还包含一个状态机，用于处理和记录玩家的状态。

现在我们已经对游戏模式及其相关类有了一定的了解，在下一节中，将学习关卡、关卡蓝图，以及它们如何与游戏模式类相关联。

2.7 理解关卡和关卡蓝图

在游戏领域中，关卡是游戏的组成部分。由于许多游戏规模庞大，它们被分解成不同的关卡。一个关卡被加载到游戏中供玩家玩，当玩家完成该关卡时，另一个关卡可能会被加载进来（同时当前关卡会被卸载），这样玩家就可以继续游戏。为了完成游戏，玩家通常需要完成一组特定的任务才能进入下一个关卡，最终完成游戏。

游戏模式可以直接应用于关卡。在加载关卡时，将使用指定的游戏模式类来处理该特定关卡的所有逻辑和游戏玩法，并覆盖该关卡的项目游戏模式，我们可以在打开关卡后使用"**世界场景设置**"面板应用此设置。

关卡蓝图是在关卡内运行的蓝图，不能在关卡范围外访问。游戏模式可以在任何蓝图（包括关卡蓝图）中通过Get Game Mode节点访问。稍后可以将其转换为游戏模式类，以获得对它的引用。

> **注意事项**
> 一个关卡只能有一个游戏模式类。然而，一个单一的游戏模式类可以分配到多个关卡，以模仿类似的功能和逻辑。

2.7.1 虚幻引擎Pawn类

在虚幻引擎中，Pawn类是最基本的Actor类（无论是玩家还是人工智能）。它还能形象地代表游戏中的玩家或机器人。这个类中的代码与游戏实体相关，包括交互、移动和能力逻辑。玩家在游戏中的任何时候只能拥有一个Pawn。此外，玩家可以在游戏过程中放弃一个Pawn而控制另一个Pawn。

DefaultPawn类

虚幻引擎为开发人员提供了一个继承自基本类Pawn的DefaultPawn类。在Pawn类的基础上，该类包含了允许它在世界中移动的附加代码，就像在游戏的编辑器版本中一样。

SpectatorPawn类

有些游戏提供了观赛功能，使得玩家能够通过摄像头观看其他玩家正在进行的游戏。在等待朋友加入时我们也可以通过移动摄像头来观察玩家或游戏本身。有些游戏还提供了回放功能，允许观看过去或游戏中任意时刻发生的特定游戏行为。

顾名思义，这是一种特殊类型的Pawn，提供了观看游戏的示例功能。它包含了执行此操作所需的所有基本工具，比如Spectator Pawn Movement组件。

2.7.2 玩家控制器类

玩家控制器类可以视为代表玩家的实体，其本质上是Pawn的核心。玩家控制器接收来自用户的输入，并将其传递给Pawn和其他类，以便玩家与游戏进行交互。在处理该类时必须注意以下几点。

- ◉ 与Pawn不同，在一个关卡中只能有一个玩家控制器代表玩家。
- ◉ 玩家控制器在整个游戏中持续存在，但Pawn可能不会（例如在战斗游戏中，玩家角色可能会死亡并重生，但玩家控制器将保持不变）。
- ◉ 由于Pawn的临时性和玩家控制器的永久性，开发人员需要记住应该将哪些代码添加到哪个类中。

让我们在下一个练习中更好地理解这一点。

练习2.04 设置游戏模式、玩家控制器和Pawn类

本练习将使用在"练习2.01 创建一个空的C++项目"中创建的空白项目，将游戏模式、玩家控制器和Pawn类添加到游戏中，并测试代码是否在蓝图中工作。

请按照以下步骤完成这个练习。

步骤01 打开我们在"练习2.01 创建一个空的C++项目"中创建的空白项目。

步骤02 在内容浏览器区域内空白处右击，并在快捷菜单中选择"**蓝图类**"命令。

步骤03 在打开的"**选取父类**"对话框中展开"**所有类**"部分，选择"GameMode（**游戏模式**）"作为父类，单击"**选择**"按钮，如图2-16所示。

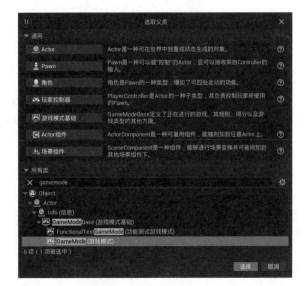

图2-16 选择GameMode类

步骤 04 将创建的游戏模式类命名为BP_MyGameMode。

步骤 05 重复步骤02到步骤04，并从"**通用**"区域中选择**Pawn**类作为父类。设置这个类的名称为BP_MyPawn。

步骤 06 重复步骤02到步骤04，在"**通用**"区域选择"**玩家控制器**"类。设置这个类的名称为BP_MyPC，如图2-17所示。

步骤 07 打开BP_MyGameMode并切换至"**事件图表**"选项卡，如图2-18所示。

⬆图2-17　创建的游戏模式、Pawn和玩家控制器的名称　　　　⬆图2-18　在蓝图中切换至"事件图表"选项卡

步骤 08 按住Event Beginplay节点上的白色执行引脚并拖动到"事件图表"选项卡的空白处，然后松开鼠标左键以打开上下文菜单，在搜索框中输入print并选择列表中突出显示的Print String节点选项，如图2-19所示。

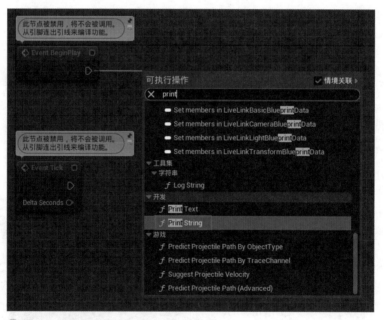

⬆图2-19　添加Print String节点

步骤 09 在Print String节点中In String参数下输入"My Game Mode has started！"

步骤 10 单击菜单栏上的"**编译**"和"**保存此资产**"按钮。

步骤 11 对BP_MyPawn和BP_MyPC类重复步骤07到步骤10的操作，将In String参数分别设置为"My Pawn has started！"和"My PC has started！"。

步骤 12 最后，单击蓝图编辑器右侧的"**设置**"按钮，在列表中选择"**世界场景设置**"选项，如图2-20所示。

步骤13 切换至"**世界场景设置**"面板，在"**游戏模式**"类别下设置"**游戏模式重载**"为BP_MyGameMode、"**默认pawn类**"为BP_MyPawn、"**玩家控制器类**"为BP_MyPC，如图2-21所示。

● 图2-20 选择"世界场景设置" 选项

● 图2-21 在"世界场景设置"面板中设置 "游戏模式"相关参数

步骤14 单击"播放"按钮，开始游戏并查看顶部的三个打印语句。这意味着当前的"**游戏模式重载**""**默认pawn类**"和"**玩家控制器类**"选项已设置为指定的类，并且正在运行它们的代码，如图2-22所示。

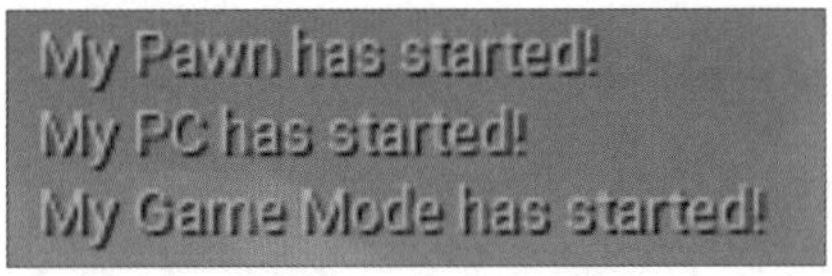

My Pawn has started!
My PC has started!
My Game Mode has started!

● 图2-22 查看打印的内容

注意事项

我们可以在GitHub上的"Chapter02 | Exercise2.04 | Ex2.04-Completed.rar"中找到完成的练习代码文件，链接：https://packt.live/3k7nS1K。

打开.rar文件后，双击.uproject文件。将显示一个提示，询问是否要现在重建？单击"Yes"按钮，构建必要的中间文件，之后它将在虚幻引擎编辑器中自动打开项目。

学习了基本类和它们如何在虚幻引擎中工作后，在下一节中，我们将学习动画的相关过程，以及它们如何完成的。之后，我们将进行一个练习。

2.8 使用动画

动画在增强游戏的生命力和丰富性方面至关重要。出色的动画是区分普通游戏与优秀游戏、优秀游戏与最佳游戏的主要因素之一。视觉逼真度是保持玩家兴奋和沉浸在游戏中的关键因素，因此动画成了虚幻引擎中创建的所有游戏和体验的核心部分。

2.8.1 动画蓝图

动画蓝图是一种特殊的蓝图，允许我们控制骨骼网格体的动画，并提供了一个专门用于处理动画相关任务的图形界面。在这个界面中，我们可以定义计算骨骼姿势的逻辑。

动画蓝图提供两种图表："**事件图表**"和AnimGraph。

2.8.2 "事件图表"选项卡

动画蓝图中的"**事件图表**"选项卡提供了与动画相关的设置事件，正如我们在"第1章　虚幻引擎简介"中所学到的，可以用于变量操作和逻辑。"**事件图表**"选项卡主要用于动画蓝图中更新混合空间值，这反过来又驱动AnimGraph选项卡中的动画。这里列举最常使用的事件，具体如下。

- ◉ **Event Blueprint Initialize Animation：** 用于初始化动画。
- ◉ **Event Blueprint Update Animation：** 该事件每帧执行一次，允许开发人员执行计算并根据需要更新其值，如图2-23所示。

⬆ 图2-23　动画的"事件图表"选项卡

在图2-23中，我们可以看到默认的"事件图表"选项卡中包含Event Blueprint Update Animation和Try Get Pawn Owner节点。在"练习2.04　设置游戏模式、玩家控制器和Pawn类"中，我们创建了新的节点并将它们附加到图表中，以完成一些有意义的任务。

2.8.3 AnimGraph

AnimGraph选项卡专门用于播放动画，并在每帧的基础上输出骨骼的最终姿势。它为开发人员提供了执行不同逻辑的特殊节点。例如，Blend节点接收多个输入，并用于确定当前在执行中使用哪个输入。这个决策通常依赖于一些外部输入（比如alpha值）。

AnimGraph选项卡的工作原理是通过跟踪正在使用的节点上的执行引脚之间的执行流来评估节点。

在图2-24中，我们可以看到图表上只有Output Pose节点。这是动画的最终姿势输出，将在游戏中的相关骨骼网格体上可见。我们将在"练习2.05　创建人体模型动画"中使用该节点。

图2-24　动画的AnimGraph选项卡

2.8.4 状态机

我们已经了解了如何设置动画节点和逻辑，但是缺少一个基本组件来决定何时播放或执行特定的动画或逻辑。这就是状态机所发挥的作用。例如，玩家可能需要从蹲下的姿势转变为站立的姿势，此时动画需要更新。代码将调用动画蓝图，访问状态机，并让它知道需要更改动画的状态，从而实现平滑的动画转换。

状态机由状态和规则组成，这些状态和规则可以视为描述了动画的状态。状态机在特定时间总是处于一种状态。当满足某些条件（由规则定义）时，执行从一种状态过渡到另一种状态。

2.8.5 过渡规则

每个过渡规则包含一个名为Result的布尔节点，如图2-25所示。如果布尔值为真，则可以发生过渡，反之则不发生过渡。

图2-25　过渡规则的Result节点

2.8.6 混合空间

当我们提供了一堆动画时，可以创建一个状态机并运行这些动画。但是，当需要从一个动画过渡到另一个动画时，就会出现问题。如果只是简单地切换动画，会出现故障，这是因为新动画的开始姿势可能与旧动画的结束姿势不同。

混合空间是一种特殊的资产，用于根据不同动画的Alpha值在它们之间进行插值。这反过来又消除了出现的小故障的问题，并在两个动画之间进行插值，从而使动画快速而平滑地过渡。

混合空间可以在一维（称为混合空间1D）或二维（称为混合空间）中创建，它们分别基于一个或两个输入混合任意数量的动画。

练习2.05 创建人体模型动画

现在，我们已经学习了与动画相关的大部分概念，下面将通过向默认人体模型添加动画逻辑来进行实践。本练习将创建一个混合空间1D、一个状态机和动画逻辑。

我们在这里的目标是创建角色的运行动画，从而深入了解动画是如何工作的，以及它们在3D世界中绑定到实际角色的方式。

请按照以下步骤完成这个练习。

步骤01 在GitHub上下载并解压缩"Chapter02 | Exercise2.05 | ExerciseFiles"目录的所有内容，然后将其解压缩到我们计算机上的任何目录中。

> **注意事项**
>
> ExerciseFiles目录可以在GitHub上下载，链接：https://github.com/PacktPublishing/Game-Development-Projects-with-Unreal-Engine/tree/master/Chapter02/Exercise2.05/ExerciseFiles。

步骤02 双击CharAnim.Uproject文件，启动项目。

步骤03 单击"播放"按钮，使用键盘上的W，A，S和D键移动角色，按空格键可以使角色跳跃。需要注意，目前人体模型上是没有动画的。

步骤04 打开"内容"文件夹，切换到"内容|Mannequin | Animations"文件夹。

步骤05 在"内容"文件夹的空白处右击，在打开的快捷菜单中选择"动画"命令，在子菜单中选择"混合空间"命令。

步骤06 在打开的"选取骨骼"窗口中选择UE4_Manne-quin_Skeleton骨骼。

步骤07 将新创建的文件命名为BS_IdleRun。

步骤08 双击BS_IdleRun以打开它。

步骤09 在"资产详情"面板的Axis Settings类别下，展开"水平坐标"部分，将"名称"设置为Speed、"最大轴值"设置为375.0，如图2-26所示。

⬆ 图2-26 混合空间的轴设置

步骤 10 转到 "**取样平滑**" 类别下，将 "**权重速度**" 设置为5.0。

步骤 11 将ThirdPersonIdle、ThirdPersonWalk和ThirdPersonRun动画分别拖放到图表中，如图2-27所示。

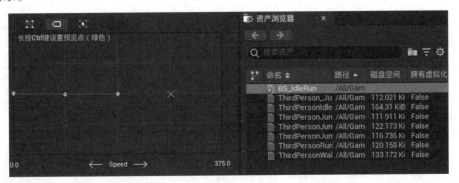

🔺图2-27　混合空间预览器

步骤 12 在 "**资产详情**" 面板 "**混合采样集**" 类别下，设置图2-28的变量值。

步骤 13 单击 "**保存此资产**" 按钮后关闭此资产。

步骤 14 在 "**内容**" 文件夹的空白处右击，在快捷菜单中选择 "**动画**" 命令，在子菜单中选择 "**动画蓝图**" 命令。

步骤 15 打开 "**创建动画蓝图**" 对话框，在 "**特定骨架**" 区域选择UE4_Mannequin_Skeleton，然后单击 "**创建**" 按钮，如图2-29所示。

🔺图2-28　混合采样集

🔺图2-29　创建动画蓝图资源

步骤 16 将创建的动画蓝图命名为Anim_Mannequin，并按Enter键。

步骤 17 双击新创建的Anim_Mannequin文件。

步骤 18 接下来切换至 "**事件图表**" 选项卡。

步骤 19 在 "**我的蓝图**" 面板中创建一个布尔类型的变量并命名为 "IsInAir?"，如图2-30所示。单击左下角 "变量" 中的加号图标创建变量后，再设置变量类型。

步骤20 创建一个名为Speed的浮点类型的变量。

步骤21 拖拽Try Get Pawn Owner节点的Return Value输出引脚到空白处，在打开的上下文菜单的搜索框中键入"valid"，然后选择"**工具**"区域下的选项，如图2-31所示。

⬆图2-30　创建布尔变量

⬆图2-31　在"事件图表"中添加Is Valid节点

步骤22 将Event Blueprint Update Animation节点的输出执行引脚连接到Is Valid节点的Exec输入引脚，如图2-32所示。

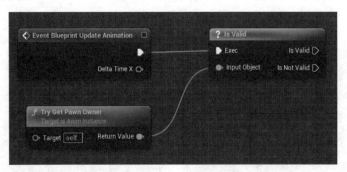

⬆图2-32　连接节点

步骤23 从Try Get Pawn Owner节点的Return Value输出引脚连接Get Movement Component节点的输入引脚。

步骤24 从Get Movement Component节点的Return Value输出引脚拖出一条引线，在上下文菜单中添加Is Falling节点，并将该节点的返回值连接到Is inAir?变量节点。连接SET节点的执行引脚到Is Valid节点的执行引脚，如图2-33所示。

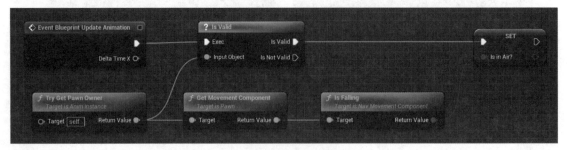

⬆图2-33　Is inAir? 变量的设置

步骤 25 从Try Get Pawn Owner节点的Return Value输出引脚拖出一条引线并添加Get Velocity节点，再从Get Velocity节点的Return Value拖出一条引线并添加VectorLength节点，将该节点的输出连接到Speed节点，最后连接Is inAir和Speed节点，如图2-34所示。

图2-34　Speed变量的设置

步骤 26 接下来，切换至Animgraph选项卡。

步骤 27 在Animgraph选项卡的空白处右击，在上下文菜单的搜索框中输入"state machine"，在列表中选择"状态机"区域下的State Machine，如图2-35所示。

步骤 28 确保已选择添加的节点，按F2功能键将其重命名为MannequinStateMachine。

步骤 29 将MannequinStateMachine的输出引脚连接到Output Pose节点的输入引脚，然后单击顶部工具栏上的**"编译"**按钮，如图2-36所示。

图2-35　添加新的状态机

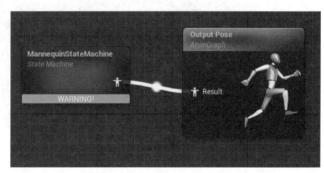

图2-36　在Output Pose节点中配置状态机

步骤 30 双击MannequinstateMachine节点以进入**"状态机"**，我们将看到一个Entry节点。连接到它的状态将成为人体模型的默认状态。在本练习中，这将是空闲动画。

步骤 31 右键单击状态机内的空白区域，然后从上下文菜单中选择**"添加状态"**命令。按F2功能键将其重命名为Idle/Run（空闲/运行）。

步骤 32 拖动Entry节点旁边的图标，将其指向Idle/Run节点的内部，然后释放鼠标以进行连接，如图2-37所示。

步骤 33 双击Idle/Run状态将其打开。

步骤34 从右下角的"**资产浏览器**"面板中，选择BS_IdleRun动画并拖动到图表中。从左侧的"**我的蓝图**"面板的"**变量**"区域拖动Speed到图表中并获取Speed变量，最后连接这些节点，如图2-38所示。

图2-37 将添加的状态连接到Entry

图2-38 Idle/Run状态设置

步骤35 在顶部单击MannequinStateMachine，切换至它的图表，如图2-39所示。

图2-39 状态机导航栏

步骤36 从"**资产浏览器**"面板中，将ThirdPersonJump_Start动画拖放到图表中，将其重命名为Jump_Start。

步骤37 对ThirdPersonJump_Loop和ThirdPerson_Jump动画重复步骤36的操作，并将它们分别重命名为Jump_Loop和Jump_End，如图2-40所示。

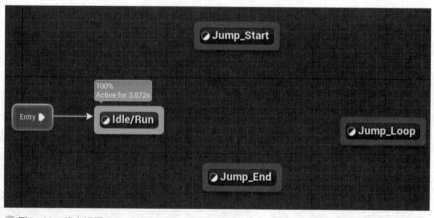

图2-40 状态设置

步骤38 打开Jump_Start状态，选择ThirdPersonJump_Start节点，在"细节"面板的"设置"类别中取消勾选"循环动画"复选框。

步骤39 打开Jump_Loop状态，选择ThirdPersonJump_Loop节点，在"细节"面板的"设置"类别下设置"播放速率"为0.75。

步骤40 打开Jump_End状态，选择ThirdPerson_Jump节点，在"细节"面板的"设置"类别中取消勾选"循环动画"复选框。

步骤41 因为我们可以从Idle/Run切换到Jump_Start，所以从Idle/Run状态拖动并将其放到Jump_Start状态。相同的方法，设置Jump_Start指向Jump_Loop，然后再指向Jump_End，最后返回到Idle/Run。各节点的连接效果如图2-41所示。

54

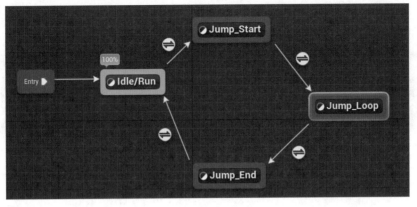

图2-41 状态连接

步骤42 双击Idle/Run到Jump_Start过渡规则图标，并获取Is in Air？变量，最后连接节点，如图2-42所示。

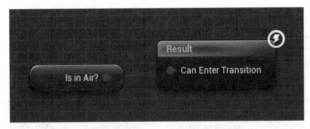

图2-42 Idle/Run到Jump_Start过渡规则设置

步骤43 打开Jump_Start到Jump_Loop过渡规则。获取Time Remaining（ratio）（ThirdPersonJump_Start）节点，并检查其是否小于0.1，最后连接各节点，如图2-43所示。

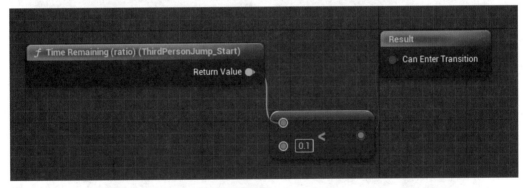

图2-43 Jump_Start到Jump_Loop过渡规则的设置

步骤44 打开Jump_Loop到Jump_End的过渡规则，添加Is in Air？变量的节点，再添加"布尔"区域的NOT节点，效果如图2-44所示。

图2-44 Jump_Loop到Jump_End的过渡规则的设置

步骤 45 打开Jump_End到Idle/Run过渡规则。获取ThirdPerson_Jump (ratio)(ThirdPerson_Jump)
节点，并检查其是否小于0.1。连接各节点的结果如图2-45所示。

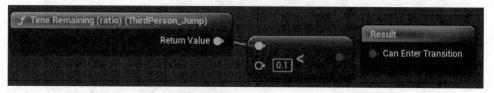

⬆ 图2-45　Jump_End到Idle/Run过渡规则的设置

步骤 46 关闭动画蓝图。

步骤 47 打开"**内容**"文件夹，导航到"内容 | ThirdPersonBP | Blueprints"文件夹，并打开
ThirdPersonCharacter蓝图。

步骤 48 在"组件"面板中选择"网格体"组件，如图2-46所示。

步骤 49 在"细节"面板中，将"动画"类别下的"动画类"设置为我们创建的动画蓝图
类，如图2-47所示。

⬆ 图2-46　选择"网格体"组件

⬆ 图2-47　在骨骼网格体组件中指定动画蓝图

步骤 50 关闭蓝图。

步骤 51 再次进行游戏时，请注意观察动画效果。

在图2-48中，我们看到角色正在奔跑的动画效果。

⬆ 图2-48　角色的奔跑动画

注意事项

我们可以在GitHub上找到完整的练习代码文件，在https://packt.live/3kdIlSL链接中的Chapter02 | Exercise2.05 | Ex2.05-Completed.rar目录中。

下载.rar文件后，双击.uproject文件，将显示一个提示，询问是否要现在重建？单击"Yes"按钮，构建必要的中间文件，之后在虚幻引擎编辑器中自动打开项目。

通过完成此练习，我们掌握了如何创建状态机、混合空间1D、动画蓝图，以及如何将其与角色的骨骼网格体联系在一起。我们还了解了播放速率、过渡速度和过渡状态等概念，这有助于帮助我们理解动画世界错综复杂的联系。

在本节开始时，我们通过理解状态机如何用于表示动画状态和在动画之间转换来展开学习。接下来，我们学习了如何使用混合空间1D在这些过渡之间进行混合。动画蓝图利用这些概念来决定角色的当前动画。现在，让我们把这些概念整合到下一个活动中。

活动2.01 | 将动画链接到角色

假设，我们作为一个虚幻引擎游戏开发者，已经拥有了一个角色骨骼网格体和相应的动画，现在的任务是将它们整合到一个项目中。为了实现这个目标，我们将创建一个包含动画蓝图、状态机和混合空间1D的解决方案。通过完成这个活动，我们能够在虚幻引擎中使用动画，并将它们与骨骼网格体关联。

这个活动的项目文件夹中包含一个**第三人称游戏**模板项目，以及一个新角色Ganfault。

注意事项

这个角色和对应的动画可以从mixamo.com下载。这些已经放在本书的GitHub存储库的Content |Ganfault文件夹中，下载链接：https://packt.live/35eCGrk。

Mixamo.com是一个提供3D动画角色销售服务和3D模型资产市场的网站。除了付费模型，它还包含一个免费模型库。

请按照以下步骤完成此活动。

步骤01 首先为行走和奔跑动画创建一个1D混合空间，并设置动画蓝图。

步骤02 接下来，进入"内容 | ThirdPersonBP | Blueprints"文件夹，打开ThirdPersonCharacter蓝图。

步骤03 在"组件"面板中选择"骨骼网格体"组件，然后在右侧的"细节"面板内用Ganfault替换SkeletalMesh引用。

步骤04 同样，使用为Ganfault创建的动画蓝图更新骨骼网格体组件的"动画蓝图"部分。

注意事项

对于状态机，只实现Idle/Run和Jump状态。

当我们完成了这个活动，走/跑和跳动画应该正常运行，如图2-49所示。

图2-49 活动2.01预期输出效果（左：跑；右：跳）

注意事项

此活动的解决方案可以在GitHub上找到：https://github.com/PacktPublishing/Elevating-Game-Experiences-with-Unreal-Engine-5-Second-Edition/tree/main/Activity%20solutions。

通过完成此活动，我们掌握了虚幻引擎项目导航、代码调试以及与动画协同工作的技巧。我们还深入理解了状态机的概念，它表示动画状态和过渡中使用的1D混合空间。现在，我们已经可以根据游戏事件和输入为3D模型添加动画效果。

2.9 本章总结

在本章中，我们首先学习了如何创建一个空的项目。接着学习了文件夹结构以及如何在项目目录中组织文件。之后，我们研究了基于模板的项目。通过学习如何在代码中设置断点，我们能够在游戏运行时观察变量值并调试整个对象，这将有助于发现并解决代码中的漏洞。

此后，我们学习了游戏模式、玩家Pawn和玩家控制器是如何在虚幻引擎中用于设置游戏流程的（代码的执行顺序），以及如何在项目中设置它们。

最后，我们学习了动画的基础知识，并使用状态机、1D混合空间和动画蓝图来根据键盘输入在游戏中创造角色动画（行走、奔跑和跳跃）。

在本章中，我们进一步熟悉了虚幻引擎中对游戏开发至关重要的强大工具。虚幻引擎的游戏模式及其默认类是在虚幻引擎中制作任何类型的游戏或体验所需要的。此外，动画赋予角色生命力，并有助于增加游戏的沉浸感。动画、角色和游戏逻辑是驱动任何游戏的核心组件，这些技能将在游戏开发过程中为我们提供无数次的帮助。

在下一章中，我们将探讨虚幻引擎中的"**角色**"类、其组件以及如何扩展类的额外设置。我们将进行各种练习，进一步巩固所学的内容。

第 3 章

角色类组件和蓝图设置

在前一章中，我们学习了如何创建空的项目和导入文件、文件夹结构，以及如何使用动画。在本章中，我们将介绍使用虚幻引擎时会用到的其他关键工具和功能。

在构建游戏功能时，游戏开发人员可以利用各种工具来节省时间和精力，虚幻引擎强大的对象继承功能为开发人员提供了所需的竞争优势。此外，开发人员还可以灵活使用C++和蓝图编程，并将其运用到开发游戏中。

开发人员获得的另一个增值优势是能够扩展代码供以后在项目中使用。假设客户有基于旧需求的新需求（就像大多数游戏工作室的情况一样），现在，为了实现功能扩展，开发人员只需继承一个类，并向该类中添加更多功能，即可快速实现客户的需求。这种功能非常强大，并且在很多情况下都能派上用场。

在本章中，我们将讨论以下内容。

- ⊙ 了解虚幻引擎角色类的概念
- ⊙ 用蓝图扩展C++类

3.1 技术要求

本章将重点讨论C++中的**角色类**。我们将学习如何在C++中扩展**角色类**，然后在蓝图中通过继承进一步扩展这个新创建的**角色类**。我们还将处理玩家输入和一些移动逻辑。我们将深入探讨虚幻引擎**角色类**，编写C++代码，然后在蓝图进行拓展，最后使用它来创建一个游戏中的角色。

在本章结束时，我们将理解在虚幻引擎5中类继承是如何工作的，以及如何利用它为我们带来优势。我们还会熟练使用轴映射和输入映射，这是驱动玩家相关输入逻辑的关键。

本章的技术要求如下。

⦿ 安装虚幻引擎5。

⦿ 安装Visual Studio 2022。

本章的完整代码可以从GitHub下载，链接：https://github.com/PacktPublishing/Elevating-Game-Experiences-with-Unreal-Engine-5-Second-Edition。

3.2 虚幻引擎角色类

在了解虚幻引擎角色类的概念之前，我们先简要地介绍一下继承的概念。如果我们习惯使用C++或其他类似的编程语言，应该已经熟悉这个概念。继承是一个类从另一个类派生特征和行为的过程。C++可以扩展类来创建一个新类——派生类（它保留基类的属性），并允许修改这些属性或添加新特性。角色类就是一个典型的例子。

角色类是一种特殊类型的Pawn，继承自虚幻引擎中的Pawn类。在Pawn类的基础上，角色类默认具有一些移动功能，以及一些可以添加角色移动的输入。标准情况下，角色类为用户提供让角色在创建的世界中行走、奔跑、跳跃、飞行和游泳的能力。

由于角色类是Pawn类的扩展，包含了Pawn类的所有代码和逻辑，开发人员可以扩展这个类来添加更多的功能。扩展角色类时，其现有组件作为继承组件转移到扩展类中（在本例中是Capsule、Arrow和Mesh组件）。

> **注意事项**
>
> 继承的组件无法被删除，尽管可以更改其设置，但是添加到基类中的组件始终存在于扩展类中。在这种情况下，基类可视为Pawn类，而扩展（或子）类则是角色类。

角色类提供了以下继承组件。

⦿ **胶囊体组件（Capsule component）**：这是根组件，作为"原点"，其他组件在层次结构中连接到该组件上。这个组件还具备碰撞功能，并以胶囊形式呈现，从逻辑上概括了多种角色形态（特别是人形）。

- ◉ **箭头组件（Arrow component）**：该组件提供了一个指向层次结构前面的简单箭头。默认情况下，游戏开始时它是隐藏的，也可以根据需要调整为可见。该组件可以用于调试和优化游戏逻辑。
- ◉ **骨骼网格体组件（Skeletal Mesh component）**：这是开发人员在角色类中最关注的主要组件。骨骼网格体是角色将采取的形态，可以在这里设置所有相关变量，包括动画、碰撞等。

大多数开发者通常更喜欢使用C++编写游戏和角色逻辑，并将其扩展到蓝图，以便执行其他简单任务，例如将资产连接到类。因此，开发人员可以创建一个继承角色类的C++类，在该类中编写所有的移动和跳跃逻辑，然后用蓝图扩展该类，其中开发人员使用所需的资产更新组件（例如骨骼网格体和动画蓝图），并可选择将附加功能编写到蓝图中。

扩展角色类

在角色类被C++或蓝图继承时，可以进行扩展。这个扩展的角色类是角色类的子类（称为其父类）。扩展类是面向对象编程中一个重要且强大的特性，可以实现深层次的类扩展。

| 练习3.01 | 创建和设置第三人称角色C++类

在本练习中，我们将基于角色类创建一个C++类，还将初始化在扩展这个角色类的类的默认值中设置的变量。

请按照以下步骤完成练习。

步骤01 启动虚幻引擎，在"**新建项目**"对话框中选择"**游戏**"类别。

步骤02 在中间区域选择"**空白**"模板。

步骤03 选择"**项目默认设置**"区域的C++作为项目类型，设置"**项目名称**"为MyThirdPerson，选择合适的项目目录，然后单击"**创建**"按钮。

步骤04 在虚幻引擎编辑器中单击菜单栏中"**工具**"菜单按钮，在快捷菜单中选择"**新建C++类**"命令。

步骤05 在打开的"**添加C++类**"对话框中，选择"**角色**"作为类的类型，然后单击"下一步"按钮。

步骤06 将该类命名为MyThirdPersonChar，单击"**创建类**"按钮。

步骤07 执行以上操作后，Visual Studio将打开MyThirdPersonChar.cpp和MyThirdPersonChar.h文件。

注意事项

在某些系统上，可能需要以管理员权限运行虚幻引擎编辑器，才能使用新创建的C++文件自动打开Visual Studio解决方案。

步骤 **08** 切换至MyThirdPersonChar.h文件对应的选项卡，在GENERATED_BODY()代码的下方添加以下代码。

```
// Spring arm component which will act as a
// placeholder for
// the player camera. This component is recommended to // be used as it
automatically controls how the
//camera handles situations
// where it becomes obstructed by geometry inside the
// level, etc
UPROPERTY(VisibleAnywhere, BlueprintReadOnly, Category =
    MyTPS_Cam, meta = (AllowPrivateAccess = "true"))
class USpringArmComponent* CameraBoom;
// Follow camera
UPROPERTY(VisibleAnywhere, BlueprintReadOnly, Category =
    MyTPS_Cam, meta = (AllowPrivateAccess = "true"))
class UCameraComponent* FollowCamera;
```

在以上代码中，我们声明了两个组件：Camera组件本身和Camera boom，后者在距离玩家一定距离处充当摄像机的占位符。这些组件将在步骤11的构造函数中初始化。

步骤 **09** 在MyThirdPersonChar.h文件的#include "CoreMinimal.h" 代码下方添加以下#include语句。

```
#include "GameFramework/SpringArmComponent.h"
#include "Camera/CameraComponent.h"
```

步骤 **10** 现在，转到MyThirdPersonChar.cpp文件，在#include MyThirdPersonChar.h代码下方添加以下#include语句。

```
#include "Components/CapsuleComponent.h"
#include "GameFramework/CharacterMovementComponent.h"
```

前面的代码将相关的类添加到类中，这意味着我们现在可以访问它的方法和定义。

步骤 **11** 在AMyThirdPersonChar:: AmyThirtPersonChar()函数中添加以下代码。

```
// Set size for collision capsule
GetCapsuleComponent()->InitCapsuleSize(42.f, 96.0f);
// Don't rotate when the controller rotates. Let that // just affect the
camera.
bUseControllerRotationPitch = false;
bUseControllerRotationYaw = false;
bUseControllerRotationRoll = false;
// Configure character movement
GetCharacterMovement()->bOrientRotationToMovement = true;
// Create a camera boom (pulls in towards the
    player if there is a collision)
CameraBoom =
    CreateDefaultSubobject<USpringArmComponent>(
    TEXT("CameraBoom"));
```

```
CameraBoom->SetupAttachment(RootComponent);
CameraBoom->TargetArmLength = 300.0f;
CameraBoom->bUsePawnControlRotation = true;
// Create a camera that will follow the character
FollowCamera =
    CreateDefaultSubobject<UcameraComponent>(
    TEXT("FollowCamera"));
FollowCamera->SetupAttachment(CameraBoom,
    USpringArmComponent::SocketName);
FollowCamera->bUsePawnControlRotation = false;
```

以上代码片段的最后一行用于设置摄像机，将其旋转与Pawn的旋转绑定。这意味着镜头应该根据与这个Pawn相关联的玩家控制器的旋转而旋转。

步骤 12 返回到虚幻引擎项目，单击底部的编译图标按钮，如图3-1所示。

⬆ 图3-1 单击虚幻编辑器底部的"编译"按钮

实时编码成功的消息将显示在屏幕的右下角。

注意事项

我们可以在GitHub上的"Chapter03 | Exercise3.01"文件夹中找到完整的练习代码文件，链接：https://github.com/PacktPublishing/Game-Development-Projects-with-Unreal-Engine/tree/master/Chapter03/Exercise3.01。

下载.rar文件后，双击.uproject文件，将显示一个提示，询问是否要现在重建？单击"Yes"按钮构建必要的中间文件，之后将在虚幻编辑器中自动打开项目。

通过完成这个练习，我们学会了如何扩展角色类、如何初始化角色类的默认组件，以及如何从虚幻引擎编辑器中编译更新的代码。接下来，我们将学习如何扩展在蓝图中创建的C++类，并探讨为什么在许多情况下这是可行的。

3.3 用蓝图扩展C++类

如前文所述，大多数开发人员将C++代码逻辑扩展到蓝图，并与将要使用的资产联系起来。与在代码中查找和设置资产相比，这样做是为了实现更便捷的资产分配。此外，它允许开发人员使用强大的蓝图功能（如时间轴、事件和宏），结合C++代码来实现使用C++和蓝图进行开发的优势。

到目前为止，我们成功构建了一个C++角色类，并且实现了组件和移动功能。现在，我们希望明确将在类中使用的资产，并添加输入和移动功能。为此，利用蓝图进行扩展并在其中进行设置。这就是我们在下一个练习中要实现的功能。

练习3.02 | 使用蓝图扩展C++

在本练习中，我们将学习如何使用蓝图扩展创建的C++类，以便在现有的C++代码之上添加蓝图代码。我们还将添加输入键绑定，该绑定将负责移动角色。

请按照以下步骤完成这个练习。

步骤01 下载并解压缩"Chapter03/Exercise3.02/ExerciseFiles"目录的内容，该目录可以在GitHub上找到。

注意事项

ExerciseFiles目录可以在GitHub上找到，链接：https://github.com/PacktPublishing/Game-Development-Projects-with-Unreal-Engine/tree/master/Chapter03/Exercise3.02/ExerciseFiles。

步骤02 打开我们在"练习3.01　创建和设置第三人称角色C++类"中创建的MyThirdPerson项目中的"**内容**"文件夹。

步骤03 复制在步骤1中创建的MixamoAnimPack文件夹，并将其粘贴到步骤02打开的"**内容**"文件夹中，如图3-2所示。

步骤04 打开项目。在内容浏览器区域内单击鼠标右键，在快捷菜单中选择"**蓝图类**"命令。

步骤05 打开"**选取父类**"对话框，展开"**所有类**"，在搜索框中键入GameMode，在下方选择"**GameMode（游戏模式）**"选项，然后单击"选择"按钮，如图3-3所示。

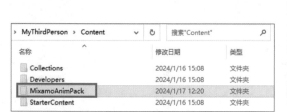

⬆图3-2　MixamoAnimPack放置在项目目录中　　　　⬆图3-3　创建游戏模式类

注意事项

MixamoAnimPack资产可以通过以下链接从Epic市场获得：

https://www.unrealengine.com/marketplace/en-US/product/mixamo-animation-pack。

步骤06 将在步骤05中创建的蓝图命名为BP_GameMode。

步骤07 重复步骤05。

步骤08 在搜索框中输入"MyThirdPersonChar",并选择该类,然后单击"**选择**"按钮。

步骤09 将在步骤08中创建的蓝图命名为BP_MyTPC。

步骤10 打开"**世界场景设置**"面板,在"**游戏模式**"类别中单击"**游戏模式重载**"右侧的"**无**"下三角按钮,然后在列表中选择BP_GameMode选项,如图3-4所示。

步骤11 展开"**选中的游戏模式**"类别,将"**默认pawn类**"设置为BP_MyTPC,如图3-5所示。

⬆ 图3-4 在世界场景设置中指定游戏模式　　　⬆ 图3-5 指定游戏模式下的默认pawn类

步骤12 打开BP_MyTPC,选择左侧"**组件**"面板层次结构中的"**网格体(Inherited)**"组件。

步骤13 在"**细节**"面板中展开"**网格体**"类别,将"**骨骼网格体资产**"设置为Maximo_Adam。

注意事项

网格体和动画将在"第11章 使用混合空间1D、键绑定和状态机"中深入探讨。

步骤14 在"**细节**"面板中展开"**动画**"类别,将"**动画类**"设置为MixamoAnimBP_Adam_C,如图3-6所示。此时可以看到,选择该类名时,其后缀为_C。这是虚幻引擎5创建的蓝图的实例。在工作项目或构建游戏中,蓝图通常以这种方式加后缀,以区分蓝图类和该类的实例。

步骤15 在虚幻引擎编辑器上方单击"**设置**"按钮,然后在列表中选择"项目设置"选项。

步骤16 在打开窗口的左侧的"**引擎**"类别下选择"输入"链接,如图3-7所示。

⬆ 图3-6 设置动画类

步骤17 在"**绑定**"部分单击"**轴映射**"旁边的加号图标,展开该部分。

步骤18 将"**新建轴映射_0**"重命名为MoveForward。

步骤19 在MoveForward部分单击下三角按钮，在列表中选择W选项。

步骤20 单击MoveForward图标旁边的加号图标来添加另一个字段。

步骤21 将新字段设置为S，将其"**缩放**"设置为-1.0（因为我们希望使用S键向后移动）。

步骤22 重复步骤17创建另一个轴映射，将其命名为MoveRight，并添加两个字段：A的"**缩放**"设置为-1.0；D的"**缩放**"设置为1.0，如图3-8所示。

步骤23 打开BP_MyTPC蓝图，然后切换至"**事件图表**"选项卡，如图3-9所示。

步骤24 在图表的空白处右击，在打开的上下文菜单的搜索框中键入"movefor"，然后选择Axis Events类别下的节点选项，如图3-10所示。

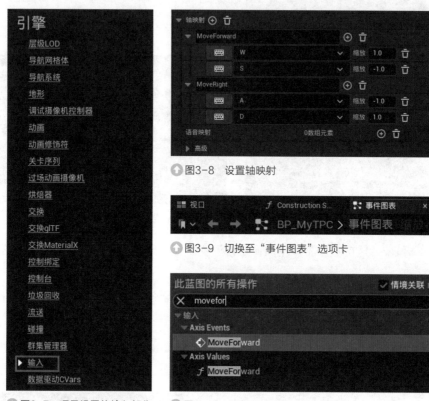

图3-8 设置轴映射

图3-9 切换至"事件图表"选项卡

图3-7 项目设置的输入部分　　图3-10 添加MoveForward节点

注意事项

操作映射是执行单个按键操作，例如跳转、冲刺或奔跑；而轴映射则指定特定按键的浮点值，它会根据用户的按键操作返回相应的浮点值。这在游戏手柄控制器或虚拟现实（VR）控制器的情况下更为重要，因为在这些控制器中，模拟拇指杆将发挥作用。在这种情况下，它将返回拇指杆状态的浮点值，这对于管理玩家移动或相关功能非常重要。

步骤25 在图表的空白处右击，在打开的上下文菜单的搜索框中键入"Get Control Rotation"，然后选择第一个节点选项。

注意事项

由于与玩家相关的摄像机可以选择不显示pawn的偏航（yaw）、滚转（roll）或俯仰（pitch），所以Get Control Rotation可以让pawn完全瞄准旋转。这在许多计算中都很有用。

（步骤26）拖拽Get Control Rotation节点的Return Value输出引脚，在打开的上下文菜单的搜索框中输入"Break Rotator"，并添加该节点。

（步骤27）在图表的空白处右击，在打开的上下文菜单的搜索框中键入"Make Rotator"，然后选择第一个节点选项。

（步骤28）将Break Rotator节点的Z（yaw）输出引脚连接到Make Rotator节点的Z（yaw）输入引脚。

注意事项

Make Rotator节点使用俯仰、滚转和偏航值创建旋转器，而Break Rotator将旋转器拆分为其组件（俯仰、滚转和偏航）。

（步骤29）从Make Rotator节点的Return Value输出节点拖出一条引线，在打开的上下文菜单中添加Get Forward Vector节点。

（步骤30）从Get Forward Vector节点的Return Value输出引脚拖出一条引线，在打开的上下文菜单中搜索并添加Add Movement Input节点。

（步骤31）将InputAxis MoveForward节点中的Axis Value输出引脚连接到Add Movement Input节点中的Scale Value输入引脚。

（步骤32）最后，将InputAxis MoveForward节点的白色执行引脚连接到Add Movement Input节点的白色执行引脚。

（步骤33）在图表的空白处右击，在打开的上下文菜单中搜索InputAxis MoveRight，并添加该节点。

（步骤34）从Make Rotator节点的Return Value输出引脚拖出一条引线，在打开的上下文菜单中搜索Get Right Vector，并添加该节点。

（步骤35）从Get Right Vector节点的Return Value输出引脚拖出一条引线，在打开的上下文菜单中搜索Add Movement Input，并添加该节点。

（步骤36）连接InputAxis MoveRight节点的Axis Value输出引脚到Add Movement Input节点的Scale Value输入引脚。

（步骤37）最后，将InputAxis MoveRight节点的白色执行引脚连接到的Add Movement Input节点，如图3-11所示。

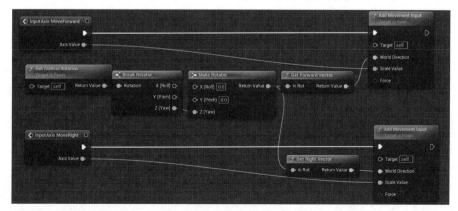

⬆图3-11　移动的逻辑

步骤 38 切换至"视口"选项卡，可以看到角色的前面没有指向箭头的方向，角色被移到了胶囊体组件的上方。选择"网格体"组件并选择位于视口顶部的"选择并平移对象"工具，如图3-12所示。然后，拖动网格体上的箭头来调整它，使脚与胶囊体组件的底部对齐，旋转网格体以指向箭头。

↑图3-12 "选择并平移对象"工具

当角色与胶囊体对齐时，其外观效果如图3-13所示。

↑图3-13 调整网格体后的效果

步骤 39 在工具栏中单击"编译"按钮，然后单击"保存此资产"按钮。

步骤 40 返回虚幻编辑器中，单击"播放"按钮查看游戏中的角色，使用键盘上的W、A、S和D键来移动角色。

注意事项

我们可以在GitHub上的"Chapter03 | Exercise3.02"文件夹中找到完整的练习代码文件，链接：https://packt.live/3keGxIU。

下载.rar文件后，双击.uproject文件，将显示一个提示，询问是否要现在重建？单击"Yes"按钮构建必要的中间文件，在虚幻编辑器中打开项目。

通过完成本练习，我们理解如何使用蓝图扩展C++代码，以及为什么在许多情况下这对开发人员是有利的。我们还学习了如何添加输入映射以及如何使用它们来驱动与玩家相关的输入逻辑。

在本章的活动中，我们将结合之前练习中获得的技能，并扩展在"活动2.01 将动画链接到角色"中完成的项目。这样可以让我们构建自己的蓝图，并了解如何映射到真实的场景。

活动3.01 | 在动画项目中使用蓝图扩展C++角色类

目前，我们已经创建了一个C++类并使用蓝图对其进行了扩展，是时候将这两个概念结合到一个真实的场景中了。在此活动中，我们将使用"活动2.01 将动画链接到角色"中的角色，该角色可以在"第2章 使用虚幻引擎"中找到,并且能够通过按下键盘上的空格键让角色跳跃,以此来熟悉虚幻引擎的工作方式。然而,我们需要在C++中从头开始创建角色类,并使用蓝图对其进行扩展以达到最终目标。

请按照以下步骤完成此活动。

步骤 01 从"活动2.01 将动画链接到角色"中打开项目。

步骤 02 在C++中创建一个角色类,初始化角色变量,包括与玩家相关的摄像机。

步骤 03 在"项目设置"窗口中将Jump输入映射到空格键。

步骤 04 用蓝图扩展已创建的C++类,以添加相关的资产和跳跃功能。

当我们按下空格键时,角色应该具备跳跃功能,如图3-14所示。关卡应该使用扩展C++角色类的蓝图。

注意事项

此活动的解决方案可以在GitHub上找到,链接:https://github.com/PacktPublishing/Elevating-Game-Experiences-with-Unreal-Engine-5-Second-Edition/tree/main/Activity%20solutions。

通过完成此活动,我们了解了如何在蓝图中扩展C++代码以实现功能和逻辑。这种C++和蓝图的结合是游戏开发者拥有的最强大的工具之一,在虚幻引擎中可以创建出精湛而独特的游戏。

🔼 图3-14 预期输出的角色跳跃的效果

3.4 本章总结

在本章中,我们学习了如何创建一个C++角色类,并向其中添加初始化代码,然后使用蓝图扩展它来设置资产和添加其他的代码。

根据C++代码和蓝图代码,该结果可以在任何场景中使用。

我们还学习了如何配置W、A、S、D键与坐标轴之间的映射,以便移动玩家(这是许多游戏中的默认移动映射)。我们还学会了如何让角色在游戏中跳跃。

在下一章中,将更深入地探索输入映射,以及如何在虚幻引擎编辑器中使用移动预览器。这将帮助我们创建具有映射到游戏和玩家逻辑的实体输入的游戏,还可以在虚幻引擎编辑器中快速测试游戏在移动设备上的外观和体验。

第4章

玩家输入入门

在上一章中，我们创建了继承角色类的C++类，并添加了所有必要的Actor组件，以便能够从角色的视角观察游戏并展示角色本身。然后，我们创建了一个继承自该C++类的蓝图类，以可视化方式设置所有必要的组件。

在本章中，将更深入地探讨这些主题，包括它们在C++中的应用。我们将学习虚幻引擎5中玩家输入的工作原理，虚幻引擎如何处理输入事件（按下按键和释放），以及如何利用它们来控制游戏逻辑。

在本章中，我们将讨论以下内容。

- ⊙ 理解输入操作和输入映射情境
- ⊙ 处理玩家输入
- ⊙ 围绕角色旋转镜头

在本章结束时，我们将理解输入操作和输入映射情境，包括如何创建、修改及监听这些映射，并且了解如何在按下按键和释放时执行游戏中的操作。

4.1 技术要求

本章的技术要求如下。

◉ 安装虚幻引擎5。

◉ 安装Visual Studio 2022。

本章的完整代码可从本书的GitHub存储库下载，链接：https://github.com/PacktPublishing/Elevating-Game-Experiences-with-Unreal-Engine-5-Second-Edition。

注意事项

在本章中，我们将使用在上一章创建的名为BP_MyTPC角色蓝图的另一个版本。本章的版本将使用默认的虚幻引擎5人体模型网格体，而不是Mixamo中的模型网格体。

让我们从了解虚幻引擎5如何抽象化玩家按下的按键来开始这一章，以便更容易接收这些事件的通知。

4.2 理解输入操作和输入映射情境

玩家输入是电子游戏区别于其他娱乐媒体形式的关键——游戏的互动性。为了让电子游戏具有互动性，必须考虑到玩家的输入。许多游戏允许玩家控制一个虚拟角色来实现这一点，该角色会根据玩家所按下的按键和按钮在虚拟世界中行动，这正是我们在本章要实现的功能。

注意事项

需要注意的是，虚幻引擎5有两个输入系统——自虚幻引擎4开始使用的传统输入系统和新的增强输入系统。新的增强输入系统仅在虚幻引擎5的最新版本中作为实验系统引入，现在作为虚幻引擎5的一个完整插件，我们将在本书中使用新的增强输入系统。如果想了解更多关于虚幻引擎5传统输入系统的信息，可以访问以下链接：https://docs.unrealengine.com/4.27/en-US/InteractiveExperiences/Input/。

现在大多数游戏开发工具都允许我们将按键抽象为**操作**，这能够将一个名字（例如，Jump）与几个不同的玩家输入（按下按钮、轻弹拇指杆等）关联起来。在虚幻引擎5中，我们可以通过使用**输入操作**和**输入映射情境**（也称为**输入情境**）来指定这一功能。

输入映射情境包含与它们相关联的**输入操作**，以及将执行这些操作的键，**输入操作**包含如何执行它们的规范。这两种资产的组合允许我们在触发**输入操作**时执行一些操作，但也很容易改变**输入操作**的触发方式和由哪个键触发。

为了更好地理解**输入映射情境**和**输入操作**是如何协同工作的，我们以《侠盗猎车手》（*Grand Theft Auto*，GTA）这款游戏为例，其中的玩家拥有不同的游戏映射情境，可以用不同的按键控制不同的人或对象。

例如，当我们控制玩家角色在城市中奔跑时，可以使用移动键来移动角色，也可以使用其他按键让角色跳跃。然而，当角色进入汽车内部，控制方式将会改变，移动键将用于使驾驶的汽车前进，而用于跳跃的按键将用于汽车制动。

在这个例子中，我们有两个不同的**输入映射情境**（控制角色和控制车辆），每个**输入映射情境**都有自己的一组**输入操作**。有些输入操作是由相同的按键触发的，这样设置也没有问题，因为它们是在不同的输入映射情境中完成的（例如，使用相同的按键让角色跳跃和使汽车停止）。

在我们开始研究一些增强型输入系统相关资产之前，必须要启用该系统，因为它是一个插件。要启用增强型输入系统，请按照以下步骤进行操作。

步骤01 在虚幻引擎编辑器的菜单栏中单击"**编辑**"按钮，选择"**插件**"命令，在打开的窗口的"**内置**"区域中选择input选项，勾选Enhanced Input复选框。完成这些操作后，系统将提示重新启动编辑器。

步骤02 系统提示重新启动时，单击"**立即重启**"按钮。编辑器重启后，Enhanced Input插件也已经启用，还需要告诉虚幻引擎使用它的类来处理玩家的输入。

步骤03 要执行此操作，则在菜单栏中单击"**编辑**"按钮，选择"**项目设置**"命令，在打开的窗口左侧的"**引擎**"类别下选择"**输入**"选项，在"**默认类**"类别中（在最下方）"**默认玩家输入类**"为EnhancedPlayerInput、"**默认输入组件类**"为EnhancedputComponent，说明现在已经启用了Enhanced Input插件，并且使用了它的类。我们可以继续本章的内容了。

为了了解更多关于输入映射情境和输入操作的知识，让我们对其进行详细检查。请按照以下步骤进行操作。

步骤01 在内容浏览器的空白处右击，在快捷菜单中选择"**输入**"子列表中的"**输入操作**"命令。将新创建的输入操作命名为IA_Movement，然后双击打开它。打开输入操作窗口，其属性如图4-1所示。

⬆图4-1　输入操作窗口

现在，我们来详细介绍"**操作**"类别下的选项。

◉ **暂停时触发：** 指定游戏暂停时是否可以触发这个输入操作。

◉ **保留所有映射：** 指定如果由同一个键触发，是否会触发更高优先级的输入操作。

◉ **值类型：** 指定输入操作的值类型。该参数的值可以是：

- ☑ **数字（布尔）**：用于具有二进制状态的输入操作，例如，一个跳跃的输入操作，玩家要么按下它，要么不按，在这种情况下将使用此值。
- ☑ **Axis1D（浮点）**：用于在一维中具有标量状态的输入操作，例如，在赛车游戏中加速，我们可以使用手柄的触发器来控制油门。
- ☑ **Axis2D（Vector2D）**：用于在二维中具有标量状态的输入操作，例如，使用两个轴（向前轴和横向轴）完成用于移动角色的操作，此时，使用此值是最好的选择。
- ☑ **Axis3D（向量）**：用于在三维中具有标量状态的输入操作。这个值不像其他值那样经常被使用。

◉ **触发器**：指定将执行此输入操作的关键事件。此值可以是以下值的组合：

- ☑ **弦操作**：只要另一个指定的输入操作也被触发，输入操作就会被触发。
- ☑ **下移**：当按键超过驱动阈值，每一帧都会触发输入操作。

注意事项

驱动阈值是指按键输入值达到该值时，才会考虑执行操作。二进制键（如键盘上的键）的输入值为0（未按下）或1（按下）；而标量键，如游戏手柄上的触发器，其输入值从0到1连续变化，或者像拇指摇杆的各个轴一样连续从-1到1。

- ☑ **长按**：当按键超过驱动阈值的时间达到指定的量时，输入操作被触发。我们可以指定它是触发一次还是每帧都触发。
- ☑ **长按和松开**：当按键超过驱动阈值指定的一段时间后，输入操作被触发，然后超过该驱动阈值时停止。
- ☑ **已按下**：当按键超过驱动阈值时，输入操作只触发一次，直到按键被释放才再次触发。
- ☑ **脉冲**：只要按键超过驱动阈值，输入操作就会以指定的间隔触发。我们可以指定第一个脉冲是否触发输入操作，以及是否有被调用的次数限制。
- ☑ **已松开**：一旦按键停止超过驱动阈值，就会触发输入操作。
- ☑ **点按**：只要在指定的时间内完成，输入操作将在键启动时触发，然后在超过驱动阈值时停止。

◉ **修改器**：指定修改此输入操作的输入的方式：

- ☑ **盲区**：如果低于下阈值，键的输入将读取为0；如果高于上阈值，则读取为1。
- ☑ **视野缩放**：键的输入将与视野一起缩放（如果视野增加，则键的输出增加；如果视野缩小，则键的输出缩小）。
- ☑ **否定**：键的输入将被反转。
- ☑ **响应曲线-指数**：指数曲线将应用于键的输入。
- ☑ **响应曲线-用户定义**：用户定义的曲线将应用于键的输入。
- ☑ **标量**：键的输入将根据指定的标量在每个轴上缩放。
- ☑ **平滑**：键的输入将在多个帧之间平滑化。
- ☑ **拌合输入轴值**：拌合输入值的轴组件。
- ☑ **到世界空间**：输入空间将转换到世界空间。

步骤 02 完成以上操作之后，在内容浏览器中右击，在快捷菜单中选择"输入"子列表中的"输入映射情境"命令。将新创建的输入映射情境命名为IC_Character，并双击打开它。

完成以上操作，将弹出输入映射情境窗口。注意，有一个空的"映射"属性，如图4-2所示。

⬆ 图4-2 "映射"属性

步骤 03 现在让我们添加一个新的映射。单击"**映射**"属性旁边的加号按钮，出现了一个新属性，可以在其中指定与此映射关联的输入操作。

该操作可以由几个不同的键触发，每个键都有自己的触发器和修改器，其工作原理与输入操作资产中的对应属性相同。

注意事项

当涉及到修改"**触发器**"和"**修改器**"属性时，通常的做法是更改"**输入映射情境**"资产中的修改器和输入操作资产中的触发器。

我们不会在本书中使用这些属性，但是对于每个**输入映射情境**，可以通过勾选"**可由玩家映射**"（Is Player Mappable）复选框，并指定"**玩家可映射选项**"（Is Player Mappable）来修改它。虽然在本书中我们不会直接使用这些属性，但了解它们的存在和用途对于深入理解虚幻引擎5的输入系统和玩家体验至关重要。

当我们在"第1章 虚幻引擎简介"中生成**第三人称游戏**模板项目时，它带有一些已经配置好的输入，即键盘上W、A、S、D键，以及左手拇指杆，用于移动角色；空格键和手柄底部按钮用于使角色跳跃。

为了便于理解，我们以Xbox One控制器为例进行介绍，该控制器可以分解为以下几个部分。

⊙ **左模拟摇杆**：通常用于控制游戏中角色的移动。

⊙ **D-pad（方向键）**：可以控制移动，也有多种其他用途。

⊙ **右模拟摇杆**：通常用于控制摄像机和视角。

⊙ **正面按钮（X、Y、A和B）**：根据游戏的不同，它们有不同的用途，但通常允许玩家在游戏世界中执行某些操作。

⊙ **保险杠和触发器（LB、RB、LT和RT）**：可用于瞄准和射击或加速和制动等动作。

学会了如何设置输入操作后，我们将在下一个练习中添加一些输入操作。

练习4.01 创建移动和跳跃输入操作

在本练习中，我们将为移动和跳跃输入操作添加映射。

要实现以上操作，请按照以下步骤操作。

步骤 01 打开IA_Movement输入操作。

步骤 02 在打开的窗口中，设置"**值类型**"为Axis2D（Vector2D）。我们将此参数设置为

Axis2D类型的输入操作，因为角色的移动是在两个轴上完成的——向前轴（此输入操作的Y轴）和横向或右轴（此输入操作的X轴），如图4-3所示。

步骤03 添加一个新的类型为"**下移**"的触发器，设置"**驱动阈值**"为0.1。确保其中一个键的触发驱动阈值至少为0.1时调用这个输入操作，如图4-4所示。

⬆图4-3 设置值类型   ⬆图4-4 添加下移的触发器

步骤04 打开IC_Character输入映射情境。

步骤05 单击"映射"属性右侧的"**添加操作映射**"按钮，创建新映射，如图4-5所示。

步骤06 完成此操作后，创建一个新的空映射，其属性为"**无**"，如图4-6所示。

⬆图4-5 添加新的操作映射   ⬆图4-6 新操作映射的默认设置

步骤07 将此映射的"**输入操作**"（第一个设置为"**无**"的属性）设置为IA_Movement，如图4-7所示。

步骤08 将此映射中的第一个键设置为"**游戏手柄左摇杆Y轴**"，如图4-8所示。单击该属性右侧下三角按钮，在列表中搜索即可。

⬆图4-7 新的IA_Movement映射   ⬆图4-8 设置游戏手柄左摇杆Y轴

注意事项

如果我们要设置的键来自已连接的输入设备之一（例如，鼠标、键盘或游戏手柄），则可以单击键下三角按钮，然后在键盘上按下要设置的实际键，这比在列表中搜索效率更高。例如，想设置一个映射以使用键盘上的F键，可以单击键的下三角按钮，然后按下键盘上的F键，即可将F键设置为该映射。

因为我们希望这个键控制输入操作的Y轴而不是X轴，所以还需要添加带有"YXZ"值的"**拌合输入轴值**"修改器，如图4-9所示。

步骤09 单击此映射的输入操作集右侧的加号按钮，添加新键并执行该输入操作，如图4-10所示。

🔺图4-9 设置拌合输入轴值修改器

🔺图4-10 单击IA_Movement右边加号按钮

步骤10 将新键设置为"游戏手柄左摇杆X轴"。因为这已经控制了输入操作的X轴，所以我们不需要添加任何修改器。

步骤11 向输入操作添加另一个键，并设置为W键。因为这个键将用于向前移动，所以使用Y轴。再添加与我们之前添加的相同的修改器——"**拌合输入轴值**"修改器，其"排序"为"YXZ"。

步骤12 向输入操作添加另一个键，并设置为S键。因为这个键将用于向后移动，所以使用Y轴。再添加与我们之前添加的相同的修改器——"**拌合输入轴值**"修改器，其"排序"为"YXZ"，以及一个新的修改器——否定。添加"**否定**"修改器是因为我们希望该键被按下时，移动输入操作在Y轴上的值为-1（即输入值为1时），如图4-11所示。

步骤13 向输入操作添加另一个键，并设置为D键。因为该键将用于向右移动，所以使用X轴的正向端，不需要任何修改器。

步骤14 向输入操作添加另一个键，并设置为A键。因为这个键将用于向左移动，所以使用X轴的负向端，它需要"**否定**"修改器，就像S键一样。

步骤15 创建一个名为IA_Jump的新输入操作资产，然后打开它。

步骤16 添加一个"下移"触发器，并保持其"**驱动阈值**"为0.5，如图4-12所示。

🔺图4-11 添加拌合输入轴值和否定修改器

🔺图4-12 添加下移的触发器

步骤17 打开IC_Character输入映射情境，为"**映射**"属性添加一个新的输入操作——刚刚创建的IA_Jump输入操作，如图4-13所示。

步骤18 在此映射中添加两个键——空格键和游戏手柄正面按钮下，如图4-14所示。如果使用的是Xbox控制器，这将是A键；如果使用的是PlayStation控制器，这将是X键。

图4-13 IA_Jump映射

图4-14 IA_Jump映射键

完成以上操作，我们就成功地完成了本章的第一个练习，并且学会了如何在虚幻引擎5中指定输入操作映射，从而能够抽象出哪个键负责游戏中的哪些动作。

现在让我们看看虚幻引擎5是如何处理玩家输入并在游戏中进行相应操作的。

 4.3 处理玩家输入

让我们考虑以下情况：当玩家按下空格键（该键与跳跃相关联），触发玩家角色的跳跃行为。在玩家按下空格键和游戏让玩家角色跳跃的时刻之间，需要多个事件的连接。

让我们来看看从一个事件到另一个事件是如何操作的。

- **硬件输入**：玩家按空格键，虚幻引擎5将会监听这个按键事件。
- **PlayerInput类**：当按键被按下或松开，这个类会把该按键转换成一个输入操作。如果有一个相应输入操作，它将通知所有正在监听该操作的类，刚刚被按下、松开或更新。在这种情况下，它将知道空格键与跳跃输入操作相关联。
- **玩家控制器类**：这是第一个接收这些按键事件的类，因为它用于表示游戏中的玩家。
- **Pawn类**：只要这个类（以及由此继承的角色类）被一个玩家控制器拥有，就可以监听那些按键事件。如果是这样，它们将在该类之后接收这些事件。在本章中，我们将使用角色C++类来监听操作和轴事件。

现在我们知道了虚幻引擎5是如何处理玩家输入的，在下一个练习中我们学习如何监听C++中的输入操作。

练习4.02 | 监听移动和跳跃输入操作

在本练习中，我们通过使用C++将输入操作绑定到角色类中的特定函数，从而将它们注册在上一节中创建的角色类。

玩家控制器或**角色**监听输入操作的主要方式是使用SetupPlayerInputComponent函数注册输入操作委托。MyThirdPersonChar类应该已经有了这个函数的声明和实现。让我们的角色类按照以下步骤监听这些事件。

步骤 01 在Visual Studio中打开MyThirdPersonChar类头文件，并确保有名为SetupPlayerInput Component的受保护函数的声明，该函数不返回任何内容，并接收一个类UInputComponent* PlayerInputComponent作为参数。这个函数应该同时被标记为virtual和override，代码如下。

```
virtual void SetupPlayerInputComponent(class UInputComponent*
PlayerInputComponent) override;
```

步骤 02 为名为IC_Character的公共类UInputMappingContext*属性添加声明。这个属性必须是一个UPROPERTY，并且有EditAnywhere和Category = Input标签，代码如下。这是我们为角色的输入添加的输入映射情境。

```
UPROPERTY(EditAnywhere, Category = Input) class UInputMappingContext* IC_
Character;
```

步骤 03 然后，我们需要添加输入操作来监听角色的输入。添加三个公共类UInputAction*属性，这些属性都必须是UPROPERTY，并且具有EditAnywhere和Category = Input标签。这两个属性将被调用如下。

```
IA_JumpUPROPERTY(EditAnywhere, Category = Input) class UInputAction* IA_Move;

UPROPERTY(EditAnywhere, Category = Input) class UInputAction* IA_Jump
```

步骤 04 打开此类的源文件，并确保此函数已经实现，代码如下。

```
void AMyThirdPersonChar::SetupPlayerInputComponent(class
UInputComponent* PlayerInputComponent)
{
}
```

步骤 05 因为在虚幻引擎5中，我们可以使用传统的输入组件或增强的输入组件，所以需要对此进行说明。在上一个函数的实现中，首先将PlayerInputComponent参数强制转换为UEnhancedInputComponent类，并将其保存在一个类型为UEnhancedInputComponent*的新EnhancedPlayerInputComponent属性中，代码如下。

```
UEnhancedInputComponent* EnhancedPlayerInputComponent =
Cast<UEnhancedInputComponent>(PlayerInputComponent);
```

因为我们将使用UEnhancedInputComponent，所以还需要包含它，代码如下。

```
#include "EnhancedInputComponent.h"
```

步骤 06 如果EnhancedPlayerInputComponent属性不为nullptr，则将Controller属性转换为APlayerController，并将其保存在本地的PlayerController属性中，代码如下。

```
if (EnhancedPlayerInputComponent != nullptr)
{
APlayerController* PlayerController =
Cast<APlayerController>(GetController());
}
```

　　如果新创建的PlayerController属性不是nullptr，那么我们需要获取UEnhancedLocalPlayer-Subsystem，以便可以告诉它添加IC_Character输入映射情境并激活它的输入操作。

　　步骤07 要执行此操作，需创建一个名为EnhancedSubsystem的新UenhancedLocalPlayerSubsystem*属性，并设置它返回ULocalPlayer::GetSubsystem函数的值，代码如下。这个函数接收一个模板参数，表示我们想要获取的子系统是UEnhancedLocalPlayerSubsystem，以及一个类型为ULocalPlayer*的正常参数。最后一个参数的类型是当前游戏实例中控制角色的玩家，我们将通过调用PlayerController-> GetLocalPlayer()函数来传递它。

```
UEnhancedInputLocalPlayerSubsystem* EnhancedSubsystem =
ULocalPlayer::GetSubsystem<UEnhancedInputLocalPlayerSubsy
stem>(PlayerController->GetLocalPlayer());
```

　　因为我们将使用UEnhancedLocalPlayerSubsystem，所以还需要包括它，代码如下。

```
#include "EnhancedInputSubsystems.h"
```

　　步骤08 如果EnhancedSubsystem属性不是nullptr，则调用它的AddMappingContext函数，该函数接收以下参数。

　　⊙ **UInputMappingContext* Mapping Context：** 我们想要激活的输入映射情境，在本例中是IC_Character属性。

　　⊙ **int32 Priority：** 我们希望输入映射情境具有的优先级，因此将其作为1传递，代码如下。

```
EnhancedSubsystem->AddMappingContext(IC_Character, 1);
```

　　步骤09 因为我们将使用UInputMappingContext，所以还需要包括它，如以下代码所示。

```
#include "InputMappingContext.h"
```

　　步骤10 现在我们已经实现了激活输入映射情境的逻辑，接下来需要添加监听输入操作的逻辑。在我们检查PlayerController是否为nullptr之后，添加以下代码，同时检查EnhancedPlayerInputComponent是否为nullptr。

```
if (EnhancedPlayerInputComponent != nullptr)
{
APlayerController* PlayerController =
Cast<APlayerController>(GetController());
if (PlayerController != nullptr)
{
}
// Continue here
}
```

　　为了监听IA_Movement输入操作，我们将调用EnhancedPlayer InputComponent BindAction函数，它将接收以下参数。

　　⊙ **UInputAction* Action：** 要监听的输入操作，我们将把它作为IA_Movement属性传递。

　　⊙ **ETriggerEvent TriggerEvent：** 是导致函数被调用的输入事件。由于该输入操作在每一帧中都会触发，并且是通过"**下移**"触发器触发的，所以我们将其作为Triggered事件进行传递。

⊙ **UserClass* Object:** 回调函数将被调用的对象，在本例子中是"this"指针。

⊙ **HANDLER_SIG::TUObjectMethodDelegate \<UserClass\>::FMethodPtr Func:** 这个属性有点长，它本质上是一个指向该事件发生时将被调用的函数的指针。我们可以通过输入"&"，然后输入类名，再输入"::"，最后输入函数名来指定。在本例子中，我们希望它是Move函数，在接下来的步骤中将创建它，因此我们将使用& AMyThirdPersonChar::Move来指定，代码如下。

```
EnhancedPlayerInputComponent->BindAction(IA_Move,
ETriggerEvent::Triggered, this, &AMyThirdPersonChar
::Move);
```

因为我们将使用UInputAction，所以还需要包括它，代码如下。

```
#include "InputAction.h"
```

步骤11 现在我们需要绑定让玩家角色开始跳跃的函数。为了实现这一功能，复制为IA_Move输入操作添加的BindAction函数调用，并进行以下更改。

⊙ 不传递IA_Move输入操作，而是传递IA_Jump输入操作。

⊙ 不传递&AMyThirdPersonChar::Move函数，而是传递&ACharacter::Jump函数。该函数将使角色跳跃。

⊙ 不传递ETriggerEvent::Trigger，而是传递ETriggerEvent::Started，代码如下。这样，在按键开始和停止时，我们都可以收到通知。

```
EnhancedPlayerInputComponent->BindAction(IA_Jump,
ETriggerEvent::Started, this, &ACharacter::Jump);
```

步骤12 为了绑定使玩家角色停止跳跃的函数，现在我们复制上次调用的BindAction函数，并对其进行以下更改。

⊙ 不传递ETriggerEvent::Started，而是传递ETriggerEvent:: Completed，以便在停止触发此输入操作时调用该函数。

⊙ 不传递&ACharacter::Jump函数，而是传递&ACharacter:: StopJumping函数，代码如下。该函数用于使角色停止跳跃。

```
EnhancedPlayerInputComponent->BindAction(IA_Jump,
ETriggerEvent::Completed, this, &ACharacter::StopJumping);
```

注意事项

所有用于监听输入操作的函数，要么不接收任何参数，要么只接收FInputActionValue&类型的参数。我们可以使用此参数来检查值类型并获取正确的值，例如，如果触发此函数的输入操作具有"**数字**"值类型，则其值将是"**布尔**"类型；如果它具有Axis2D值类型，则其值将是FVector2D类型。后者是我们将用于Move函数的类型，因为那是它对应的值类型。

另一个监听输入操作的选项是使用委托（Delegates），然而这超出了本书所讨论的范围。

步骤 13 现在我们创建在上一步中引用的Move函数。转到类的头文件，添加名为Move的受保护函数的声明，该函数不返回任何值，并接收一个const FInputActionValue& Value参数，代码如下。

```
void Move(const FInputActionValue& Value);
```

步骤 14 由于我们使用的是FInputActionValue，因此必须包含它，代码如下。

```
#include "InputActionValue.h"
```

步骤 15 在类的源文件中，将添加这个函数的实现，我们首先从获取Value参数的输入作为FVector2D开始。我们将通过调用它的Get函数来实现这一点，并将其作为模板参数传递FVector2D类型。我们还将它的返回值保存在一个名为InputValue的局部变量中，代码如下。

```
void AMyThirdPersonChar::Move(const FInputActionValue&
Value)
{
FVector2D InputValue = Value.Get<FVector2D>();
}
```

步骤 16 接下来，检查Controller属性是否有效（不是nullptr），以及InputValue属性的X或Y值是否不同于0，代码如下。

```
if (Controller != nullptr && (InputValue.X != 0.0f ||
InputValue.Y != 0.0f))
```

如果所有这些条件都成立，我们将获得摄像机在Z轴上的旋转（yaw），这样就可以相对于摄像机所面对的位置移动角色。为了实现这一点，我们可以创建一个名为YawRotation的新FRotator属性，其中俯仰（沿Y轴旋转）和滚转（沿X轴旋转）的值为0，而摄像机当前偏航的值为属性的偏航值。为了获得摄像机的偏航值，我们可以调用玩家控制器的GetControlRotation函数，然后访问它的Yaw属性，代码如下。

```
const FRotator YawRotation(0, Controller->
    GetControlRotation().Yaw, 0);
```

注意事项

FRotator属性的构造函数接收Pitch、Yaw和Roll值。

◉ 然后，我们将检查InputValue.X属性是否不为0，代码如下。

```
if (InputValue.X != 0.0f)
{
}
```

- 如果与0不同，将获得YawRotation的右向量，并将其存储在Fvector RightDirection属性中。我们可以通过调用KistemMathLibrary对象的GetRightVector函数来获得旋转器的右向量，代码如下。旋转器或向量的右向量就是指向其右的垂直向量。这样得到的结果将是一个指向摄像机当前所面对位置右侧的向量。

```
const Fvector RightDirection =
    UkismetMathLibrary::GetRightVector(YawRotation);
```

- 现在我们可以调用AddMovementInput函数，该函数将使角色朝着指定的方向移动，并将RightDirection和InputValue.X属性作为参数传递，代码如下。

```
AddMovementInput(RightDirection, InputValue.X);
```

- 因为我们将同时使用KismetMathLibrary和Controller对象，所以需要将它们包含在这个源文件的顶部，代码如下。

```
#include "Kismet/KismetMathLibrary.h"
#include "GameFramework/Controller.h"
```

步骤17 检查InputValue.X属性和Y属性是否不为0，代码如下。

```
if (InputValue.X != 0.0f)
{
...
}
if (InputValue.Y != 0.0f)
{
}
```

步骤18 如果不为0，调用YawRotation属性的Vector函数，并将其返回值存储在FVector ForwardDirection属性中，代码如下。这个函数将FRotator转换为FVector，相当于获得一个旋转器的ForwardVector。这样做将得到一个指向摄像机当前所处位置的向量。

```
const FVector ForwardDirection = YawRotation.Vector();
```

我们现在可以调用AddMovementInput函数，将ForwardDirection和InputValue Y属性作为参数传递，代码如下。

```
AddMovementInput(ForwardDirection, InputValue.Y);
```

步骤19 在编译代码之前，将EnhancedInput插件添加到项目的Build.cs文件中，以便通知虚幻引擎5在项目中使用此插件。如果没有将该插件添加到指定的文件中，部分项目将无法编译。

步骤20 打开项目的Source | <ProjectName>文件夹中的.Build.cs文件，这是一个C#文件，而不是一个C++文件，位于项目的源文件夹中。

步骤21 打开该文件，我们会发现正在调用PublicDependencyModuleNames属性中的AddRange函数，代码如下。这个函数告诉虚幻引擎当前项目打算使用哪些模块。作为参数，将发送一个字符串数组，其中包含项目的所有预期模块的名称。考虑到我们打算使用UMG，需要在InputCore模块之后添加EnhancedInput模块。

```
PublicDependencyModuleNames.AddRange(new string[] {
"Core",
"CoreUObject", "Engine", "InputCore", "EnhancedInput",
"HeadMountedDisplay" });
```

步骤 22 既然已经通知虚幻引擎我们将使用EnhancedInput模块，那么就编译代码。打开编辑器，并打开BP_MyTPS蓝图资产。在**"事件图表"**选项卡中删除InputAction Jump事件，以及连接到它的节点。对**InputAxis MoveForward**和**InputAxis MoveRight**事件执行同样的操作。我们将在C++中复制这个逻辑，并且需要删除它的蓝图功能，以便在处理输入时不会发生冲突。

步骤 23 接下来，将**IC Character**属性设置为**IC_Character**输入映射情境，将**IA Move**属性设置为**IA_Movement**输入操作，将**IA Jump**属性设置为**IA_Jump**输入操作，如图4-15所示。

步骤 24 现在，在关卡中运行游戏。我们应该能够使用键盘的W、A、S、D键或控制器的左手拇指摇杆来移动角色，如图4-16所示。我们还可以使用空格键或手柄底部的按钮让角色跳跃。

⬆图4-15　IC Character、IA Move和IA Jump属性

⬆图4-16　玩家角色在移动

在完成以上所有步骤之后，我们完成了此练习。现在我们理解了如何在虚幻引擎5中使用C++创建和监听自己的输入操作事件。这是游戏开发中最重要的一个方面，因此我们刚刚完成了游戏开发旅程中的重要一步。

现在我们已经设置了让角色移动和跳跃需要的所有逻辑，接下来，再添加负责围绕角色旋转摄像机的逻辑。

4.4 围绕角色转动摄像机

摄像机是游戏中非常重要的一部分，它们决定了玩家在整个游戏过程中会看到什么以及看到

的方式。在第三人称游戏中，摄像机不仅能够让玩家看到周围的世界，还能够看到他们所控制的角色。无论角色是受到伤害、摔倒还是其他操作，玩家都必须知道自己所控制的角色的状态，并且能够让镜头朝向自己选择的方向。

就像所有现代第三人称游戏一样，我们需要让镜头一直围绕玩家角色旋转。为了让我们的摄像机围绕角色旋转，在"第2章　使用虚幻引擎"中设置**摄像机**和**弹簧臂**组件后，继续添加一个新的**Look**输入操作。遵循以下步骤完成操作，即可实现摄像机围绕角色旋转。

步骤01 复制**IA_Move**输入操作（在内容浏览器中选择它并按Ctrl+D组合键；或者右击它；在快捷菜单中选择"**复制**"命令），并将新资产命名为**IA_Look**。因为这个新的输入操作的设置类似于IA_Move输入操作的设置，所以我们将保留这个复制的资产。

步骤02 然后，打开**IA_Character**输入映射情境，并为**IA_Look**输入操作添加新映射。

步骤03 添加以下键到这个新的映射：鼠标X、鼠标Y、游戏手柄右摇杆*X*轴和游戏手柄右摇杆*Y*轴，如图4-17所示。因为Y键将控制输入操作的*Y*轴，所以我们必须添加"拌合输入轴值"修改器（鼠标Y键和游戏手柄右摇杆*Y*轴）。此外，鼠标Y键会使摄像机向下移动，因此当鼠标向上移动时，必须添加一个"**否定**"修改器。

⬆图4-17　IA_Look输入操作的映射

现在让我们添加负责根据玩家的输入转动摄像机的C++逻辑。

步骤01 转到MyThirdPersonChar类的头文件，添加一个公共类UInputAction* IA_Look属性，该属性必须是UPROPERTY，并且具有EditAnywhere和Category = Input标签，代码如下。

```
UPROPERTY(EditAnywhere, Category = Input)
class UInputAction* IA_Look;
```

步骤 02 接下来，为一个名为Look的受保护函数添加声明，该函数不返回任何内容，并接收一个const FInputActionValue& Value参数，代码如下。

```
void Look(const FInputActionValue& Value);
```

步骤 03 接下来，转到该类源文件中的SetupPlayerInputComponent函数实现，并复制负责监听IA_Move输入操作的行代码。在这个复制的代码中，将第一个参数更改为IA_Look，将最后一个参数更改为&AMyThirdPersonChar::Look，代码如下。

```
EnhancedPlayerInputComponent->BindAction(IA_Look,
ETriggerEvent::Triggered, this,
&AMyThirdPersonChar::Look);
```

步骤 04 接下来要实现Look函数，并从获取Value参数的输入作为FVector2D开始。为了实现这一点，我们将调用它的Get函数，并将FVector2D类型作为模板参数传入。我们还将它的返回值保存在一个名为InputValue的局部变量中，代码如下。

```
void AMyThirdPersonChar::Look(const FInputActionValue&
Value)
{
FVector2D InputValue = Value.Get<FVector2D>();
}
```

步骤 05 如果InputValue X属性不等于0，我们将调用AddControllerYawInput函数，并将该属性作为参数传递。之后，检查InputValue Y属性是否不等于0，如果不等于0，我们将调用AddControllerPitchInput函数，将该属性作为参数传递，代码如下。

```
if (InputValue.X != 0.0f)
{
    AddControllerYawInput(InputValue.X);
}
if (InputValue.Y != 0.0f)
{
    AddControllerPitchInput(InputValue.Y);
}
```

注意事项

AddControllerYawInput和AddControllerPitchInput函数分别负责围绕Z轴（向左和向右转动）和Y轴（向上和向下看）的旋转输入。

步骤 06 完成这些操作之后，编译代码，打开编辑器，并打开**BP_MyTPS**蓝图资产。设置它的**IA_Look**属性为**IA_Look**输入操作，如图4-18所示。

播放关卡时，我们现在应该能够通过旋转鼠标或倾斜控制器的右指摇杆来移动摄像机，如图4-19所示。

图4-18 设置IA_Look属性

图4-19 摄像机围绕着玩家角色旋转

这就是围绕玩家角色旋转摄像机的逻辑。现在我们已经学会了如何在游戏中添加输入并将其与游戏内的动作相关联，例如跳跃和移动玩家角色。接下来，让我们通过下一个活动从头到尾添加新的Walk动作来巩固在本章中学到的知识。

活动4.01 为角色添加行走逻辑

在当前的游戏中，当我们使用移动键时，角色默认会移动，但是我们需要降低角色的速度并让它行走。

因此，在本活动中，我们将添加逻辑，当按住键盘上的Shift键或游戏手柄正面上的右键（B代表Xbox控制器，O代表PlayStation控制器）移动角色时，角色将会行走。

要实现这一点，请遵循以下步骤进行操作。

步骤01 复制IA_Jump输入操作，并将复制的资产命名为IA_Walk。因为这个新的输入操作的设置类似于IA_Jump输入操作的设置，所以我们将保留这个复制的资产。

步骤02 打开IA_Character输入映射情境，并为**IA_Walk**输入操作添加一个新的映射。添加以下键到这个新的映射：**左Shift**和**游戏手柄正面按钮右**。

步骤03 打开MyThirdPersonChar类的头文件，并添加一个class UInputAction* IA_Walk属性，该属性必须是UPROPERTY，并且具有EditAnywhere和Category = Input标签。

步骤04 然后，为两个名为BeginWalking和StopWalking的受保护函数添加声明，这两个函数不返回任何值，也不接受任何参数。

步骤05 在类的源文件中添加这两个函数的实现。在BeginWalking函数的实现中，通过修改CharacterMovementComponent属性的MaxWalkSpeed属性，将角色的速度更改为其值的40%。要访问CharacterMovementComponent属性，需要使用GetCharacterMovement函数。

StopWalking函数的实现功能与BeginWalking函数相反，这将使角色的行走速度增加250%。

步骤 06 通过SetupPlayerInputComponent函数的实现，并添加两次对BindAction函数的调用，来监听Walk动作。第一次调用时，将IA_Walk属性、ETriggerEvent::Started事件、this指针和这个类的BeginWalking函数作为参数传递；第二次调用，将IA_Walk属性、ETriggerEvent::Completed事件、this指针和这个类的StopWalking函数作为参数传递。

步骤 07 编译代码，打开编辑器，打开BP_MyTPS蓝图资产，并将IA_Walk属性设置为IA_Walk输入操作。

按照这些步骤操作后，我们将能够通过按下键盘的**左Shift**键或**游戏手柄正面按钮右**键，来降低角色的行走速度，并稍微其动画效果，如图4-20所示。

⬆图4-20　角色跑步（左）和行走（右）

该活动到此结束。只要玩家保持行走输入动作，我们的角色应该能够缓慢地移动。

注意事项

此活动的解决方案可以在GitHub上找到，链接：https://github.com/PacktPublishing/Elevating-GameExperiences-with-Unreal-Engine-5-Second-Edition/tree/main/Activity%20solutions。

4.5　本章总结

在本章中，我们学习了如何创建和修改输入操作，并将其映射添加到输入映射情境中。这为我们在决定哪个键触发特定的动作或轴、如何监听它们，以及当它们被按下和松开时如何执行游戏中的逻辑提供了灵活性。此外，我们知道了如何处理玩家的输入，并让玩家与我们的游戏互动。

在下一章中，我们将从头开始制作自己的游戏，该游戏被称为躲避球（Dodgeball），玩家将控制一个角色试图逃离向其投掷躲避球的敌人。我们将开始着重学习许多关键主题，其中的重点是碰撞。

第5章

射线检测

在前面的章节中，我们学习了如何复制虚幻引擎中提供的第三人称游戏模板项目，以便深入了解虚幻引擎5工作流程和框架的基本概念。

在本章中，我们将从头开始创建一款游戏。在这款游戏中，玩家将从俯视角度控制角色（类似于《合金装备1》《合金装备2》和《合金装备3》等游戏）。俯视角度意味着玩家控制一个从上向下看的角色，通常摄像机旋转是固定的（摄像机不旋转）。在我们的游戏中，玩家角色必须从A点到达B点，期间不能被敌人投掷的躲避球击中。这个游戏的关卡地图是迷宫式的，玩家将有多条路径选择，并且所有路径都有敌人试图向玩家投掷的躲避球。

在本章中，我们将讨论以下内容。

- ⊙ 碰撞简介
- ⊙ 理解并可视化射线检测（单和多）
- ⊙ 扫掠检测
- ⊙ 检测通道
- ⊙ 检测响应

技术要求

本章的技术要求如下。

◉ 安装虚幻引擎5。

◉ 安装Visual Studio 2022。

本章的完整代码可从本书的GitHub存储库下载，链接：https://github.com/PacktPublishing/
Elevating-Game-Experiences-with-Unreal-Engine-5-Second-Edition。

碰撞简介

碰撞是两个物体相互接触的点（例如，一个物体撞到一个角色、一个角色撞到一堵墙等）。
大多数游戏开发工具都有自己的一套功能，允许游戏中存在碰撞和物理现象。这组功能被称为物
理引擎，负责处理与碰撞相关的一切。它负责执行射线检测，检查两个对象是否相互重叠、阻碍
彼此的运动，或者从墙上反弹等。当我们要求游戏执行或通知这些碰撞事件时，游戏实际上是在
要求物理引擎执行它，然后向我们展示这些碰撞事件的结果。

在创建躲避球（Dodgeball）游戏时，需要考虑多种碰撞情况，包括检查敌人是否能够看到
玩家（这将使用射线检测功能，该功能将在本章中介绍），模拟物体像躲避球一样运动的物理行
为，检查是否有任何障碍阻碍玩家角色的移动等。

碰撞是大多数游戏中最重要的元素之一，因此理解它对于游戏开发至关重要。

在我们开始构建基于碰撞的功能之前，首先需要设置新的躲避球项目，以支持将要执行的游
戏机制。这个过程从下一节开始介绍。

设置项目

让我们从创建虚幻引擎项目开始，操作步骤如下。

步骤01 启动虚幻引擎5，在"**新建项目**"对话框中选择"**游戏**"选项。

步骤02 选择"**第三人称游戏**"模板。

步骤03 在"**项目默认设置**"区域选择**C++**。

步骤04 选择项目保存的位置，并将"**项目名称**"设置为Dodgeball，然后单击"**创建**"按钮。

创建项目后，稍等片刻，将打开虚幻引擎编辑器窗口，如图5-1所示。

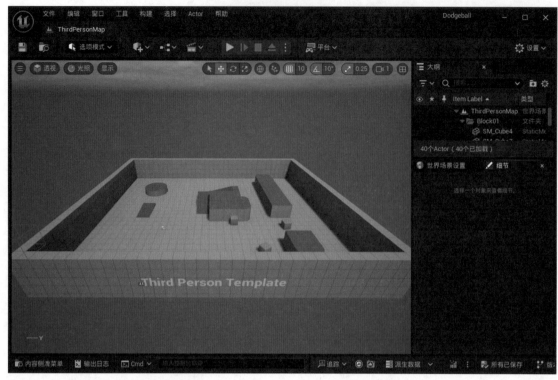

⬆ 图5-1 创建Dodgeball项目

步骤 05 在生成代码并打开项目后，启用**Enhanced Input**插件，就像我们在"第4章 玩家输入入门"中输入操作和输入映射情境部分的步骤01～步骤03中的那样。

步骤 06 关闭虚幻引擎5编辑器，在Visual Studio中打开生成的第三人称角色类DodgeballCharacter的文件，如图5-2所示。

⬆ 图5-2 在Visual Studio中生成的文件

如前文所述，我们的项目将采用俯视视角。考虑到我们是从第三人称游戏模板开始这个项目，在把它变成一款俯视游戏之前，需要进行一些修改，主要涉及改变现有角色类中的一些代码。

练习5.01 | 将DodgeballCharacter转换为俯视的视角

我们需要注意，目前躲避球游戏是第三人称游戏视角，角色的旋转是由玩家的输入（即鼠标或右模拟摇杆）决定的。

在这个练习中，我们将对生成的DodgeballCharacter类进行必要的更改，将其变成一个俯视的视角，这种视角不会因为玩家的输入而改变，并且摄像机总是从上面跟随角色。

请根据以下步骤，完成这个练习。

步骤01 转到DodgeballCharacter类的构造函数，并根据以下步骤更新CameraBoom属性。

步骤02 将CameraBoom属性的TargetArmLength更改为900.0f，以便在摄像机和玩家之间增加一些距离，代码如下。

```
// The camera follows at this distance behind the
// character
CameraBoom->TargetArmLength = 900.0f;
```

步骤03 接下来，使用SetRelativeRotation函数将相对俯仰角（Pitch）设置为-70°，这样摄像机就可以向下看玩家了。FRotator构造函数的参数分别是pitch、yaw和roll，代码如下。

```
//The camera looks down at the player
CameraBoom->SetRelativeRotation(FRotator(-70.f, 0.f,
0.f));
```

步骤04 将bUsePawnControlRotation更改为false，使摄像机的旋转不受玩家的移动输入改变，代码如下。

```
// Don't rotate the arm based on the controller
CameraBoom->bUsePawnControlRotation = false;
```

步骤05 添加一行代码，将bInheritPitch、bInheritYaw和bInheritRoll设置为false，使摄像机的旋转不会随着角色的方向而改变，代码如下。

```
// Ignore pawn's pitch, yaw and roll
CameraBoom->bInheritPitch = false;
CameraBoom->bInheritYaw = false;
CameraBoom->bInheritRoll = false;
```

在完成以上修改后，我们将移除角色的跳跃功能（我们不希望玩家如此轻易地躲避躲避球），并根据玩家的旋转输入旋转摄像机。

步骤06 转到DodgeballCharacter源文件中的SetupPlayerInputComponent函数，并删除以下代码，以删除角色的跳跃功能。

```
// REMOVE THESE LINES
PlayerInputComponent->BindAction("Jump", IE_Pressed,
this,
    &ACharacter::Jump);
PlayerInputComponent->BindAction("Jump", IE_Released,
this,
    Acharacter::StopJumping
```

步骤 07 接下来，添加以下代码，以删除玩家的旋转输入。

```
// REMOVE THESE LINES
PlayerInputComponent->BindAxis("Turn", this,
    &APawn::AddControllerYawInput);
PlayerInputComponent->BindAxis("TurnRate", this,
    &ADodgeballCharacter::TurnAtRate);
PlayerInputComponent->BindAxis("LookUp", this,
    &APawn::AddControllerPitchInput);
PlayerInputComponent->BindAxis("LookUpRate", this,
    &ADodgeballCharacter::LookUpAtRate);
```

这一步骤是可选的，但是为了保持代码整洁，我们还应该删除TurnAtRate和LookUpAtRate函数的声明和实现。

步骤 08 在此之后，我们将调整这个项目，使用增强输入系统而不是传统输入系统。转到这个类的头文件，为角色的输入映射情境以及移动输入操作添加一个属性，就像我们在练习4.02的步骤02和步骤03中所做的那样。添加Move函数的声明，就像我们在练习4.02的步骤14中所做的那样。

步骤 09 添加逻辑用于添加角色输入映射情境以及绑定移动输入操作，就像我们在练习4.02的步骤04～步骤10中所做的那样。

步骤 10 将实现添加到Move函数中，就像我们在练习4.02的步骤14～步骤18中所做的那样。

步骤 11 添加Enhanced Input依赖项，就像我们在练习4.02的步骤19和步骤20中所做的那样。

步骤 12 在完成以上更改之后，从Visual Studio运行项目。

步骤 13 当编辑器加载完成，单击菜单栏中的"**编辑**"按钮，选择"项目设置"命令，在打开窗口左侧的"**引擎**"区域选择"**输入**"选项。在右侧底部的"**默认类**"类别中，将"**默认玩家输入类**"设置为EnhancedPlayerInput、"**默认输入组件类**"设置为EnhancedputComponent。

步骤 14 接着，创建IA_Move输入操作资产并设置它，就像我们在练习4.01的步骤01～步骤03中所做的那样。

步骤 15 然后，创建IC_Character输入映射情境资产，并为IA_Move输入操作添加映射，就像我们在练习4.01的步骤04～步骤14中所做的那样。

步骤 16 完成Enhanced Input设置需要做的最后一件事是打开**ThirdPersonCharacter**蓝图并设置IC_Character和IA_Move属性，就像我们在练习4.02的第23步骤中所做的那样。

步骤 17 最后在关卡中测试，摄像机的视角应该如图5-3所示。我们的要求是摄像机不应该基于玩家的输入或角色的旋转而旋转。

↑图5-3　将摄像机锁定为俯视角度

这就是本章的第一个练习，也是我们的新项目躲避球（Dodgeball）的第一步。

接下来，我们将创建EnemyCharacter类。当玩家在敌人视线范围内，这个角色将向玩家投掷躲避球。但这里出现的问题：敌人如何知道自己是能看到玩家角色的？

这将通过射线检测（也称为"**射线投射**"或"**射线跟踪**"）的功能来实现，我们将在下一节中学习相关内容。

5.4 理解射线检测

任何游戏开发工具最重要的功能之一就是执行射线检测的能力，这些功能可以通过工具所使用的物理引擎获得。

射线检测是一种用于判断游戏世界是否存在物体位于两点之间的方法。游戏将在我们指定的两个点之间发射一束射线，并返回被击中的物体（如果有的话），包括物体被击中的位置和角度等信息。

图5-4是一个射线检测的示例，我们假设由于检测通道属性（在下面的段落中进一步解释），对象1被忽略，对象2被检测到。

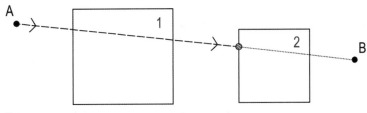

↑图5-4　从A点到B点执行的射线检测

图5-4解释如下。

- 虚线表示在触及对象之前的射线检测。
- 箭头表示射线检测的方向。
- 点虚线表示撞击后的射线检测。
- 条纹圆形代表射线检测的冲击点。
- 正方形表示在射线检测上的两个对象（对象1和对象2）。

我们注意到只有对象2被射线检测击中，而不是对象1，尽管它也在射线检测的路径中。这是由于对对象1的检测通道属性所做的假设，这将在本章后面讨论。

射线检测用于许多游戏功能，例如：
- 检查武器开火时是否击中物体。
- 突出显示玩家可以与角色互动的物品。
- 在玩家角色转弯时自动旋转摄像机。

射线检测的一个共同和重要的特征是检测通道。执行射线检测时，可能只想检测特定类型的对象，此时检测通道就发挥作用了。它们允许我们指定在执行射线检测时使用的过滤器，这样它就不会被不需要的对象阻塞。请看以下示例。
- 游戏中可能只希望执行射线检测来检查是否有可见的对象，这些对象会阻塞可见性检测通道。例如，不可见的墙壁是游戏中用来阻碍玩家移动的不可见几何体，因此不会阻碍可见性检测通道。
- 游戏中可能希望执行射线检测，仅检查可以与之交互的对象。这些对象将阻塞交互检测通道。
- 游戏中可能想要执行射线检测，只是为了检查可以在游戏世界中移动的Pawn。这些对象会阻塞Pawn检测通道。

我们可以指定不同的对象对不同的检测通道做出反应，以便只有一些对象阻止特定的检测通道，而其他对象会忽略它们。在本例中，想知道敌人和玩家角色之间是否有什么物体，这样我们就知道敌人是否能看到玩家了。为了达到这个目的，我们将使用射线检测，通过使用Tick事件来检查任何阻挡玩家角色视线的东西。

在下一节中，我们将使用C++创建EnemyCharacter类。

5.5 创建EnemyCharacter C++类

在我们的躲避球项目中，EnemyCharacter类会不断地检测玩家角色是否在其视线范围内。这个类稍后还会负责向玩家投掷躲避球，但是，我们将在下一章介绍这部分内容。在这一章中，我们将专注于让敌人角色看着玩家的逻辑。

首先我们创建一个C++类。

步骤 01 在编辑器的菜单栏中单击"工具"按钮，在下拉菜单中选择"新建C++类"命令。

步骤 02 在打开的"添加C++类"对话框中选择"角色"类作为父类，单击"下一步"按钮。

步骤 **03** 将其命名为EnemyCharacter，单击"创建类"按钮。

创建类并在Visual Studio中打开它的文件之后，我们在该类的头文件中添加LookAtActor函数声明。这个函数应该是公共的，不返回任何内容，只接收AActor* TargetActor参数，这将是它应该面向的Actor。下面的代码片段，显示了此函数。

```
// Change the rotation of the character to face the given
// actor
void LookAtActor(AActor* TargetActor);
```

注意事项

尽管我们只想让敌人看到玩家角色，但为了遵循良好的软件开发实践，我们将进一步抽象这个函数，并允许EnemyCharacter看到任何Actor。这是因为允许Actor查看另一个Actor或玩家角色的逻辑是完全相同的。

需要记住，在编写代码时应避免不必要的限制。如果可以编写类似的代码并同时允许更多的可能性，那么在不影响程序逻辑复杂度的前提下，就可以这样做。

接下来，如果EnemyCharacter看不到目标Actor，就不应该看它。为了检查敌人是否可以看到Actor，应该调用LookAtActor函数，该函数将调用CanSeeActor函数。这就是在接下来的练习中要完成的操作。

练习5.02 | 创建执行射线检测的CanSeeActor函数

在这个练习中，我们将创建CanSeeActor函数，该函数将返回敌人角色是否可以看到指定的Actor。

请根据以下步骤完成这个练习。

步骤 **01** 在EnemyCharacter类的头文件中为公共CanSeeActor函数创建声明。该函数将返回bool类型，并接收一个const Actor* TargetActor参数，表示我们想要查看的Actor。这个函数将被定义为const函数，因为它不会改变类的任何属性，并且这个参数也将是const。我们不需要修改它的任何属性，只需要访问它们，代码如下。

```
// Can we see the given actor
bool CanSeeActor(const AActor* TargetActor) const;
```

现在，让我们进入有趣的部分，即执行射线检测。

为了调用与射线检测相关的函数，我们必须使用GetWorld函数获取敌人的当前World。但是，我们还没有在这个文件中包含World类，因此在接下来的步骤中需要实现这一操作。

注意事项

任何Actor都可以访问GetWorld函数，它将返回该Actor所属的World对象。需要记住，执行射线检测需要World对象。

步骤 **02** 打开EnemyCharacter源文件，找到以下代码行。

```
#include "EnemyCharacter.h"
```

在前一行代码之后添加以下代码。

```
#include "Engine/World.h"
```

步骤03 接下来，在EnemyCharacter源文件中创建CanSeeActor函数的实现，首先检查TargetActor是否为nullptr。如果是，那么返回false，前提是没有有效的Actor来检查视线，代码如下。

```
bool AEnemyCharacter::CanSeeActor(const AActor *
TargetActor)
    const
{
    if (TargetActor == nullptr)
    {
        return false;
    }
}
```

接下来，在添加LineTrace函数调用之前，我们需要设置一些必要的参数。将在以下步骤中实现这些功能。

步骤04 在前面的if语句之后，创建一个变量来存储与射线检测结果相关的所有必要数据。虚幻引擎已经有一个内置的FHitResult类型，代码如下。

```
// Store the results of the Line Trace
FHitResult Hit;
```

这是我们将发送给LineTrace函数的变量，该函数将用已执行的射线检测的相关信息填充它。

步骤05 为射线检测的Start和End位置创建两个FVector变量，并分别将它们设置为敌人的当前位置和目标的当前位置，代码如下。

```
// Where the Line Trace starts and ends
FVector Start = GetActorLocation();
FVector End = TargetActor->GetActorLocation();
```

步骤06 接下来，设置要进行比较的检测通道。在本例中，我们希望有一个明确指定的Visibility检测通道来指示一个对象是否阻塞了另一个对象的视线。幸运的是，虚幻引擎5中已经存在这样的检测通道，代码如下。

```
// The trace channel we want to compare against
ECollisionChannel Channel = ECollisionChannel::ECC_
Visibility;
```

ECollisionChannel enum表示所有可用来比较的可能检测通道。我们将使用ECC_Visibility值，它代表Visibility检测通道。

步骤07 现在我们已经设置了所有必要的参数，接下来就可以调用射线检测的LineTrace-SingleByChannel函数，代码如下。

```
// Execute the Line Trace
GetWorld()->LineTraceSingleByChannel(Hit, Start, End,
    Channel);
```

该函数将考虑我们发送给它的参数，执行射线检测，并通过修改Hit变量返回结果。

在我们继续之前，还有一些事情需要考虑。

如果射线检测是从敌人角色内部开始的，就意味着射线检测很有可能直接命中敌人角色，就会立即停止，因为我们的角色会阻塞Visibility检测通道。为了解决这个问题，我们需要告诉射线检测忽略敌人角色。

步骤08 使用内置的FCollisionQueryParams类型，它允许我们为射线检测提供更多选项，代码如下。

```
FCollisionQueryParams QueryParams;
```

步骤09 现在，通过将敌人添加到要忽略的Actor列表中，更新射线检测以忽略敌人角色，代码如下。

```
// Ignore the actor that's executing this Line Trace
QueryParams.AddIgnoredActor(this);
```

还应该将目标添加到要忽略的Actor列表中，因为我们不想知道它是否阻塞了EnemySight通道。我们只是想知道敌人和玩家角色之间是否有什么物体阻挡了这个通道。

步骤10 将Target Actor添加到要忽略的Actor列表中，代码如下。

```
// Ignore the target we're checking for
QueryParams.AddIgnoredActor(TargetActor);
```

步骤11 接下来，通过将FcollisionQueryParams作为LineTraceSingleByChannel函数的最后一个参数添加到射线检测中，代码如下。

```
// Execute the Line Trace
GetWorld()->LineTraceSingleByChannel(Hit, Start, End,
Channel,
    QueryParams);
```

步骤12 通过返回射线检测是否击中任何物体来完成CanSeeActor函数。我们可以通过访问Hit变量并检查是否有阻塞命中，通常使用bBlockingHit属性来完成。如果有一个阻塞命中，意味着我们不能看到TargetActor，代码如下。

```
return !Hit.bBlockingHit;
```

注意事项

除了判断阻塞式命中外，我们不需要从Hit结果中获得更多的信息。但是Hit变量可以在射线检测中给我们更多的信息，举例如下。

通过访问Hit.GetActor()函数，获取被射线检测击中的Actor的信息（如果没有击中任何Actor组件，则为nullptr）。

通过访问Hit.GetComponent()函数，获取被射线检测击中的Actor组件的信息（如果没有击中任何Actor，则为nullptr）。

通过访问Hit.Location变量，获取击中位置的信息。

通过访问Hit.Distance变量，找到击中的距离。

通过访问Hit.ImpactNormal变量，找到射线检测击中物体时的角度。

最后，CanSeeActor函数已经完成了。我们现在知道如何执行射线检测，并且可以用它来执行敌人的逻辑。

通过完成这个练习，我们已经完成了CanSeeActor函数，现在可以回到LookAtActor函数。不过接下来，我们应该先考虑的是可视化射线检测。

5.6 可视化射线检测

创建使用射线检测的新逻辑时，在实际执行时可视化射线检测是非常有用的，而Line Trace函数不允许这样做。为了实现这一点，我们必须使用一组辅助调试函数，在运行时动态地绘制对象，例如线、立方体、球体等。

然后，我们添加射线检测的可视化。为了使用调试函数，我们首先要在最后一行include下添加以下include代码。

```
#include "DrawDebugHelpers.h"
```

我们将调用DrawDebugLine函数来可视化射线检测，该函数需要以下输入（与Line Trace函数接收的输入相似）。

- ⊙ 我们将通过GetWorld函数提供当前Word。
- ⊙ 射线的Start和End与LineTraceSingleByChannel函数相同。
- ⊙ 可以设置游戏中所需线的颜色为红色。

接下来，在调用射线检测函数之后，可以添加DrawDebugLine函数，代码如下。

```
// Execute the Line Trace
GetWorld()->LineTraceSingleByChannel(Hit, Start, End, Channel,
    QueryParams);
// Show the Line Trace inside the game
DrawDebugLine(GetWorld(), Start, End, FColor::Red);
```

这将允许我们在执行射线检测时将其可视化，在实践中非常有用。

注意事项

如果需要，我们还可以指定更多的可视化射线检测的属性，比如它的生存周期和厚度。

有许多DrawDebug函数可用来绘制立方体、球体、圆锥体，甚至自定义网格体。

现在可以执行并可视化射线检测，接下来让我们在LookAtActor函数中使用上一个练习中创建的CanSeeActor函数。

练习5.03 | 创建LookAtActor函数

在本练习中，我们将定义LookAtActor函数，该函数可以让敌人旋转，使其面对指定的Actor。请根据以下步骤完成练习。

步骤01 在EnemyCharacter源文件中定义LookAtActor函数。

步骤02 检查TargetActor是否为nullptr，如果是，则不返回任何内容（因为它无效），代码如下。

```
void AEnemyCharacter::LookAtActor(AActor * TargetActor)
{
    if (TargetActor == nullptr)
    {
        return;
    }
}
```

步骤03 接下来，我们使用上一个练习创建的CanSeeActor函数检查是否可以看到TargetActor，代码如下。

```
if (CanSeeActor(TargetActor))
{
}
```

如果这个if语句为真，意味着我们可以看到Actor，并且将设置旋转，以便面向看到的Actor。幸运的是，虚幻引擎5中已经有一个函数可以实现这一点，即FindLookAtRotation函数。这个函数将接收关卡中的两个点作为输入，点A（Start）和点B（End），并返回对象在起始点面对终点时所需的旋转角度。要使用此函数，请执行以下步骤。

步骤04 包括KismetMathLibrary文件，代码如下。

```
#include "Kismet/KismetMathLibrary.h"
```

步骤05 FindLookAtRotation函数必须接收一个Start和End点，分别是敌人的位置和目标Actor的位置，代码如下。

```
FVector Start = GetActorLocation();
FVector End = TargetActor->GetActorLocation();
// Calculate the necessary rotation for the Start
// point to face the End point
FRotator LookAtRotation =
    UKismetMathLibrary::FindLookAtRotation(Start, End);
```

步骤06 最后，将敌人角色的旋转设置为与LookAtRotation相同的值，代码如下。

```
//Set the enemy's rotation to that rotation
SetActorRotation(LookAtRotation);
```

现在进行最后一步，在Tick事件中调用LookAtActor函数，并将玩家角色作为TargetActor发送，就像我们想要查看的Actor一样。

步骤07 为了获取当前由玩家控制的角色，我们需要使用GameplayStatics对象。与其他虚幻引擎5对象一样，我们必须首先按照以下代码所示包含它们。

```
#include "Kismet/GameplayStatics.h"
```

步骤08 接下来，前往Tick函数的主体，并从GameplayStatics调用GetPlayerCharacter函数，代码如下。

```
// Fetch the character currently being controlled by
// the player
ACharacter* PlayerCharacter =
    UGameplayStatics::GetPlayerCharacter(this, 0);
```

这个函数接收以下输入。

⊙ 一个World**情境**对象，它本质上是一个属于我们当前World的对象，用于让函数知道访问哪个World对象。这个World**情境**对象可以简单地作为this指针。

⊙ 玩家索引，因为是单人游戏，我们可以放心地假设它为0（第一个玩家）。

步骤09 接下来，调用LookAtActor函数，发送我们刚刚获取的玩家角色，代码如下。

```
// Look at the player character every frame
LookAtActor(PlayerCharacter);
```

步骤10 最后，在Visual Studio中编译更改的代码。

至此，我们完成了这个练习，EnemyCharacter类已经有面对视野内玩家角色的所有必要逻辑。下一节，我们将创建EnemyCharacter蓝图类。

5.7 创建EnemyCharacter蓝图类

现在，我们已经完成了EnemyCharacter C++类的逻辑部分，还需创建从它继承的蓝图类。请根据以下步骤完成设置。

步骤01 在编辑器中打开项目。

步骤02 在内容浏览器中打开ThirdPersonCPP文件夹中的Blueprints文件夹。

步骤03 在空白处右击，在快捷菜单中选择"**蓝图类**"命令，创建一个新的蓝图类。

步骤04 展开"**选择父类**"对话框底部的"**所有类**"类别，在搜索框中搜索EnemyCharacter C++类，并选择它作为父类。

步骤05 将新建的蓝图类命名为BP_EnemyCharacter。

步骤06 打开创建的蓝图类，在"**组件**"面板中选择SkeletalMeshComponent（称为网格体），在"细节"面板中将"**骨骼网格体资产**"属性设置为SKM_Quinn_Simple，并将其"**动画类**"属性设置为ABP_Quinn。

步骤07 将SkeletalMeshComponent的偏航改为−90º（在Z轴上），其在Z轴上的位置设置为−83个单位。

步骤08 设置蓝图类之后，它的网格体设置与我们的DodgeballCharacter蓝图类非常相似。

步骤09 将BP_EnemyCharacter类的一个实例拖到关卡中，放在可以阻挡其视线的物体附近的位置，例如图5-5的位置（所选角色是EnemyCharacter）。

⬆图5-5 将BP_EnemyCharacter类拖到关卡中

现在我们终于可以进行游戏，验证敌人是否会在视线范围内看到我们的玩家角色，如图5-6所示。

步骤10 我们还可以看到，只要玩家不在敌人角色的视野内，敌人就不会看到玩家，如图5-7所示。

⬆图5-6 使用射线检测，敌人角色可以清楚地看到玩家

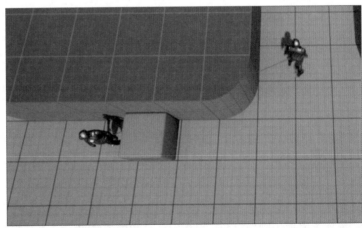

⬆图5-7 敌人看不见玩家了

这就是EnemyCharacter的逻辑。在下一节中，我们将研究扫掠检测。

5.8 扫掠检测

在继续我们的项目之前，了解射线检测的一个变体是很重要的，就是**扫掠检测**。尽管我们不会在项目中使用扫掠检测，但了解它以及如何使用它是很重要的。

射线检测一般是在两点之间发射射线，而扫掠检测则模拟物体在直线上两点之间的运动。被抛出的物体是模拟的（实际上在游戏中并不存在），并且可以设置为各种形状。在扫掠检测中，碰撞位置是虚拟物体（我们称之为**形状**）从起始点到结束点投掷时，第一次与另一个物体碰撞的点。扫掠检测的形状可以是正方体、球体或胶囊体。

图5-8是从A点到B点的扫掠检测的表示，我们假设对象1由于其检测通道属性而被忽略，使用正方体形状进行扫掠检测。

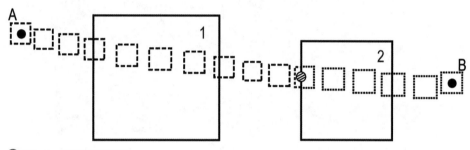

⬆ 图5-8 扫掠检测的表示

在图5-8中，我们注意到以下几点。

◉ 从A点到B点执行一个使用正方体形状的扫掠检测。

◉ 虚线框表示在撞到物体之前的扫掠检测。

◉ 点线框表示在撞到物体之后的扫掠检测。

◉ 条纹圆圈表示扫掠检测与物体2的碰撞点，这是扫掠检测的盒子形状表面与物体2的表面发生碰撞的点。

◉ 大正方形表示两个位于扫掠检测路径中的对象（对象1和对象2）。

◉ 根据其检测通道属性的假设，扫掠检测忽略了对象1。

在某些情况下，扫掠检测比常规的射线检测更有用。以可以投掷躲避球的敌人角色为例，如果我们想要添加一种方法，让玩家能够不断地想象敌人投掷的下一个躲避球会落在哪里，就可以使用扫掠检测来实现。我们将使用躲避球的形状（一个球体）对玩家执行扫掠检测，检查撞击点，并在撞击点上显示一个球体，玩家可以看到这个球体。如果扫掠检测击中墙壁或某个角落，玩家就会知道如果敌人在那一刻扔出一个躲避球，它就会首先击中那里。我们可以使用简单的射线检测来实现相同的目的，但为了获得相同的结果，需要相当复杂的设置，这就是为什么在这种情况下扫掠检测是更好的解决方案。

现在让我们快速了解一下如何在代码中执行扫掠检测。

练习5.04 | 执行扫掠检测

在本练习中，我们将通过编写代码实现扫掠检测功能。虽然在我们的项目中不会使用扫掠检测功能，但是通过这个练习，我们将熟悉此类操作。

转到前面章节中创建的CanSeeActor函数的末尾，执行以下步骤。

步骤01 负责扫掠检测的函数是SweepSingleByChannel，它在虚幻引擎5中是可用的，但需要以下参数作为输入。

我们已经拥有一个FHitResult类型的变量来存储扫描结果，无需再创建一个类似的变量，代码如下。

```
// Store the results of the Line Trace
FHitResult Hit;
```

扫掠的Start和End点已确定，无需再创建一个相同类型的变量，代码如下。

```
// Where the Sweep Trace starts and ends
FVector Start = GetActorLocation();
FVector End = TargetActor->GetActorLocation();
```

步骤02 使用形状的预期旋转，该旋转是FQuat类型（表示四元数）的形式。在这种情况下，通过访问FQuat的Identity属性，将所有轴上的旋转设置为0，代码如下。

```
// Rotation of the shape used in the Sweep Trace
FQuat Rotation = FQuat::Identity;
```

步骤03 现在，我们可以使用预期的检测通道进行比较（因为我们已经有了一个这样的变量，不需要再创建另一个相同类型的变量），代码如下。

```
// The trace channel we want to compare against
ECollisionChannel Channel = ECollisionChannel::ECC_
Visibility;
```

步骤04 最后，我们可以使用FcollisionShape MakeBox函数来创建长方体形状，并提供所需的半径值（在三个轴上），以便进行扫掠检测，代码如下。

```
// Shape of the object used in the Sweep Trace
FCollisionShape Shape =
FCollisionShape::MakeBox(FVector(20.f,
    20.f, 20.f));
```

步骤05 接下来，按以下方式调用SweepSingleByChannel函数。

```
GetWorld()->SweepSingleByChannel(Hit,
                                 Start,
                                 End,
                                 Rotation,
```

```
        Channel,
        Shape);
```

完成以上步骤后，我们就完成了扫掠检测的练习。考虑到我们不会在项目中使用扫掠检测，建议注释掉SweepSingleByChannel函数，以避免对Hit变量的修改导致之前射线检测的结果丢失。

现在我们已经了解了扫掠检测的内容，接下来回到Dodgeball项目中，学习如何更改对象对检测通道的响应。

|5.8.1| 更改可见性检测响应

在我们当前的设置中，每个可见的对象都会阻塞Visibility检测通道。如果我们想改变一个对象是否完全阻塞了那个通道，就必须更改组件对该通道的响应。请看下面的例子。

步骤01 我们选择了关卡中用来阻挡敌人视线的立方体，如图5-9所示。

步骤02 转到该对象的"**细节**"面板（其在编辑器界面中的默认位置）的"**碰撞**"类别，如图5-10所示。

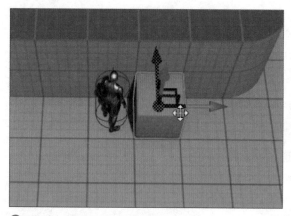

⬆ 图5-9　选择阻挡敌人视线的立方体

⬆ 图5-10　虚幻引擎中"细节"面板中的"碰撞"区域

步骤03 在这里，要设置几个与碰撞相关的参数。现在要注意的是"**碰撞预设**"参数当前值为Default，但是，我们希望根据自己的偏好更改它，因此单击该参数的下拉按钮，在列表中选择Custom选项。

步骤04 执行以上操作后，我们会看到一组新的参数，如图5-11所示。

这组参数允许我们指定对象的射线检测和对象碰撞的响应方式，以及碰撞对象的类型。

我们需要关注的参数是Visibility，该参数的默认设置为"**阻挡**"，也可以设置为"**忽略**"或"**重叠**"。

现在，立方体挡住了Visibility通道，这就是为什么敌人看不到立方体后面角色的原因。然而，如果我们将对象对Visibility通道的响应更改为"**重叠**"或"**忽略**"，则对象将不再阻塞检查Visibility的射线检测（这是我们之前用C++编写的射线检测的情况）。

步骤 05 让我们将立方体对Visibility通道的响应更改为**"忽略"**，然后开始游戏。此时，当角色走到立方体的后面，敌人仍然看着玩家角色，如图5-12所示。

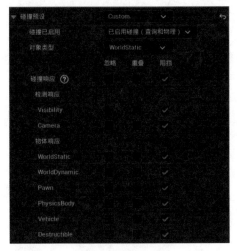

⬆图5-11 设置"碰撞预设"为Custom

⬆图5-12 敌人角色透过物体看着玩家

这是因为立方体不再阻挡Visibility通道，所以当敌人试图接近玩家角色时，执行的射线检测不再击中他们之间的立方体。

目前，我们已经展示了如何更改对象对特定检测通道的响应，现在让我们将立方体对Visibility通道的响应重新设置为**"阻挡"**。

然而，还有一种响应方式需要介绍。如果我们将立方体对Visibility通道的响应设置为**"重叠"**，而不是**"忽略"**，结果是相同的。这是为什么呢？这两种响应的作用是什么？为了解释这一点，我们来看看多射线检测。

|5.8.2| 多射线检测

在使用"练习5.02 创建执行射线检测的CanSeeActor函数"中的CanSeeActor函数时，我们可能会对使用的射线检测函数LineTraceSingleByChannel的名字感到奇怪，特别是为什么使用了"Single"这个词。原因是我们还可以执行LineTraceMultiByChannel函数。

但是这两种射线检测有什么不同呢？

单射线检测在遇到障碍物时会停止检查，并提供所遇对象的信息，而多射线检测则能够检查同一射线上被击中的任何对象。

单射线检测将执行以下操作。

◉ 忽略射线检测正在使用的检测通道上的对象时，设置为**"忽略"**或**"重叠"**。

◉ 当检测到一个响应设置为**"阻挡"**时，停止执行。

然而，多射线检测不会忽略响应设置为**"重叠"**的对象，而是将其添加为在射线检测期间找到的对象，并且仅在发现阻塞所需检测通道的对象时停止（或当它到达终点时）。图5-13展示了执行多射线检测的说明。

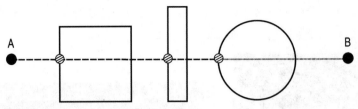

↑图5-13　从点A到点B执行的多射线检测

在图5-13中，我们可以看到以下几点。

⦿ 虚线表示在触及阻塞它的对象之前的射线检测。

⦿ 点虚线表示射线检测碰到阻塞它的对象后的轨迹。

⦿ 条纹圆圈代表射线检测的撞击点，在这种情况下，只有最后一个是阻挡撞击。

LineTraceSingleByChannel和LineTraceMultiByChannel函数的唯一区别是，当涉及到输入时，后者必须接收一个TArray<FHitResult>输入而不是单个FHitResult。除此之外，所有其他的输入都是一样的。

在模拟具有强大穿透力的子弹的行为时，多射线检测是非常有用的，这种子弹可以在完全停止之前穿过几个对象。需要记住，我们也可以通过调用SweepMultiByChannel函数来进行多重扫掠检测。

注意事项

　　关于LineTraceSingleByChannel函数，我们可能会对ByChannel部分感兴趣。这种区别与使用检测通道有关，而不是使用对象类型作为替代。我们可以通过调用LineTraceSingleByObjectType函数来执行使用对象类型而不是检测通道的射线检测，该函数也可以从World对象中获得。对象类型与我们将在下一章讨论的主题相关，因此暂时不会深入介绍这个函数。

|5.8.3| 摄像机检测通道

在更改立方体的响应为Visibility检测通道时，我们可能已经注意到另一个随时可用的检测通道：Camera。

这个通道用来指定一个对象是否阻挡摄像机的弹簧臂和它所关联的角色之间的视线。为了看到实际效果，我们可以将一个对象拖到关卡中，并将其放置在摄像机和玩家角色之间。

请看以下示例。

步骤01 复制floor对象。

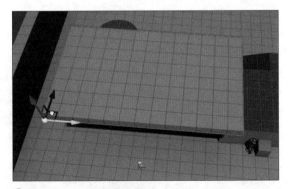

注意事项

　　按住Alt键，使用移动工具沿着任意轴移动，即可轻松在关卡中复制该对象。

↑图5-14　选择要复制的地板

步骤02 接下来，我们更改复制地板的"**变换**"属性的值，如图5-15所示。

步骤03 运行游戏时，我们看到当角色走到复制的地板对象下方时，弹簧臂将使摄像机向下移动，确保可以看到角色，如图5-16所示。

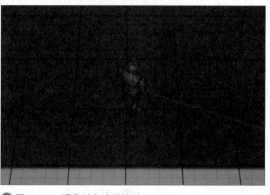

⬆ 图5-15　更新变换值

⬆ 图5-16　摄像机角度的变化

步骤04 为了看到当物体没有阻塞摄像机检测通道时，弹簧臂的行为有何不同，将地板对摄像机通道的响应更改为"**忽略**"。再次播放关卡，当角色走到复制的地板下方时，我们将看不到角色。

完成这些步骤后，我们可以看到Camera通道用于指定对象是否会导致弹簧臂在与该对象相交时将摄像机移动到更靠近玩家的位置。

现在我们已经知道了如何使用现有的检测通道，如果我们想要创建自己的检测通道该怎么办呢？

练习5.05 | 创建一个自定义的EnemySight检测通道

正如之前讨论过的，虚幻引擎5内置两个随时供我们使用的检测通道：Visibility（**可见性**）和Camera（**摄像机**）。Visibility是一个通用通道，可以用来指定哪些物体阻挡了一个物体的视线；而Camera通道允许我们指定一个物体是否阻挡了摄像机的弹簧臂和它所关联的角色之间的视线。

但是我们如何创建自己的检测通道呢？这就是在这个练习中要学习的内容。我们将创建一个新的EnemySight检测通道，并使用它来检查敌人是否可以看到玩家角色，而不是内置的Visibility通道。请根据以下步骤完成本练习。

步骤01 在虚幻引擎编辑器中单击右上角的"**设置**"按钮，在列表中选择"**项目设置**"选项，打开"**项目设置**"窗口。然后选择左侧"**引擎**"类别下的"**碰撞**"选项，在该区域中找到Trace Channels属性。目前该属性是空的，因为我们还没有创建自己的检测通道。

步骤02 单击该类别下的"**新建检测通道**"按钮。弹出"**新建通道**"对话框，设置新通道的名称，并通过项目中的对象设置其默认响应。此处将检测通道命名为EnemySight，将其默认响应设置为Block，单击"**接受**"按钮，因为我们希望大多数对象都这样做。

步骤03 创建新的检测通道之后，我们必须回到EnemyCharacter C++类，并在射线检测中改变比较的检测，代码如下。

```
// The trace channel we want to compare against
ECollisionChannel Channel = ECollisionChannel::ECC_
Visibility;
```

鉴于我们不再使用Visibility通道，此时必须引用新通道，该怎么操作呢？

在项目目录中，展开Config文件夹。这个文件夹包含几个与项目相关的ini格式的文件，比如Defau-ltGame.ini、DefaultEditor.ini和DefaultEnengine.ini等。每个文件都包含多个属性，这些属性将在加载项目时进行初始化。属性是通过名称-值（property=value）设置的，我们可以根据需要进行修改。

步骤 04 当我们创建EnemySight通道时，项目的DefaultEnengine.ini文件会被更新为新检测通道。在该文件的某个地方，将找到以下代码。

```
+DefaultChannelResponses=(Channel=ECC_GameTraceChannel1,
    DefaultResponse=ECR_Block,bTraceType=True,
    bStaticObject=False,
    Name="EnemySight")
```

注意事项

前面的代码行在以下链接中高亮显示：https://packt.live/3eFpz5r。

上述代码表示有一个自定义的检测通道，名为EnemySight。该通道具有默认的Block响应，并且在C++中可以使用我们之前提到的碰撞枚举ECollisionChannel的ECC_GameTraceChannel1值。这是我们将在以下代码中引用的通道。

```
// The trace channel we want to compare against
ECollisionChannel Channel =
    ECollisionChannel::ECC_GameTraceChannel1;
```

步骤 05 验证我们所做的所有更改后，敌人的行为保持不变。这意味着只要玩家角色在敌人的视线范围内，敌人就要面对玩家角色。

通过完成这个练习，我们掌握了如何为任何期望的目的创建自己的检测通道。

回到敌人角色，我们仍然有办法改进它的逻辑。现在，当我们获取敌人的位置作为射线检测的起点时，这个点在敌人的臀部附近，因为那是Actor的原点。然而，这通常不是人们的眼睛所在的位置，让一个人形角色从臀部而不是头部看东西是没有多大意义的。

因此，让我们改变这种情况，使敌人角色通过眼睛而不是臀部来看到玩家角色。

活动5.01 | 创建SightSource属性

本活动将改进敌人的逻辑，来确定它是否应该看到玩家。目前，在BP_EnemyCharacter蓝图中，射线检测是从角色的臀部（0,0,0）进行的。我们想让它更有意义，所以让射线检测从靠近敌人眼睛处开始。

根据以下步骤完成该活动。

步骤 01 在EnemyCharacter C++类中声明名为SightSource的新SceneComponent。确保其声明为带有VisibleAnywhere、BlueprintReadOnly、Category = LookAt和meta = (AllowPrivateAccess = " true ")标签的UPROPERTY。

步骤 02 使用CreateDefaultSubobject函数在EnemyCharacter构造函数中创建该组件，并将其附加到RootComponent。

步骤 03 将CanSeeActor函数中射线检测的起始位置更改为SightSource组件的位置，而不是Actor的位置。

步骤 04 打开BP_EnemyCharacter蓝图类并将SightSource组件的位置更改为敌人头部的位置（10,0,80），如在创建EnemyCharacter蓝图类中对BP_EnemyCharacter的SkeletalMeshComponent属性操作那样。

提示

这可以通过编辑器中"细节"面板的"变换"类别中"位置"属性来实现，如图5-17所示。

⬆图5-17　更新SightSource组件的值

预期输出的效果如图5-18所示。

注意事项

这个活动的解决方案可以在GitHub上找到：https://github.com/PacktPublishing/Elevating-Game-Experiences-with-Unreal-Engine-5-Second-Edition/tree/main/Activity%20solutions。

⬆图5-18　预期的输出展示了从臀部到眼睛更新后的效果

5.9 本章总结

通过本章学习，我们已经掌握了一个新的工具：射线检测。现在我们掌握了如何执行单射线检测、多射线检测和扫掠检测，如何更改对象对特定检测通道的响应，以及如何创建自己的检测通道。在接下来的章节中，我们会意识到这些是游戏开发的基本且重要的技能。

现在我们知道如何使用射线检测，在下一章中，将学习如何设置对象之间的碰撞，以及如何使用碰撞事件来创建自己的游戏逻辑。我们将创建躲避球Actor，该Actor将受到实时物理模拟的影响；创建墙Actor，它将阻止角色和躲避球的移动；创建负责在玩家与其接触时结束游戏的Actor。

第 6 章

设置碰撞对象

在上一章中，我们介绍了碰撞的基本概念，即射线检测和扫掠检测等。我们学习了如何执行不同类型的射线检测、如何创建自定义检测通道，以及如何更改对象对特定通道的响应方式。本章将学习对象碰撞的相关内容，会使用到上一章所学的内容。

在本章中，我们将继续通过添加围绕物体碰撞的游戏机制，构建俯视的躲避球游戏。首先创建躲避球Actor，作为从地板和墙壁上弹跳的躲避球；再创建墙Actor，用于阻挡所有对象；然后创建幽灵墙Actor，它只会挡住玩家，而不会挡住敌人的视线或躲避球；最后创建胜利盒Actor，在玩家进入胜利盒时，游戏结束。

我们将在本章讨论以下内容。

- ⊙ 主要解虚幻引擎5中的对象碰撞
- ⊙ 理解碰撞组件
- ⊙ 理解碰撞事件
- ⊙ 理解碰撞通道
- ⊙ 创建物理材质
- ⊙ 引入定时器
- ⊙ 理解如何生成Actor

在开始创建Dodgeball类之前，我们将介绍对象碰撞的基本概念。

6.1 技术要求

本章的完整代码可从本书的GitHub存储库中下载，链接：https://github.com/PacktPublishing/Elevating-Game-Experiences-with-Unreal-Engine-5-Second-Edition。

6.2 理解虚幻引擎5中的物体碰撞

如前一章所述，每个游戏开发工具都必须具备模拟多个对象之间碰撞的物理引擎。无论是二维游戏，还是三维游戏，碰撞是大多数游戏的核心。在许多游戏中，碰撞是玩家对环境做出反应的主要方式，无论是奔跑、跳跃还是射击，环境也会做出相应的反应，让玩家落地、被击中等。可以毫不夸张地说，如果没有模拟碰撞，许多游戏根本无法实现。

接下来，让我们了解物体碰撞在虚幻引擎5中的工作原理以及如何正确使用它。首先，我们从碰撞组件开始。

6.2.1 理解碰撞组件

在虚幻引擎5中，有两种类型的组件可以影响碰撞和受到碰撞的影响。

- 网格体
- 形状对象

网格体可以像立方体一样简单，也可以像具有数万个顶点的高分辨率角色一样复杂。网格体的碰撞可以用一个自定义文件指定，该文件与网格体一起导入到虚幻引擎5中，或者它可以由虚幻引擎5自动计算并由用户自定义。

通常，保持碰撞网格体尽可能简单（例如几个三角形）是一个很好的做法，这样物理引擎就可以在运行时有效地计算碰撞。可以发生碰撞的网格体类型如下。

- **静态网格体：** 为静态且不改变的网格体。
- **骨骼网格体：** 网格体可以有一个骨骼和改变它们的姿势，从而可以设置动画。例如，角色网格体就是骨骼网格体。
- **程序化网格体：** 可以根据某些参数自动生成的网格体。

形状对象是在线框模式下表示的简单网格体，通过引起和接收碰撞事件来充当碰撞对象。

注意事项

线框模式是游戏开发中常用的一种可视化模式，主要用于调试。该模式允许我们看到没有任何面或纹理的网格体，只能通过它们的边缘看到，这些边缘由它们的顶点连接。当我们向Actor添加形状组件时，就能看到线框模式是什么样子了。

形状对象本质上是不可见的网格体，有以下三种类型。

⊙ 长方体碰撞（C++中的长方体组件）

⊙ 球体碰撞（C++中的球体组件）

⊙ 胶囊碰撞器（C++中的胶囊组件）

注意事项

在虚幻引擎5中，所有提供几何体和碰撞的组件都继承自一个类，即Primitive组件。该组件是包含任何几何体的所有组件的基础，这适用于网格体组件和形状组件。

那么，这些组件是如何碰撞的，它们碰撞时会发生什么？我们将在下一节对此进行研究。

|6.2.2| 理解碰撞事件

两个物体相互碰撞时，可能发生以下两种情况。

⊙ 两个物体相互重叠，就好像另一个对象不存在一样，此时会调用Overlap事件。

⊙ 两个物体相互碰撞并阻止对方继续前进，此时会调用Block事件。

在上一章中，我们学习了如何更改对象对特定检测通道的响应。在这个过程中，我们了解到对象的响应可以是**阻挡**、**重叠**或**忽略**。

现在，我们介绍这些响应在碰撞过程中会产生什么效果。

⊙ **阻挡**：只有两个对象将它们对另一个对象的响应都设置为"阻挡"时才会互相阻挡。

　▣ 两个对象都将调用它们的OnHit事件。每当两个对象在碰撞，相互阻挡对方的路径时，就会调用OnHit事件。如果其中一个对象正在模拟物理，那么该对象的Simulation-GeneratesHitEvents属性必须设置为true。

　▣ 两个对象会在物理上阻止对方继续前进。

图6-1为两个物体被抛出，碰撞后相互反弹的例子。

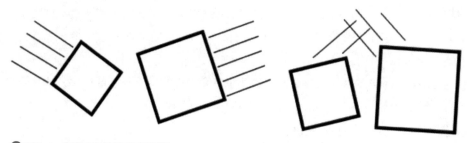

⬆ 图6-1　对象A和对象B互相阻挡

⊙ **重叠**：如果两个对象不互相阻挡，并且没有忽略另一个对象，则它们会相互重叠。

　▣ 如果两个对象的GenerateOverlapEvents属性都设置为true，它们的OnBeginOverlap和OnEndOverlap事件将被调用。当一个对象开始和停止与另一个对象重叠时，分别调用这些重叠事件。如果两个对象中至少有一个没有将此属性设置为true，那么它们都不会调用这些事件。

　▣ 这两个物体的行为就好像另一个物体不存在一样，并且会相互重叠。

两个对象重叠的一个例子是，玩家的角色在关卡结束时走进一个触发框，这个触发框只会对玩家的角色做出反应。

图6-2为两个对象碰撞后相互重叠的例子。

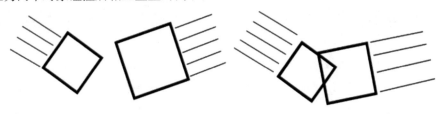

⬆图6-2 对象A和对象B互相重叠

◉ **忽略：** 如果两个对象中至少有一个对象忽略了另一个对象，那么它们将忽略对方。

    ☐ 两个对象都不会调用任何事件。

    ☐ 与 "重叠" 响应类似，两个物体会相互重叠。

两个对象相互忽略的一个例子是，当一个非玩家角色进入一个标记关卡结束的触发框时，因为触发框只会对玩家角色做出反应，所以会忽略非玩家角色的进入。

注意事项

图6-2中两个对象相互重叠，可以理解为 "忽略"。

表6-1可以帮助我们理解触发上述情况的两个对象的必要响应。

表6-1 "阻挡""重叠"和"忽略"的对象的响应结果

对象A ＼ 对象B	阻挡	重叠	忽略
阻挡	阻挡	重叠	忽略
重叠	重叠	重叠	忽略
忽略	忽略	忽略	忽略

假设我们有两个对象，分别为对象A和对象B。

◉ 如果对象A将其对对象B的响应设置为 "阻挡"，对象B将其对对象A的响应也设置为 "阻挡"，则它们将相互阻挡。

◉ 如果对象A将其对对象B的响应设置为 "阻挡"，而对象B将其对对象A的响应设置为 "重叠"，则它们将相互重叠。

◉ 如果对象A将其对对象B的响应设置为 "忽略"，对象B将其对对象A的响应设置为 "重叠"，则它们将相互忽略。

注意事项

我们可以在以下链接中找到关于虚幻引擎5碰撞交互的完整参考：https://docs.unrealengine.com/en-US/Engine/Physics/Collision/Overview。

对象之间的碰撞有两个方面。

⊙ **物理：** 所有与物理模拟相关的碰撞，例如球受到弹力的影响从地板或墙壁上反弹。

游戏中碰撞的物理模拟反应包括以下两种情况。

▣ 两个对象都继续它们的轨迹，就好像另一个物体不存在一样（没有物理碰撞）。

▣ 两个对象碰撞并改变它们的轨迹，通常至少有一个物体继续运动，也就是说，它们相互阻挡了对方的路径。

⊙ **查询：** 查询可以分为碰撞的两个方面。

▣ 与游戏中调用的物体碰撞相关的事件，可以使用这些事件创建额外的逻辑。这些事件和我们之前介绍的是一样的。

▣ OnHit事件。

▣ OnBeginOverlap事件。

▣ OnEndOverlap事件。

▣ 游戏中对碰撞的物理反应，可以是以下两种情况之一。

• 两个物体继续运动，就好像另一个物体不存在一样（没有物理碰撞）。

• 两个物体相撞，互相阻挡。

从物理方面的物理响应听起来可能类似于来自查询方面的物理响应，然而，尽管二者都是物理响应，但它们会导致物体的行为不同。

从物理方面来看，物理响应仅适用于正在模拟物理的对象（例如，球受重力影响、从墙壁和地面反弹等）。这样的对象撞到墙上时，会反弹并继续向另一个方向移动。

从查询方面来看，物理响应适用于所有没有模拟物理的对象。对象被代码控制时（例如，使用SetActorLocation函数或使用**Character Movement**组件），对象可以在没有模拟物理的情况下移动。这种情况取决于我们使用哪种方法来移动对象及其属性，当对象撞到墙上时，它将简单地停止移动，而不会反弹回来。原因是我们只告诉物体朝某个方向移动，而当有物体挡住它的路径时，物理引擎不允许物体继续移动。

|6.2.3| 理解碰撞通道

在前一章中，我们学习了现有的检测通道（Visibility和Camera），并学习了如何创建自定义通道。现在我们已经理解了检测通道，是时候讨论对象通道（也称为对象类型）。

检测通道仅用于射线检测，而对象通道用于对象碰撞。我们可以为每个对象通道指定一个"目的"（就像检测通道一样），比如Pawn、**静态对象**、**物理对象**、**抛射**等。然后，我们可以指定每个对象类型如何通过阻挡、重叠或忽略该类型的对象来响应所有其他对象类型。

现在我们已经了解了碰撞的工作原理，回到上一章中选择的立方体的碰撞设置，在那里我们调整立方体对Visibility通道的响应。

请根据以下步骤深入学习碰撞通道的相关知识。

（步骤 **01**）在虚幻引擎编辑器中打开关卡的情况下，选择立方体模型，如图6-3所示。

（步骤 **02**）转到立方体模型的"**细节**"面板的"**碰撞**"类别，如图6-4所示。

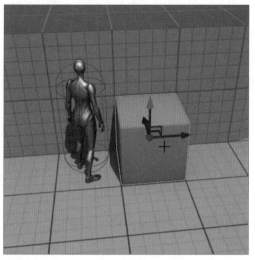

↑图6-3　立方体是阻挡敌人视线的物体

↑图6-4　立方体模型的"碰撞"类别

在"碰撞"类别中包含一些很重要的选项，具体含义如下。

- ⊙ **模拟生成命中事件：** 该选项允许在对象模拟物理时调用OnHit事件（我们将在本章后面讨论该内容）。
- ⊙ **生成重叠事件：** 该选项允许调用OnBeginOverlap和OnEndOverlap事件。
- ⊙ **角色可迈上去：** 该选项使得角色能够轻松地踏上这个对象。
- ⊙ **碰撞预设：** 该选项使我们能够指定对象对每个碰撞通道的响应方式。

步骤03 将"**碰撞预设**"更改为Custom，并查看下面显示的参数，如图6-5所示。

第一个参数是"碰撞已启用"，该参数允许我们指定对象碰撞的范围，包括"**纯查询（无物理碰撞）**""**纯物理（不查询碰撞）**"和"**已启用碰撞（查询和物理）**"，如图6-6所示。同样，物理碰撞与物理模拟有关（该对象是否会被其他模拟物理的对象考虑），而查询碰撞则与碰撞事件和对象是否会相互阻碍对方的运动有关。

↑图6-5　设置"碰撞预设"为Custom

↑图6-6　"碰撞已启用"的选项

第二个参数是"**对象类型**"，该参数与检测通道的概念非常相似，但它专门用于对象碰撞。最重要的是，该参数决定了碰撞对象的类型。虚幻引擎5附带的对象类型包括以下几种。

- ⊙ WorldStatic：不移动的对象（结构、建筑物等）。
- ⊙ WorldDynamic：可以移动的对象（由代码触发移动的对象，玩家可以拿起来并移动的对象等）。
- ⊙ Pawn：用于可以在关卡中控制和移动的Pawn。
- ⊙ PhysicsBody：用于模拟物理的物体。
- ⊙ Vehicle：用于交通工具对象。
- ⊙ Destructible：用于可破坏的网格体。

如前文所述，我们可以创建自定义对象类型（将在本章后面介绍），类似于创建自定义检测通道（在前一章中介绍）。

最后一个参数与"**碰撞响应**"有关。假设这个立方体对象默认的碰撞选项，所有的响应都被设置为阻挡，意味着这个对象将阻塞所有的射线检测和所有阻挡WorldStatic对象的对象，因为这是这个立方体对象的类型。

因为虚幻引擎5有很多不同的碰撞属性组合，所以我们可以以"**碰撞预设**"的形式对碰撞属性值进行分组。

单击"碰撞预设"右侧的下三角按钮，在列表中显示所有可能的选项。下面介绍部分碰撞预设的含义。

- ⊙ No Collision：用于不受碰撞影响的对象。
  - ▣ **碰撞已启用**：无碰撞。
  - ▣ **对象类型**：WorldStatic。
  - ▣ **回复**：无关紧要。
  - ▣ **示例**：可视的且遥远的物体，例如玩家永远无法到达的地方的物体。
- ⊙ Block All：用于静态对象并阻挡所有其他对象。
  - ▣ **碰撞已启用**：查询和物理。
  - ▣ **对象类型**：WorldStatic。
  - ▣ **回复**：阻止所有渠道。
  - ▣ **示例**：靠近玩家角色并阻挡其移动的物体，如地板和墙壁，它们始终是静止的。
- ⊙ Block All Dynamic：与Block All预设类似，适用于可能在游戏过程中改变其转换的动态对象（Object Type:WorldDynamic）。
- ⊙ Overlap All Dynamic：与Overlap All预设类似，适用于可能在游戏过程中改变其转换的动态对象（Object Type:WorldDynamic）。
- ⊙ Pawn：用于Pawn和角色。
  - ▣ **碰撞已启用**：查询和物理。
  - ▣ **对象类型**：Pawn。
  - ▣ **回复**：阻止所有通道，忽略Visibility通道。
  - ▣ **示例**：玩家角色和非可玩角色。

⊙ **Physics Actor**：用于模拟物理的对象。

　　▣ **碰撞已启用**：查询和物理。

　　▣ **对象类型**：PhysicsBody。

　　▣ **回复**：阻止所有通道。

　　▣ **示例**：受物理影响的物体，如从地板和墙壁上弹起来的球。

与其他碰撞特性一样，我们也可以自定义碰撞预设。

注意事项

　我们可以在以下链接中找到虚幻引擎5碰撞响应的完整参考：https://docs.unrealengine.com/en-US/Engine/Physics/Collision/Reference。

现在我们已经理解了碰撞的基本概念，接下来，开始创建Dodgeball类。下一个练习将实现这一功能。

练习6.01 创建Dodgeball类

在这个练习中，我们将创建Dodgeball类，该类被敌人扔出去后在地板或墙壁上反弹，就像一个真正的躲避球一样。

在开始创建Dodgeball C++类及其逻辑之前，我们应该设置所有必要的碰撞设置。

请根据以下步骤完成练习。

步骤01 打开"**项目设置**"窗口，在"**引擎**"类别下选择"**碰撞**"选项。目前，没有对象通道，因此我们需要创建一个新的对象通道。

步骤02 单击Object Channels区域中的"**新建Object通道**"按钮，在打开的"**新建通道**"对话框中将其命名为Dodgeball，并将其"**默认响应**"设置为Block，单击"**接受**"按钮。

步骤03 完成以上操作后，展开Preset部分，其中包含虚幻引擎5中可用的所有默认预设。如果选择其中一个并单击"**编辑**"按钮，可以更改预设碰撞设置。

步骤04 单击"**新建**"按钮，在打开的"**新建描述文件**"对话框中可以自定义预设。我们希望Dodgeball的预设设置如下。

⊙ **名称**：设置为Dodgeball。

⊙ **碰撞启用**：Collision Enabled（Query and Physics），我们希望在物理模拟和碰撞事件中考虑这一点。

⊙ **对象类型**：设置为Dodgeball。

⊙ **碰撞响应**：大多数情况下勾选"**阻挡**"复选框，但Camera和EnemySigh设置为"**忽略**"，因为我们不希望躲避球挡住Camera或敌人的视线。

步骤05 设置以上参数后，单击"**接受**"按钮。

现在Dodgeball类的碰撞设置已经完成了，接下来我们将创建Dodgeball C++类。

步骤06 在菜单栏中单击"**工具**"按钮，在下拉菜单中选择"**新建C++类**"命令。

步骤07 打开"**添加C++类**"对话框，选择"**角色**"作为父类，单击"**下一步**"按钮。

步骤 08 将创建的类命名为 **DodgeballProjectile**（因为我们的项目已经命名为 Dodgeball，所以此处不能以相同的名称命名这个新类），最后单击 "**创建类**" 按钮。

步骤 09 通过 Visual Studio 打开 DodgeballProjectile 类文件。接下来将添加躲避球的碰撞组件，我们首先在类头文件中添加一个 SphereComponent（Actor 组件属性通常是私有的），代码如下。

```
UPROPERTY(VisibleAnywhere, BlueprintReadOnly, Category =
    Dodgeball, meta = (AllowPrivateAccess = "true"))
class USphereComponent* SphereComponent;
```

步骤 10 在源文件的顶部包含 SphereComponent 类，代码如下。

```
#include "Components/SphereComponent.h"
```

注意事项

需要注意，所有头文件的 include 必须在 .generated.h 之前。

现在，打开 DodgeballProjectile 的源文件，并转到 DodgeballProjectile 类的构造函数，执行以下步骤。

步骤 11 创建 SphereComponent 对象，代码如下。

```
SphereComponent =
CreateDefaultSubobject<USphereComponent>(TEXT("Sphere
    Collision"));
```

步骤 12 将 SphereComponent 对象的半径设置为 35 个单位，代码如下。

```
SphereComponent->SetSphereRadius(35.f);
```

步骤 13 将 "**碰撞预设**" 设置为我们创建的 Dodgeball 预设，代码如下。

```
SphereComponent->SetCollisionProfileName(FName("Dodgeb
all"));
```

步骤 14 我们希望 Dodgeball 模拟物理，因此需要通知组件，代码如下。

```
SphereComponent->SetSimulatePhysics(true);
```

步骤 15 因为 Dodgeball 在模拟物理时要调用 OnHit 事件，所以调用 SetNotifyRigidBodyCollision 函数，并将其设置为 true（这与我们在对象属性的 "碰撞" 类别中的 "模拟生成命中事件" 属性相同），代码如下。

```
//Simulation generates Hit events
SphereComponent->SetNotifyRigidBodyCollision(true);
```

我们还想监听 SphereComponent 的 OnHit 事件。

步骤 16 在 DodgeballProjectile 类的头文件中为触发 OnHit 事件时调用的函数创建一个声明，这个函数被称为 OnHit。OnHit 函数应该是公共的，不返回任何内容（void），有 UFUNCTION 宏，并接收一些参数，顺序如下。

I. UPrimitiveComponent* HitComp：被击中的组件，属于这个Actor。原始组件是具有"**变换**"属性和某种几何形状（例如，网格体或形状组件）的Actor组件。

II. AActor* OtherActor：碰撞中涉及的另一个Actor。

III. UPrimitiveComponent* OtherComp：被击中的组件，属于另一个Actor。

IV. FVector NormalImpulse：物体被击中后移动的方向以及力的大小（通过检查向量的大小来确定），该参数仅在对象正在模拟物理效果时非零。

V. FHitResult& Hit：这个碰撞导致的数据结果，数据是通过此对象和其他对象碰撞得出的。正如我们在上一章中看到的，它包含了诸如碰撞点是否在法线上，碰撞的组件和Actor等属性。通过其他参数，我们可以获得大部分相关的信息。如果需要更详细的信息，可以访问这个参数，代码如下。

```
UFUNCTION()
void OnHit(UPrimitiveComponent* HitComp, AActor*
OtherActor,
    UPrimitiveComponent* OtherComp, FVector
    NormalImpulse, const
    FHitResult& Hit);
```

将OnHit函数的实现添加到类的源文件中，并在该函数中（至少目前）销毁碰撞到玩家的躲避球。

步骤 17 将OtherActor参数强制转换为DodgeballCharacter类，并检查该值是否不是nullptr。如果不是，意味着击中的另一个Actor是DodgeballCharacter，我们将破坏这个DodgeballProjectile-Actor，代码如下。

```
void ADodgeballProjectile::OnHit(UPrimitiveComponent *
    HitComp, AActor * OtherActor, UPrimitiveComponent *
    OtherComp, FVector NormalImpulse, const FHitResult &
    Hit)
{
  if (Cast<ADodgeballCharacter>(OtherActor) !=
  nullptr)
    {
        Destroy();
    }
}
```

因为我们引用的是DodgebalCharacter类，所以需要把该类包含在DodgeballProjectile类的源文件的顶部，代码如下。

```
#include "DodgeballCharacter.h"
```

注意事项

在下一章中，我们将对该函数进行修改，使得躲避球在自毁之前先对玩家造成伤害。我们将在讨论Actor组件时实现这个功能。

步骤 18 返回到DodgeballProjectile类的构造函数，并在末尾添加代码来监听SphereComponent的OnHit事件，代码如下。

```
// Listen to the OnComponentHit event by binding it to
// our function
SphereComponent->OnComponentHit.AddDynamic(this,
    &ADodgeballProjectile::OnHit);
```

以上代码把创建的OnHit函数绑定到SphereComponent OnHit事件（因为这是一个Actor组件，这个事件被称为OnComponentHit），这意味着函数将与该事件一起被调用。

步骤 19 最后，使SphereComponent成为这个Actor的RootComponent，代码如下。

```
// Set this Sphere Component as the root component,
// otherwise collision won't behave properly
RootComponent = SphereComponent;
```

注意事项

为了确保移动的Actor在碰撞中表现正确，无论Actor是否模拟物理，通常都需要将它的主要碰撞组件设置为它的RootComponent。

例如，角色类的RootComponent组件是一个胶囊碰撞组件，因为Actor会四处移动，而这个组件是角色与环境碰撞的主要方式。

现在我们已经添加了DodgeballProjectile C++类的逻辑，接下来继续创建其他蓝图类。

步骤 20 编译更改的代码，并打开编辑器。

步骤 21 在内容浏览器区域展开"**内容 | ThirdPerson | Blueprints**"文件夹，在空白处右击，在快捷菜单中选择"**蓝图类**"命令。

步骤 22 在打开的"**选取父类**"对话框中展开"**所有类**"并搜索DodgeballProjectile类。然后，将该类设置为父类。

步骤 23 将新蓝图类命名为BP_DodgeballProjectile。

步骤 24 打开创建的蓝图类。

步骤 25 注意在Actor的"视口"选项卡中SphereCollision组件用线框表示（在游戏过程中，该组件默认是隐藏的，但是我们可以通过改变该组件的**Rendering**部分的HiddenIn-Game属性来改变该属性），如图6-7所示。

⬆ 图6-7　SphereCollision组件的可视化线框

步骤 26 现在，添加一个新的"**球体**"网格体作为现有"**球体碰撞**"组件的子对象，如图6-8所示。

步骤 27 在"**细节**"面板的"**变换**"类别下将其"**缩放**"更改为0.65，如图6-9所示。

↑图6-8 添加球体网格体

↑图6-9 设置"缩放"的值

步骤 28 在"**碰撞**"类别下将"**碰撞预设**"设置为NoCollision，如图6-10所示。

步骤 29 最后，打开关卡，在玩家附近放置一个BP_DodgeballProjectile类的实例（这个实例被放置在高600个单位的位置），如图6-11所示。

↑图6-10 设置"碰撞预设"为NoCollision

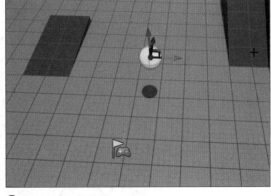

↑图6-11 将实例放在关卡中

完成以上操作后就可以测试玩游戏了。我们会注意到躲避球会受到重力的影响，在地面上反弹几次之后才静止。

通过完成这个练习，我们已经创建了一个行为类似于物理对象的对象。

现在，我们知道了如何创建碰撞对象类型、使用OnHit事件，以及改变对象的碰撞属性。

注意事项

在上一章中，我们简要地介绍了LineTraceSingleByObjectType函数。现在我们知道了对象碰撞是如何工作的，下面简单地介绍一下它的用法：当执行检查检测通道的射线检测时，应该使用Line TraceSingleByChannel函数；当执行检查对象通道（对象类型）的射线检测时，应该使用LineTraceSingle ByObjectType函数。我们应该明确的是，这两个函数是不同的，LineTraceSingleByObjectType函数不会检查阻挡特定对象类型的对象，而是检查具有特定对象类型的对象。这两个函数都有相同的参数，检测通道和对象通道都可以通过ECollisionChannel枚举获得。

但是，如果我们想让球在地板上反弹更多次呢？如果我们想让它更有弹性呢？这就需要设置球的物理材质。

6.3 创建物理材质

在虚幻引擎5中，我们可以在使用物理材质模拟物理时自定义对象的行为。要了解这种新的资产，我们需要先创建自己的资产。

步骤01 在"**内容**"文件夹中创建一个名为Physics的新文件夹。

步骤02 打开创建的新文件夹，在空白处右击，在快捷菜单的"**创建高级资产**"区域中选择"**物理**"命令，在子菜单中选择"**物理材质**"命令。

步骤03 在打开的"**选择物理材质类**"对话框中选择PhysicalMaterial选项，再将此新物理材质命名为PM_Dodgeball。

步骤04 打开PM_Dodgeball资产，在"**细节**"面板中查看相关参数，如图6-12所示。

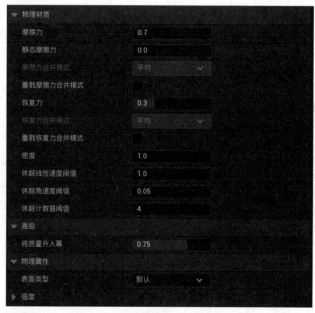

⬆图6-12　查看物理材质的参数

下面介绍主要参数的含义。

◉ **摩擦力**：该属性值的范围是从0到1，指定了摩擦力对物体的影响程度（0表示物体会像冰一样滑动，而1表示物体会像口香糖一样黏在一起）。

◉ **恢复力（也称为弹力）**：该属性值的范围是从0到1，指定与另一个物体碰撞后保持的速度（0表示该物体永远不会从地面反弹，而1表示该物体将反弹很长一段时间）。

◉ **密度**：该属性指定该物体的密度（也就是说，它相对于其网格体的重量）。两个物体可以有相同的大小，但如果一个物体的密度是另一个的两倍，那就意味着它的重量是另一个物体的两倍。

为了让DodgeballProjectile对象表现得更接近真实的躲避球，它必须承受相当大的摩擦力（默认值为0.7，这已经足够高了），并具有相当大的弹力。让我们将这种物理材质的"**恢复力**"属性值提高到0.95。

在完成这些操作后，打开**BP_DodgeballProjectile**蓝图类，并改变球体碰撞组件的物理材质，在"**碰撞**"类别下，将"**物理材质重载**"设置为刚刚创建的**PM_Dodgeball**物理材质，如图6-13所示。

⬆图6-13 更新BP_DodgeballProjectile蓝图类

注意事项

我们要确保添加到关卡中的Dodgeball角色实例也具有这种物理材质。

如果在"练习6.01 创建Dodgeball类"创建的关卡中测试游戏，我们会注意到BP_Dodgeball Projectile在静止之前会从地面反弹几次，表现得更像一个真正的躲避球。

完成以上操作后，还需要完成一件事，就是让躲避球Actor表现得像一个真正的躲避球。现在，我们没有办法把躲避球扔出去，因此，需要通过创建一个投掷运动组件来解决这个问题，这就是在下一个练习中要实现的功能。

在前面的章节中，当我们复制第三人称游戏模板项目时，了解到虚幻引擎5自带的角色类有一个CharacterMovementComponent。这个Actor组件允许Actor以各种方式在关卡中移动，并且有许多属性允许我们根据自己的喜好进行自定义。然而，还有另一个经常使用的移动组件：ProjectileMovementComponent。

ProjectileMovementComponen组件用于将抛射的行为属性赋予Actor。该组件允许我们设置初始速度、重力，甚至一些物理模拟参数，如弹力和摩擦力。因为DodgeballProjectile已经在模拟物理，所以我们将使用的唯一属性是InitialSpeed。

练习6.02 将ProjectleMovementComponent添加到DodgeballProjectile中

在这个练习中，我们将添加一个ProjectileMovementComponent到DodgeballProjectile类中，使躲避球有一个初始水平速度。这是为了让躲避球可以被敌人扔出去，而不是垂直下落。

请根据以下步骤完成这个练习。

步骤01 添加一个ProjectileMovementComponent属性到DodgeballProjectile类的头文件中，代码如下。

```
UPROPERTY(VisibleAnywhere, BlueprintReadOnly, Category =
    Dodgeball, meta = (AllowPrivateAccess = "true"))
class UProjectileMovementComponent* ProjectileMovement;
```

步骤 02 在类的源文件顶部包括ProjectleMovementComponent类，代码如下。

```
#include "GameFramework/ProjectileMovementComponent.h"
```

步骤 03 在类的构造函数的末尾，创建ProjectileMovementComponent对象，代码如下。

```
ProjectileMovement =
CreateDefaultSubobject<UProjectileMovementComponent>
(TEXT("Pro
    jectile Movement"));
```

步骤 04 然后，将其InitialSpeed设置为1500个单位，代码如下。

```
ProjectileMovement->InitialSpeed = 1500.f;
```

完成以上操作后，编译项目并打开编辑器。为了演示躲避球的初始速度，降低其在Z轴上的位置，并将其放置在玩家身后（该球被放置在200单位的高度），如图6-14所示。

当在关卡中测试游戏时，我们会注意到躲避球开始沿着X轴移动（红色箭头）。

出现以上效果，我们就可以结束这个练习了。DodgeballProjectile现在表现得像一个真正的躲避球，可以下落、反弹，也可以被扔出去。

项目的下一步是为EnemyCharacter添加逻辑，这样它就会向玩家投掷躲避球。然而，在我们解决这个问题之前，必须介绍定时器的概念。

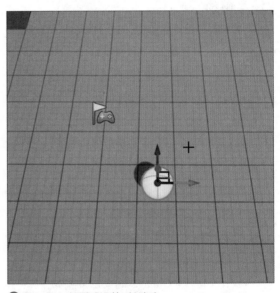

⬆ 图6-14　躲避球沿着X轴移动

6.4 定时器简介

考虑到视频游戏的本质以及它们是基于事件的，每个游戏开发工具都必须有一种方法让你在事情发生之前造成延迟或等待时间。例如，当我们玩在线死亡竞赛游戏时，角色可以死亡然后重生，通常情况下，重生事件不会在角色死亡的瞬间发生，而是在几秒钟后发生。在很多情况下，我们希望某件事在一定时间后发生。本项目的EnemyCharacter就是这种情况，它每隔几秒钟就会扔一次躲避球。这种延迟或等待时间可以通过定时器来实现。

定时器允许我们在一定时间后调用函数。可以选择以一定的间隔循环该函数调用，也可以在循环开始前设置延迟。如果让定时器停止，也是可以实现的。

我们将使用定时器，以便敌人看到玩家时会每隔一定时间就会投掷一个躲避球，并且是循环的。然后，在敌人看不到玩家时会停止定时器。

在开始向EnemyCharacter类添加逻辑，使其向玩家投掷躲避球之前，我们应该理解另一个内容，即如何生成Actor。

6.5 理解如何生成Actor

在"第1章 虚幻引擎简介"中，我们学习了如何通过编辑器在关卡中放置创建的Actor，但是如果想在游戏进行时将Actor放置在关卡中呢？这就是我们现在要学习的内容。

与大多数游戏开发工具一样，虚幻引擎5允许在游戏运行时生成一个Actor。这个过程叫作**动态生成对象**。要在虚幻引擎5中生成一个Actor，我们需要调用SpawnActor函数，该函数可从World对象中获得（如前所述，我们可以使用GetWorld函数访问它）。然而，SpawnActor函数有几个参数需要传递，如下所示。

- UClass*属性，该属性让函数知道将要生成的对象的类。这个属性可以是一个C++类，通过NameOfC++Class::StaticClass()函数获得；也可以是一个蓝图类，通过TSubclassOf属性获得。一般来说，直接从C++类中生成Actor不是一个最佳方法，而是创建一个蓝图类，并生成该蓝图类的一个实例。
- TSubclassOf属性是在C++中引用蓝图类的一种方式。它用于引用C++代码中的类，这可能是一个蓝图类。我们必须声明一个带有模板参数的TSubclassOf属性，这个模板参数是类必须继承的C++类。我们将在下一个练习中介绍如何在实践中使用这个属性。
- FTransform属性或FVector和FRotator属性，这将指示我们想要生成的对象的位置、旋转和缩放。
- FActorSpawnParameters属性，这是可选的，该属性允许我们指定更多特定于生成过程的属性。例如谁导致Actor生成（即Instigator），如果它生成的位置被其他对象占用，则如何处理对象生成，这可能导致重叠或阻挡事件等。

SpawnActor函数将向从该函数派生的Actor返回一个实例。由于它也是一个模板函数，我们可以通过模板参数的方式调用它，以便直接获取所生成Actor的类型引用，代码如下。

```
GetWorld()->SpawnActor<NameOfC++Class>(ClassReference,
    SpawnLocation, SpawnRotation);
```

在这种情况下，调用了SpawnActor函数，其中我们生成了一个NameOfC++Class类的实例。在这里，我们使用ClassReference属性提供了对类的引用，并使用SpawnLocation和SpawnRotation属性提供了要生成的Actor的位置和旋转。

我们将在"练习6.03　向EnemyCharacter类添加投掷逻辑"中学习如何应用这些属性。

不过，在继续练习之前，还需要简要地介绍SpawnActor函数的一个变体（SpawnActor-Deferred函数），它可能会派上用场。虽然SpawnActor函数可以创建一个指定的对象的实例，然后将其放置在世界中，但这个SpawnActorDeferred函数将创建一个我们想要的对象的实例，并且只有当调用Actor的FinishSpawning函数时才将其放置在世界中。

例如，我们想要在生成躲避球时更改它的InitialSpeed。如果我们使用了SpawnActor函数，在设置它的InitialSpeed属性之前，躲避球就已经开始移动。通过使用SpawnActorDeferred函数，我们可以先创建一个躲避球的实例，然后将其InitialSpeed设置为想要的任何值，再通过调用新创建的躲避球的FinishSpawning函数将其放置在世界中，该函数的实例由SpawnActorDeferred函数返回给我们。

现在我们知道了如何在世界中生成一个Actor，以及定时器的概念，接下来可以将负责投掷躲避球的逻辑添加到EnemyCharacter类中，这是我们将在下一个练习中要实现的功能。

练习6.03 | 向EnemyCharacter类添加投掷逻辑

在这个练习中，我们将向EnemyCharacter类中添加逻辑，该逻辑负责抛出刚刚创建的Dodgeball-Actor。

在Visual Studio中打开类的文件，首先，我们修改LookAtActor函数，可以保存一个值来告诉我们是否可以看到玩家，并使用这个值来管理定时器。

请按照以下步骤完成这个练习。

步骤01 在EnemyCharacter类的头文件中，将LookAtActor函数的返回类型从void改为bool，代码如下。

```
// Change the rotation of the character to face the
// given actor
// Returns whether the given actor can be seen
bool LookAtActor(AActor* TargetActor);
```

步骤02 在函数的实现中，在类的源文件中执行同样的操作，同时在调用CanSeeActor函数的if语句结束时返回true。此外，在第一个if语句中返回false，在这里检查TargetActor是否是nullptr，并且在函数的末尾也返回false，代码如下。

```
bool AEnemyCharacter::LookAtActor(AActor * TargetActor)
{
    if (TargetActor == nullptr) return false;
    if (CanSeeActor(TargetActor))
    {
        FVector Start = GetActorLocation();
        FVector End = TargetActor->GetActorLocation();
        // Calculate the necessary rotation for the Start
        // point to face the End point
        FRotator LookAtRotation =
        UKismetMathLibrary::FindLookAtRotation(
        Start, End);
```

```
        //Set the enemy's rotation to that rotation
        SetActorRotation(LookAtRotation);
        return true;
    }
    return false;
}
```

步骤03 接下来，在类的头文件中添加两个bool属性，bCanSeePlayer和bPreviousCanSeePlayer，并设置为protected。这两个属性分别表示从敌人角色的角度来看，玩家是否可以在这一帧中被看到，以及玩家在上一帧中是否被看到，代码如下。

```
//Whether the enemy can see the player this frame
bool bCanSeePlayer = false;
//Whether the enemy could see the player last frame
bool bPreviousCanSeePlayer = false;
```

步骤04 然后，转到类的Tick函数实现，并将bCanSeePlayer的值设置为LookAtActor函数的返回值。这将替换之前对LookAtActor函数的调用，代码如下。

```
// Look at the player character every frame
bCanSeePlayer = LookAtActor(PlayerCharacter);
```

步骤05 接着，将bPreviousCanSeePlayer设置为bCanSeePlayer的值，代码如下。

```
bPreviousCanSeePlayer = bCanSeePlayer;
```

步骤06 在前面两行代码之间添加一个if语句来检查bCanSeePlayer和bPreviousCanSeePlayer的值是否不同。这意味着，要么我们在上一帧看不到玩家，现在是可以看到玩家的，要么我们可以在上一帧看到玩家，现在看不到了，代码如下。

```
bCanSeePlayer = LookAtActor(PlayerCharacter);
if (bCanSeePlayer != bPreviousCanSeePlayer)
{
}
bPreviousCanSeePlayer = bCanSeePlayer;
```

步骤07 在这个if语句中，我们希望在看到玩家时启动定时器，在看不到玩家时停止定时器，代码如下。

```
if (bCanSeePlayer != bPreviousCanSeePlayer)
{
    if (bCanSeePlayer)
    {
        //Start throwing dodgeballs
    }
    else
    {
        //Stop throwing dodgeballs
    }
}
```

步骤08 要启动定时器，我们需要在类的头文件中添加以下属性，这些属性都可以是受保护的。

⊙ FTimerHandle属性，该属性负责确定想要启动的定时器。它作为一个特定定时器的标识符。

```
FTimerHandle ThrowTimerHandle;
```

⊙ float属性，该属性表示投掷躲避球之间的等待时间（间隔），以便可以循环定时器。保持该属性为默认值2秒。

```
float ThrowingInterval = 2.f;
```

⊙ 另一个float属性，表示定时器开始循环之前的初始延迟。保持该属性为默认值0.5秒。

```
float ThrowingDelay = 0.5f;
```

⊙ 每次定时器结束时调用的函数，我们将创建并调用ThrowDodgeball函数。这个函数不返回任何内容，也不接受任何参数。

```
void ThrowDodgeball();
```

在调用适当的函数来启动定时器之前，我们需要在源文件中为负责该定时器的对象FTimer-Manager添加一个#include。

每个世界都有一个定时器管理器（Timer Manager），它可以启动和停止定时器，并访问与它们相关的功能。例如定时器是否仍然处于活动状态，运行多长时间等。

```
#include "TimerManager.h"
```

步骤09 使用GetWorldTimerManager函数访问当前世界中定时器管理器，代码如下。

```
GetWorldTimerManager()
```

步骤10 接下来，如果敌人能看到玩家角色，调用定时器管理器的SetTimer函数，启动负责投掷躲避球的定时器。SetTimer函数接收以下参数。

⊙ 代表所需定时器的FtimerHandle：ThrowTimerHandle。

⊙ 要调用的函数所属的对象：this。

⊙ 要调用的函数，必须在其名称前加上&ClassName::来指定，结果为&AEnemyCharacter::ThrowDodgeball。

⊙ 定时器的速率或间隔：ThrowingInterval。

⊙ 该定时器是否会循环：true。

⊙ 该定时器开始循环之前的延迟时间：ThrowingDelay。

下面的代码包含这些参数。

```
if (bCanSeePlayer)
{
    //Start throwing dodgeballs
    GetWorldTimerManager().SetTimer(ThrowTimerHandle,
    this,
    &AEnemyCharacter::ThrowDodgeball,ThrowingInterval,
```

```
        true,
        ThrowingDelay);
}
```

步骤11 如果敌人看不到玩家，并且想要停止定时器时，可以使用ClearTimer函数。这个函数只需要接收一个FTimerHandle属性作为参数，代码如下。

```
else
{
    //Stop throwing dodgeballs
    GetWorldTimerManager().ClearTimer(ThrowTimerHandle);
}
```

接下来就是实现ThrowDodgeball函数。这个函数将负责生成一个新的DodgeballProjectile。要实现这一点，我们需要引用想要生成的类，这个类必须继承自DodgeballProjectile。因此，我们需要做的下一件事是使用TSubclassOf对象创建适当的属性。

步骤12 在EnemyCharacter头文件中创建TSubclassOf属性，该属性可以是公共的，代码如下。

```
//The class used to spawn a dodgeball object
UPROPERTY(EditDefaultsOnly, BlueprintReadOnly, Category =
    Dodgeball)
TSubclassOf<class ADodgeballProjectile> DodgeballClass;
```

步骤13 因为我们将使用DodgeballProjectile类，所以还需要将该类包含在EnemyCharacter源文件中，代码如下。

```
#include "DodgeballProjectile.h"
```

步骤14 然后，在源文件中ThrowDodgeball函数的实现中，首先检查该属性是否为nullptr。如果是，立即执行return，代码如下。

```
void AEnemyCharacter::ThrowDodgeball()
{
    if (DodgeballClass == nullptr)
    {
        return;
    }
}
```

步骤15 接下来，从这个类中生成一个新的Actor。该Actor的位置将在敌人前方40个单位处，它的旋转将与敌人相同。为了在敌人角色面前生成躲避球，还需要访问敌人的ForwardVector属性，这是一个单一的Fvector（意味着它的长度为1），指示角色面对的方向，并将其乘以想要生成躲避球的距离，即40个单位，代码如下。

```
FVector ForwardVector = GetActorForwardVector();
float SpawnDistance = 40.f;
FVector SpawnLocation = GetActorLocation() +
(ForwardVector *
```

```
        SpawnDistance);
//Spawn new dodgeball
GetWorld()->SpawnActor<ADodgeballProjectile>(DodgeballCl
ass,
    SpawnLocation, GetActorRotation());
```

这就是我们需要对EnemyCharacter类进行的所有修改。在完成这个逻辑的蓝图设置之前，我们还需要对DodgeballProjectile类做一个快速的修改。

步骤16 在Visual Studio中打开DodgeballProjectile类的源文件。

步骤17 在BeginPlay事件中，将LifeSpan设置为5秒，代码如下。这个属性属于所有Actor，决定了它们在被摧毁之前在游戏中停留的时间。通过在BeginPlay事件中将躲避球的LifeSpan设置为5秒，即告诉虚幻引擎5在生成该对象并在5秒后销毁（或者如果它已经放置在关卡中，则在游戏开始5秒后销毁）。这样设置是为了在一定时间后不会在地板上充满躲避球，这可能会让玩家感到游戏很困难。

```
void ADodgeballProjectile::BeginPlay()
{
    Super::BeginPlay();

    SetLifeSpan(5.f);
}
```

现在我们已经完成了与EnemyCharacter类的躲避球投掷逻辑相关的C++逻辑，接下来编译所做的更改。打开编辑器，然后打开BP_EnemyCharacter蓝图。切换至"**类默认值**"模式，并将Dodgeball类属性的值更改为BP_DodgeballProjectile，如图6-15所示。

完成以上操作后，如果BP_DodgeballProjectile类的现有实例仍存在，则可以删除该实例。

现在，我们可以在游戏中发挥自己的水平了。我们会注意到，只要玩家角色在敌人的视野中，敌人几乎会立即开始向玩家投掷躲避球，并且会循环投掷躲避球，如图6-16所示。

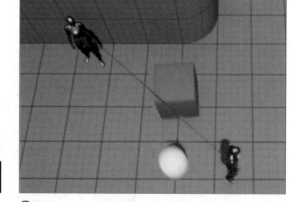

❶图6-15　更新Dodgeball类

❶图6-16　如果玩家在敌人的视线范围内，敌人角色会投掷躲避球

至此，结束了EnemyCharacter的躲避球投掷逻辑，现在我们知道了如何使用定时器。定时器是任何游戏开发人员必备的工具。

现在，进入下一节，在那里我们将创建以不同方式处理碰撞的墙。

6.6 创建Wall类介绍

我们项目的下一步是创建Wall类，项目中将有以下两种类型的墙。

⦿ **常规的墙**：会挡住敌人的视线、玩家角色和躲避球。

⦿ **幽灵墙**：只会阻挡玩家角色，而忽略敌人的视线和躲避球。这种碰撞设置通常会在特定类型的益智游戏中使用。

我们将在下一个练习中创建这两个Wall类。

练习6.04 创建Wall类

在这个练习中，我们将创建代表常规墙和幽灵墙的Wall类。幽灵墙只会阻止玩家角色的移动，会忽略敌人的视线或投掷的躲避球。

让我们从常规的Wall类开始。这个C++类将是空的，因为它唯一需要的是一个网格体来反射投射物并阻挡敌人的视线，这个网格体将通过它的蓝图类添加。

请根据以下步骤完成这个练习。

步骤01 打开编辑器。

步骤02 在内容浏览器区域的左上角，单击绿色的"**添加**"按钮。

步骤03 在列表中选择"**添加功能或内容包**"选项。

步骤04 弹出"**将内容添加到项目**"对话框，切换至"**内容**"选项卡，选择"**初学者内容包**"，然后单击"**添加到项目**"按钮。这将为项目添加一些基本资产，我们将在本章和以下几章中使用这些资产。

步骤05 创建一个新的C++类，将Actor类作为其父类，并将创建的类命名为Wall。

步骤06 接下来，在Visual Studio中打开这个类的文件，添加一个SceneComponent作为Wall的RootComponent。

⦿ 头文件的代码如下。

```
private:
UPROPERTY(VisibleAnywhere, BlueprintReadOnly, Category =
Wall,
    meta = (AllowPrivateAccess = "true"))
class USceneComponent* RootScene;
```

⦿ 源文件的代码如下。

```
AWall::AWall()
{
    // Set this actor to call Tick() every frame.  You
    // can turn this off to improve performance if you
    // don't need it.
```

```
    PrimaryActorTick.bCanEverTick = true;
    RootScene = CreateDefaultSubobject<USceneComponent>(
    TEXT("Root"));
    RootComponent = RootScene;
}
```

步骤 07 编译代码并打开编辑器。

接下来，进入内容浏览器区域中的"**内容 | ThirdPerson | Blueprints**"文件夹，创建一个继承了Wall类的新蓝图类，将该类命名为BP_Wall，然后打开该资产。

步骤 01 在"**组件**"面板中添加一个静态网格体组件，在"**细节**"面板中并将其"**静态网格体**"属性设置为Wall_400×400。

步骤 02 在"**材质**"类别下设置材质属性为M_Metal_Steel。

步骤 03 将静态网格体组件在X轴上的位置设置为–200个单位（这样网格体就相对于Actor的原点居中），如图6-17所示。

在蓝图类的"**视口**"选项卡中查看效果，如图6-18所示。

🔼图6-17　设置静态网格体组件的位置

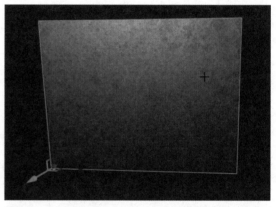

🔼图6-18　蓝图类的"视口"选项卡中墙的效果

注意事项

不需要碰撞组件时，通常最好的方法是添加一个SceneComponent作为对象的RootComponent，以允许其子组件具有更大的灵活性。

Actor的RootComponent不能修改它的位置或旋转，这是因为在示例中，如果我们在Wall C++类中创建了一个静态网格体组件，并设置为它的根组件，而不是使用场景组件，就很难对其进行偏移。

现在我们已经设置了常规的Wall类，接下来再创建GhostWall类。因为这些类没有任何逻辑设置，所以，我们将创建GhostWall类作为BP_Wall蓝图类的子类，而不是C++类。

步骤 01 在内容浏览器中，右击BP_Wall资产，在快捷菜单中选择"创建子蓝图类"命令。

步骤 02 将新蓝图命名为BP_GhostWall。

步骤 03 双击打开它。

步骤 04 在"**细节**"面板中修改静态网格体组件的碰撞属性。

◉ 将"**碰撞预设**"设置为Custom。

◉ 将对敌人视线和躲避球的响应都设置为"**重叠**"。

步骤 05 修改静态网格体组件的材质属性为M_Metal_Copper。

在BP_GhostWall的"视口"选项卡中查看设置的效果，如图6-19所示。

现在我们已经创建了这两个Wall角色，将它们放置在关卡中进行测试。设置它们的"变换"为图6-20的数值。

- **Wall：** 设置位置为(710,1710,0)。
- **Ghost Wall：** 设置位置为(720,1720,0)；设置旋转为(0,0,90)。

↑ 图6-19 创建GhostWall类

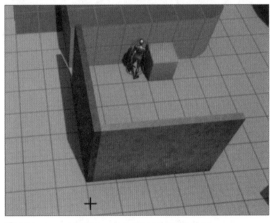

↑ 图6-20 更新GhostWall类的位置和旋转

关卡中的效果如图6-21所示。

我们会注意到，把角色藏在常规墙（右边的墙）后面时，敌人不会向玩家投掷躲避球；然而，试图将角色隐藏在GhostWall（左边的墙）后面时，即使敌人无法穿过它，也会向角色投掷躲避球，然后敌人就会穿过墙，像这面墙不存在一样。

本练习到此结束。我们制作了Wall的Actor，它们要么表现正常，要么忽略敌人的视线和躲避球。

↑ 图6-21 创建GhostWall和Wall类的效果

6.7 创建VictoryBox Actor

接下来将为项目创建VictoryBox Actor。当玩家角色进入创建的Actor时，游戏结束，因为玩家已经通关了。要实现这一功能，我们将使用Overlap事件。下面的练习将帮助我们理解VictoryBox的应用。

练习6.05 | 创建VictoryBox类

在这个练习中，我们将创建VictoryBox类，当玩家角色进入该类时，结束游戏。

请按照以下步骤完成这个练习。

步骤01 创建一个从Actor继承的C++类，并将其命名为VictoryBox。

步骤02 在Visual Studio中打开该类的文件。

步骤03 创建一个新的SceneComponent属性，该属性将被用作RootComponent，就像我们对Wall C++类所做的那样。

⊙ 头文件的代码如下。

```
private:
UPROPERTY(VisibleAnywhere, BlueprintReadOnly, Category =
    VictoryBox, meta = (AllowPrivateAccess = "true"))
class USceneComponent* RootScene;
```

⊙ 源文件的代码如下。

```
AVictoryBox::AVictoryBox()
{
    // Set this actor to call Tick() every frame.  You
    // can turn this off to improve performance if you
    // don't need it.
    PrimaryActorTick.bCanEverTick = true;
    RootScene =
    CreateDefaultSubobject<USceneComponent>(TEXT("Root"));
    RootComponent = RootScene;
}
```

步骤04 在头文件中声明一个BoxComponent，它将检查与玩家角色的重叠事件，该事件应该是私有的，代码如下。

```
UPROPERTY(VisibleAnywhere, BlueprintReadOnly, Category =
    VictoryBox, meta = (AllowPrivateAccess = "true"))
class UBoxComponent* CollisionBox;
```

步骤05 在类的源文件中包括BoxComponent文件，代码如下。

```
#include "Components/BoxComponent.h"
```

步骤06 创建RootScene组件后，创建BoxComponent，它也应该是私有的，代码如下。

```
RootScene =
CreateDefaultSubobject<USceneComponent>(TEXT("Root"));
RootComponent = RootScene;
CollisionBox =
    CreateDefaultSubobject<UBoxComponent>(
    TEXT("Collision Box"));
```

步骤 07 使用SetupAttachment函数将其附加到RootComponent，代码如下。

```
CollisionBox->SetupAttachment(RootComponent);
```

步骤 08 在所有轴上将其BoxExtent属性设置为60个单位，这将会使BoxComponent的大小加倍，即（120 × 120 × 120），代码如下。

```
CollisionBox->SetBoxExtent(FVector(60.0f, 60.0f, 60.0f));
```

步骤 09 使用SetRelativeLocation函数将其在Z轴上的相对位置偏移120个单位，代码如下。

```
CollisionBox->SetRelativeLocation(FVector(0.0f, 0.0f,
    120.0f));
```

步骤 10 现在，我们需要一个函数来监听BoxComponent的OnBeginOverlap事件。当对象进入BoxComponent时，就会调用此事件。此函数必须以UFUNCTION宏开头，而且是公共的，不返回任何值，但具有以下参数。

```
UFUNCTION()
void OnBeginOverlap(UPrimitiveComponent* OverlappedComp,
    AActor* OtherActor, UPrimitiveComponent* OtherComp,
    int32
    OtherBodyIndex, bool bFromSweep, const FHitResult&
    SweepResult);
```

下面介绍这些参数的含义。

- UPrimitiveComponent* OverlappedComp：重叠的组件，属于这个Actor。
- AActor* OtherActor：重叠部分中涉及的另一个Actor。
- UPrimitiveComponent* OtherComp：重叠的组件，属于另一个Actor。
- int32 OtherBodyIndex：被击中的原始物体中的项目索引（通常对实例化静态网格体组件有用）。
- bool bFromSweep：重叠是否来自扫掠检测。
- FHitResult& SweepResult：此对象与另一个对象碰撞后产生的扫掠检测数据。

注意事项

虽然我们不会在这个项目中使用OnEndOverlap事件，但以后很可能需要使用该事件，因此以下是该事件所需的函数，这与我们刚刚学习的非常相似。

```
UFUNCTION()
void OnEndOverlap(UPrimitiveComponent* OverlappedComp, AActor*
OtherActor, UPrimitiveComponent* OtherComp, int32 OtherBodyIndex);
```

步骤 11 接下来，我们需要将这个函数绑定到BoxComponent的OnComponentBeginOverlap事件，代码如下。

```
CollisionBox->OnComponentBeginOverlap.AddDynamic(this,
    &AVictoryBox::OnBeginOverlap);
```

步骤 12 在OnBeginOverlap函数实现中，将检查重叠的Actor是否是DodgeballCharacter。因为我们要引用这个类，所以需要包含它，代码如下。

```
#include "DodgeballCharacter.h"
void AVictoryBox::OnBeginOverlap(UPrimitiveComponent *
    OverlappedComp, AActor * OtherActor,
    UPrimitiveComponent *
    OtherComp, int32 OtherBodyIndex, bool bFromSweep,
    const
    FHitResult & SweepResult)
{
    if (Cast<ADodgeballCharacter>(OtherActor))
    {
    }
}
```

如果重叠的Actor是DodgeballCharacter，我们就退出游戏。

步骤 13 我们将使用KismetSystemLibrary类来实现这个功能。KismetSystemLibrary类包含项目中通用的有用函数，代码如下。

```
#include "Kismet/KismetSystemLibrary.h"
```

步骤 14 要退出游戏，我们将调用KismetSystemLibrary中的QuitGame函数。该函数接收以下内容。

```
UKismetSystemLibrary::QuitGame(GetWorld(),
    nullptr,
    EQuitPreference::Quit,
    true);
```

下面介绍上述代码中的重要参数的含义。

- ⊙ **World对象：** 我们可以用GetWorld函数访问它。
- ⊙ **PlayerController对象：** 我们将其设置为nullptr，这是因为这个函数会自动找到一个这样的函数。
- ⊙ **EQuitPreference对象：** 它表示我们希望如何结束游戏，是退出还是将其作为后台进程。我们想要退出游戏，而不是将其作为后台进程。
- ⊙ **bool：** 表示退出游戏时是否要忽略平台的限制，我们将其设置为true。

接下来，我们将创建蓝图类。

步骤 15 编译所有修改，打开编辑器，进入内容浏览器区域中的"内容 | ThirdPerson | Blueprint"文件夹，创建一个继承自VictoryBox的新蓝图类，并将其命名为BP_VictoryBox。打开该资源并进行以下设置。

- ☐ 添加一个新的静态网格体组件。
- ☐ 将"**静态网格体**"属性设置为Floor_400×400。
- ☐ 将材质属性设置为M_Metal_Gold。

- ▣ 将3个轴上的"**缩放**"都设置为0.75。
- ▣ 将其"**位置**"的*X*、*Y*和*Z*轴分别设置为（−150、−150、20）。

通过以上改变后，蓝图的"**视口**"选项卡中的效果如图6-22所示。

将蓝图放在关卡中测试其功能，如图6-23所示。

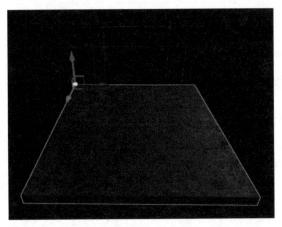

⬆ 图6-22　放置在蓝图的"视口"选项卡中的VictoryBox 的效果

⬆ 图6-23　测试关卡中的VictoryBox蓝图

在关卡中测试游戏时，玩家角色踩到金色的地板上（并与碰撞框重叠），我们会注意到游戏突然结束了，和预期的一样。

至此，就结束了VictoryBox类的设置。现在我们知道了如何在项目中使用重叠事件，可以使用这些事件创建大量的游戏机制。

现在已经接近本章的结尾了，我们将完成一个新的活动。但是首先，我们需要对DodgeballProjectile类进行一些修改，即在它的ProjectileMovementComponent中添加一个getter函数。我们将在下一个练习中完成这一操作。

getter函数是一个只返回特定属性而不做其他事情的函数。这样的函数通常被标记为内联，这意味着当编译代码时，对该函数的调用将被其内容替换。这样的函数通常也被标记为const，因为它们不修改类的任何属性。

| 练习6.06 | 给DodgeballProjectile类中添加Projectile- MovementComponent的getter函数

在这个练习中，我们将向DodgeballProjectile类的ProjectileMovement属性中添加一个getter函数，以便其他类可以访问它并修改它的属性。我们将在本章的活动中进行同样的操作。

要实现以上操作，请根据以下步骤进行操作。

（步骤**01**）在Visual Studio中打开DodgeballProjectile类的头文件。

（步骤**02**）添加一个新的公共函数GetProjectileMovementComponent。这个函数将是一个内联函数，在虚幻引擎5的C++版本中被FORCEINLINE宏取代。该函数还应该返回一个UProjectile-MovementComponent*，并且是一个const函数，代码如下。

```
FORCEINLINE class UProjectileMovementComponent*
    GetProjectileMovementComponent() const
{
    return ProjectileMovement;
}
```

注意事项

对特定函数使用FORCEINLINE宏时，我们不能将该函数的声明添加到头文件中，并将其实现添加到源文件中。两者必须在头文件中同时完成，如前面所显示的那样。

至此，结束了这个练习。在这里，我们向DodgeballProjectile类添加了一个简单的getter函数，该函数将在本章的活动中使用。其中我们用SpawnActorDeferred函数替换EnemyCharacter类中的SpawnActor函数，这将允许在生成DodgeballProjectile类的实例之前安全地编辑它的属性。

|活动6.01| 将SpawnActor函数替换为EnemyCharacter中引用的SpawnActorReference函数

在这个活动中，我们将改变敌人角色的ThrowDodgeball函数，使用SpawnActorDeferred函数而不是SpawnActor函数，这样就可以在生成DodgeballProjectile之前改变它的InitialSpeed。

请按照以下步骤完成此活动。

步骤01 在Visual Studio中打开EnemyCharacter类的源文件。

步骤02 转到ThrowDodgeball函数的实现。

步骤03 因为SpawnActorDeferred函数不能只接收一个派生位置和旋转属性，而必须接收一个FTransform属性，所以我们需要在调用该函数之前创建一个FTransform属性。我们将其命名为SpawnTransform，并按此顺序派生旋转和位置，作为其构造函数的输入，这将分别是敌人的旋转和SpawnLocation属性。

步骤04 然后，更新SpawnActorDeferred函数中的SpawnActor函数调用。不要将生成位置和旋转作为其第二个和第三个参数发送，而是用我们刚刚创建的SpawnTransform属性代替它们作为第二个参数。

步骤05 确保将这个函数调用的返回值保存在名为Projectile的ADodgeballProjectile*属性内。

完成这些操作，将成功创建一个新的DodgeballProjectile对象。然而，我们仍然需要改变它的InitialSpeed属性并生成它。

步骤06 调用了SpawnActorDeferred函数，再调用Projectile属性的GetProjectileMovement-Component函数，该函数返回它的ProjectileMovementComponent，并将它的InitialSpeed属性更改为2200个单位。

步骤07 因为我们将在EnemyCharacter类中访问属于ProjectileMovementComponent的属性，所以需要包含该组件，就像在"练习6.02 将ProjectleMovementComponent添加到DodgeballProjectile中"所操作的那样。

步骤 08 一旦我们改变了InitialSpeed属性的值，接下来唯一要做的就是调用Projectile属性的FinishSpawning函数。该函数将接收创建的SpawnTransform属性作为参数。

步骤 09 完成这些操作后，编译所做的更改，并打开编辑器。

期望输出的效果，如图6-24所示。

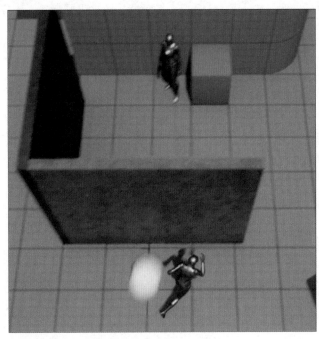

⬆图6-24 向玩家投掷躲避球

注意事项

这个活动的解决方案可以在以下链接中下载：https://github.com/PacktPublishing/Elevating-Game-Experiences-with-Unreal-Engine-5-Second-Edition/tree/main/Activity%20solutions。

通过完成这个活动，我们巩固了对SpawnActorDeferred函数的使用，并知道如何在项目中使用它。

6.8 本章总结

在本章中，我们学习了如何通过物理模拟来影响对象、创建对象类型和碰撞预设、使用OnHit、OnBeginOverlap和OnEndOverlap事件、更新对象的物理材质，以及使用定时器。

现在我们已经理解了这些基本的碰撞内容，将能够在创建项目时提出新的和创造性的方法来使用它们。

在下一章中，我们将介绍Actor组件、接口和蓝图函数库，这些对于保持项目的复杂性的可控性和高度模块化非常有用，从而可以轻松地将一个项目的一部分添加到另一个项目中。

第 7 章

使用虚幻引擎5中的实用工具

在前一章中，我们学习了虚幻引擎5中的碰撞相关概念，如碰撞事件、对象类型、物理模拟和碰撞组件等。我们学习了如何让物体相互碰撞，改变它们对不同碰撞通道的响应，以及如何创建碰撞预设、派生Actor和使用定时器。

在本章中，我们将介绍几个虚幻引擎5的实用工具，这些实用工具可以轻松地将逻辑从一个项目移动到另一个项目，并使项目保持良好的结构和组织。从长远来看，这将使我们的工作更轻松，也使我们的团队中的其他人更容易理解我们的工作，也方便将来对其进行修改。游戏开发是一项非常艰巨的任务，很少是单独完成的，而是团队合作完成的，因此在创建项目时考虑到这些因素非常重要。

在本章中，我们将讨论以下内容。

- ⊙ 好的实践——松耦合
- ⊙ 蓝图函数库
- ⊙ Actor组件
- ⊙ 探索接口
- ⊙ 蓝图本地事件

7.1 技术要求

本章的完整代码可从本书的GitHub存储库下载，链接：https://github.com/PacktPublishing/Elevating-Game-Experiences-with-Unreal-Engine-5-Second-Edition。

7.2 好的实践——松耦合

我们可以使用蓝图函数库将项目中一些通用的函数从特定的Actor移动到蓝图函数库中，以便可以在项目逻辑的其他部分中使用这些函数。

我们使用Actor组件将某些Actor类的部分源代码移动到Actor组件中，以便可以轻松地在其他项目中使用该逻辑。这将使我们的项目保持松耦合。松耦合是一个软件的工程概念，指的是让项目以一种可以轻松地根据需要删除和添加内容的方式进行结构化。我们努力实现松耦合的原因是，可以在另一个项目中重新使用一个项目的部分内容。作为游戏开发者，松耦合可以更轻松地实现这一点。

关于如何应用松耦合的一个实际例子是，如果我们拥有一个能够飞行的玩家角色，并且拥有一个包含若干可用物品的库存。我们可以将实现飞行和库存功能的代码分别实现到单独的Actor组件中，然后将这些组件添加到玩家角色类中。通过简单地添加和删除负责这些事情的Actor组件，来轻松地添加或移除角色能够执行的动作，而且还可以将这些Actor组件在其他项目中重用，以便为其他项目中的角色创建库存或飞行功能。这是Actor组件的主要目的之一。

接口与Actor组件一样，能使我们的项目结构更合理，组织更有序。

我们先来谈谈蓝图函数库。

7.3 蓝图函数库

在虚幻引擎5中，有一个BlueprintFunctionLibary类，该类包含了一组不属于任何特定角色的静态函数集合，可以在项目的多个部分中使用。

例如，我们之前使用的一些对象，如GameplayStatics对象和Kismet库，KismetMathLibrary和KismetSystemLibrary，都是蓝图函数库。这些库包含可以在项目的任何部分中使用的函数。

在项目中，至少有一个是我们创建的函数，可以将该函数移动到蓝图函数库中：在EnemyCharacter类中定义的CanSeeActor函数。

在本章的第一个练习中，我们将创建一个蓝图函数库，以便可以将CanSeeActor函数从EnemyCharacter类移动到BlueprintFunctionLibrary类中。

练习7.01 将CanSeeActor函数移动到蓝图函数库中

在这个练习中，我们将把为EnemyCharacter类创建的CanSeeActor函数移动到蓝图函数库中。请根据以下步骤完成这个练习。

步骤01 打开虚幻引擎编辑器。

步骤02 在菜单栏中单击"**工具**"按钮，在下拉菜单中选择"**新建C++类**"命令。

步骤03 打开"**添加C++类**"对话框，切换至"**所有类**"选项卡中搜索BlueprintFunction-Library，并将该类作为新建C++类的父类。

步骤04 单击"**下一步**"按钮，将新C++类命名为DodgeballFunctionLibrary。

步骤05 在Visual Studio中生成类文件后，打开它们并关闭编辑器。

步骤06 在DodgeballFunctionLibrary的头文件中，添加一个名为CanSeeActor的公共函数的声明。这个函数类似于我们在EnemyCharacter类中创建的函数，但是，会有一些不同。

新的CanSeeActor函数将是静态的，返回一个bool值，并将接收以下参数，代码如下。

```
public:
// Can we see the given actor
static bool CanSeeActor(
const UWorld* World,
FVector Location,
const AActor* TargetActor,
TArray<const AActor*> IgnoreActors = TArray<const
AActor*>());
```

- ⊙ const UWorld* World属性：我们将使用它来访问射线检测函数。
- ⊙ FVector Location属性：我们将使用该属性检查它是否能看到目标Actor的位置。
- ⊙ const AActor* TargetActor属性：这将是我们要检查可见性的Actor。
- ⊙ TArray<const AActor*> IgnoreActors属性：指定在射线检测函数中应该忽略的Actor。这个属性可以有一个空数组作为默认参数。

步骤07 在类的源文件中创建这个函数的实现，并将EnemyCharacter类版本的实现复制到这个新类中。完成操作后，对实现进行以下修改。

- ⊙ 将Line trace的Start位置改为Location参数，代码如下。

```
// Where the Line Trace starts and ends
FVector Start = Location;
```

- ⊙ 不要忽略这个Actor（使用this指针）和TargetActor，而是使用FCollisionQueryParams的AddIgnoredActors函数忽略整个IgnoreActors数组，并将该数组作为参数发送，代码如下。

```
FCollisionQueryParams QueryParams;
// Ignore the actors specified
```

```
QueryParams.AddIgnoredActors(IgnoreActors);
```

- 用接收到的World参数替换对GetWorld函数的两个调用，代码如下。

```
// Execute the Line Trace
World->LineTraceSingleByChannel(Hit, Start, End, Channel,
    QueryParams);
// Show the Line Trace inside the game
DrawDebugLine(World, Start, End, FColor::Red);
```

- 将必要的包含项添加到DodgeballFunctionLibrary类的顶部，代码如下。

```
#include "Engine/World.h"
#include "DrawDebugHelpers.h"
#include "CollisionQueryParams.h"
```

步骤 08 一旦我们在DodgeballFunctionLibrary中创建了新版本的CanSeeActor函数，接下来就转到EnemyCharacter类并进行以下更改。

- 分别在其头文件和源文件中删除CanSeeActor函数的声明和实现。
- 删除DrawDebugHelpers，因为我们不再需要这个文件，代码如下。

```
// Remove this line
#include "DrawDebugHelpers.h"
```

- 为DodgeballFunctionLibrary添加一个包含项，代码如下。

```
#include "DodgeballFunctionLibrary.h"
```

- 在类的LookAtActor函数中，就在调用CanSeeActor函数的if语句之前，声明一个const TArray<const AActor*> IgnoreActors变量，并将其参数设置为this指针和TargetActor。

```
const TArray<const AActor*> IgnoreActors = {this,
    TargetActor};
```

注意事项

在Visual Studio中引入上述代码片段可能会导致智能感知（IntelliSense）错误。我们可以放心地忽略该错误，因为代码能够正常编译。

步骤 09 将CanSeeActor函数的现有调用替换为刚刚通过发送以下参数创建的调用，代码如下。

```
if (UDodgeballFunctionLibrary::CanSeeActor(
    GetWorld(),
    SightSource->GetComponentLocation(),
    TargetActor,
    IgnoreActors))
```

- 通过GetWorld函数调用当前Word。
- 使用GetComponentLocation函数查看SightSource组件的位置。

- ⊙ TargetActor参数。
- ⊙ 刚刚创建的IgnoreActors数组。

现在我们已经完成了所有修改，并编译代码。打开该项目，并验证只要玩家在敌人角色的视线范围内，EnemyCharacter类在玩家走动时仍然看着玩家，如图7-1所示。

图7-1　敌人角色仍在看玩家角色

本练习到此结束。现在我们已经把CanSeeActor函数放入了一个蓝图函数库中，可以为其他需要相同类型功能的角色重用该函数。

接下来我们学习更多关于Actor组件的知识，以及如何利用它们来发挥优势。

7.4 Actor组件

正如我们在本书的前几章中所介绍的，Actor是在虚幻引擎5中创建逻辑的主要方式。然而，我们也看到Actor可以包含几个Actor组件。

Actor组件是可以添加到Actor中的对象，并且可以具有多种功能类型，例如负责角色的库存或使角色飞行。Actor组件必须始终属于并存在Actor中，Actor被称为它们的**所有者**（Owner）。

Actor组件有几种不同类型，下面介绍几种常用的类型。

- ⊙ 仅代码Actor组件：在Actor内部作为自己的类。该类组件有自己的属性和函数，既可以与它们所属的Actor交互，也可以被Actor交互。

⊙ 网格体组件：用于绘制几种类型的网格体对象（静态网格体和骨骼网格体等）。

⊙ 碰撞组件：用于接收和生成碰撞事件。

⊙ 摄像机组件。

有两种向Actor添加逻辑的主要方法：直接在Actor类中添加，或通过Actor组件添加。为了遵循良好的软件开发实践，即松耦合（前面提到的），我们应该尽可能使用Actor组件，而不是将逻辑直接放在Actor中。让我们看一个实际的例子来理解Actor组件的优势。

假设我们正在制作一款游戏，其中玩家角色和敌人角色都有生命值，玩家角色必须与敌人战斗，敌人也可以反击。如果必须执行生命值逻辑，包括获得生命值、失去生命值和检测角色的生命值，我们将有两种选择。

⊙ 可以在基本角色类别中执行生命值逻辑，玩家角色类别和敌人角色类别都可以继承。

⊙ 可以在Actor组件中执行生命值逻辑，并将该组件分别添加到玩家角色和敌人角色类别中。

第一种选择不可取的原因有几个，但最主要的原因是：如果在两个角色类中添加另一个逻辑（例如耐力，这将限制角色的攻击强度和频率），那么使用与基类相同的方法是不可行的。在虚幻引擎5中，C++类只能从一个类继承，不存在多重继承，因此很难管理。如果决定在项目中添加更多的逻辑，它只会变得更加复杂和难以管理。

因此，在项目中添加逻辑时，如果可以将其封装在单独的组件中，从而实现松耦合，则应始终这样做。

现在，让我们创建一个新的Actor组件，它将负责检测Actor的生命状况，以及增加和减少该生命状况。

练习7.02 创建HealthComponent的Actor组件

在本练习中，我们将创建一个新的Actor组件，负责增加、减少和检测Actor（其所有者）的生命状态。

为了使玩家失败，我们必须让玩家角色失去生命值，在耗尽生命值时结束游戏。我们希望将此逻辑放在Actor组件中，以便轻松地将所有与生命相关的逻辑添加到其他Actor中。

请根据以下步骤完成练习。

步骤01 打开编辑器并创建一个新的C++类，其父类是ActorComponent类。新建的C++类命名为HealthComponent。

步骤02 在Visual Studio中打开创建类的文件后，转到它的头文件并添加一个名为Health的受保护的浮点属性，该属性将检测所有者当前的生命值。它的默认值可以设置为其所有者在游戏开始时的生命值。本例中，我们将其初始化为100个生命值，代码如下。

```
// The Owner's initial and current amount health
// points
UPROPERTY(EditDefaultsOnly, Category = Health)
float Health = 100.f;
```

步骤 03 为函数创建一个声明，该声明负责从其所有者处获取生命值。这个函数应该是公共的，不返回任何内容，并接收一个浮点类型的Amount属性作为输入，表示其所有者应该损失多少生命值。该函数命名为LoseHealth，代码如下。

```
// Take health points from its Owner
void LoseHealth(float Amount);
```

接下来，在类的源文件中，首先要通知HealthComponent类永远不要使用Tick事件，这样可以略微提高该类的性能。

步骤 04 在类的构造函数中将bCanEverTick属性的值更改为false，代码如下。

```
PrimaryComponentTick.bCanEverTick = false;
```

步骤 05 创建LoseHealth函数的实现，从Health属性中删除Amount参数的值，代码如下。

```
void UHealthComponent::LoseHealth(float Amount)
{
    Health -= Amount;
}
```

步骤 06 现在，在相同的函数中，我们将检查当前的生命值是否小于或等于0，这意味着它已经耗尽了生命值（已经死亡或被摧毁），代码如下。

```
if (Health <= 0.f)
{
}
```

步骤 07 如果if语句为真，我们将执行以下操作。

⊙ 将Health属性设置为0，以确保所有者没有负的生命值，代码如下。

```
Health = 0.f;
```

⊙ 在创建VictoryBox类时，退出游戏，就像在"第6章 设置碰撞对象"中操作的那样，代码如下。

```
UKismetSystemLibrary::QuitGame(this,
                               nullptr,
                               EQuitPreference::Quit,
                               true);
```

⊙ 不要忘记包含KismetSystemLibrary对象，代码如下。

```
#include "Kismet/KismetSystemLibrary.h"
```

有了这个逻辑，任何拥有HealthComponent的Actor的生命值耗尽时，游戏就会结束。这并不是我们想要在躲避球游戏中的行为，我们将在本章后面讨论接口时再进行更改。

在下一个练习中，我们将对项目中的一些类进行必要的修改，以适应新创建的Health-Component。

练习7.03 | 集成HealthComponent Actor组件

在这个练习中，我们将修改DodgeballProjectile类，这样当玩家的角色接触到它时，就会受到伤害。同时我们还将修改DodgeballCharacter类，让它具有了一个HealthComponent类。

在Visual Studio中打开DodgeballProjectile类的文件，并进行以下修改。

步骤 01 在类的头文件中，添加一个名为Damage的受保护浮点属性，并将其默认值设置为34，表示玩家角色在被击中三次后失去所有生命值。这个属性应该是一个UPROPERTY，并且有EditAnywhere标签，可以很容易地在它的蓝图类中设置它的值，代码如下。

```
// The damage the dodgeball will deal to the player's
    character
UPROPERTY(EditAnywhere, Category = Damage)
float Damage = 34.f;
```

在类的源文件中，我们必须对OnHit函数进行一些修改。

步骤 02 因为要使用HealthComponent类，所以为它添加include语句，代码如下。

```
#include "HealthComponent.h"
```

步骤 03 我们在"练习6.01　创建Dodgeball类"的步骤17中，通过OtherActor属性为Dodgeball-Character进行的强制转换应该在if语句之前完成，并保存在变量中。然后，应该检查该变量是否为nullptr，代码如下。这是为了在if语句中访问玩家角色的HealthComponent。

```
ADodgeballCharacter* Player =
    Cast<ADodgeballCharacter>(OtherActor);
if (Player != nullptr)
{
}
```

步骤 04 if语句为真（即击中的Actor是玩家角色）时，我们希望访问该角色的HealthComponent并减少角色的生命值。要访问HealthComponent，我们必须调用角色的FindComponentByClass函数，并将UHealthComponent类作为模板参数发送（以指示我们想要访问的组件的类），代码如下。

```
UHealthComponent* HealthComponent = Player->
FindComponentByClass<UHealthComponent>();
```

注意事项

在Actor类中包含的FindComponentByClass函数将返回对Actor类包含的特定类的Actor组件的引用。如果函数返回nullptr，这意味着Actor没有该类的Actor组件。

可能还会发现Actor类中的GetComponents函数很有用，它将返回该Actor中所有Actor组件的列表。

步骤 05 然后，检查HealthComponent是否为nullptr。如果不是，则调用LoseHealth函数并将Damage属性作为参数发送，代码如下。

```
if (HealthComponent != nullptr)
{
    HealthComponent->LoseHealth(Damage);
}
Destroy();
```

步骤 06 确保在对HealthComponent进行null检查之后调用现有的Destroy函数，如前面的代码所示。

在完成这个练习之前，我们需要对DodgeballCharacter类进行一些修改。在Visual Studio中打开类的文件。

步骤 07 在类的头文件中添加名为HealthComponent的私有属性，类型为UhealthComponent*，代码如下。

```
class UHealthComponent* HealthComponent;
```

步骤 08 在类的源文件中，通过include语句添加HealthComponent类，代码如下。

```
#include "HealthComponent.h"
```

步骤 09 在类构造函数的末尾，使用CreateDefaultSubobject函数创建HealthComponent，并将其命名为HealthComponent，代码如下。

```
HealthComponent =
    CreateDefaultSubobject<UHealthComponent>(
    TEXT("Health
    Component"));
```

完成以上更改后，编译代码并打开编辑器。运行游戏时，如果让玩家角色被躲避球击中三次，游戏会像预期的那样突然停止，如图7-2所示。

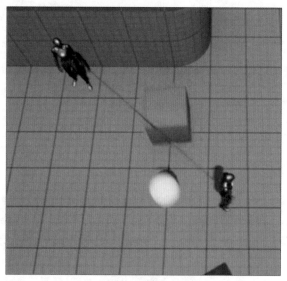

⬆图7-2　敌人角色向玩家角色投掷躲避球

一旦游戏停止，将显示图7-3所示的编辑器界面。

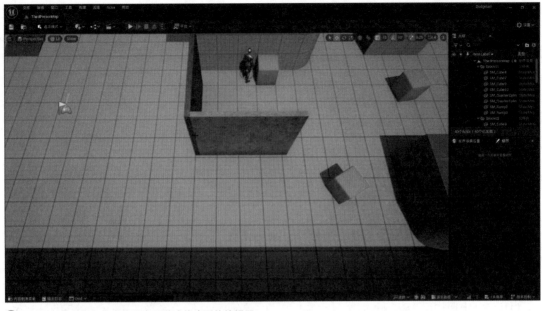

⬆ 图7-3 玩家角色生命值用完且游戏停止后的编辑器

至此，我们就完成了这个练习。现在我们知道了如何创建Actor组件，以及如何访问Actor的Actor组件。这是一个非常重要的步骤，使游戏项目更容易理解、结构更合理。

现在我们已经理解了Actor组件，接下来继续介绍另一种使项目具有良好结构和组织的方法：使用接口。

 ## 探索接口

你可能已经熟悉接口的概念，因为其他编程语言（如Java）中也存在接口。如果你对此有所了解，虚幻引擎5接口的工作原理非常相似。如果不了解接口，让我们看看它们是如何工作的，以创建的HealthComponent类为例介绍接口的操作方法。

在上一个练习中，当HealthComponent类的Health属性达到0时，该组件将简单地结束游戏。然而，我们不希望每次玩家的生命值耗尽时都发生这种情况，还可以是其他情况，例如有些玩家可能会被摧毁，有些玩家可能会通知另一个玩家他们的生命值已经耗尽等。我们希望每个角色都能够决定当他们的生命值耗尽时会发生什么，但我们该如何处理呢？

理想情况下，我们只需调用属于HealthComponent类的Owner的特定函数，该函数将选择如何处理Owner耗尽生命值的事实。但是，考虑到Owner可以是任何类，只要它继承自Actor类，那么应该在哪个类中实现该函数呢？正如我们在本章开头所讨论的，如果有一个专门负责这个问题的类，很快就会变得难以管理。幸运的是，接口解决了这个问题。

接口是包含函数集合的类，如果对象实现该接口，则该函数集合必须具有这些函数。它本质上就像对象签署的契约，表示它将实现该接口上所有功能。然后，我们可以简单地检查对象是否

实现了特定的接口，并调用接口中定义的函数的对象实现。

在特定情况下，我们想创建一个接口，该接口具有一个函数，当一个对象耗尽生命值时，这个函数会被调用。这样HealthComponent类就可以检查它的Owner是否实现了那个接口，然后从接口调用该函数。这将使我们更容易指定每个Actor在耗尽生命值时的行为：有些角色可能会被摧毁，有些可能会触发游戏内事件，还有一些可能会简单地结束游戏（这就是我们的玩家角色的情况）。

然而，在创建第一个接口之前，我们应该稍微介绍一下蓝图本地事件。

 ## 7.6 蓝图本地事件

当在C++中使用UFUNCTION宏时，我们可以通过简单地向该宏添加BlueprintNativeEvent标记将函数转换为蓝图本地事件。

那么，什么是蓝图本地事件呢？这是一个在C++中声明的事件，它可以具有默认行为，该行为也在C++中定义，但可以在蓝图中重写。让我们通过使用带有BlueprintNativeEvent标签的UFUNCTION宏声明MyEvent函数，然后是虚拟MyEvent_Implementation函数，来声明一个名为MyEvent的蓝图本地事件，代码如下。

```
UFUNCTION(BlueprintNativeEvent)
void MyEvent();
virtual void MyEvent_Implementation();
```

必须声明这两个函数的原因是，第一个函数是蓝图签名，它允许我们在蓝图中重写事件，而第二个函数是C++签名，它允许我们在C++中重写事件。

C++签名只是事件的名称，后面跟着_Implementation，该函数应该始终是一个虚拟函数。假设在C++中声明了这个事件，为了实现其默认行为，必须实现MyEvent_Implementation函数，而不是MyEvent函数（应该保持不变）。要调用蓝图本地事件，我们可以简单地调用不带_Implementation后缀的普通函数，在本例中是MyEvent()函数。

在下一个练习中，我们学习如何在实践中使用蓝图本地事件，在这里将创建一个新接口。

练习7.04 | 创建HealthInterface类

在这个练习中，我们将创建一个接口，该接口负责处理一个对象在耗尽生命值时的行为。

要实现这一点，遵循以下步骤完成练习。

步骤01 打开编辑器，创建一个新的C++类，该类继承自Interface（在可滚动菜单中称为Unreal Interface），并将其命名为HealthInterface。

步骤02 在Visual Studio中生成并打开类的文件后，转到新创建类的头文件。需要注意，生成

的文件有两个类——UHealthInterface和IHealthInterface。

步骤03 当检查一个对象是否实现了接口并调用接口的函数时，将结合使用这些参数。然而，我们应该只在以"I"为前缀的类中添加函数声明——本例中是IHealthInterface。添加一个名为OnDeath的公共蓝图本地事件，该事件不返回任何内容，也不接受任何参数。此函数将在对象耗尽生命值时被调用，代码如下。

```
UFUNCTION(BlueprintNativeEvent, Category = Health)
void OnDeath();
virtual void OnDeath_Implementation() = 0;
```

需要注意，OnDeath_Implementation函数声明需要该函数自己的实现。但是，接口不需要实现该函数，因为它将是空的。为了通知编译器这个函数在这个类中没有实现，我们在其声明的末尾添加了"= 0"。

步骤04 转到DodgeballCharacter类的头文件。我们希望这个类实现新创建的HealthInterface类，该怎么操作呢？我们要做的第一件事是包含HealthInterface类。确保在.generated.h include语句之前包含它，代码如下。

```
// Add this include
#include "HealthInterface.h"
#include "DodgeballCharacter.generated.h"
```

步骤05 然后，将头文件中DodgeballCharacter类从Character类继承的行替换为以下行，这将使该类实现HealthInterface，代码如下。

```
class ADodgeballCharacter : public ACharacter, public
    IHealthInterface
```

步骤06 接下来在DodgeballCharacter类中实现OnDeath函数。为此，为OnDeath_Implementation函数添加一个声明，该声明重写接口的C++签名，这个函数应该是公共的。要重写虚拟函数，必须在其声明的末尾添加override关键字，代码如下。

```
virtual void OnDeath_Implementation() override;
```

步骤07 在类的源文件中实现这个函数时，简单地退出游戏，就像在HealthComponent类中所操作的那样，代码如下。

```
void ADodgeballCharacter::OnDeath_Implementation()
{
    UKismetSystemLibrary::QuitGame(this,
                                   nullptr,
                                   EQuitPreference::Quit,
                                   true);
}
```

步骤08 因为我们现在使用的是KismetSystemLibrary，所以必须包含它，代码如下。

```
#include "Kismet/KismetSystemLibrary.h"
```

步骤09 现在，我们必须转到HealthComponent类的源文件。因为我们不再使用KistemSystem Library，而是使用HealthInterface，所以将第一个类的include语句替换为第二个类的include语句，代码如下。

```
// Replace this line
#include "Kismet/KismetSystemLibrary.h"
// With this line
#include "HealthInterface.h"
```

步骤10 然后，改变当所有者耗尽生命值时退出游戏的逻辑。我们想要检查所有者是否实现 HealthInterface接口，如果实现了，则调用其OnDeath函数的实现。首先我们要删除对QuitGame 函数的现有调用，代码如下。

```
// Remove this
UKismetSystemLibrary::QuitGame(this,
                               nullptr,
                               EQuitPreference::Quit,
                               true);
```

步骤11 为了检查对象是否实现了特定的接口，我们可以调用该对象的Implements函数，使用接口的类作为模板参数。这个函数中使用接口的类是以"U"为前缀的，代码如下。

```
if (GetOwner()->Implements<UHealthInterface>())
{
}
```

步骤12 因为我们将使用属于Actor类的方法，所以还需要包含它，代码如下。

```
#include "GameFramework/Actor.h"
```

如果这个if语句为真，那就意味着所有者实现了HealthInterface。在本例中，我们希望调用 OnDeath函数的实现。

步骤13 要实现这一功能，通过接口的类调用它（这次是前缀为"I"的那个）。我们想要调用的接口内部的函数是Execute_OnDeath（注意，我们应该在接口内部调用的函数将始终是它的正常名称，前缀为Execute_）。这个函数必须至少接收一个参数，该参数是函数将被调用并实现该接口的对象，在这个例子中就是Owner，代码如下。

```
if (GetOwner()->Implements<UHealthInterface>())
{
    IHealthInterface::Execute_OnDeath(GetOwner());
}
```

注意事项

如果接口的函数接收参数，可以在上一步提到的第一个参数之后的函数调用中发送此参数。例如，如果OnDeath函数接收到一个int属性作为参数，可以用IHealthInterface::Execute_OnDeath (GetOwner(), 5)来调用它。

在向接口添加新函数并调用Execute_version后，第一次编译代码时，可能会得到一个智能感知（Intellisense）错误，我们可以放心地忽略此错误。

完成所有这些更改后，编译代码并打开编辑器。运行游戏时，试着让角色被躲避球击中三次，如图7-4所示。

⬆ 图7-4　敌人角色向玩家角色投掷躲避球

如果游戏在那之后结束，就意味着我们所有的改变都有效了，游戏的逻辑也保持不变，如图7-5所示。

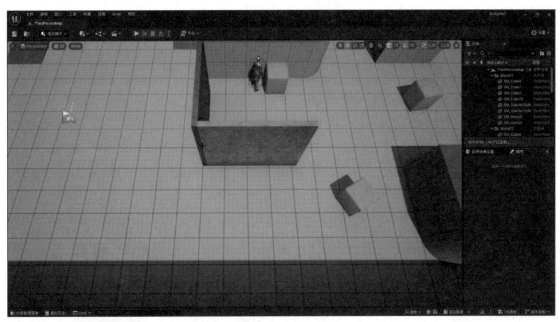

⬆ 图7-5　玩家角色生命值耗尽，游戏停止后的编辑器

至此，我们就完成了这个练习，并且已经知道如何使用接口了。我们所做的更改的好处是，现在有其他Actor失去生命值，并且通过使用Health接口来指定当它们耗尽生命值时会发生什么。

接下来，我们将完成一个活动，将所有与LookAtActor函数相关的逻辑移到它自己的Actor组件中，并用它来替换创建的SightSource组件。

活动7.01 | 将LookAtActor逻辑移到Actor组件

在这个活动中，我们将把在EnemyCharacter类中与LookAtActor函数相关的逻辑，全部移到它自己的Actor组件中（类似于我们将CanSeeActor函数移到蓝图函数库的方法）。这样，如果我们想让一个Actor（不是一个EnemyCharacter）看到另一个Actor，只需要简单地添加这个组件就可以了。

请按照以下步骤完成此活动。

步骤 01 打开编辑器，并创建一个新的C++类，该类继承自SceneComponent，将新创建的C++类命名为LookAtActorComponent。

在Visual Studio中打开类文件。

步骤 02 转到它的头文件并为LookAtActor函数添加声明，该函数应该受到保护，返回bool值，并且不接受任何参数。

> **注意事项**
>
> 当EnemyCharacter的LookAtActor函数接收AActor* TargetActor参数时，这个Actor组件将把它的TargetActor作为一个类属性，这就是为什么我们不需要接收它作为参数的原因。

步骤 03 添加一个名为TargetActor的受保护的AActor*属性，这个属性将表示我们想要查看的Actor。

步骤 04 添加一个名为bCanSeeTarget的受保护的bool属性，默认值为false，它将指示是否可以看到TargetActor。

步骤 05 为一个公共的FORCEINLINE函数添加一个声明，就像"第6章　设置碰撞对象"中介绍的一样，名称为SetTarget，该函数将不返回任何内容，并接收AActor* NewTarget作为参数。这个函数的实现将简单地将TargetActor属性设置为NewTarget属性的值。

步骤 06 为一个名为CanSeeTarget的公共FORCEINLINE函数添加一个声明，该函数将是const，返回bool值，不接受任何参数。这个函数的实现将简单地返回bCanSeeTarget属性的值。

现在，转到类的源文件。

步骤 07 在类的TickComponent函数中，将bCanSeeTarget属性的值设置为LookAtActor函数调用的返回值。

步骤 08 添加LookAtActor函数的空实现，并将EnemyCharacter类的LookAtActor函数实现复制到LookAtActorComponent的实现中。

步骤 09 对LookAtActorComponent类的LookAtActor函数的实现进行如下修改。

i. 将IgnoreActors数组的第一个元素改为Actor组件的所有者。

ii. 将CanSeeActor函数调用的第二个参数更改为该组件的位置。

iii. 将Start属性的值更改为所有者的位置。

最后，将对SetActorRotation函数的调用替换为对Owner的SetActorRotation函数的调用。

(步骤10) 由于我们对LookAtActor函数的实现进行了修改，还需要向LookAtActorComponent类中添加一些include语句，并从EnemyCharacter类中删除一些include语句。从EnemyCharacter类中删除对KismetMathLibrary和DodgeballFunctionLibrary的include，并将它们添加到LookAtActor-Component类中。

同时，还需要向Actor类添加一个include，因为我们要访问属于该类的几个函数。

现在，让我们对EnemyCharacter类做进一步的修改。

(步骤01) 在EnemyCharacter头文件中，删除LookAtActor函数的声明。

(步骤02) 将SightSource属性替换为UlookAtActorComponent*类型的LookAtActorComponent属性。

(步骤03) 在类的源文件中，向LookAtActorComponent类添加一个include。

(步骤04) 在类的构造函数中，将对SightSource属性的引用替换为对LookAtActorComponent属性的引用。此外，CreateDefaultSubobject函数的模板参数应该是ULookAtActorComponent类，它的参数应该是"Look At Actor Component"。

(步骤05) 删除LookAtActor函数的类实现。

(步骤06) 在类的Tick函数中，删除创建PlayerCharacter属性的代码行，并将这行代码添加到类的BeginPlay函数的末尾。

(步骤07) 在这一行之后，调用LookAtActorComponent的SetTarget函数，并将PlayerCharacter属性作为参数发送。

(步骤08) 在类的Tick函数中，将bCanSeePlayer属性的值设置为LookAtActorComponent的CanSeeTarget函数调用的返回值，而不是LookAtActor函数调用的返回值。

在这个活动完成之前，我们还需要完成最后一步操作。

(步骤09) 关闭编辑器（如果打开了它），在Visual Studio中编译我们所做的更改，再打开编辑器，并打开BP_EnemyCharacter蓝图。找到LookAtActorComponent并将其位置更改为（10,0,80）。

期望输出的效果，如图7-6所示。

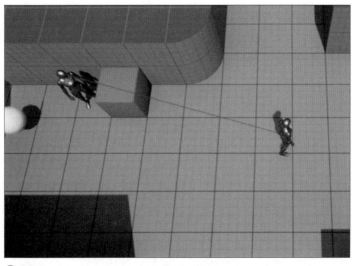

⬆ 图7-6　敌人角色看着玩家角色的功能仍然有效

至此，结束了本活动。我们已经将Actor的一部分逻辑重构为Actor组件的知识应用于实践中，以便在项目的其他部分或其他项目中重用它。

> **注意事项**
>
> 此活动的解决文案可以通过以下链接下载：
> https://github.com/PacktPublishing/Elevating-Game-Experiences-with-Unreal-Engine-5-Second-Edition/tree/main/Activity%20solutions。

 ## 7.7 本章总结

我们已经掌握了一些实用工具的应用，它们可以使项目更有条理，并允许我们重复使用自己创建的资源。

我们还学会了如何创建蓝图函数库、创建Actor组件并使用它们重构项目中的现有逻辑，以及如何从实现特定接口的对象创建接口和调用函数。这些内容将允许我们在同一个项目或新项目中重构和重用已编写的所有代码。

在下一章中，我们将学习UMG、在虚幻引擎5中创建用户界面的系统，并探讨如何高效地构建用户界面。

第8章

使用UMG创建
用户界面

在上一章中，我们学习了一些实用工具的应用。这些工具允许我们通过使用蓝图函数库、Actor组件和接口来有效地构建和管理项目中的代码和资产。

在本章中，我们将深入探讨游戏**用户界面**（UI）的内容，它几乎存在于所有电子游戏中。游戏用户界面是向玩家显示信息的主要方式之一，例如玩家还剩下多少生命值、武器中有多少子弹以及所携带的武器等。它还允许玩家通过选择是否继续游戏、创造新游戏、选择关卡等方式与游戏进行互动。这些交互主要以图像和文本的形式呈现给玩家。

在本章中，我们将讨论以下内容。

- ⊙ 游戏用户界面
- ⊙ UMG基础知识
- ⊙ 锚点的简介
- ⊙ 理解进度条

8.1 技术要求

本章的完整代码可从本书的GitHub存储库下载，链接：https://github.com/PacktPublishing/Elevating-Game-Experiences-with-Unreal-Engine-5-Second-Edition。

8.2 游戏用户界面

通常，用户界面是添加在游戏渲染层之上的，这意味着它们位于我们在游戏中看到的所有内容的前面，并以层次化方式展现（我们可以像在Photoshop中一样将它们添加到不同的图层）。然而，这里有一个例外：嵌入式用户界面（diegetic UI）。这种类型的用户界面并不存在于游戏屏幕上，而是存在于游戏内部。游戏《死亡空间》就是一个很好的例子，在这款游戏中，我们可以通过观察角色背后的装置，以第三人物视角查看角色的生命值。

通常有两种不同类型的游戏用户界面：菜单和HUD。

菜单是允许玩家通过按下按钮或输入设备上的按键进行交互。

这可以通过多种不同的菜单来实现，包括以下几种。

- 主菜单：玩家可以选择是否继续游戏、创建新游戏、退出游戏等。
- 关卡选择菜单：玩家可以选择玩哪个关卡。
- 其他形式。

HUD是在游戏过程中呈现的用户界面面板，会提供给玩家一些应该时刻了解的信息，例如角色还剩下多少生命值、可以使用哪些特殊能力等。

在本章中，我们将讨论游戏用户界面以及如何为游戏制作菜单和HUD。

注意事项

本书中不讨论嵌入式用户界面，感兴趣的读者可自行了解。

在虚幻引擎5中创建游戏用户界面，主要方法是使用Unreal Motion Graphics（UMG），该工具允许我们制作游戏用户界面（在虚幻引擎5术语中也称为控件），包括菜单和HUD，并将它们添加到屏幕上。

让我们在下一节中学习这些内容。

8.3 UMG基础知识

在虚幻引擎5中，创建游戏用户界面的主要方法是使用UMG工具。该工具允许我们以控件的形式进行创建，并且通过UMG进行编辑。通过UMG的"设计器"选项卡，可以以可视化的方式轻松编辑游戏用户界面，同时也允许用户通过UMG的"图表"选项卡向游戏用户界面添加功能。这样，我们就可以充分利用UMG的功能，创建出既美观又实用的游戏用户界面了。

控件是虚幻引擎5呈现游戏用户界面的方式。控件可以是基本的用户界面元素，如按钮、文本和图像元素等。也可以组合界面元素，创建更复杂和完整的控件，如菜单和HUD，这正是我们在本章将要介绍的内容。

在下面的练习中，我们将使用UMG工具在虚幻引擎5中创建第一个控件。

练习8.01 创建控件蓝图

在本练习中，我们将创建第一个控件蓝图，并探索UMG的基本元素以及如何使用它们来设计游戏界面。

请根据以下步骤完成这个练习。

步骤01 为了创建第一个控件，打开编辑器，转到内容浏览器中的"ThirdPersonCPP | Blueprints"文件夹，然后右击。

步骤02 在快捷菜单中选择"**用户界面**"命令，在子菜单中选择"**控件蓝图**"命令。

步骤03 打开"**为新控件蓝图选择父类**"对话框，展开"**所有类**"，选择UserWidget作为父类，单击"选择"按钮，如图8-1所示。

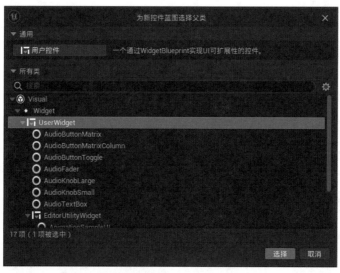

⬆ 图8-1 选择UserWidget作为父类

选择此选项将创建一个新的控件蓝图资产，它是虚幻引擎5中的控件资产。

步骤 04 将这个控件命名为TestWidget并打开。我们将看到用于编辑控件蓝图的界面，可以在其中创建自己的控件和用户界面。下面是该窗口中包含的几个区域，如图8-2所示。

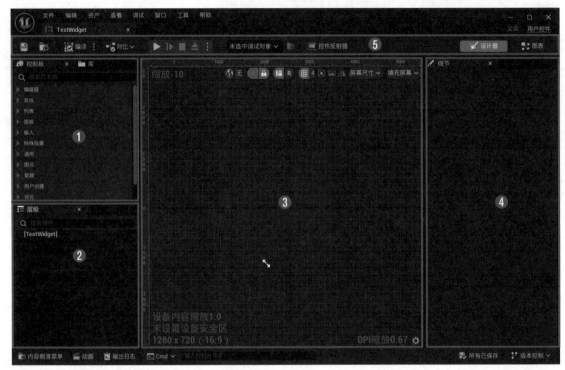

⬆ 图8-2　控件蓝图编辑器分为5个区域

图8-2中各区域的详细信息介绍如下。

- ⊙ **控制板：** 此面板显示了可以添加到控件的所有单个用户界面元素，包括按钮、文本、图像、滑条、复选框等。
- ⊙ **层级：** 此面板显示当前在控件中存在的所有用户界面元素。由于目前没有添加任何控件元素，因此只显示TestWidget。
- ⊙ **设计器：** 此选项卡会根据"层级"中的元素及其布局，展示控件的视觉外观。由于当前控件中唯一的元素没有可见效果，所以该选项卡当前为空。
- ⊙ **细节：** 此面板显示当前选择的用户界面元素的属性。如果选择了现有的TestWidget元素，那么在图8-2的"**细节**"面板中会显示所有该元素的属性。

这是一个控件蓝图资产，第5个区域右侧两个按钮允许我们在"**设计器**"选项卡（如图8-2所示）和"**图表**"选项卡（看起来就像一个普通蓝图类的窗口）之间切换。

步骤 05 现在，让我们看看控件中一些可用的用户界面元素，首先从"**画布面板**"元素开始。

步骤 06 通常，"**画布面板**"元素被添加到控件蓝图的根目录中，因为它允许我们将用户界面元素拖到"**设计器**"选项卡中的任何位置。通过这种方式，我们可以按照自己的意愿布局这些元素：在屏幕的中心、左上角、底部中心等。现在，让我们将另一个非常重要的用户界面元素拖到控件中，例如按钮元素。为了给控件添加一个"**画布面板**"元素，在"**控制板**"面板的"**面板**"类别中，把"**画布面板**"元素拖到"**层级**"面板的根目录中（第一个文本是[TestWidget]），或者在"**设计器**"选项卡中。图8-3为将"**画布面板**"元素拖到"**层级**"面板的根目录中。

步骤 07 在"**控制板**"面板的"**通用**"类别中找到"**按钮**"元素，并将其拖到"**设计器**"选项卡中（拖动时按住鼠标左键），如图8-4所示。

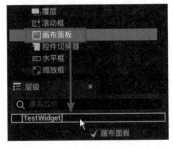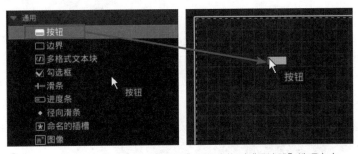

⬆ 图8-3 将"画布面板"元素拖动到"层级"面板中

⬆ 图8-4 将"按钮"元素从"控制板"面板中拖到"设计器"选项卡中

完成以上操作后，我们就可以通过拖动按钮周围的白色控制点来调整按钮的大小（需要注意，只能对"**画布面板**"元素内部的元素执行这样的操作），如图8-5所示。

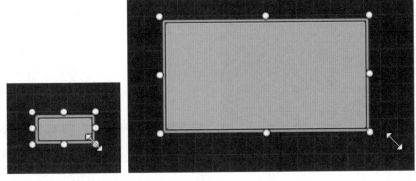

⬆ 图8-5 拖拽白色控制点调整元素的大小

在控件中拖动元素的另一种方法是将它们拖动到"**层级**"面板中，而不是"**设计器**"选项卡中。

步骤 08 在"**按钮**"元素中添加"**文本**"元素，但这次将元素拖到"**层级**"面板中，如图8-6所示。"**文本**"元素可以包含指定的具有特定大小和字体的文本，可以在"**细节**"面板中修改这些文本的格式等。使用"**层级**"面板将"**文本**"元素拖到"**按钮**"元素中后，"**设计器**"选项卡的效果，如图8-7所示。

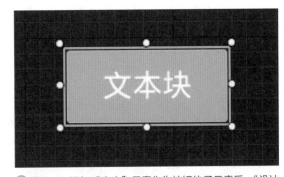

⬆ 图8-6 将"文本"元素从"控制板"面板中拖动到"层级"面板

⬆ 图8-7 添加"文本"元素作为按钮的子元素后，"设计器"选项卡的效果

161

接下来，让我们更改前面添加的"文本"元素的一些属性。

步骤 09 在"层级"面板或"设计器"选项卡中选择"文本"元素，然后在"细节"面板中设置相关参数，如图8-8所示。

在"细节"面板中，我们可以根据自己的喜好进行编辑文本的属性。现在，我们只关注其中的两个属性："文本"和"颜色和不透明度"。

步骤 10 在"内容"类别中将"文本"右侧文本框中的Text Block更新为Button 1文本，如图8-9所示。

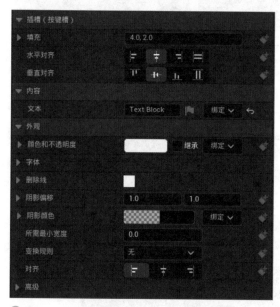

⬆ 图8-8 "细节"面板中显示"文本"元素的属性

⬆ 图8-9 将"文本"属性更改为Button 1

接下来，我们将"颜色和不透明度"属性从"白色"设置为"黑色"。

步骤 11 单击"颜色和不透明度"属性右侧的色块，弹出"取色器"对话框。需要在虚幻引擎5中编辑颜色属性时，可以在该对话框中设置。在该对话框中可以以不同的方式设置颜色，包括色轮、饱和度和值条、RGB和HSV值滑块等。

步骤 12 现在，通过拖动值条（从上到下为白色到黑色的那条）一直到底部，然后单击"确定"按钮，将颜色从白色变为黑色，如图8-10所示。

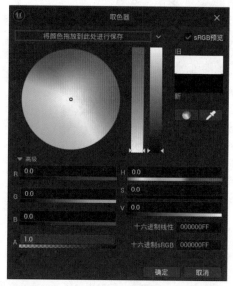

⬆ 图8-10 在"取色器"对话框中设置颜色

步骤 13 经过以上操作之后，按钮的效果如图8-11所示。

至此，我们就结束了本章的第一个练习。现在我们已经理解了UMG的一些基本知识，例如，如何向控件中添加"**按钮**"和"**文本**"元素。

在进入下一个练习之前，我们学习一下锚点的相关内容。

⬆ 图8-11　更改"文本"属性和颜色后的效果

8.4　锚点的简介

玩家会在不同尺寸和分辨率的屏幕上运行电子游戏，因此，确保创建的菜单能够适应不同分辨率的屏幕是很重要的。锚点是实现该目标的主要手段。

锚点通过指定用户界面元素在屏幕中所占的比例，来定义其大小如何随屏幕分辨率的变化而变化。使用锚点，无论屏幕的大小和分辨率的不同，我们都可以确保用户界面元素始终位于屏幕左上角或占据屏幕的一半。

随着屏幕大小或分辨率的变化，控件将根据其锚点进行比例缩放和位置调整。只有"**画布面板**"元素的直接子元素才能设置锚点。在选择该元素时，可以通过锚点图标（在"**设计器**"选项卡中是一个白色的花形状）来可视化锚点，如图8-12所示。

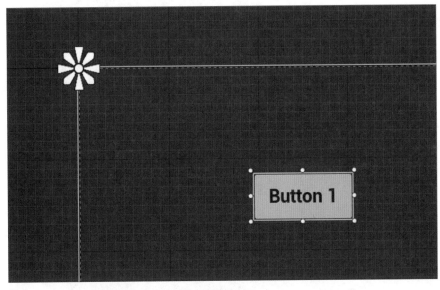

⬆ 图8-12　在画布面板的左上角显示锚点的图标

默认情况下，锚点折叠到屏幕的左上角，这意味着随着分辨率的改变，我们无法对按钮的缩放方式进行控制。让我们在下一个练习中对此进行修改。

练习8.02 | 编辑UMG锚点

在这个练习中，我们将改变控件中的锚点，以使按钮的大小和形状适应不同分辨率和尺寸的屏幕。

请根据以下步骤完成这个练习。

步骤01 选择我们在上一个练习中创建的按钮。然后，转到"**细节**"面板并单击第一个属性：**锚点**。在列表中显示锚点的预设，它将根据显示的枢轴对齐用户界面元素。

我们希望按钮位于屏幕的中央。

步骤02 单击屏幕中心的枢轴，如图8-13所示。

此时，锚点图标已经位于画布面板的中心位置，如图8-14所示。

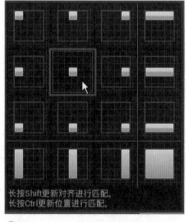

⬆ 图8-13 设置按钮的"锚点"属性　　⬆ 图8-14 将按钮的"锚点"属性更改为中心的效果

虽然，锚点图标位于屏幕的中心，但我们仍然不能很好地控制按钮在不同分辨率下的缩放方式，但至少我们知道它会相对于屏幕的中心进行缩放。

为了让按钮位于屏幕的中心，必须将按钮的位置也更改为位于屏幕的中心。

步骤03 重复前面选择中心锚点的操作，但这一次，在选择它之前，按住Ctrl键以便将按钮的位置固定到该锚点上。选择中心锚点之后，释放Ctrl键。则按钮位于锚点处，如图8-15所示。

⬆ 图8-15 将"按钮"元素移到中心锚点位置

正如图8-15所示，按钮已经改变了位置，但它还没有正确地放在屏幕中央，这是因为没有设置其"对齐"属性。

"对齐"属性是Vector2D类型的（具有两个浮点属性：X和Y的元组），它决定了用户界面元素相对于其总大小的中心位置。默认情况下设置为（0,0），意味着元素的中心位置是它的左上角，也解释了图8-15中的结果。它的参数值可以设置为（1,1），也就是按钮的右下角。在这种情况下，假设我们希望对齐到按钮的中心，则将"对齐"的值设置为（0.5,0.5）。

步骤 04 为了在选择锚点时更新用户界面元素的对齐方式，必须按住Shift键并重复前面的步骤。另外，要更新按钮的位置和对齐方式，可以按住Ctrl+Shift组合键再选择中心锚点，效果如图8-16所示。

此时，当改变屏幕的分辨率时，我们知道这个按钮将始终保持在屏幕的中心位置。然而，为了保持按钮的大小和分辨率一致，我们还需要进行一些其他修改。

步骤 05 将锚点图标的右下角花瓣一直拖到按钮的右下角，如图8-17所示。

⬆ 图8-16 将按钮的中心对齐锚点的效果

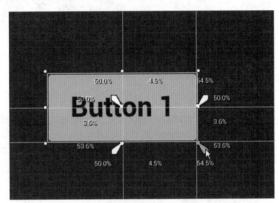

⬆ 图8-17 拖动锚点图标右下角花瓣更新按钮的锚点

步骤 06 将锚点图标的左上角花瓣拖到按钮的左上角，如图8-18所示。

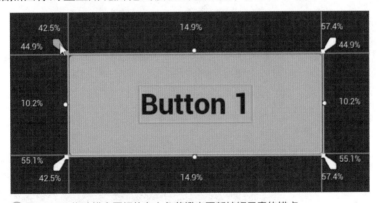

⬆ 图8-18 拖动锚点图标的左上角花瓣来更新按钮元素的锚点

注意事项

更改锚点时，按钮周围显示的数值是元素在屏幕上占用的空间，这些数据都是以百分比显示。

我们可以在移动锚点花瓣的同时按住Ctrl键，将用户元素的大小设置为锚点的大小。

现在，由于对锚点进行了修改，我们创建的按钮最终适应不同尺寸和分辨率的屏幕。

此外，我们可以在"**细节**"面板中手动编辑刚才对锚点的设置，在"锚点"类别下包含相关属性。在"**细节**"面板中设置锚点的属性如图8-19所示。

最后，我们需要知道如何在"设计器"选项卡中以不同的分辨率可视化控件。

步骤07 拖动"**设计器**"选项卡中画布面板轮廓框右下角的控制点，如图8-20所示。

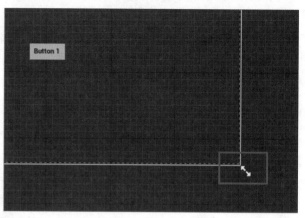

⬆ 图8-19 在"细节"面板中设置锚点的属性　　⬆ 图8-20 "设计器"选项卡内轮廓框右下角的控制点

通过拖动控制点，可以调整画布面板的大小以适用任何分辨率的屏幕。在图8-21中，我们会看到各种设备最常用的分辨率，还可以在每种设备上预览添加的控件。

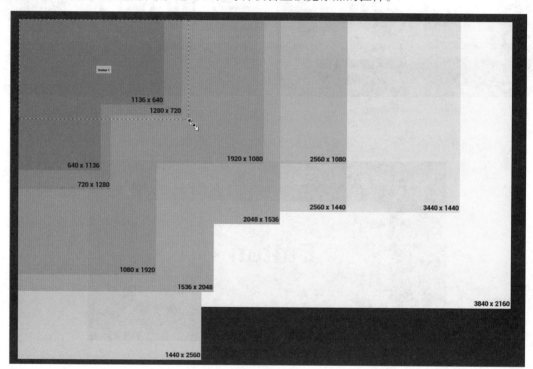

⬆ 图8-21 在"设计器"选项卡中预览不同分辨率的效果

注意事项

我们可以在以下链接中找到UMG锚点的完整参考资料：https://docs.unrealengine.com/en-US/Engine/UMG/UserGuide/Anchors。

本练习到此结束。我们已经学习了如何通过调整锚点，使添加的控件适应不同大小和分辨率的屏幕。

现在我们已经理解了UMG的一些基础知识，在下一个练习中，我们将实现通过这个控件蓝图创建一个控件C++类的功能。

练习8.03 | 创建RestartWidget C++类

在本练习中，我们将学习如何创建一个控件C++类，控件蓝图将继承该类。当玩家在躲避球游戏中死亡时，创建的控件将被添加到屏幕上，这样玩家就可以选择重新开始关卡。这个控件将有一个按钮，当玩家单击该按钮时，重新开始关卡。

这个练习的第一步是在项目中添加与UMG相关的模块。虚幻引擎包括几个不同的模块，在每个项目中，我们必须指定想要使用的模块。在生成源代码文件时，我们的项目附带了几个通用模块，但还需要添加一些额外的模块。

请根据以下步骤完成这个练习。

步骤 01 打开位于项目的Source文件夹中的Dodgeball.build.cs文件，该文件是一个C#文件，而不是一个C++文件。

步骤 02 打开该文件，我们发现正在调用PublicDependency ModuleNames属性中的AddRange函数。该函数告诉虚幻引擎这个项目打算使用哪些模块。作为参数，将发送一个字符串数组，其中包含项目的所有预期模块的名称。鉴于我们打算使用UMG，所以，需要添加与UMG相关的模块：UMG、Slate和SlateCore，代码如下。

```
PublicDependencyModuleNames.AddRange(new string[] {
"Core",
    "CoreUObject", "Engine", "InputCore",
    "EnhancedInput", "HeadMountedDisplay", "UMG",
    "Slate", "SlateCore" });
```

现在已经通知虚幻引擎我们将使用UMG模块，接下来创建控件C++类。

步骤 03 打开虚幻编辑器界面。

步骤 04 在内容浏览器中创建C++类。

步骤 05 打开"**添加C++类**"对话框，切换至"**所有类**"选项卡。

步骤 06 搜索UserWidget类，并选择它作为新类的父类。

步骤 07 将新的C++类命名为RestartWidget。

在Visual Studio中打开这些文件之后，开始修改控件C++类，具体修改如下。

步骤 08 首先，我们要为这个类添加一个名为RestartButton的公共类UButton*属性，它表示玩家用来重启关卡的按钮。我们希望通过使用带有BindWidget元标签的UPROPERTY宏，将该宏绑定到继承自这个类的蓝图类中的一个按钮。这将强制控件蓝图有一个"按钮"元素，该按钮名称为RestartButton，我们可以通过这个属性在C++中访问它，然后在蓝图中自由地编辑按钮的属性，比如大小和位置，代码如下。

```
UPROPERTY(meta = (BindWidget))
class UButton* RestartButton;
```

接下来，我们添加当玩家单击RestartButton属性时将被调用的函数，该属性将重新启动关卡。我们将使用GameplayStatics对象的OpenLevel函数来执行此操作，然后发送当前关卡的名称。

步骤09 在控件类的头文件中，为名为OnRestartClicked的受保护函数添加声明，该函数不返回任何内容，也不接受任何参数。此函数必须标记为UFUNCTION，代码如下。

```
protected:
UFUNCTION()
void OnRestartClicked();
```

步骤10 在类的源文件中，为GameplayStatics对象添加一个include，代码如下。

```
#include "Kismet/GameplayStatics.h"
```

步骤11 然后，为OnRestartClicked函数添加一个实现，代码如下。

```
void URestartWidget::OnRestartClicked()
{
}
```

步骤12 在这个实现中，调用GameplayStatics对象的OpenLevel函数。这个函数接收作为参数的世界情境对象（这里将使用this指针），以及关卡的名称（我们将使用GameplayStatics对象的GetCurrentLevelName函数获取该名称）。另外，最后一个函数必须接收一个世界情境对象，会使用this指针，代码如下。

```
UGameplayStatics::OpenLevel(this,
    FName(*UGameplayStatics::GetCurrentLevelName(
    this)));
```

下一步就是绑定这个函数，让它在玩家按下RestartButton属性时被调用。

步骤13 为了实现该功能，需重写一个属于UserWidget类的NativeOnInitialized函数。这个函数只被调用一次，类似于Actor的BeginPlay函数，这使得它适合用来进行设置。在控件类的头文件中，添加一个带有virtual和override关键字的NativeOnInitialized函数的声明，代码如下。

```
virtual void NativeOnInitialized() override;
```

步骤14 接下来，在类的源文件中添加该函数的实现。在它内部调用Super函数并添加if语句来检查RestartButton属性是否不为nullptr，代码如下。

```
void URestartWidget::NativeOnInitialized()
{
    Super::NativeOnInitialized();
    if (RestartButton != nullptr)
    {
    }
}
```

步骤15 如果if语句为真，则将OnRestartClicked函数绑定到按钮的OnClicked事件。我们可以通过访问按钮的OnClicked属性并调用它的AddDynamic函数来实现这一点。这将作为参数发送要调用该函数的对象（即this指针）以及一个指向要调用的函数的指针，即OnRestartClicked函数，代码如下。

```
if (RestartButton != nullptr)
{
    RestartButton->OnClicked.AddDynamic(this,
    &URestartWidget::OnRestartClicked);
}
```

步骤16 因为我们正在访问与Button类相关的函数，所以还必须包含它，代码如下。

```
#include "Components/Button.h"
```

注意事项

当玩家用鼠标单击和释放按钮时，按钮的OnClicked事件将被调用。还有其他与按钮相关的事件，包括OnPressed事件（当玩家按下按钮时）、OnReleased事件（当玩家释放按钮时），以及OnHover和OnUnhover事件（当玩家分别将光标悬停在按钮上时）。

AddDynamic函数必须接收一个指针作为参数，该指针指向一个标有UFUNCTION宏的函数。如果没有，则在调用该函数时得到一个错误。这就是为什么我们用UFUNCTION宏标记OnRestartClicked函数。

完成这些步骤后，编译更改并打开编辑器。

步骤17 打开之前创建的TestWidget控件蓝图。我们希望将这个控件蓝图与刚刚创建的RestartWidget类关联起来，因此我们需要将其重新设置父类。

步骤18 单击控件蓝图的"**文件**"菜单按钮，在菜单中选择"**重设蓝图父项**"命令，搜索并选择RestartWidget C++类作为它的新父类，如图8-22所示。

🔺 图8-22 将TestWidget的类重新定位为RestartWidget

我们会注意到控件蓝图现在有一个与在C++类中创建的BindWidget元标签相关的编译错误，如图8-23所示。

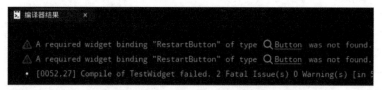

⬆图8-23　将父类设置为RestartWidget类后出现编译器错误

这是因为C++类找不到RestartButton的Button属性。

为了解决这个问题，我们需要将控件蓝图中的Button元素重命名为RestartButton，如图8-24所示。

⬆图8-24　将Button元素重命名为RestartButton

完成这些操作后，关闭控件蓝图并将其名称从TestWidget更改为BP_RestartWidget，方法与前一步相同。

至此，就结束控件类的创建。现在，我们理解了如何将控件C++类连接到控件蓝图，这是在虚幻引擎5中处理游戏用户界面的非常重要的一步。

我们需要做的下一件事是创建玩家控制器C++类，该类将负责实例化RestartWidget类并将其添加到屏幕上。我们将在下面的练习中实现以上功能。

练习8.04｜创建将RestartWidget类添加到屏幕的逻辑

在本练习中，我们将创建负责将RestartWidget类添加到屏幕的逻辑。当角色死亡时，它会出现在屏幕上，以便玩家可以选择重新启动关卡。

为了实现这一功能，我们必须创建一个新的Player Controller C++类，请按照以下步骤进行操作。

步骤01 打开虚幻编辑器界面。

步骤02 在内容浏览器中新建C++类。

步骤03 打开"添加C++类"对话框，在"所有类"选项卡中搜索Player Controller类并选择作为新类的父类。

步骤04 将新建的C++类命名为DodgeballPlayerController。

步骤05 在Visual Studio中打开类的文件。

当玩家耗尽生命值时，DodgeballCharacter类将访问这个Player Controller类并调用一个将RestartWidget类添加到屏幕上的函数。按照下面的步骤来实现这个目标。

为了知道要添加到屏幕上的控件的类（它将是控件蓝图资产，而不是控件C++类），我们需要使用TSubclassOf类型。

步骤06 在类的头文件中，添加一个名为BP_RestartWidget的公共TSubclassOf<class URestartWidget>属性。确保其成为带有EditDefaultsOnly标签的UPROPERTY宏，这样我们可以在蓝图类中编辑它，代码如下。

```
public:
UPROPERTY(EditDefaultsOnly)
TSubclassOf<class URestartWidget> BP_RestartWidget;
```

步骤07 添加一个URestartWidget*类型的新私有变量，并将其命名为RestartWidget。确保它是一个没有标签的UPROPERTY宏，代码如下。

```
private:
UPROPERTY()
class URestartWidget* RestartWidget;
```

注意事项

虽然这个属性不应该在蓝图类中被编辑，但我们必须将其引用为UPROPERTY函数，否则，垃圾收回器将销毁该变量的内容。

接下来我们需要一个负责将控件添加到屏幕上的功能。

步骤08 为一个不返回任何值也不接受任何参数的公共函数添加一个声明，该函数名称为ShowRestartWidget，代码如下。

```
void ShowRestartWidget();
```

步骤09 转到类的源文件，向RestartWidget类添加一个include，代码如下。

```
#include "RestartWidget.h"
```

步骤10 然后，添加ShowRestartWidget函数的实现，我们首先检查BP_RestartWidget变量是否不是一个nullptr变量，代码如下。

```
void ADodgeballPlayerController::ShowRestartWidget()
{
    if (BP_RestartWidget != nullptr)
    {
    }
}
```

步骤11 如果该变量是有效的（不同于nullptr），我们希望使用Player Controller的SetPause函数暂停游戏，代码如下。这将确保游戏停止，直到玩家决定做一些事情（在本例中，是单击重启关卡的按钮）。

```
SetPause(true);
```

接下来我们要做的是改变输入模式。在虚幻引擎5中，有3种输入模式：**Game Only**、**Game and UI**和**UI Only**。如果设置输入模式为Game Only，则意味着玩家角色和玩家控制器将通过输入操作接收输入。如果输入模式为UI Only，则意味着屏幕上的控件将接收来自玩家的输入。当在屏幕上显示这个控件时，我们不希望玩家角色接收任何输入。

（步骤12）因此，更新到UI Only输入模式。我们可以通过调用Player Controller SetInputMode函数并将FInputModeUIOnly类型作为参数来执行此操作，代码如下。

```
SetInputMode(FInputModeUIOnly());
```

在此之后，我们想要显示光标，以便玩家能够看到将光标悬停在哪个按钮上。

（步骤13）我们将通过将Player Controller bShowMouseCursor属性设置为true来显示将光标悬停在哪个按钮上的操作，代码如下。

```
bShowMouseCursor = true;
```

（步骤14）现在，我们可以使用Player Controller的CreateWidget函数实例化控件，将C++ 控件类作为模板参数传递，在本例子中是RestartWidget。然后，作为常规参数将传递**拥有者玩家**（Owning Player），这是拥有这个控件的Player Controller类，将使用this指针发送。最后控件类是我们的BP_RestartWidget属性，代码如下。

```
RestartWidget = CreateWidget<URestartWidget>(this,
    BP_RestartWidget);
```

（步骤15）在实例化控件之后，使用控件的AddToViewport函数将其添加到屏幕上，代码如下。

```
RestartWidget->AddToViewport();
```

（步骤16）这就是ShowRestartWidget函数。但是，我们还需要创建一个函数，从屏幕上删除RestartWidget类。在类的头文件中，为一个函数添加一个声明，就像ShowRestartWidget函数一样，但这次名称为HideRestartWidget，代码如下。

```
RestartWidget->AddToViewport();
```

（步骤17）在类的源文件中，添加HideRestartWidget函数的实现，代码如下。

```
void ADodgeballPlayerController::HideRestartWidget()
{
}
```

（步骤18）在这个函数中，我们要做的第一件事是通过调用RemoveFromParent函数从屏幕上移除控件，然后使用Destruct函数销毁删除的控件，代码如下。

```
RestartWidget->RemoveFromParent();
RestartWidget->Destruct();
```

步骤19 然后，使用上一个函数中的SetPause函数来取消游戏暂停，代码如下。

```
SetPause(false);
```

步骤20 最后，让我们将输入模式设置为GameOnly，并隐藏光标，就像在上一个函数中操作的那样（这次，我们传递FInputModeGameOnly类型），代码如下。

```
SetInputMode(FInputModeGameOnly());
bShowMouseCursor = false;
```

这就结束了Player Controller C++类的逻辑。接下来我们要调用将控件添加到屏幕上的函数。

步骤21 首先，我们转到DodgeballCharacter类的源文件，并将include关键字添加到新创建的DodgeballPlayerController类中，代码如下。

```
#include "DodgeballPlayerController.h"
```

步骤22 在DodgeballCharacter类的OnDeath_Implementation函数的实现中，用以下代码替换对QuitGame函数进行调用。

⊙ 使用GetController函数获取角色的玩家控制器。需要将结果保存在DodgeballPlayerController*类型的变量中，该变量名称为PlayerController。因为这个函数将返回一个Controller类型的变量，所以，还需要将它强制转换为PlayerController类，代码如下。

```
ADodgeballPlayerController* PlayerController =
Cast<ADodgeballPlayerController>(GetController());
```

⊙ 检查PlayerController变量是否有效。如果有效，调用它的ShowRestartWidget函数，代码如下。

```
if (PlayerController != nullptr)
{
    PlayerController->ShowRestartWidget();
}
```

经过以上修改之后，我们要做的最后一件事就是调用将控件隐藏在屏幕之外的函数。打开RestartWidget类的源文件并进行以下修改。

步骤23 在DodgeballPlayerController类中添加一个include，它包含了我们将要调用的函数，代码如下。

```
#include "DodgeballPlayerController.h"
```

步骤24 在OnRestartClicked函数实现中，调用OpenLevel函数之前，我们必须使用GetOwning-Player函数获取控件的OwningPlayer，它属于PlayerController类型，并将其强制转换为Dodgeball-PlayerController类，代码如下。

```
ADodgeballPlayerController* PlayerController =
    Cast<ADodgeballPlayerController>(GetOwningPlayer());
```

步骤25 如果PlayerController变量是有效的，我们调用它的HideRestartWidget函数，代码如下。

```
if (PlayerController != nullptr)
{
    PlayerController->HideRestartWidget();
}
```

完成以上所有操作后，关闭编辑器，编译更改，然后再次打开编辑器。

现在已经完成了这个练习。我们已经添加了将RestartWidget类添加到屏幕上所需的逻辑。接下来，要做的就是为DodgeballPlayerController类创建蓝图类，这将在下一个练习中实现。

练习8.05 创建DodgeballPlayerController蓝图类

在本练习中，我们将为DodgeballPlayerController创建蓝图类，以便指定要添加到屏幕上的控件。然后告诉虚幻引擎5在游戏开始时使用这个蓝图类。

为了实现这一点，请遵循以下步骤进行操作。

步骤01 转到内容浏览器的"ThirdPersonCPP｜Blueprints"文件夹中，在空白处右击，在快捷菜单中选择"**蓝图类**"命令。

步骤02 打开"**选取父类**"对话框，展开"**所有类**"，然后搜索DodgeballPlayerController类并选择它作为父类，单击"**选择**"按钮。

步骤03 将这个蓝图类重命名为BP_DodgeballPlayerController。之后，打开这个蓝图资产。

步骤04 转到它的"**类默认值**"选项卡，并将类的BP_RestartWidget属性设置为我们创建的BP_RestartWidget控件蓝图。

现在，我们要做的唯一的一件事就是确保这个Player Controller蓝图类在游戏中被使用。

为了实现这一功能，我们还需要遵循以下步骤。

步骤05 转到内容浏览器的"ThirdPersonCPP｜Blueprints"文件夹中，在空白处右击，在快捷菜单中选择"**蓝图类**"命令。在打开的对话框中搜索DodgeballGameMode类并选择它作为父类。然后，将创建的蓝图类重命名为BP_DodgeballGameMode。

这个类负责告诉游戏对于游戏中的每个元素应该使用哪个类，比如使用哪个玩家控制器类等。

步骤06 打开创建的蓝图类资产，进入"**类默认值**"选项卡，将类的"**玩家控制器类**"属性设置为刚创建的BP_DodgeballPlayerController类，如图8-25所示。

⬆图8-25 将"玩家控制器类"属性设置为BP_DodgeballPlayerController

步骤 07 关闭资产，在关卡"视口"顶部的编辑器工具栏中单击蓝图下拉按钮 ▦▾ 。在列表中选择"**游戏模式：DogeballGameMode**"选项，再选择"**选择GameModeBase类**"选项，在其子列表中再选择"**BP_DodgeballGameMode**"选项，告诉编辑器在当前关卡中使用新的游戏模式。

> **注意事项**
>
> 此外，我们可以在"**项目设置**"窗口中设置"**默认模式**"类别中的"**默认游戏模式**"选项，这将告诉编辑器在所有关卡中使用该游戏模式选项。但是，如果关卡通过在"**世界场景设置**"面板的"**游戏模式**"类别中设置"**游戏模式重载**"属性，即可覆盖在"**项目设置**"窗口中设置的游戏模式。

再次运行游戏，让玩家角色被躲避球击中三次后，游戏会暂停，并显示BP_RestartWidget的内容，如图8-26所示。

单击"Button 1"按钮时，关卡会重置到初始状态，如图8-27所示。

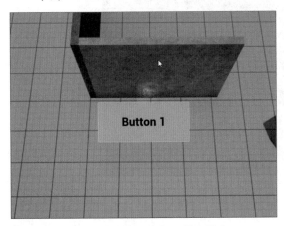

⬆ 图8-26　当玩家生命值耗尽时，屏幕上显示BP_
RestartWidget属性的内容

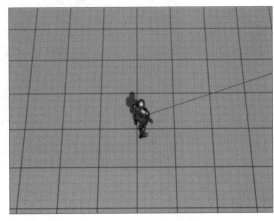

⬆ 图8-27　单击"Button 1"按钮时，关卡会重新启动

至此，本练习结束。现在我们知道了如何创建控件并在游戏中显示控件。这是成为一名熟练游戏开发者的另一个关键步骤。

在我们进入下一个练习之前，我们一起了解进度条的相关内容。

 理解进度条

视频游戏可以通过进度条显示角色的相关属性的数据，如生命值、耐力等。本节我们将使用进度条向玩家显示角色的生命值。从本质上讲，进度条是一种形状，通常是矩形，可以填充颜色或只设置描边，以便向玩家展示特定状态的进展情况。如果想让玩家看到他们角色的生命值只有最大值的一半，可以通过显示进度条为半满状态来表示这一点。在本节中，这正是我们将要实现的功能。创建的进度条将是躲避球游戏HUD中的唯一元素。

为了创建生命值的进度条，首先，我们需要创建HUD控件。打开编辑器，转到内容浏览器的"ThirdPersonCPP | Blueprints"文件夹中，然后在空白处右击，在快捷菜单中选择"**用户界面**"命令，在子菜单中选择"**控件蓝图**"命令。打开"**为新控件蓝图选择父类**"对话框，从"**所有类**"区域搜索并选择User Widget作为父类。将这个新控件蓝图命名为BP_HUDWidget。然后，打开新创建控件蓝图。

在这个控件的根目录中添加一个"**画布面板**"元素，就像我们在"练习8.01　创建控件蓝图"的步骤06中所操作的那样。

在虚幻引擎5中，进度条只是另一个用户界面元素，例如"**按钮**"元素和"**文本**"元素，这意味着我们可以将它们从"**控制板**"面板拖到"**设计器**"选项卡中。图8-28将"**进度条**"从"**控制板**"面板中拖到"**设计器**"选项卡中的效果。

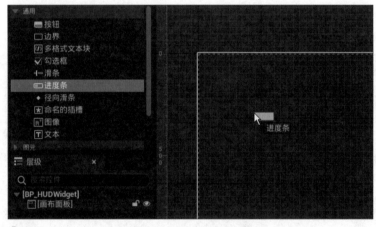

⬆图8-28　将"进度条"元素拖到"设计器"选项卡中

刚拖进"**设计器**"选项卡中时，这个进度条看起来像一个按钮，但是，它包含两个对进度条很重要的特定属性。"**百分比**"和"**条填充类型**"属性可以在"**细节**"面板的"**进度**"类别中找到，如图8-29所示。

- ⊙ **百分比：**用来指定这个进度条的进度，其取值范围是从0到1。
- ⊙ **条填充类型：**用来指定如何填充进度条（左到右、顶到底等）。

如果将"**百分比**"属性设置为0.5，进度条将相应地更新，以填充进度条长度的一半，如图8-30所示。

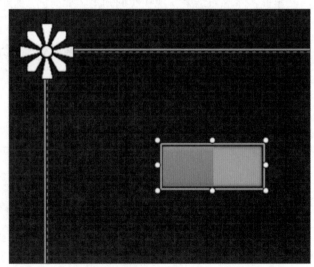

⬆图8-29　进度条的"百分比"和"条填充类型"属性

⬆图8-30　进度条填充到右侧的一半

此处，我们将"**百分比**"属性设置为1。

现在，让我们将进度条的颜色从蓝色（默认颜色）更改为红色。在"**细节**"面板的"**外观**"类别中，将"**填充颜色和不透明度**"属性设置为红色，RGB的值为（1,0,0）。单击"**填充颜色和不透明度**"右侧的色块，打开"**取色器**"对话框，再设置RGB的值即可。进度条的效果如图8-31所示。

⬆图8-31　进度条的颜色更改为红色

完成以上操作之后，进度条现在应该是填充红色。

为了完成进度条的设置，我们还需要更新进度条的位置、大小和锚点。以下步骤将实现这些功能。

步骤01 在"**细节**"面板的"**插槽（画布面板槽）**"类别中，展开"**锚点**"属性并设置为以下值。

◉ **最小：** X轴为0.052、Y轴为0.083。

◉ **最大：** X轴为0.208、Y轴为0.116。

步骤02 将"**偏移左侧**""**偏移顶部**""**偏移右侧**"和"**偏移底部**"属性设置为0。进度条的效果如图8-32所示。

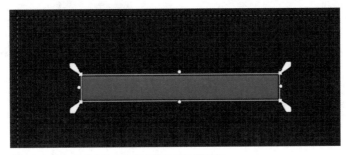

⬆图8-32　完成本练习的所有修改后的进度条

至此，我们就可以结束进度条的内容了。接下来，便是添加所有必要的逻辑，将进度条作为生命条使用，即伴随着玩家角色的生命值而更新进度条的"**百分比**"属性。在接下来的练习中，将实现这一功能。

练习8.06 创建生命值进度条的C++逻辑

在这个练习中，我们将添加所有必要的C++逻辑，以在玩家角色的生命值发生变化时更新HUD中的进度条。

根据以下步骤进行操作，即可实现以上功能。

步骤01 首先打开编辑器，创建一个继承自UserWidget的新C++类，操作方法与"练习8.03创建RestartWidget C++类"中类似。但是，这次将其命名为HUDWidget，该C++类将是用于HUD控件的C++类。

步骤02 在HUDWidget类的头文件中，添加一个名为HealthBar的UProgressBar*类型的新公共属性。这种类型用于表示进度条，就像我们在上一节中使用C++创建的进度条一样。一定要确保用BindWidget标签声明这个属性为UPROPERTY函数，代码如下。

```
UPROPERTY(meta = (BindWidget))
class UProgressBar* HealthBar;
```

步骤03 为名为UpdateHealthPercent的公共函数添加声明，该函数不返回任何内容，并接收一个浮点类型的HealthPercent属性作为参数，代码如下。调用该函数是用来更新进度条的"**百分比**"属性。

```
void UpdateHealthPercent(float HealthPercent);
```

步骤04 在HUDWidget类的源文件中，添加UpdateHealthPercent函数的实现，该函数将调用HealthBar属性的SetPercent函数，并将HealthPercent属性作为参数传递，代码如下。

```
void UHUDWidget::UpdateHealthPercent(float HealthPercent)
{
    HealthBar->SetPercent(HealthPercent);
}
```

步骤05 因为将使用ProgressBar C++类，所以需要在类的源文件的顶部添加一个include，代码如下。

```
#include "Components/ProgressBar.h"
```

下一步是将所有必要的逻辑添加到Player Controller类中，该类负责将HUDWidget类添加到屏幕中。为实现这一目标，根据以下步骤操作。

步骤06 在DodgeballPlayerController类的头文件中，添加TSubclassOf<class UHUDWidget>类型的公共属性，称为BP_HUDWidget，代码如下。一定要确保用EditDefaultsOnly标签将其标记为UPROPERTY函数。

添加的属性将允许我们在DodgeballPlayerController蓝图类中指定要用作HUD的控件。

```
UPROPERTY(EditDefaultsOnly)
TSubclassOf<class UHUDWidget> BP_HUDWidget;
```

步骤07 添加UHUDWidget*类型的另一个属性，这次是私有属性，其名称为HUDWidget。将其标记为UPROPERTY函数，但该函数不带任何标签，代码如下。

```
UPROPERTY()
class UHUDWidget* HUDWidget;
```

步骤08 为BeginPlay函数添加一个受保护的声明，并将其标记为virtual和override，代码如下。

```
virtual void BeginPlay() override;
```

步骤09 为名为UpdateHealthPercent的新公共函数添加声明，该函数不返回任何值，并接收浮点类型的HealthPercent作为参数，代码如下。

```
void UpdateHealthPercent(float HealthPercent);
```

这个函数将被玩家角色类调用，以便更新HUD中的生命条。

（步骤**10**）现在转到DodgeballPlayerController类的源文件。首先向我们的HUDWidget类添加一个include，代码如下。

```
#include "HUDWidget.h"
```

（步骤**11**）然后，添加BeginPlay函数的实现，我们首先调用Super对象的BeginPlay函数，代码如下。

```
void ADodgeballPlayerController::BeginPlay()
{
    Super::BeginPlay();
}
```

（步骤**12**）在该函数调用之后，检查BP_HUDWidget属性是否有效。如果有效，使用UHUDWidget模板参数调用CreateWidget函数，并将this和BP_HUDWidget控件类作为参数传递，代码如下。一定要确保将HUDWidget属性设置为此函数调用的返回值。

```
if (BP_HUDWidget != nullptr)
{
    HUDWidget = CreateWidget<UHUDWidget>(this,
    BP_HUDWidget);
}
```

（步骤**13**）设置HUDWidget属性后，调用它的AddToViewport函数，代码如下。

```
HUDWidget->AddToViewport();
```

（步骤**14**）最后，添加UpdateHealthPercent函数的实现，将在其中检查HUDWidget属性是否有效。如果有效，就调用它的UpdateHealthPercent函数并将HealthPercent属性作为参数传递，代码如下。

```
void ADodgeballPlayerController::UpdateHealthPercent(float
  HealthPercent)
{
    if (HUDWidget != nullptr)
    {
        HUDWidget->UpdateHealthPercent(HealthPercent);
    }
}
```

现在我们已经添加了负责将HUD添加到屏幕上并允许HUD更新的逻辑。但是，我们还需要对其他类进行一些修改。按照下面的步骤进行操作。

目前，我们在上一章中创建的Health接口中只有OnDeath事件，当对象的生命值耗尽时就会调用该事件。为了在玩家每次受到伤害时更新生命条，我们需要允许HealthInterface类在发生这种情况时通知对象。

步骤15 打开HealthInterface类的头文件，添加一个类似于"练习7.04　创建HealthInterface类"中对OnDeath事件所做的声明，但这次是针对OnTakeDamage事件。OnTakeDamage事件将在对象受到损坏时被调用，代码如下。

```
UFUNCTION(BlueprintNativeEvent, Category = Health)
void OnTakeDamage();
virtual void OnTakeDamage_Implementation() = 0;
```

步骤16 将OnTakeDamage事件添加到Interface类中后，接下来需要添加调用该事件的逻辑：打开HealthComponent类的源文件，在源文件的LoseHealth函数的实现中，从Healthproperty中减去Amount属性后，检查Owner是否实现了Health接口，如果实现了，则调用OnTakeDamage事件。按照我们稍后在OnDeath事件的相同函数中所操作的来执行此操作，但这次，只需将事件的名称更改为OnTakeDamage，代码如下。

```
if (GetOwner()->Implements<UHealthInterface>())
{
    IHealthInterface::Execute_OnTakeDamage(GetOwner());
}
```

因为生命值进度条依赖玩家角色的生命值的百分比的，所以我们需要执行以下步骤。

步骤17 在HealthComponent类的头文件中，为FORCEINLINE函数添加一个声明，该函数返回一个浮点类型的属性。这个函数被称为GetHealthPercent，并且是一个const函数。它的实现非常简单，只需要返回Health属性除以100，我们假设这是一个游戏中的对象可以拥有的最大的生命值，代码如下。

```
FORCEINLINE float GetHealthPercent() const { return
Health /
    100.f; }
```

步骤18 现在转到DodgeballCharacter类的头文件，为名为OnTakeDamage_Implementation的公共虚拟函数添加声明，该函数不返回任何内容，也不接受任何参数。将其标记为virtual和override，代码如下。

```
virtual void OnTakeDamage_Implementation() override;
```

步骤19 在DodgeballCharacter类的源文件中，为OnTakeDamage_Implementation函数添加一个实现。将OnDeath_Implementation函数的内容复制到这个新函数的实现中，但要做以下的改变：不调用PlayerController的ShowRestartWidget函数，而是调用它的UpdateHealthPercent函数，并将HealthComponent属性的GetHealthPercent函数的返回值作为参数传递，代码如下。

```
void ADodgeballCharacter::OnTakeDamage_Implementation()
{
    ADodgeballPlayerController* PlayerController =
    Cast<ADodgeballPlayerController>(GetController());
    if (PlayerController != nullptr)
```

```
    {
        PlayerController->
        UpdateHealthPercent(HealthComponent
        ->GetHealthPercent());
    }
}
```

这就结束了本练习的代码设置。完成这些更改后，编译代码，打开编辑器并执行以下步骤。

步骤20 打开BP_HUDWidget控件蓝图并将其重新分配给HUDWidget类，与"练习8.03　创建RestartWidget C++类"中的方法相同。

步骤21 这将导致编译错误，可以通过将"**进度条**"元素重命名为HealthBar来修复此错误。

步骤22 关闭这个控件蓝图，打开BP_DodgeballPlayerController蓝图类，并将其BP_HUDWidget属性设置为BP_HUDWidget控件蓝图，如图8-33所示。

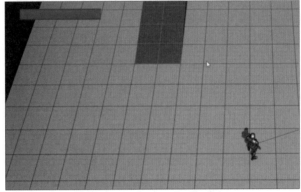

⬆ 图8-33　将BP_HUDWidget属性设置为BP_HUDWidget

完成以上修改后，我们就可以运行游戏了。在屏幕的左上角显示生命值的进度条，如图8-34所示。

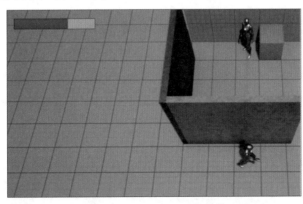

⬆ 图8-34　在屏幕左上角显示生命值的进度条

当玩家角色被躲避球击中时，生命值的进度条将被逐渐清空，如图8-35所示。

⬆ 图8-35　当玩家角色失去生命值时，进度条逐渐被清空

至此，本练习结束。我们已经学会了在屏幕上添加HUD并在游戏过程中更新数据所有必要操作。

活动8.01 | 改进RestartWidget类

在这个活动中，我们将向RestartWidget类中添加一个"**文本**"元素，该元素显示"Game Over"（游戏结束）文本，以便玩家知道刚刚输掉了游戏。添加Exit（退出）按钮，允许玩家退出游戏，同时更新现有的**Restart**（重启）按钮的文本，以便玩家知道当单击该按钮时会执行什么操作。

请根据以下步骤完成此活动。

步骤01 打开BP_RestartWidget控件蓝图。

步骤02 将一个新的"**文本**"元素拖到现有的"**画布画板**"元素中。

步骤03 修改"**文本**"元素的属性。

⊙ 展开"**锚点**"属性并将其"**最小**"设置：X轴为0.291，Y轴为0.115。然后将其"**最大**"设置：X轴为0.708，Y轴为0.255。

⊙ 将"**偏移左侧**""**偏移顶部**""**偏移右侧**"和"**偏移底部**"属性设置为0。

⊙ 将"**文本**"属性设置为GAME OVER。

⊙ 设置"**颜色和不透明度**"属性设置为红色：RGBA（1.0，0.082，0.082，1.0）。

⊙ 展开"**字体**"属性并将其"**尺寸**"值设置为100。

⊙ 设置"**对齐**"属性为"**将文本中对齐**"。

步骤04 选择RestartButton属性中的另一个"**文本**"元素，并将其"**文本**"属性更改为Restart。

步骤05 复制RestartButton属性，并将副本的名称更改为ExitButton。

步骤06 将ExitButton属性内的"**文本**"元素的"**文本**"属性更改为Quit。

步骤07 展开ExitButton属性的"**锚点**"属性，并将其"**最小**"设置：X轴为0.425、Y轴为0.615。然后，将其"**最大**"设置：X轴为0.574、Y轴为0.725。

步骤08 将"**偏移左侧**""**偏移顶部**""**偏移右侧**"和"**偏移底部**"的属性设置为0。

完成这些更改后，我们需要添加负责处理ExitButton属性单击的逻辑，该逻辑将退出游戏。

步骤09 保存对BP_RestartWidget控件蓝图所做的更改，并在Visual Studio中打开RestartWidget类的头文件。在此文件中，为名为OnExitClicked的受保护函数添加声明，该函数不返回任何内容，也不接受任何参数。

确保将其标记为asUFUNCTION。

步骤10 复制现有的RestartButton属性，需要将其重命名为ExitButton。

步骤11 在RestartWidget类的源文件中，添加OnExitClicked函数的实现。从VictoryBox类的源文件中复制OnBeginOverlap函数的内容到OnExitClicked函数中，但是需要移除对DodgeballCharacter类的强制转换。

步骤12 在NativeOnInitialized函数实现中，将创建的OnExitClicked函数绑定到ExitButton属性的OnClicked事件，就像我们在"练习8.03　创建RestartWidget C++类"中为RestartButton属性所操作的那样。

至此，结束了这个活动的代码设置。编译更改，并打开编辑器。然后，打开BP_RestartWidget属性并进行编译，以确保没有由于BindWidget标记而导致的编译错误。

完成以上操作后，再运行一次游戏，让玩家角色被躲避球击中三次后，可见Restart控件显示了刚才修改的内容和添加的Quit按钮，如图8-36所示。

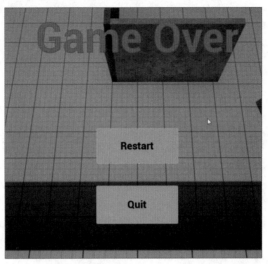

⬆ 图8-36　更新后的BP_RestartWidget属性在玩家耗尽生命值后显示的内容

本活动到此结束。我们已经整合了使用控件蓝图和更改其元素属性的基础知识，现在可以开始制作自己的菜单了。

注意事项

此活动的解决方案可以在GitHub上找到：

https://github.com/PacktPublishing/Elevating-Game-Experiences-with-Unreal-Engine-5-Second-Edition/tree/main/Activity%20solutions。

8.6　本章总结

学习完本章内容，我们掌握了在虚幻引擎5中创建游戏用户界面的技巧，并深入理解菜单和HUD等内容。我们还学会了如何操作控件蓝图的用户界面元素，包括"**按钮**"元素、"**文本**"元素和"**进度条**"元素；学习了如何有效地使用锚点，使游戏用户界面能够适应不同分辨率和大小的屏幕；学习了如何通过C++监听鼠标事件（如OnClick事件），并使用它来构建自己的游戏逻辑；还了解了如何将创建的控件添加到屏幕上，实现无论是在特定事件中还是在任何时候都显示它们。

在下一章中，我们将通过添加音效和粒子效果等音视频元素以及制作新关卡，进一步完善躲避球游戏。

第9章

添加音视频元素

在前一章中，我们详细介绍了游戏用户界面（UI）的概念，以及如何在屏幕上创建和添加各种用户界面（也称为控件）元素。

在本章中，我们将学习如何在游戏中添加音频和粒子效果。这两个方面都将提高我们的游戏质量，并为玩家创造更具沉浸感的体验。

电子游戏中的声音可以以音效（也称为SFX）或音乐的形式出现。音效让周围的世界更加真实和生动，而音乐则有助于为游戏定下基调。

在《反恐精英：全球攻势》等竞技游戏中，各种音效至关重要，因为玩家需要准确地听到周围的声音，如枪声和脚步声，并且能够判断它们来自哪个方向，从而尽可能多地收集有关周围环境的信息。

在本章中，我们将讨论以下内容。

- 了解虚幻引擎5中音效的应用
- 了解声音的衰减
- 理解粒子系统
- 探索关卡设计

9.1 技术要求

本章的完整代码可从本书的GitHub存储库下载，链接：https://github.com/PacktPublishing/Elevating-Game-Experiences-with-Unreal-Engine-5-Second-Edition。

粒子效果与声音效果的重要性一样，它们赋予游戏世界更高的真实感和沉浸感。本章将从学习虚幻引擎5中的音效是如何工作的开始。

9.2 虚幻引擎5中的音频

声音是游戏中重要的、不可缺少的元素。声音可以让游戏效果更加逼真，从而为玩家提供更好的游戏体验。电子游戏通常包括以下两种类型的声音。

- ◉ 2D声音
- ◉ 3D声音

2D声音不会考虑听者的距离和方向，而3D声音则可以根据玩家的位置调整音量高低和左右声道。2D声音通常用于音乐，而3D声音通常用于音效。虚幻引擎5中主要的声音文件格式是.wav和.mp3。

以下是一些与虚幻引擎5音频相关的资产和类别。

- ◉ **Sound Base（声音基础）**：表示包含音频的资产。这个类主要用于C++和蓝图中引用可以播放的音频文件。

- ◉ **Sound Wave（声波）**：表示已导入虚幻引擎5的音频文件。它继承自Sound Base。

- ◉ **Sound Cue（声音提示）**：一种音频资产，它可以包含与衰减（音量如何随着听者距离的变化而变化）、循环播放、声音混合和其他音频功能相关的逻辑。它继承自Sound Base。

- ◉ **Sound Class（声音类）**：一个音频资产，可以把音频文件分组，并管理它们的一些设置，如音量和音调。例如，将所有与音效相关的声音分组到SFX声音类中，将所有角色对话分组到Dialog声音类中等。

- ◉ **Sound Attenuation（声音衰减）**：一个音频资产，可以指定3D声音的行为方式。例如，在多远距离时开始降低音量，在多远距离时会变得听不见，它的音量是随着距离的增加呈线性变化或指数变化等。

- ◉ **Audio Component（音频组件）**：一个Actor组件，可以管理音频文件的播放和它们的属性。这对于设置声音的连续播放非常有用，例如背景音乐。

在虚幻引擎5中，我们可以像导入其他资产一样导入现有的声音：从Windows文件资源管理器中拖动文件到内容浏览器区域，或者单击内容浏览器区域中的"导入"按钮，在打开的对话框中添加声音文件。我们将在下一个练习中介绍导入声音文件的方法。

练习9.01 导入音频文件

在本练习中，我们将从计算机中导入现有的声音文件到虚幻引擎5中。当躲避球从地面弹起时，播放此音频文件。

有了音频文件后，我们可以根据以下步骤完成导入音频文件的操作。

步骤01 打开编辑器。

步骤02 进入内容浏览器区域内的**"内容"**文件夹，创建一个名为Audio的新文件夹，如图9-1所示。

⬆ 图9-1 在内容浏览器中创建Audio文件夹

步骤03 展开刚才创建的Audio文件夹。

步骤04 将准备好的音频文件导入此文件夹中。我们可以通过将音频文件从Windows文件资源管理器拖到内容浏览器来实现此操作。

步骤05 完成了以上操作后，就会出现一个与音频文件同名的新资产，我们可以单击它来收听声音效果，如图9-2所示。

步骤06 打开这个资产，会显示许多可供编辑的属性。然而，我们将只关注**"音效"**类别中的一些属性，如图9-3所示。

↑图9-2　导入音频文件　　　　　↑图9-3　声音资产的设置

下面介绍"音效"类别中相关属性的含义。

◉ **正在循环：**该音效在播放时是否循环播放。

◉ **音量：**声音的大小。

◉ **音高：**这个音的音调。音调越高，频率就越高。

◉ **类：**这个音的音类。

我们要设置音效的唯一属性是"类"属性。我们可以使用虚幻引擎5自带的现有声音类之一，但是为了给躲避球创造新的声音，我们还是为这款游戏创建自己的类。

（步骤07）转到内容浏览器区域内的Audio文件夹。

（步骤08）在空白处右击，在快捷菜单中选择"**音频**"命令，在子菜单中选择"**类>音效类**"命令。这将创建一个新的音效类资产。将此资产重命名为Dodgeball。

（步骤09）打开导入的声音资源，并将其"**类**"属性设置为Dodgeball，如图9-4所示。

↑图9-4　将"类"属性更改为Dodgeball声音类

这个导入的声音资产属于一个特定的类，我们就可以将其他与躲避球相关的音效分到同一个声效类中，并通过声音类编辑它们的属性，其中包括"音量"和"音高"等其他属性。

至此，就可以结束本练习了。我们已经学会了如何将声音导入到项目中，以及如何更改声音的基本属性。现在，让我们进入下一个练习，在游戏中当躲避球从地面反弹时播放声音。

练习9.02 | 当躲避球从地面反弹时播放声音

在本练习中，我们将为DodgeballProjectile类添加必要的功能，这样当躲避球从地面反弹时就会播放声音。

要实现以上功能，请根据以下步骤进行操作。

（步骤01）关闭编辑器并打开Visual Studio。

（步骤02）在DodgeballProjectile类的头文件中，添加名为BounceSound的受保护类USoundBase*属性。这个属性应该为UPROPERTY，并且有EditDefaultsOnly标签，以便可以在蓝图中进行编辑，代码如下。

```
// The sound the dodgeball will make when it bounces off
```

```
of a
    surface
UPROPERTY(EditAnywhere, Category = Sound)
class USoundBase* BounceSound;
```

步骤 03 完成以上操作后，转到DodgeballProjectile类的源文件，并为GameplayStatics对象添加一个include，代码如下。

```
#include "Kismet/GameplayStatics.h"
```

步骤 04 然后，在类实现OnHit函数的开始时，在转换到DodgeballCharacter类之前，检查BounceSound是否是一个有效的属性（不同于nullptr），以及NormalImpulse属性的大小是否大于600个单位（我们可以通过调用其Size函数来访问大小）。

正如在"第6章　设置碰撞对象"中所介绍的，NormalImpulse属性表示了在躲避球被击中后将改变其运动轨迹的力的方向和大小。我们之所以想要检查力的大小是否大于某个特定数值，是因为当躲避球开始失去动量并每秒从地板上反弹几次时，我们不希望每秒播放几次BounceSound，否则，它会产生很多噪音。因此，我们将检查躲避球所遭受的冲量是否大于这个量，以确保不会发生这种情况。如果这两件事都为真，将调用GameplayStatics对象的PlaySoundAtLocation方法。这个函数负责播放3D声音，并接收5个参数。

- 世界情境对象：我们将把它作为this指针传递。
- SoundBase属性：这将是我们的HitSound属性。
- 声音的来源：我们将使用GetActorLocation函数传递。
- VolumeMultiplier：我们设置它的值为1。这个值表示该声音在播放时音量的高低。例如，值为2意味着它的音量是原来的两倍。
- PitchMultiplier：表示该声音在播放时的音调高或低的值。我们将通过使用FMath对象的RandRange函数来传递这个值，该函数接收两个数字作为参数，并返回这两个数字之间的随机数。为了随机生成一个介于0.7和1.3之间的数字，我们将使用这些值作为参数调用这个函数。

相关代码如下。

```
if (BounceSound != nullptr && NormalImpulse.Size() >
600.0f)
{
    UGameplayStatics::PlaySoundAtLocation(this,
BounceSound,
    GetActorLocation(), 1.0f, FMath::RandRange(0.7f,
1.3f));
}
```

注意事项

负责播放2D声音的函数也可以从GameplayStatics对象中获得，该函数被称为PlaySound2D。这个函数将接收与PlaySoundAtLocation函数相同的参数，但第三个参数除外，在本函数中第三个参数是声音的来源。

步骤 05 编译以上更改，并打开虚幻引擎编辑器。

步骤 06 打开BP_DodgeballProjectile蓝图，进入它的**"类默认值"**选项卡，并设置BounceSound属性为导入的声音资产，如图9-5所示。

步骤 07 返回关卡并播放，玩家角色进入敌人角色的视线。此时每次敌人角色扔出的躲避球撞到墙壁或地板（不是玩家角色）时，都会出现不同高低的声音，如图9-6所示。

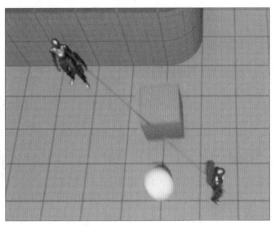

⬆图9-5 将BounceSound属性设置为导入的声音 　　⬆图9-6 敌人角色扔出躲避球撞到墙壁或地板时，出现声音

如果能听到声音，说明我们已经成功地使用虚幻引擎5播放声音了！如果我们听不到播放的声音，请再检查一遍确保它是可听到的（因为声音的音量是能听到的）。

此时，我们可能会注意到的另一件事是，无论角色距离弹跳的躲避球有多远，声音总是以相同的音量播放，这是因为声音不是在3D中播放的，而是在2D中播放。要使用虚幻引擎5在3D中播放声音，我们必须了解"音效衰减"资产。

音效衰减

正如之前介绍的，在虚幻引擎5中以3D方式播放的声音，必须创建一个"音效衰减"资产。通过"音效衰减"资产，我们可以指定一个特定的声音与听众的距离增加而改变音量。接下来，请参照以下例子学习创建"音效衰减"资产。

打开虚幻编辑器，进入内容浏览器区域内的Audio文件夹，在空白处右击，在快捷菜单中选择"音频"子菜单中的"音效衰减"命令。将此新资产命名为BounceAttenuation，如图9-7所示。

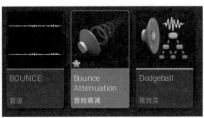

⬆图9-7 创建"音效衰减"资产并重命名

打开这个BounceAttenuation资产。

"音效衰减"资产有许多可设置的属性，然而，我们将主要关注"衰减（音量）"类别下的几个属性。

⊙ **内部半径：**这个浮点属性可以指定声音开始降低的距离。如果声音的播放距离小于此值，则音量不会受到影响。将此属性设置为200个单位。

⊙ **衰减距离：**这个浮点属性可以指定我们希望声音在多远的距离消失。如果声音播放的距离大于这个值，我们将听不到该声音。声音的音量将根据它与听者的距离以及它是否更接近**"内部半径"**或**"衰减距离"**而变化。将此属性设置为1500个单位，如图9-8所示。

⬆图9-8　音效衰减资产的设置

我们可以将**"内部半径"**和**"衰减距离"**想象为玩家周围的两个圆圈，较小的圆圈是内圆圈（半径值为**"内部半径"**），较大的圆圈是衰减圆圈（半径值为**"衰减距离"**）。如果声音来自内圈，则会以最大音量播放；如果声音来自衰减圈外部；则不会播放。

注意事项

我们可以在以下链接中找到更多关于**"音效衰减"**资产的信息：
https://docs.unrealengine.com/en-US/Engine/Audio/DistanceModelAttenuation。

现在我们已经理解了**"音效衰减"**资产，在下一个练习中将会把躲避球从地面反弹时播放的声音转换为3D声音。

练习9.03 │将反弹声音转换成3D声音

在这个练习中，我们将把在上一个练习中添加的躲避球从地面反弹的声音转换为一个3D声音。这意味着当躲避球从一个地面反弹时，它所播放的声音大小将根据它与玩家的距离而变化。这样做的目的是当躲避球远离玩家的时候，声音会变低，当它离玩家近的时候，声音会变高。

使用上一节中创建的BounceAttenuation资产，根据以下步骤完成此练习。

步骤01 转到DodgeballProjectile的头文件，并添加一个名为BounceSoundAttenuation的受保护类USoundAttenuation*属性。这个属性应为UPROPERTY，并且有EditDefaultsOnly标签，这样就可以在蓝图中编辑它，代码如下。

```
// The sound attenuation of the previous sound
UPROPERTY(EditAnywhere, Category = Sound)
class USoundAttenuation* BounceSoundAttenuation;
```

步骤 02 转到DodgeballProjectile类的源文件中的OnHit函数的实现,并将以下参数添加到PlaySoundAtLocation函数的调用中,代码如下。

```
UGameplayStatics::PlaySoundAtLocation(this, BounceSound,
    GetActorLocation(), 1.0f, 1.0f, 0.0f,
    BounceSoundAttenuation);
```

- ⊙ StartTime:我们将传递该值为0。此值表示声音开始播放的时间点。如果声音持续2秒,我们可以通过传递值1,使声音在1秒标记处开始。我们传递一个值0,以便从一开始就播放声音。
- ⊙ SoundAttention:我们将把BounceSoundAttenuation属性传递给该函数。

注意事项

尽管我们只想传递附加的SoundAttenuation参数,但是,也必须传递它之前的所有其他参数。

步骤 03 编译这些更改,然后打开编辑器。

步骤 04 打开BP_DodgeballProjectile蓝图,进入它的"**类默认值**"选项卡,并设置Bounce-SoundAttenuation属性为创建的BounceAttenuation资产,如图9-9所示。

在关卡中测试游戏,并使玩家进入敌人角色的视线。我们应该注意到,每次敌人角色扔出的躲避球撞到墙壁或地板时,所播放的声音大小会根据距离不同而不同,如果躲避球离得很远,就听不到声音了,如图9-10所示。

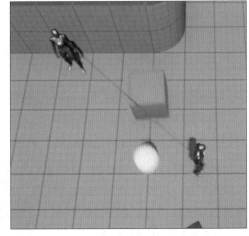

⬆图9-9 将BounceSoundAttenuation属性设置为Bounce-Attenuation资产

⬆图9-10 让玩家走进敌人的视线中,测试设置的声音效果

至此,我们就结束这个练习了。我们现在知道如何使用虚幻引擎5播放3D声音了,接下来在下一个练习中为游戏添加背景音乐。

练习9.04 | 为游戏添加背景音乐

在这个练习中,我们将在游戏中添加背景音乐。通过创建一个带有Audio组件的新Actor来实现这一功能。正如前面介绍的,该组件适合播放背景音乐。

步骤01 下载位于https://packt.live/3pg21sQ中的音频文件，并将其导入内容浏览器区域的Audio文件夹中，就像我们在"练习9.01　导入音频文件"中所操作的那样。

步骤02 在内容浏览器区域中创建一个新的C++类，选择Actor类作为它的父类。将这个新C++类命名为MusicManager。

步骤03 当生成该类的文件并且Visual Studio已自动打开时，请关闭编辑器。

步骤04 在MusicManager类的头文件中，添加一个名为AudioComponent的UAudioComponent*类的新受保护属性。将其设置为UPROPERTY，并添加VisibleAnywhere和BlueprintReadOnly标签，代码如下。

```
UPROPERTY(VisibleAnywhere, BlueprintReadOnly)
class UAudioComponent* AudioComponent;
```

步骤05 在MusicManager类的源文件中，为AudioComponent类添加#include，代码如下。

```
#include "Components/AudioComponent.h"
```

步骤06 在此类的构造函数中，将bCanEverTick属性更改为false，代码如下。

```
PrimaryActorTick.bCanEverTick = false; ·
```

步骤07 在这行代码之后添加新代码，通过调用CreateDefaultSubobject函数并将UAudio-Component类作为模板参数和"Music Component"作为普通参数来创建AudioComponent类，代码如下。

```
AudioComponent =
    CreateDefaultSubobject<UAudioComponent>(TEXT("Music
    Component"));
```

步骤08 完成这些更改后，编译代码并打开编辑器。

步骤09 转到内容浏览器区域中的"ThirdPersonCPP | Blueprints"文件夹，并创建一个新蓝图类，该类继承自MusicManager类。将创建的蓝图类命名为BP_MusicManager。

步骤10 打开这个资产，选择它的Audio组件，并将该组件的Sound属性设置为导入的声音，如图9-11所示。

步骤11 将BP_MusicManager类的一个实例拖到关卡中。

⬆图9-11　更新Sound属性

步骤12 在关卡中测试游戏。我们应该注意到当游戏开始时，音乐开始播放，并且音乐播放结束时会自动循环播放（这是因为Audio组件的原因）。

> **注意事项**
>
> 　　因为Audio组件将自动循环播放任何声音，所以不需要设置音效资产的"**正在循环**"属性。

至此，我们完成了这个练习。现在我们知道如何在游戏中添加简单的背景音乐了。

接下来，让我们进入下一个主题：粒子系统。

9.3 理解粒子系统

本节将介绍大多数电子游戏所具有的另一个重要的元素：粒子系统。

在电子游戏术语中，粒子本质上是三维空间中的一个位置，可以用图像表示。粒子系统是许多粒子的集合，这些粒子可能具有不同的图像、形状、颜色和大小。图9-12显示在虚幻引擎5中制作的两种粒子系统的效果。

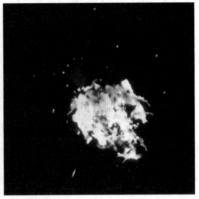

⬆ 图9-12　虚幻引擎5中的两种不同粒子系统的效果

图9-12左边的粒子系统应该是电火花，可能来自被切断并发生短路的电缆产生的电火花，而右边的应该是火焰。左边的粒子系统相对简单，从右边的粒子系统里面可以看出有不止一种类型的粒子，这些粒子可以组合在同一个系统中。

注意事项

虚幻引擎5有两种不同的工具用于创建粒子系统：Cascade和Niagara。Cascade从虚幻引擎的早期版本中就已经存在了，而Niagara是一个更新的和更复杂的粒子系统，从2020年5月开始，作为虚幻引擎4.25版本，才准备研发。

在虚幻引擎5中创建粒子系统超出了本书的范围，但建议使用Niagara而不是Cascade，原因是Niagara是最新添加到虚幻引擎中的。

在本章中，我们将只使用已经包含在虚幻引擎5中的粒子系统，但是如果想创建自己的粒子系统的话，通过以下链接可以了解关于Cascade和Niagara的更多内容。

Cascade：

https://docs.unrealengine.com/en-US/Engine/Rendering/ParticleSystems/Cascade

https://www.youtube.com/playlist?list=PLZlv_N0_O1gYDLyB3LVfjYlcbBe8NqR8t

Niagara：

https://docs.unrealengine.com/en-US/Engine/Niagara/EmitterEditorReference/index.html

https://docs.unrealengine.com/en-US/Engine/Niagara/QuickStart

我们将在下一个练习中学习如何将粒子系统添加到游戏中。在本章中，我们将简单地使用虚幻引擎5中已经存在的粒子系统。

练习9.05 | 当躲避球击中玩家时生成粒子系统

在本练习中，我们将学习如何在虚幻引擎5中生成粒子系统，即在敌人投掷的躲避球击中玩家时，生成一个爆炸的粒子系统。

要实现这一点，请根据以下步骤进行操作。

步骤01 关闭编辑器并打开Visual Studio。

步骤02 在DodgeballProjectile类的头文件中，添加一个受保护类UParticleSystem*属性，命名为HitParticles，代码如下。

```
// The particle system the dodgeball will spawn when it
hits
    the player
UPROPERTY(EditAnywhere, Category = Particles)
class UParticleSystem* HitParticles;
```

UParticleSystem类型是虚幻引擎5中粒子系统的名称。确保将其设置为UPROPERTY，并给它一个EditDefaultsOnly标签，以便可以在蓝图类中进行编辑。

步骤03 在DodgeballProjectile类的源文件的OnHit函数的实现中，在调用Destroy函数之前，检查HitParticles属性是否有效。如果有效，则调用GameplayStatics对象的SpawnEmitterAtLocation函数，代码如下。

```
if (HitParticles != nullptr)
{
    UGameplayStatics::SpawnEmitterAtLocation(GetWorld(),
    HitParticles, GetActorTransform());
}
```

这个函数将生成一个Actor，该Actor将播放作为参数传递的粒子系统。它接收以下参数。

- World对象：将使用GetWorld函数传递它。
- UParticleSystem*属性：将成为HitParticles属性。
- 播放粒子系统的Actor的FTransform：将使用GetActorTransform函数传递它。

注意事项

虽然我们不会在这个项目中使用它，但GameplayStatics对象提供了另一个与生成粒子系统相关的函数，就是SpawnEmitterAttached函数。这个函数将生成一个粒子系统并将其附加到一个Actor上，例如，让一个移动的物体着火，这样粒子系统就会一直附加在这个物体上。

步骤04 编译代码，并打开编辑器。

步骤05 打开BP_DodgeballProjectile蓝图，进入它的"类默认值"选项卡，并将Hit Particles属性设置为P_Explosion粒子系统资产，如图9-13所示。

步骤06 现在，在关卡中测试游戏，让玩家角色被躲避球击中，此时爆炸粒子系统正在播放，如图9-14所示。

↑图9-13　将Hit Particles属性设置为P_Explosion

↑图9-14　躲避球击中玩家时播放的爆炸粒子系统

至此，这个练习就结束了。现在我们知道如何在虚幻引擎5中添加粒子系统了。粒子系统可以为游戏添加视觉效果，使其更具视觉吸引力。

在接下来的活动中，我们将通过在躲避球击中玩家时播放声音来巩固在虚幻引擎5中播放音频的知识。

活动9.01 │ 躲避球击中玩家时播放声音

在这个活动中，我们将创建一个逻辑，该逻辑负责在每次玩家角色被躲避球击中时播放声音。在视频游戏中，以多种方式传递玩家的关键信息是非常重要的，因此，除了改变玩家角色的生命值进度条外，我们还会在玩家被击中时播放声音，这样玩家就知道角色受到了伤害。

要实现以上功能，请执行以下步骤。

步骤 01 将玩家角色被击中时播放的声音文件导入到内容浏览器区域内的Audio文件夹。

注意事项

如果没有声音文件，可以在以下链接中下载：https://www.freesoundeffects.com/free-track/punch-426855/。

步骤 02 打开DodgeballProjectile类的头文件。添加一个SoundBase*属性，就像我们在"练习9.02　当躲避球从地面反弹时播放声音"中所操作的那样，但这次，将其命名为DamageSound。

步骤 03 打开DodgeballProjectile类的源文件。在OnHit函数的实现中，在伤害玩家角色并调用Destroy函数之前，检查DamageSound属性是否有效。如果有效，则调用GameplayStatics对象的PlaySound2D函数（在"练习9.02　当躲避球从地面反弹时播放声音"中介绍过），将this和DamageSound作为参数传递给该函数调用。

步骤 04 编译更改并打开编辑器。

步骤 05 打开BP_DodgeballProjectile蓝图，并将其DamageSound属性设置为在此活动开始时导入的声音文件。

在玩关卡中测试游戏，我们应该注意到每次玩家被躲避球击中时，都会听到本活动中导入的声音，如图9-15所示。

⬆ 图9-15 当玩家角色被击中时应该播放声音

完成以上操作之后，我们也已经完成了这个活动，并巩固了在虚幻引擎5中播放2D和3D声音的方法。

注意事项

这个活动的解决方案可以在以下链接下载：https://github.com/PacktPublishing/Elevating-Game-Experiences-with-Unreal-Engine-5-Second-Edition/tree/main/Activity%20solutions。

接下来，我们学习一些关卡设计的概念来结束本章内容。

 ## 9.4 探索关卡设计

从"第5章　射线检测"开始，我们就与躲避球游戏紧密相关。在本章中，我们引入了一系列游戏机制、玩法及视听元素。既然我们拥有了这些游戏元素，接下来将它们整合到一个完整的体验关卡中。为此，让我们学习一些关于关卡设计和关卡框架的知识。

关卡设计是游戏设计的一个特定的领域，专注于构建游戏中的关卡。关卡设计师的目标是创造一个有趣的关卡，通过使用游戏机制向玩家介绍新的游戏玩法概念，保持良好的节奏（在紧张刺激的游戏环节和轻松的游戏环节之间取得良好平衡），以及更多其他要素。

为了测试关卡的结构，关卡设计师必须构建一个关卡框架。这是关卡中一个非常简单和精简版本，使用了最终关卡将包含的大部分元素，但它只使用了简单的形状和几何体制作。这样，在需要更改关卡的某些部分时，就会更容易、更省时。图9-16为在虚幻引擎5中制作关卡框架的效果。

⬆ 图9-16 使用BSP笔刷在虚幻引擎5中制作关卡框架的示例

注意事项

需要注意的是，关卡设计是一种特殊的游戏开发技巧，值得专门写一本书进行介绍。因为深入探讨这个话题将超出了本书的范围，所以此处不再详细介绍。

在下一个练习中，我们将使用在前几章中构建的机制来建立一个简单的关卡框架。

练习9.06 | 创建关卡框架

在这个练习中，我们将创建一个新的关卡框架，其中包含一些结构。玩家将从关卡的某个地方开始，必须通过一系列障碍才能到达关卡的终点。我们将使用在前几个章节中创建的所有机制和对象去创造一个玩家能够完成的关卡。

虽然我们会在这个练习中提供一个解决方案，但我们鼓励读者发挥自己的创造力，想出一个解决方案，因为在这种情况下没有正确或错误的答案。

要完成这个练习，请遵循以下步骤进行操作。

步骤01 打开编辑器。

步骤02 转到内容浏览器区域的"ThirdPersonCPP | Maps"文件夹中，复制ThirdPerson-ExampleMap资产，并将其命名为Level1。我们可以通过选择该资产并按Ctrl+D组合键或右击资产并在快捷菜单中选择"复制"命令完成资产的复制。在某些情况下直接复制的选项可能是不可用，此时，我们可以通过复制和粘贴现有关卡（Ctrl+C和Ctrl+V组合键）来实现这一操作。

步骤03 打开新创建的Level1地图。

步骤04 删除所有在地图中显示的网格体对象，除了以下对象。

◎ PlayerStart对象。

◎ 敌人角色（注意两个角色看起来是一样的）。

◎ 地板对象。

◎ 创建的两个Wall对象。

◎ VictoryBox对象。

需要注意，与照明和声音相关的资产应该保持不变。

步骤 05 为Level1构建照明。

步骤 06 此时，应该有一个空的地面，上面只有所需的对象（即步骤04中提到的对象）。以下是分别按照步骤04和05进行操作前后的Level1地图，图9-17为删除对象前的效果。

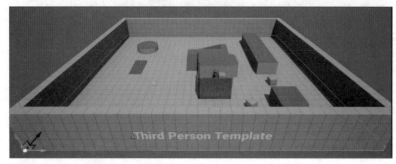

⬆ 图9-17　删除所有对象前的效果

删除对象后，地板的外观应如图9-18所示。

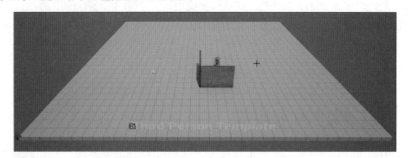

⬆ 图9-18　删除对象之后的效果

因为构建一个关卡，即使是一个简单的关卡，也需要许多步骤和说明，因此下面只会展示一些可能关卡的截图，并鼓励读者自己构建关卡。

步骤 07 在这种情况下，我们只需要使用现有的EnemyCharacter、Wall和GhostWall对象，并将它们多复制几次，以创建一个简单的布局，让玩家可以从头到尾穿越。我们还移动了VictoryBox对象，使其与新关卡的结束位置相匹配，如图9-19所示。

也可以自上而下地观看关卡的视图，如图9-20所示。

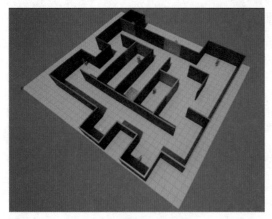

⬆ 图9-19　复制对象创建新关卡的效果

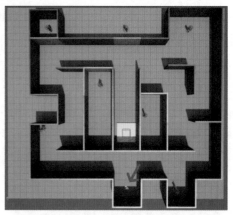

⬆ 图9-20　用箭头标记的玩家角色创建的自上向下的视图

如果对设计的关卡效果满意，意味着我们已经完成了躲避球游戏的关卡框架的设计，现在可以让朋友和家人一起体验，听听他们有什么想法。恭喜！因为我们离掌握游戏开发的艺术又近了一步！

9.5 额外的功能

在结束本章之前，还有一些关于在躲避球游戏项目中可以做的事，有以下建议。

- 使我们在"第6章 设置碰撞对象"中创建的常规Wall类，它不会阻挡敌人的视线。这样，敌人就会不断地向玩家投掷躲避球，而玩家仍然无法穿过这堵墙。
- 添加一个新功能，使用**扫掠检测**的功能允许玩家可视化敌人角色投掷的躲避球将首先撞击的位置。
- 添加一种新类型的墙，可以阻挡玩家角色、敌人角色和躲避球，但也会受到躲避球的伤害，并在生命值耗尽时被摧毁。

扩大这个游戏项目的范围有很多种可能性，我们鼓励读者使用所学的技能，并进一步研究，以构建新功能并为游戏添加更多复杂性。

9.6 本章总结

至此，我们已经完成了躲避球游戏项目。在本章中，我们学习了如何通过播放音频和使用粒子系统来增强游戏体验。现在我们掌握了如何在游戏中添加2D和3D声音的技巧，并熟悉一些可供使用的工具。接下来，我们可以尝试在游戏中添加更多音效，例如敌人角色第一次看到玩家时的特殊音效（类似于《合金装备》中的音效）、脚步音效或胜利音效。

我们还使用在前几章中制作的所有工具创建的一个关卡，从而完成了在这个项目中构建的所有逻辑。

在下一章中，我们将开始一个新项目：**超级横版动作（SuperSideScroller）**游戏。在这个项目中，我们会接触到能量升级、收集品、敌人人工智能（AI）、角色动画等内容。我们将创造一个横版动作平台游戏，其中可以控制角色完成关卡任务并收集金币，能够使用能量升级来避免敌人的攻击。我们将学习的两个最重要主题是虚幻引擎5的"**行为树**"和"**黑板**"，它们为人工智能系统提供支持，以及动画蓝图管理角色动画。

第 10 章

创建超级横版动作游戏

到目前为止，我们已经学习了虚幻引擎、C++编程和游戏开发技术的众多方面。在前面的章节中，我们介绍了碰撞和检测方法，并探索了如何将C++与虚幻引擎5结合使用，甚至蓝图可视化编程系统。除此之外，我们还学习了动画和动画蓝图等关键知识，这些都将在接下来的项目中得到应用。

在本章中，将创建一款新的超级横版动作（SuperSideScroller）游戏。我们将了解到超级横版动作游戏的不同方面，包括角色升级、收集物品和敌人人工智能等，都将在项目中应用到。我们还将学习游戏开发中的角色动画流程，并学习如何操纵游戏角色的移动。

在本章中，我们将讨论以下内容。

- ⊙ 项目分解
- ⊙ 玩家角色
- ⊙ 横版动作游戏的功能
- ⊙ 虚幻引擎5中的动画

10.1 技术要求

在最新的超级横版动作游戏项目中，我们将使用许多与前几章相同的概念和工具来开发游戏功能和系统。碰撞、输入和HUD等概念将是项目的重点，然而，我们也将深入研究涉及动画的新概念，以重现经典的超级横版动作游戏的机制。最终的项目将是对本书迄今为止所学内容的全面整合。

在本章结束时，我们将更好地理解超级横版动作游戏想要实现什么，并建立起项目的基础，以便开始游戏开发工作。

在本章中，需要安装虚幻引擎5。

本章没有任何C++代码，所有的练习都是在虚幻引擎5编辑器中进行的。让我们从超级横版动作项目的简要介绍开始这一章。

本章的完整代码可从本书的GitHub存储库下载，链接：https://github.com/PacktPublishing/Elevating-Game-Experiences-with-Unreal-Engine-5-Second-Edition。

10.2 项目分解

让我们以经典游戏《超级马里奥兄弟》（*Super Mario Bros*）为例，该游戏于1985年在任天堂娱乐系统（NES）主机上发布。对于那些不熟悉该系列的人来说，游戏的总体理念是这样的：玩家控制马里奥，他必须穿越蘑菇王国的许多危险障碍和生物，希望从邪恶的库巴国王（Bowser）手中解救出被囚禁的公主。

> **注意事项**
>
> 为了更好地了解游戏的工作原理，请在以下链接中查看其游戏玩法的视频：https://www.youtube.com/watch?v=rLl9XBg7wSs。

以下是这类游戏的核心功能和机制。

- ◉ **二维移动：** 使用二维坐标系统，玩家只能在*X*和*Y*方向上移动。如果不熟悉2D和3D坐标系统，请参阅图10-1来进行比较。虽然我们的超级横版动作游戏将是3D而非纯2D的，但我们角色的移动方式将与马里奥相同，只支持垂直和水平移动。

- ◉ **跳跃：** 跳跃是任何平台游戏的关键元素，我们的超级横版动作游戏也不例外。有许多不同的游戏，如前面提到的《蔚蓝》（*Celeste*）、《空洞骑士》（*Hollow Knight*）和《超级食肉男孩》（*Super Meat Boy*）都使用了跳跃功能，所有这些游戏都是2D的。

- **角色升级**：如果没有角色升级，许多横版动作游戏就会失去混乱感和重玩价值。例如，在游戏《奥日与黑暗森林》（*Ori and the Blind Forest*）中，开发者引入了不同的角色能力来改变游戏玩法。例如三级跳跃或空中冲刺之类的能力为玩家打开了各种穿越关卡的可能性，并允许关卡设计师基于玩家的移动能力创造有趣的布局。

- **敌人人工智能（AI）**：游戏引入了具有各种能力和行为的敌人，除了通过使用可用的移动机制来导航关卡的挑战之外，还为玩家增加了一层挑战。

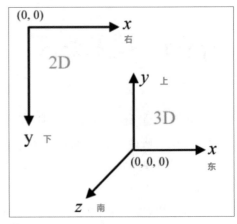

🔼 图10-1　二维和三维坐标向量的比较

- **收集元素**：许多游戏都支持各种形式的收集物品，例如《刺猬索尼克》（*Sonic The Hedgehog*）中有戒指，而《瑞奇与叮当》（*Ratchet & Clank*）中有螺栓。我们的超级横版动作游戏将允许玩家收集金币。

现在我们已经评估了想要支持的游戏机制，接下来就可以分解每个机制的功能。它与超级横版动作游戏有关，因此我们需要做些什么来执行这些功能。

玩家角色

　　任何游戏的核心都是玩家角色，即玩家与之互动并玩游戏的实体。对于超级横版动作项目，我们将创建一个简单的角色，其中包含自定义网格体、动画和逻辑的简单角色，以使其具有横版动作游戏的应有的感觉。

　　当我们在虚幻引擎5中使用Side Scroll游戏项目模板时，几乎所有想要的角色功能都是默认的。

　　在接下来的练习中，我们将创建游戏项目并设置玩家角色，同时还探索如何操纵角色的参数以改进其运动。

10.3 将第三人称游戏模板转换为横版动作

虚幻引擎4内置的Side-Scroller模板，可以用作超级横版动作项目的基础模板。但是，在虚幻引擎5中，没有这样的模板供我们使用。因此，我们将使用虚幻引擎5提供的第三人称游戏模板项目，并更新一些参数，使其看起来和一个横版动作游戏类似。

让我们从创建项目开始。

练习*10.01* | 创建横版动作项目并使用角色移动组件

在本练习中，我们将使用第三人称游戏模板设置虚幻引擎5。这个练习将帮助我们开始创建游戏。请按照以下步骤完成练习。

步骤01 首先打开Epic Games启动器，切换至左侧底部的"**虚幻引擎**"选项卡，并选择顶部的"**库**"选项。

步骤02 接下来，在打开的窗口中，提示打开一个现有的项目或创建一个特定类别的新项目。这些选项中包括"**游戏**"类别，选择该类别后，系统将提示为项目选择模板。

步骤03 接下来，选择"**第三人称游戏**"选项，因为Side Scroller模板不再存在，"**第三人称游戏**"模板是最接近的选项。

接下来，我们需要设置"**项目默认设置**"相关参数，然后虚幻引擎才会为我们创建项目。

步骤04 在"**项目默认设置**"区域选择基于C++的项目，而不是"**蓝图**"，勾选"初学者内容包"复选框，设置"**目标平台**"为"**桌面**"控制台。其余的项目设置可以保持默认值。选择所需的位置，将项目命名为SuperSideScroller，并将项目保存在适当目录中。

步骤05 应用这些设置后，单击"**创建**"按钮。完成编译引擎后，将打开虚幻引擎编辑器和Visual Studio，我们可以继续这个练习的下一个步骤。打开的虚幻引擎编辑器如图10-2所示。

⬆ 图10-2 打开虚幻引擎编辑器

现在我们的项目已经创建好了，还需要执行一些步骤来将第三人称游戏模板更改为Side Scroll模板，首先是更新输入"**轴映射**"。遵循以下步骤进行设置。

步骤01 我们可以通过"**项目设置**"访问"**轴映射**"，方法是单击编辑器右上角的"**设置**"下三角按钮，在列表中选择"**项目设置**"选项。

步骤02 在"**项目设置**"窗口中，在"**引擎**"类别下选择"**输入**"选项。在右侧的"**绑定**"区域中包含项目的"**操作映射**"和"**轴映射**"，如图10-3所示。

⬆图10-3　默认的轴映射和操作映射

步骤03 对于超级横版动作项目的需要，我们只需要删除MoveForward、TurnRate、Turn、LookUpRate和LookUp的轴映射。我们可以通过单击轴映射右侧的垃圾桶图标来删除映射。

这些映射对于我们的项目来说是没有必要的，因为这是一款横版动作游戏的角色控制行为。既然映射已经更新，我们就可以更新ThirdPersonCharacter蓝图中的参数了。请按照以下步骤进行更新。

步骤01 打开内容浏览器区域，在"内容 | ThirdPersonCPP | Blueprints"文件夹中可以找到ThirdPersonCharacter蓝图。然后，双击打开该资产。

步骤02 打开ThirdPersonCharacter蓝图后，在"**组件**"面板中选择"**网格体**"组件。在"**细节**"面板的"**变换**"类别下设置"**旋转**"参数，并将"**旋转**"值设置为-90.0°。最后的旋转应该是（0.0，0.0，-90.0）。这将确保角色网格体将面对横向移动的轴，如图10-4所示。

步骤03 接下来，我们需要更新Camera Boom组件中的参数，以便与角色网格体面对相同的轴。选择该组件并在"**变换**"类别下设置"**旋转**"参数，类似于我们在上一步骤中对网格体组件所操作的那样。将"**旋转**"值设置为180.00，最终旋转为（0.0,0.0,180.0），如图10-5所示。

⬆图10-4　更新网格体组件的"旋转"值

⬆图10-5　Camera Boom组件的更新旋转值

步骤04 现在，我们需要更新"**目标臂长度**"和"**插槽偏移**"参数来调整子Follow Camera组件的位置。在Camera Boom组件的"**摄像机**"类别下，将"**目标臂长度**"设置为500.0，并将"**插槽偏移**"的Z值设置为75.0。这将给我们一个很好的Follow Camera组件到角色网格体的相对位置，如图10-6所示。

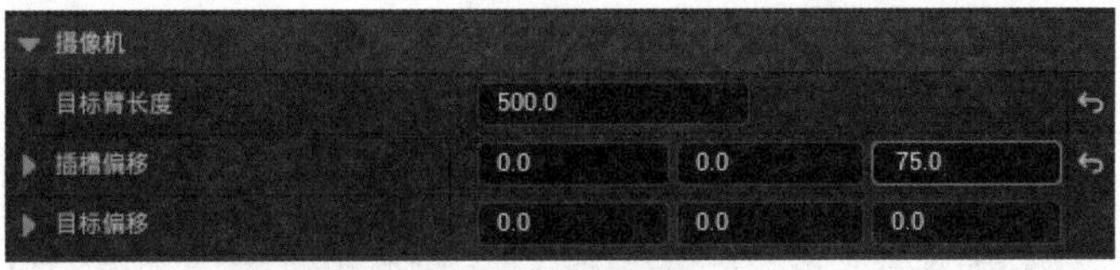

↑图10-6　更新的目标臂长度和插槽偏移参数

步骤 05 我们需要在Camera Boom组件中更新的最后一个参数是**"进行碰撞测试"**参数，它决定了Camera Boom的位置是否需要根据摄像机可能与环境发生的碰撞来调整位置。对于我们的项目，可以将该参数设置为False（即取消勾选该参数的复选框）。

下一组参数可以在**"角色移动"**组件中设置，我们将在本章后面再详细介绍。现在，我们只需要知道的是，这个组件控制着角色移动的各个方面，并允许我们对其进行自定义，实现我们想要的游戏感觉。请按照以下步骤进行操作。

步骤 01 在**"组件"**面板的底部选择**"角色移动"**组件。在**"细节"**面板的**"角色移动（通用设置）"**类别下，将**"重力标度"**设置为2.0，如图10-7所示。这将增加我们角色的重力。

↑图10-7　更新"重力标度"参数的值

步骤 02 接下来，我们需要减少**"角色移动：行走"**类别下的**"地面摩擦力"**参数的值，将该值设置为3.0，如图10-8所示。这样我们的角色就会转得慢一点，这是因为地面摩擦力的值越高，角色就越难转身和移动。

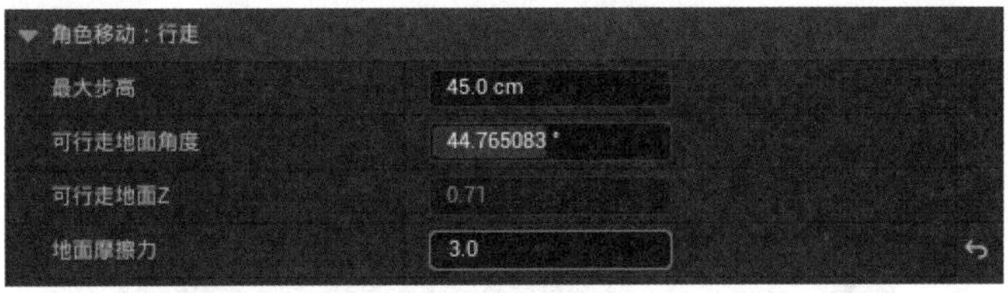

↑图10-8　更新"地面摩擦力"参数的值

接下来我们调整控制跳跃速度的参数，以及角色在空中时的**"空气控制"**的参数。我们可以在**"角色移动：上跳/下落"**类别中设置这两个参数。将**"跳跃Z速度"**增加到1000.0cm/s、**"空气控制"**增加到0.8，如图10-9所示。更新这些值会让我们的角色在空中有一个有趣的跳跃高度和移动。

↑图10-9　更新"跳跃Z速度"和"空气控制"参数的值

接下来，需要设置一系列参数，以便在"第13章　创建和添加敌人人工智能"中，当我们使用导航网格体时，能够顺利地进行。在**"角色移动"**组件的**"导航移动"**类别下，我们需要更新**"导航代理半径"**和**"导航代理高度"**两个参数，以适应玩家角色的胶囊体组件的边界。遵循以下步骤进行操作。

步骤 01 设置"**导航代理半径**"设置为42.0、"**导航代理高度**"为192.0，如图10-10所示。

⬆ 图10-10　更新"导航代理半径"和"导航代理高度"参数的值

步骤 02 最后，我们需要调整"**平面移动**"类别下的相关参数，以确保玩家只能在我们想要的轴上移动。将"**约束到平面**"设置为True（即勾选该复选框），然后将"**平面约束法线**"的X值设置为1.0，最终值为（1.0,0.0,0.0），如图10-11所示。

⬆ 图10-11　更新"约束到平面"和"平面约束法线"参数的值

最后一步是向ThirdPersonCharacter的"事件图表"选项卡中添加一些简单的蓝图逻辑，以允许角色从左向右移动。遵循以下步骤进行操作。

步骤 01 在"**事件图表**"选项卡的空白区域右击，打开上下文菜单的搜索框中输入MoveRight。在"**输入**"下方选择Move Right事件，将其添加到图表中，如图10-12所示。

⬆ 图10-12　Move Right是我们在本练习开始时保存的轴映射

步骤 02 InputAxis MoveRight事件的输出参数是一个名为Axis Value的浮点值。这将返回一个介于0到1之间的浮点值，表示该方向上输入的强度。我们需要将这个值输入到一个名为Add Movement Input的函数中。在图表空白区域右击，在打开的上下文菜单中搜索这个函数并将其添加到图表中，如图10-13所示。

图10-13　在图表中添加Add Movement Input函数

步骤 03 将InputAxis MoveRight事件的Axis Value输出参数连接到Add Movement Input函数的Scale Value输入参数，最后连接它们的白色执行引脚，如图10-14所示。这允许我们在特定方向上添加角色移动，以及设置强度。

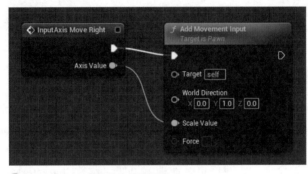

图10-14　角色的最终蓝图逻辑

步骤 04 最后，我们需要确保传递正确的World Direction值，在本例子中，需要将Y轴设置为1.0，而其他轴设置为默认值0.0。

现在我们完成了本练习，已经设置对角色移动方式的控制，以及对角色移动组件微小调整可以极大地改变角色的感觉！尝试更改"**最大行走速度**"等数值，并在游戏中观察这些改变如何影响角色。

活动10.01　让角色跳得更高

在本活动中，我们将操作默认的Side Scroller角色蓝图中CharacterMovement组件内的一个新参数（jump），以观察这些属性如何影响角色移动。

我们将执行在之前的练习中学到的内容，并将其应用于创建角色升级和角色的整体运动感觉。

请按照以下步骤完成此活动。

步骤 01 前往SideScrollerCharacter蓝图，并在CharacterMovement组件中找到Jump Z Velocity参数。

步骤 02 将该参数从默认值1000.0修改为2000.0。

步骤 03 编译并保存SideScrollerCharacter蓝图，并在编辑器中播放。使用键盘上的空格键可以让角色跳得更高。

步骤 **04** 停止在编辑器中播放，返回到SideScrollerCharacter蓝图，并将Jump Z Velocity的值从2000.0更新为200.0。

步骤 **05** 再次编译并保存蓝图，在编辑器中播放，并观看角色跳跃高度。

预期的输出结果，如图10-15所示。

⬆ 图10-15　具有跳跃功能角色的输出效果

注意事项

这个活动的解决方案可以在GitHub上找到：https://github.com/PacktPublishing/Elevating-Game-Experiences-with-Unreal-Engine-5-Second-Edition/tree/main/Activity%20solutions。

至此，已经完成了这个活动，我们更好地理解了如何调整CharacterMovement组件参数以影响玩家角色。当我们需要赋予角色基本的移动行为（如行走速度和跳跃Z速度）以获得想要的角色感觉时，就可以使用这个方法。在继续之前，将Jump Z Velocity参数设置为默认值1000.0。

当我们在项目后期开发玩家角色升级时，也会使用以上这些参数。现在我们已经建立了游戏项目和玩家角色，接下来，让我们来探索超级横版动作游戏的其他功能。

10.4 探索横版动作游戏的功能

现在，我们将花一些时间来详细规划将要设计的游戏的细节。其中许多功能将在后面的章节中实现，但是现在是为项目规划远景的好时机。在接下来的章节中，我们将讨论如何处理游戏的各个方面，例如玩家将面对的敌人、玩家可以获得的升级能力、玩家可以收集的收集品，以及用户界面（UI）的工作方式。让我们从讨论敌人角色开始。

10.4.1 敌人角色

在玩超级横版动作游戏时，我们应该注意到的一件事，默认情况下没有敌人人工智能。让我们讨论一下想要支持的敌人类型以及他们的工作方式。

敌人将有一个基本的来回移动模式，并且不会支持任何攻击，只有与玩家角色碰撞，敌人才能对玩家造成伤害。然而，我们需要为敌人人工智能设置两个移动位置，并决定人工智能是否应该改变位置。他们是应该不断地在不同地点之间移动，还是在选择要移动的新地点之前应该暂停？在"第13章 创建和添加敌人人工智能"中，我们将使用虚幻引擎5中可用的工具来开发这种人工智能逻辑。

10.4.2 升级

超级横版动作游戏项目将支持一种类型的能量升级，即玩家可以从环境中拾取的药剂形式。这种药剂的能量升级将提高玩家的移动速度和玩家可以跳跃的最大高度。这些升级功能只会持续很短的时间，然后就会消失。

记住在"练习10.01 创建横版动作项目并使用角色移动组件"和"活动10.01 让角色跳得更高"中，对于**角色移动**组件，我们可以开发一个能量升级功能，改变重力对角色的影响，这将提供有趣的新方法来导航关卡和对抗敌人。

10.4.3 收集品

视频游戏中的收集品有着不同的用途。在某些情况下，收集品被用作购买升级、道具和其他商品的货币形式。在其他游戏中，收集品可以提高玩家的分数或在收集到足够多的物品时给予奖励。对于超级横版动作游戏项目来说，这些金币只有一个目的：让玩家在不被敌人摧毁的情况下收集尽可能多的金币。

让我们分析一下收集品的主要方面。

- ◉ 收集品需要与玩家互动，这意味着我们需要为玩家使用碰撞检测来收集它，并为用户界面添加信息。
- ◉ 收集品需要一个视觉静态网格体表示，这样玩家才能在关卡中识别它。

我们的超级横版动作项目的最后一个元素是砖块。砖块将为超级横版动作游戏提供以下用途。

- ◉ 砖块是关卡设计的一个元素。砖块可以用来设置角色无法到达的区域，敌人可以被放置在砖块的不同高度区域上，以提供不同的游戏玩法。
- ◉ 砖块可以包含可收集的金币。这让玩家有动力去尝试看看哪些砖块包含收集品，哪些没有。

练习*10.02* 探索人物角色编辑器并操作默认的人体模型骨骼权重

现在我们对超级横版动作项目的各个方面有了更好的理解，接下来继续深入理解在SideScroller模板项目中给出的默认人体模型骨骼网格体。

我们的目标是理解更多关于默认骨骼网格体和人物角色编辑器中提供的工具，以便更好地理解骨骼、骨骼权重和骨骼在虚幻引擎5中的工作原理。

请按照以下步骤完成练习。

步骤01 打开虚幻编辑器并打开内容浏览器。

步骤02 展开"Characters | Mannequins | Meshes"文件夹，打开SK_Mannequin资产，如图10-16所示。

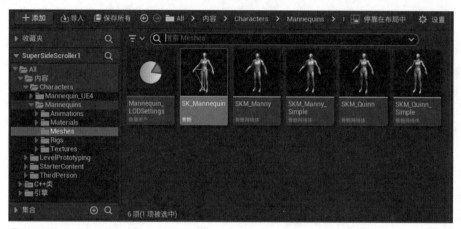

图10-16 找到SK_Mannequin资产

打开骨骼资产后，将出现人物角色编辑器区域，如图10-17所示。

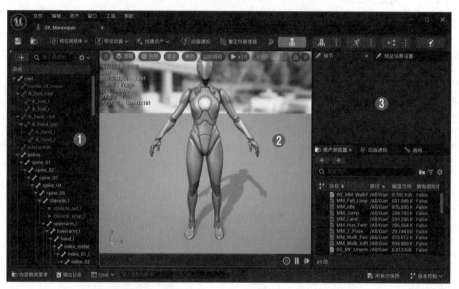

图10-17 人物角色编辑器

让我们简单分析一下人物角色编辑器的骨骼编辑器。

- 在左侧（用❶标记），我们可以看到角色骨骼中存在的骨骼层次结构。这是在这个角色的装配过程中制作的骨骼。顾名思义，根骨骼是骨骼层次结构的根。这意味着这块骨头的变化会影响到层级中的所有骨头。从这里，我们可以选择一根骨头或一段骨头，看看它们在角色网格体上的位置。

- 在中间（用❷标记）是骨骼网格体预览窗口。它向我们展示了角色网格体的外观，除此之外，还有几个额外的选项，可以切换开/关，这将为我们提供骨骼和权重绘制的预览。

◉ 在右边（用❸标记）有基本的转换选项，可以在其中修改单个骨骼或骨骼组。如果"**细节**"面板没有显示，在角色编辑器顶部单击"**窗口**"菜单按钮，在菜单中选择"**细节**"命令打开该面板。在接下来的练习中，我们将利用其他可用的设置。现在我们了解了人物角色编辑器各部分的功能，下面再看看人体模型上实际的骨骼是什么样子的。

步骤 03 在人物角色编辑器中单击上方"角色"按钮，如图10-18所示。

◆ 图10-18 单击"角色"按钮

单击这个按钮可以在网格体上显示人体模型的骨骼。

步骤 04 从下拉菜单中，选择"**骨骼**"命令，然后，确保子菜单中选中了"**所有层级**"命令。选择此命令后，我们将看到人体模型网格体上方的轮廓骨骼渲染，如图10-19所示。

步骤 05 现在，隐藏网格体，简单地预览骨骼层次结构。

◉ 单击"**角色**"按钮，从下拉列表中选择"**网格体**"选项

◉ 在子列表中取消选择"**网格体**"选项。结果如图10-20所示。

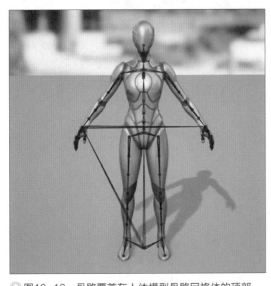
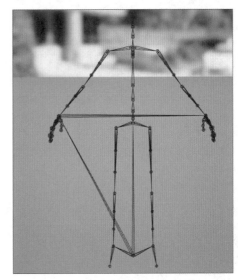

◆ 图10-19 骨骼覆盖在人体模型骨骼网格体的顶部　　◆ 图10-20 默认角色的骨骼层次结构

对于本练习，让我们重新切换为"网格体"为可见，以便可以同时看到网格体和骨骼层次。最后，我们将查看默认角色的权重缩放。

步骤 06 若要预览权重缩放，再次单击"**角色**"按钮，然后从下拉列表中选择"**网格体**"选项，在子列表中的"**网格体覆盖绘制**"区域中，选择"**选定骨骼权重**"选项，如图10-21所示。

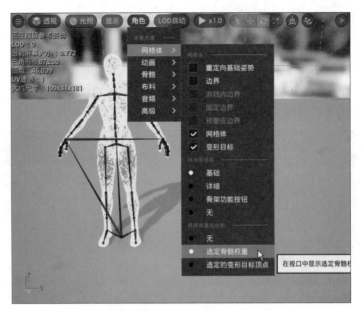

⬆ 图10-21 选择"选定骨骼权重"选项

步骤07 现在,如果我们在层次结构中选择一根骨骼或一组骨骼,可以看到每根骨骼是如何影响网格体的特定区域中其他骨骼的变化。下面以spine_03骨骼为例展示权重缩放,如图10-22所示。

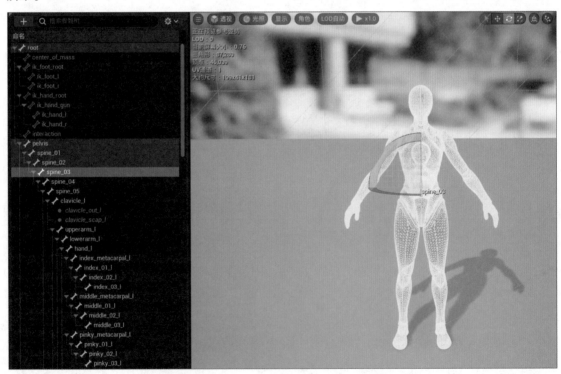

⬆ 图10-22 这是spine_03骨骼的权重缩放

当我们预览一个特定骨骼的权重缩放时,骨骼网格体的不同部分会显示一系列颜色。这是以视觉方式显示的权重缩放,而不是数字上的。红色、橙色和黄色等颜色表示骨骼的权重较大,意味着这些颜色的网格体高亮区域将受到更大的影响。蓝色、绿色和青色区域,它们仍然会受到影响，但没有那么明显。最后，没有覆盖高光的区域将完全不受选定骨骼操作的影响。需要记住骨骼的层次结构——即使左臂没有覆盖颜色，当旋转、缩放和移动spine_03骨骼时，它仍然会受到影响，因为手臂是spine_03骨骼的子级。参考图10-23查看手臂是如何连接到脊柱的。

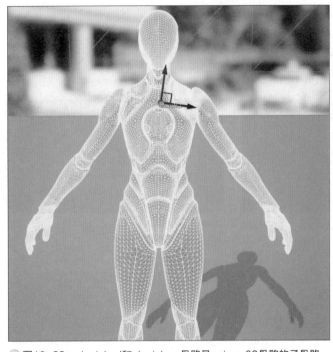

图10-23　clavicle_l和clavicle_r骨骼是spine_03骨骼的子骨骼

让我们继续通过操作人体模型骨骼网格体上的一根骨骼，看看这些变化如何影响它的动画。请遵循以下步骤进行操作。

步骤01 在角色编辑器区域，单击骨骼层次结构中的大腿骨，如图10-24所示。

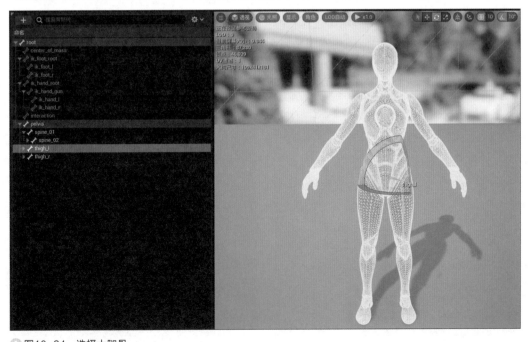

图10-24　选择大腿骨

选择thigh_I骨骼后，我们可以清楚地看到权重缩放将如何影响网格体的其他部分。此外，由于骨骼的结构，对骨骼的任何修改都不会影响网格体的上半身的骨骼。骨骼层次如图10-25所示。

步骤 02 使用前面章节的知识，改变局部位置，局部旋转和局部缩放值来抵消thigh_I的变换。图10-26显示了可以使用的值的示例。

图10-25 在骨骼层次中，thigh_I骨骼是pelvis骨骼的子骨骼

图10-26 更新了thigh_I值

在对骨骼进行以上改变之后，我们会看到人体模型的左腿完全改变了，看起来很滑稽，如图10-27所示。

步骤 03 接下来，转到"**预览场景设置**"面板（在"**细节**"面板右侧），将显示新的选项，显示一些默认参数和动画部分。如果在"**细节**"面板右侧没有"**预览场景设置**"面板，可以单击角色编辑器区域顶部的"**窗口**"菜单按钮，在下拉菜单中选择对应的命令即可。

步骤 04 使用"**动画**"类别预览动画以及它们如何受到骨骼更改的影响。在"**动画**"类别下设置"**预览控制器**"参数为"**使用特定动画**"选项。通过以上操作后，将出现一个标记为"**动画**"的新选项。"**动画**"参数允许我们选择与角色骨骼相关的动画进行预览。

步骤 05 单击"**动画**"下三角按钮，在列表中选择MF_Walk_Fwd动画。最后，我们会看到人体模型角色播放行走动画，但他们的左腿是完全错位和错误的比例，效果如图10-28所示。

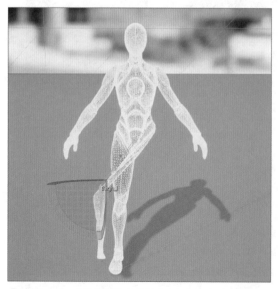

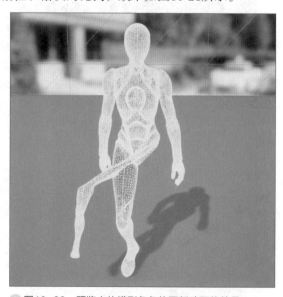

图10-27 人体模型的左腿完全变了

图10-28 预览人体模型角色的更新动画的效果

在继续之前，确保将thigh_I恢复到其原始的局部位置、局部旋转和局部缩放，否则，向前移动的动画看起来不正确。

现在，已经完成了本练习，我们已经体验了骨骼如何影响角色和动画。

接下来，让我们进入本章第二个活动。在这里，我们将在人体模型上操作不同的骨骼，并观察应用不同动画的结果。

活动10.02 | 骨骼的操作和动画

对于这个活动，我们将把关于在默认人体模型上操纵骨骼的知识进行实践，并影响动画在骨骼上播放方式。

请按照以下步骤完成此活动。

步骤01 选择会影响整个骨骼的骨头。

步骤02 改变这个骨骼的比例，使角色是原来大小的一半。选择骨骼，在"**细节**"面板中设置"**缩放**"的值为（*X*=0.500000、*Y*=0.500000、*Z*=0.500000）。

步骤03 从"**预览场景设置**"面板中应用正在运行的动画到这个骨骼网格体上，并观察一半大小的角色的动画。预期的输出的效果，如图10-29所示。

⬆ 图10-29 将角色大小缩小一半，执行跑步的动画效果

注意事项

这个活动的解决方案可以在GitHub上找到：https://github.com/PacktPublishing/Elevating-Game-Experiences-with-Unreal-Engine-5-Second-Edition/tree/main/Activity%20solutions。

完成此活动后，我们掌握了骨骼操作和骨骼网格体的骨骼操控，以及这些操作如何影响动画的应用。我们也目睹了权重缩放变化对骨骼的影响。

现在我们已经有了一些关于虚幻引擎5中的骨骼网格体、骨骼和动画的经验，下面再对这些元素及其工作原理进行更深入的讨论。

10.5 理解虚幻引擎5中的动画

首先，让我们分解动画在虚幻引擎中的主要功能。关于本节主题的更深入的信息可以在Epic Games提供的文档中直接找到：https://docs.unrealengine.com/en-US/Engine/Animation。

10.5.1 骨骼

骨骼是虚幻引擎中表示在外部3D软件中制作的角色骨架的组件，我们在"活动10.02 骨骼的操作和动画"中学习了这一点。关于骨骼，我们已经讨论了很多内容，但主要的收获是，一旦骨骼进入虚幻引擎中，就可以查看骨骼层次结构，操作每根骨骼，并添加称为"**插槽**"的对象。插槽可以将对象连接到角色的骨骼上。我们可以使用这些插槽来连接物体到网格体等对象上，并在不破坏骨骼转换的情况下操纵插槽的转换。在第一人称射击游戏中，通常会在适当的手上创建一个武器插槽并附加上去。

10.5.2 骨骼网格体

骨骼网格体是一种特殊的网格体，它结合了3D角色模型和构成骨骼的骨骼层次结构。静态网格体和骨骼网格体之间的主要区别在于，骨骼网格体是使用动画的对象所必需的网格体，而静态网格体由于缺乏骨骼而不能使用动画。我们将在下一章中更多地介绍主角骨骼网格体，然后在"活动10.03导入更多自定义动画以预览角色运行"中导入主角骨骼网格体。

10.5.3 动画序列

动画序列是可以在特定的骨骼网格体上播放的单个动画，它应用的网格体是由在将动画导入引擎时所选择的骨骼决定的。我们将在"活动10.03 导入更多自定义动画来预览角色运行"中一起导入角色骨骼网格体和单个动画资产。

在动画序列中包含一个时间轴，可以逐帧预览动画，并提供额外的暂停、循环、倒带等控制功能。

在下一个练习中，我们将导入自定义角色和动画。自定义角色将包括骨骼网格体和骨骼，动画将作为动画序列导入。

练习10.03 导入和设置角色和动画

在本章最后的练习中，我们将导入自定义角色和一个动画，将用于超级横版动作游戏的主角，以及创建必要的角色蓝图和动画蓝图。

注意事项

本章包括一组文件，这些文件位于标记为Assets的文件夹中，我们将把这些文件导入到虚幻引擎。这些资产来自Mixamo，其链接：https://www.mixamo.com/。随时创建一个账户，在链接中查看免费的3D角色和动画内容。

Assets中的内容也可以在本书的GitHub存储库中找到：https://github.com/PacktPublishing/Elevating-Game-Experiences-with-Unreal-Engine-5-Second-Edition。

请按照以下步骤完成这个练习。

步骤01 打开虚幻引擎编辑器。

步骤02 在内容浏览器区域，创建一个名为MainCharacter的新文件夹。在这个文件夹中，创建名为Animation和Mesh的新文件夹。内容浏览器区域中的文件夹如图10-30所示。

⬆ 图10-30 添加到内容浏览器区域中MainCharacter的文件夹

步骤03 接下来，让我们导入角色网格体。在Mesh文件夹中右击，在快捷菜单中选择"**导入到**"命令。打开"**导入**"对话框，展开到保存本章附带的Assets文件夹中，并在**Character Mesh**文件夹中找到**MainCharacter.fbx**资产，例如，Assets | Character Mesh | MainCharacter.fbx。然后导入该文件。

步骤04 当选择该资产时，将出现"**FBX导入选**项"对话框。确保勾选"**骨骼网格体**"复选框，其他选项保持为默认设置。

步骤05 最后，单击"导入"按钮，这样FBX资产将被导入到虚幻引擎中。这将包括在FBX中创建的必要材质、物理资产，它将自动为我们创建并分配给骨骼网格体和一个骨骼资产。

注意事项

在导入FBX文件时可能会出现任何警告，请忽略它们，因为它们不重要，也不会影响项目的进展。

现在我们有了角色，接着再导入动画。请遵循以下步骤完成练习。

步骤01 在MainCharacter文件夹的**Animation**文件夹中，右击并在快捷菜单中选择"**导入到**"命令。

步骤02 导航到保存本章附带的Assets文件夹的目录，在Animations | Idle文件夹中找到Idle.fbx资产，例如Assets | Animations | Idle | Idle.fbx，然后导入该文件。

当选择这个资产时，将打开一个与导入角色骨骼网格体时几乎相同的对话框。因为这个资产只是一个动画，而不是一个骨骼网格体或骨骼，没有和以前一样的选项，但有一个关键的参数需要正确设置：骨骼。

"**FBX导入选项**"对话框的"**网格体**"类别下的"**骨骼**"参数告诉动画应用于哪个骨骼。如果没有设置这个参数，我们就不能导入动画，并且将动画应用到错误的骨骼上可能会导致灾难性的结果，或者导致动画无法完全导入。幸运的是，我们的项目很简单，已经导入了角色的骨骼网格体和骨骼。

步骤 03 设置"**骨骼**"参数为MainCharacter_Skeleton，保持其他参数的设置为默认值，并单击底部"**导入所有**"按钮，如图10-31所示。

了解骨骼网格体和动画的导入过程是至关重要的，在下一个活动中，我们将导入剩余的动画文件。让我们通过为超级横版动作游戏的主要角色创建角色蓝图和动画蓝图来继续这个练习。

现在，尽管Side Scroller模板项目确实包含角色蓝图和其他资产，如动画蓝图，但作为游戏开发者，为了组织和良好的实践，我们希望创建这些资产自己的版本。

步骤 04 在内容浏览器区域的MainCharacter文件夹中创建一个新文件夹，命名为Blueprints。在此文件夹中，基于"**所有类**"下的SideScrollerCharacter类创建一个新的蓝图，如图10-32所示。将这个新蓝图命名为BP_SuperSideScroller_MainCharacter。

图10-31 导入Idle.fbx动画时的设置

图10-32 SideScrollerCharacter类将被用作角色蓝图的父类

步骤 05 在Blueprints文件夹中的空白区域右击，在快捷菜单中将光标悬停在"**动画**"命令上，然后在子菜单中选择"**动画蓝图**"命令，如图10-33所示。

步骤 06 选择此命令后，将出现一个"**创建动画蓝图**"对话框。这个对话框需要将父类和骨骼应用到动画蓝图中。在本例子中，使用MainCharacter_Skeleton，单击"**创建**"按钮，如图10-34所示。并将动画蓝图资产命名为AnimBP_SuperSideScroller_MainCharacter。

🔼 图10-33 选择"动画"类别下的"动画蓝图"命令　🔵 图10-34 创建动画蓝图时需要的设置

步骤 07 打开角色蓝图BP_SuperSideScroller_MainCharacter，并选择"**网格体**"组件，如图10-35所示。我们将在"细节"面板中设置一些相关的参数。

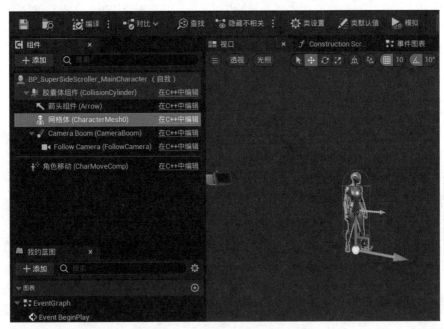

🔼 图10-35 使用人体模型骨骼网格的SuperSideScroller角色蓝图

步骤 08 在"网格体"类别下，我们可以选择更新骨骼网格体，此处选择MainCharacter骨骼网格体，并将其分配给以下参数，如图10-36所示。

🔼 图10-36　网格体组件所需的设置

在角色蓝图中并选择"**网格体**"组件时，可以在"**网格体**"类别上方找到"**动画**"类别。幸运的是，默认情况下，"**动画模式**"参数已经设置为"**使用动画蓝图**"，这是我们需要的设置。

（**步骤 09**）现在，将"**动画类**"参数分配给新动画蓝图AnimBP_SuperSideScroller_MainCharacter。最后，返回到默认的SideScrollerExampleMap关卡，用新角色蓝图替换默认角色。

（**步骤 10**）接下来，确保在内容浏览器区域选中了BP_SuperSideScroller_MainCharacter，然后右击地图中的默认角色，并选择新角色替换它。

有了关卡中的新角色，我们就可以在编辑器中玩游戏并在关卡中移动这个角色了，效果如图10-37所示。我们的角色处于默认的T形姿势，并具可以在关卡环境中移动。

🔼 图10-37　现在有了可以在关卡中奔跑的自定义角色

随着完成最后的练习，我们对如何导入自定义骨骼网格体和动画有了充分的理解。此外，我们还学习了如何从头开始创建角色蓝图和动画蓝图，以及如何使用这些资产来创建超级横版动作游戏的角色的基础。

让我们继续到本章的最后一项活动，在那里将面临的挑战是为角色导入剩余的动画，并在角色编辑器中预览正在运行的动画。

活动10.03 导入更多自定义动画以预览角色运行

此活动旨在导入剩余的动画，例如玩家角色的奔跑动画，并在角色骨骼上预览运行动画以确保它看起来是正确的。

在活动结束时，所有的玩家角色动画将被导入到项目中，我们将准备使用这些动画在下一章中使玩家角色更栩栩如生。

请按照以下步骤完成此活动。

步骤01 需要注意，我们导入的所有动画资产都存在于"Assets | Animations"文件夹中，也就是保存原始.zip文件夹的地方。在"MainCharacter | Animation"文件夹中导入所有剩余的动画。导入剩余的动画资产和在"练习10.03 导入和设置角色和动画"中导入动画的操作方法相同。

步骤02 导航到MainCharacter骨骼，并应用在上一步中导入的Running动画。

步骤03 最后，在应用了Running动画后，在角色编辑器区域预览角色动画。

图10-38是预期的输出效果。

⬆ 图10-38 具有其他自定义导入资产的角色的预期输出效果

注意事项

此活动的解决方案可以在GitHub上找到：https://github.com/PacktPublishing/Elevating-Game-Experiences-with-Unreal-Engine-5-Second-Edition/tree/main/Activity%20solutions。

完成最后的活动后，我们现在已经亲身体验了将自定义骨骼和动画资产导入虚幻引擎5的过程。无论导入的是哪种类型的资产，这种导入过程在游戏行业中都是很常见的，这是必须要掌握的操作方法。

$IO.6$ 本章总结

随着玩家角色骨骼、骨骼网格体和动画导入到虚幻引擎中，我们可以继续下一章，在那里将准备角色移动和更新动画蓝图，以便角色可以在关卡周围移动时设置动画。

通过本章的练习和活动，我们理解了骨骼和骨头如何用来设置角色的动画和操纵角色。凭借在虚幻引擎5中导入和应用动画的经验，我们现在对动画有了深刻的理解，包括从角色概念到为项目导入的最终资产。

我们还采取了必要的步骤来概述想要通过超级横版动作游戏实现的目标，也就是说，确定我们希望敌人如何运作、开发哪些能量升级、收集品如何运作，以及玩家HUD如何显示。最后，我们探讨了"**角色移动**"组件是如何工作的，以及如何设置其参数来建立在游戏中实现的角色移动。

此外，我们还理解了将在下一章中使用的内容，例如用于角色移动动画混合的混合空间。随着超级横版动作项目模板的创建和玩家角色的准备，在下一章中，我们将用动画蓝图为角色设置动画。

使用混合空间1D、键绑定和状态机

在上一章中，我们初步了解了动画和超级横版动作项目的游戏设计。就开发项目本身而言，我们只获得了初步的操作步骤。然后，我们准备了玩家角色的动画蓝图和角色蓝图，并导入了所有必需的骨骼和动画资产。

目前为此，角色可以在关卡中移动，但是只能保持T形姿势，根本没有动画。为了解决这个问题，可以通过为玩家角色创建一个新的混合空间，这将在本章的第一个练习中完成。混合空间完成后，就可以使用它来实现角色动画蓝图，使角色在移动时进行动画。

在本章中，我们将讨论以下内容。

- ◉ 创建混合空间
- ◉ 了解主角动画蓝图
- ◉ 了解速度向量的概念
- ◉ 应用增强型输入系统
- ◉ 使用动画状态机

11.1 技术要求

在本章中，我们将设置玩家角色的行走和跳跃动画，以便角色移动具有更加真实的感觉。要做到这一点，我们将会介绍**混合空间**、**动画蓝图**和**动画状态机**，这是控制角色动画的三大支柱。

到本章结束时，玩家角色将具备行走、冲刺和跳跃能力，从而为游戏中的角色移动提供更好的游戏体验。通过创建和学习混合空间1D和动画蓝图资产的相关内容，将为如何处理玩家运动增加一个复杂层次，同时还为进一步的动画（如抛射）奠定基础。

学习本章，要求如下。

⦿ 安装虚幻引擎5。

⦿ 安装Visual Studio 2022。

本章的完整代码可从本书的GitHub存储库下载，链接：https://github.com/PacktPublishing/ Elevating-Game-Experiences-with-Unreal-Engine-5-Second-Edition。

在本章中，我们首先学习混合空间，然后创建所需的混合空间资产，以便对玩家角色进行动画处理。

11.2 创建混合空间

混合空间允许我们根据一个或多个条件在多个动画之间进行平滑过渡。混合空间主要用于各种类型的视频游戏，尤其适应于需要展示完整角色的游戏场景。当玩家只能看到角色的手臂时，通常不会使用混合空间，例如在虚幻引擎5中提供的**"第一人称游戏"**项目模板中的游戏，如图11-1所示。

⬆ 图11-1 在虚幻引擎5第一人称游戏项目模板中默认角色的第一人称视角

在第三人称游戏中，这种情况更为普遍，即需要使用"混合空间"来平滑地混合基于移动的角色动画。虚幻引擎5提供的**"第三人称游戏"**模板项目就是一个很好的例子，如图11-2所示。

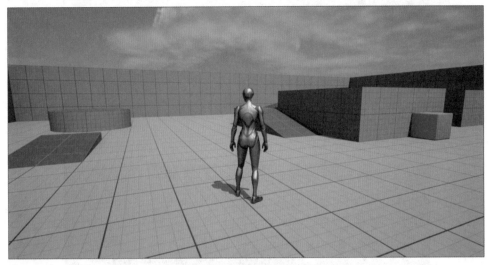

⬆ 图11-2　在虚幻引擎5第一人称项目模板中默认角色的第三人称视角

让我们看看虚幻引擎在创建**"第三人称游戏"**项目模板时提供的混合空间资产。打开Characters | Mannequins | Animations | Quinn | BS_MF_Unarmed_WalkRun，这是为Side Scroller人体模型骨骼网格体创建的混合空间1D资产，以便玩家角色可以根据角色的速度在Idle、Walking和Running动画之间平滑过渡。

在左侧的**"资产详情"**面板中检查角色，在Axis Settings类别中包含**"水平坐标"**参数。我们将在此参数上设置，其本质是可以在动画蓝图中引用的变量。Axis Settings类别中的参数，如图11-3所示。

⬆ 图11-3　混合空间1D的设置参数

在预览窗口下方，我们可以看到一个小型的图表，直线上从左到右有一些点，其中一个点突出显示为绿色，而其他点则显示为白色。我们可以按住Shift键并沿着水平轴拖动这个绿色的点，根据它的位置不同预览混合动画。例如，在速度为0时，角色处于Idle（空闲）状态。随着我们沿着轴移动预览时，角色进入步行状态，最后进入跑步状态。这个图表的效果如图11-4所示。

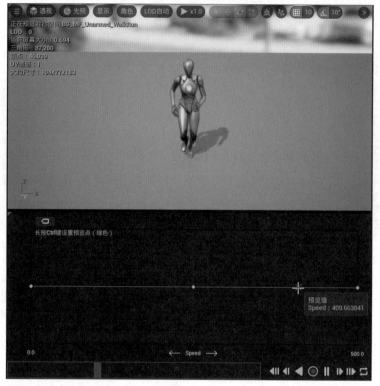

↑图11-4　混合空间1D的关键帧时间轴

下面我们将对比混合空间1D与普通混合空间，并讨论何时根据动画的需求使用它们。

混合空间1D与普通混合空间

在继续使用混合空间1D之前，让我们来了解混合空间1D和虚幻引擎5中普通混合空间之间的主要区别。

- 虚幻引擎中的混合空间由两个变量控制，由混合空间图形的X轴和Y轴表示。
- 混合空间1D只支持一个轴。

试着把混合空间1D想象成一个二维图形。因为每个轴都有一个方向，所以我们可以想象为什么以及何时需要使用这个混合空间，而不是只支持单个轴的混合空间1D。

例如，我们想让玩家角色左右扫射，同时还可以向前和向后移动。在图表上绘制出这一运动，效果如图11-5所示。

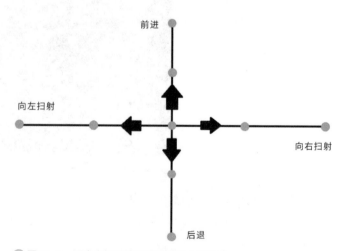

↑图11-5　混合空间运动在简单图形上的效果

现在，设想一下玩家角色的移动，需要记住这是一款横版动作游戏，不支持角色左右扫射或前后移动。玩家角色只需要在一个方向上设置动画，因为默认情况下横向角色会朝着移动方向旋转。为了仅支持单个方向，所以我们采用混合空间1D而不是普通的混合空间。

我们需要为主角设置这种类型的混合空间资产，并将其用于相同的目的，即基于移动的动画混合。在下一个练习中，我们将使用自定义动画资产创建混合空间资产。

练习11.01 | 创建角色移动混合空间1D

为了让玩家角色在移动时产生动画效果，我们需要创建一个混合空间。

在本练习中，我们将创建混合空间资产，添加空闲动画，并更新"角色移动"组件，以便指定与混合空间对应的适当行走速度值。请按照以下步骤完成这个练习。

步骤01 在内容浏览器中展开MainCharacter | Animation文件夹，这里存放上一章导入的所有新动画。

步骤02 右击内容浏览器的空白区域，打开快捷菜单，将光标悬停在"**动画**"命令上，从子菜单中选择"**混合空间**"命令。

步骤03 打开"**选取骨骼**"窗口，确保选择MainCharacter_Skeleton而不是UE4_Mannequin_Skeleton作为混合空间的骨骼。

注意事项

如果我们应用了不正确的骨骼，混合空间将无法对玩家角色产生影响。当选择骨骼资产（如混合空间或动画蓝图）时，自定义骨骼网格体也不会起作用。在这里，将告诉这个资产与哪个骨骼兼容。通过这样操作，在混合空间的情况下，我们可以使用已经为这个骨骼制作的动画，从而确保所有内容都与其他内容兼容。

步骤04 命名此混合空间资产为SideScroller_IdleRun_1D。

步骤05 接下来，打开SideScroller_IdleRun_1D混合空间资产。我们可以在预览窗口下方看到单轴图表，如图11-6所示。

⬆ 图11-6　用于在虚幻引擎5中创建混合空间的编辑工具

在编辑器左侧的"**资产详情**"面板中，包含Axis Setting类别。在该类别下，我们可以设置坐标的"**最小轴值**"和"**最大轴值**"，这将在玩家角色的动画蓝图属性中使用。图11-7显示了设置"**水平坐标**"中参数的默认值。

步骤06 现在，将水平坐标的"**名称**"改为Speed，如图11-8所示。

⬆ 图11-7 影响混合空间轴的水平坐标的默认值

⬆ 图11-8 将水平坐标的"名称"更改为Speed

步骤07 接着设置"**最小轴值**"和"**最大轴值**"两个参数。将"**最小轴值**"设置为0.0，这是默认设置，因为当玩家角色完全不移动时，将处于空闲状态。

那么"**最大轴值**"呢？这一参数的设置有点棘手，因为我们需要记住以下几点。

◉ 支持角色的冲刺行为，允许玩家在按住左Shift键时移动得更快。释放左Shift键时，玩家将恢复到默认的行走速度。

◉ 行走速度必须与"**角色移动**"组件的角色"**最大行走速度**"参数相匹配。

◉ 在设置"**最大轴值**"之前，需要将角色的"**最大行走速度**"设置为适合超级横版动作游戏的值。

步骤08 导航到Game | MainCharacter | Blueprints文件夹，并打开BP_SuperSideScroller_MainCharacter蓝图。

步骤09 选择"**角色移动**"组件，在"细节"面板中的"**角色移动：行走**"类别下，找到"**最大行走速度**"参数，并将其设置为300.0。

设置"**最大行走速度**"参数后，返回到SideScroller_IdleRun_1D混合空间并设置"**最大轴值**"参数。如果步行速度是300.0，"**最大轴值**"应该设置多少？需要记住，要支持玩家角色的冲刺，这个"**最大轴值**"需要超过最大行走速度的值。

步骤10 设置"**最大轴值**"参数为500.0。

步骤11 将"**网格划分**"参数设置为5，是因为在处理分割时，每个网格点之间的100个单位间距使其更容易使用这样做可以应对"**最大轴值**"是500.0，沿着网格应用移动动画时出现网格点断裂的情况。

步骤12 其余属性保持默认值，如图11-9所示。

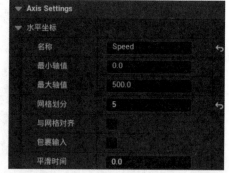

⬆ 图11-9 混合空间的最终设置

通过以上设置，可以指定混合空间使用一个介于0.0到500.0的传入浮点值来混合下一步和活动中要放置的动画。通过将网格划分为5个部分，可以很容易地在正确的浮点值上添加所需的动画。

继续创建混合空间，将我们的第一个动画添加到轴图表：Idle动画。

步骤13 网格的右边是"**资产浏览器**"面板，资产列表中包含了在"第10章 创建超级横版动作游戏"中导入的玩家角色的所有动画。这是因为在创建混合空间时选择了Main Character_Skeleton资产。

步骤14 接下来，选择并拖动Idle动画到0.0的网格位置，如图11-10所示。

⬆ 图11-10 将Idle动画拖动到0.0的网格位置

需要注意，将此动画拖到网格中时，它将与网格点对齐。动画被添加到混合空间，玩家角色将从其默认的T姿势改变并开始播放Idle动画，如图11-11所示。

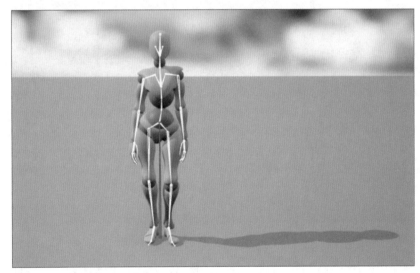

⬆ 图11-11 随着Idle动画添加到混合空间1D，玩家角色开始应用动画

通过完成此练习，我们理解了如何创建混合空间1D，更重要的是，知道混合空间1D和正常混合空间之间的区别。此外，我们知道在玩家"角色移动"组件和混合空间之间对齐值的重要性，以及为什么需要确保行走速度与混合空间中的值之间的关系。

现在，让我们进入到本章的第一个活动，在该活动中，我们将应用Walking和Running动画到混合空间，就像添加Idle动画一样。

活动11.01 添加Walking和Running动画到混合空间

到目前为止，1D运动混合空间已经基本完成了，但还缺少Walking和Running动画。在本活动中，我们通过将这些动画添加到混合空间的适当水平轴值来完成混合空间，这对于主角来说是有意义的。

使用从"练习11.01 创建角色移动混合空间1D"中获得的知识，按照以下步骤完成角色运动混合空间。

步骤01 继续"练习11.01 创建角色移动混合空间1D"，返回到"**资产浏览器**"面板。

步骤02 将Walking动画添加到300.0的水平网格位置。

步骤03 将Running动画添加到500.0的水平网格位置。

注意事项

需要记住，我们可以在角色动画预览窗口按住Shift键并沿着水平网格轴拖动绿色预览网格点，以查看动画是如何根据轴值混合在一起的，因此请确保角色动画预览窗口中的角色呈现正确的效果。

操作完成后，预期效果如图11-12所示。

⬆ 图11-12 混合空间中的奔跑动画

此时，我们应该创建一个功能性的混合空间，根据代表玩家角色速度的水平轴的值，将角色从Idle混合到Walking再到Running的运动动画。

注意事项

这个活动的解决方案可以在GitHub上找到：https://github.com/PacktPublishing/Elevating-Game-Experiences-with-Unreal-Engine-5-Second-Edition/tree/main/Activity%20solutions。

II.3 主角动画蓝图

将动画添加到混合空间后，角色应该能够四处走动，而且我们也能看到这些动画在执行。是这样的吗？嗯，不是。如果在编辑器中播放，我们会看到主角仍然以T形姿势移动。原因是还没有告诉动画蓝图使用混合空间的资产，这将在本章后面的内容中进行操作。

动画蓝图简介

在开始使用上一章中创建的动画蓝图之前，我们简要地介绍一下这种类型的蓝图是什么，以及它的主要功能是什么。动画蓝图是一种蓝图类型，它允许我们控制骨骼和骨骼网格体的动画，在这个例子中，是在前一章导入的玩家角色骨骼和网格体。

动画蓝图分为两个主要图表。

⊙ 事件图表

⊙ AnimGraph

"事件图表" 的工作方式与普通蓝图一样，我们可以使用事件、函数和变量来编写游戏玩法逻辑。AnimGraph是动画蓝图所独有的，在这里可以使用逻辑来确定骨骼和骨骼网格体在任何给定帧的最终姿势。在该选项卡中可以使用状态机、动画插槽、混合空间和其他动画相关节点等元素，然后输出角色的最终动画。

接下来，让我们来看一个例子。

在MainCharacter | Blueprints文件夹中打开AnimBP_SuperSideScroller_MainCharacter动画蓝图。

默认情况下，AnimGraph应该是打开的，我们在其中会看到角色预览、**"资产浏览器"** 面板和主图表。在AnimGraph选项卡中，我们将实现刚刚创建的混合空间，让玩家角色在关卡中移动时能够正确地执行动画。

让我们开始下一个练习来实现以上功能，并了解更多关于动画蓝图的知识。

▌练习*II.02* ▌将混合空间添加到角色动画蓝图

在本练习中，我们将把混合空间添加到动画蓝图中，并准备必要的变量，以便根据玩家角色的移动速度控制该混合空间。让我们从添加混合空间到AnimGraph选项卡中开始。

步骤01 在右侧的 **"资产浏览器"** 面板中，将SideScroller_IdleRun_1D混合空间资产拖动到AnimGraph选项卡中，从而将混合空间添加到AnimGraph选项卡中。

注意，该混合空间节点的变量输入标记为Speed，就像混合空间中的水平轴一样。请参照图11-14来查看 **"资产浏览器"** 面板中的混合空间，如图11-13所示。

步骤02 接下来，将混合空间节点的Output Pose资产连接到Output Pose节点的Result输入引脚。现在，预览中的动画姿势将显示Idle动画姿势，如图11-14所示。

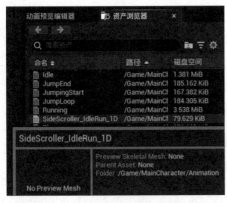

图11-13 "资产浏览器"面板可以访问与Mai-
nCharacter_Skeleton相关的所有动画资产

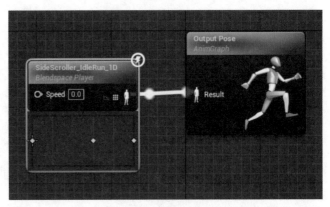

图11-14 现在，可以对混合空间进行有限的控制，并且可以手动
在Speed数值框中输入值

注意事项

如果要为水平轴重命名，则新名称将显示为混合空间的输入参数。

步骤03 如果在编辑器中播放，玩家角色将四处移动，而且播放Idle动画时，角色不再保持T形姿势了，如图11-15所示。

现在，我们可以通过Speed参数输入变量来控制混合空间。使用混合空间的功能，还需要一种方法来存储角色的移动速度，并将该值传递给混合空间的Speed输入参数。让我们来学习具体的操作方法。

步骤04 切换到动画蓝图的"**事件图表**"选项卡。默认情况下，会有Event Blueprint Update Animation事件和Try Get Pawn Owner纯函数。图11-16显示了"事件图表"选项卡的默认设置。该事件在动画被更新的每一帧都会被更新，并返回每一帧更新和这个动画蓝图的所属pawn之间**Delta Time**属性。在获得更多信息之前，我们需要确保拥有的pawn是超级横版动作游戏中玩家角色蓝图类。

图11-15 玩家角色现在游戏中播放Idle动画

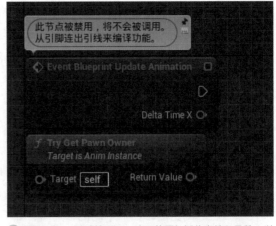

图11-16 默认情况下，动画蓝图包括此事件和函数，以
便在"事件图表"中使用

注意事项

虚幻引擎5中纯函数和非纯函数的主要区别在于，纯函数意味着它包含的逻辑不会修改正在使用的类的变量或成员。在Try Get Pawn Owner纯函数中，它只是返回一个对动画蓝图的Pawn所有者的引用。非纯函数没有这种限制，可以随意修改任何变量或成员。

步骤05 从Try Get Pawn Owner函数的Return Value输出引脚拖出一条引线，然后在打开的上下文菜单的搜索框中搜索并添加Cast To SuperSideScrollerCharacter，如图11-17所示。

⬆图11-17 强制过渡确保我们使用的是正确的类

步骤06 将Event Blueprint Update Animation的执行引脚连接到Cast节点的执行引脚，如图11-18所示。

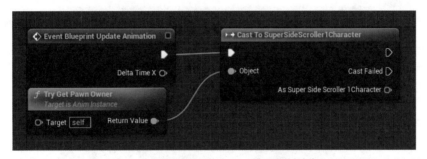

⬆图11-18 使用Try Get Pawn Owner函数将返回的Pawn对象强制过渡为SuperSideScrollerCharacter类

我们创建的角色蓝图继承自SuperSideScrollerCharacter类。因为拥有这个动画蓝图的pawn是BP_SuperSideScroller_MainCharacter角色蓝图，这个蓝图继承自SuperSideScrollerCharacter类，Cast函数将成功执行。

步骤07 接下来，将Cast返回的值存储到自身的变量中，如图11-19所示。这样，我们在动画蓝图中再次需要使用时就有了一个对它的引用。参考图11-20，确保将这个新变量命名为MainCharacter。

⬆图11-19 创建变量并命名

步骤08 现在，为了检测角色的速度，使用来自MainCharacter变量的Get Velocity函数，如图11-20所示。Actor类中的每个对象都可以访问这个函数，并返回对象移动的幅度和方向的向量。

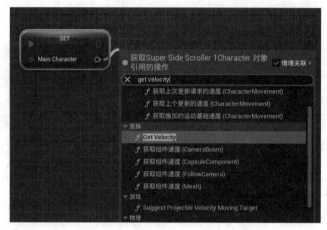

↑图11-20　在"变换"类别下方找到Get Velocity函数

步骤09 从Get Velocity节点的Return Value输出引脚拖出一条引线，在打开的上下文菜单中搜索并添加Vector Length函数，该函数用来获取实际速度，如图11-21所示。

↑图11-21　Vector Length函数返回向量的大小

步骤10 然后将Vector Length函数的Return Value提升为它自身变量Speed，如图11-22所示。

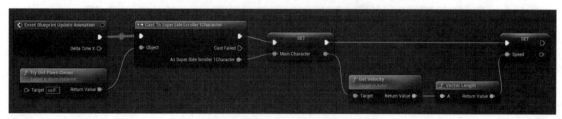

↑图11-22　提升VectorLength函数的Return Value为自己的变量

在这个练习中，我们通过使用GetVelocity函数获得了玩家角色的速度。从GetVelocity函数返回的向量给出了确定实际速度的向量的长度。通过将该值存储在Speed变量中，现在可以在动画蓝图的AnimGraph选项卡中引用该值来更新混合空间，这将在接下来的练习中实现。现在，让我们来简单了解一下什么是速度向量，以及如何使用向量数学来确定玩家角色的速度。

11.4 速度向量

在继续下一步之前，解释一下当我们获得角色的速度并将该向量的长度提升到Speed变量时，需要执行的操作。

速度是什么？速度是一个向量，该向量具有特定的**大小**和**方向**。换句话说，向量可以像箭头一样表示出来。

箭头的长度表示速度的大小或强度，而箭头的方向表示速度的方向。因此，如果想知道玩家角色移动的速度，就需要得到那个向量的长度。这正是在返回速度向量上使用GetVelocity函数和VectorLength函数时所做的，通过这些函数获得角色的Speed变量的值。这就是要将该值存储在一个变量中并使用它来控制混合空间的原因。图11-23是一个向量的例子：一个是正（右）方向，大小为100；而另一个是负（左）方向，大小为35。

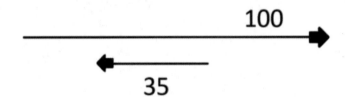

↑图11-23　两个不同的向量

在下面的练习中，我们将使用上一练习中从玩家角色的速度参数的VectorLength函数所创建的Speed变量，来驱动混合空间1D对角色进行动画处理。

练习*11.03* | 将角色的Speed变量传递到混合空间

现在，我们已经更好地理解了向量，以及如何存储上一练习中玩家角色的Speed变量。让我们将速度应用到本章前面创建的混合空间1D。

请按照以下步骤完成练习。

步骤01 切换到AnimBP_SuperSideScroller_MainCharacter动画蓝图中的**AnimGraph**选项卡。

步骤02 使用Speed变量在**AnimGraph**选项卡中实时更新混合空间，方法是按住Speed变量并将其拖拽到图表中，然后将该变量连接到Blendspace Player函数的输入参数，如图11-24所示。

步骤03 接下来，编译动画蓝图。

这样，我们就可以根据玩家角色的速度来更新混合空间。在编辑器中播放时，角色静止时处于Idle状态，移动时处于Walking状态，如图11-25所示。

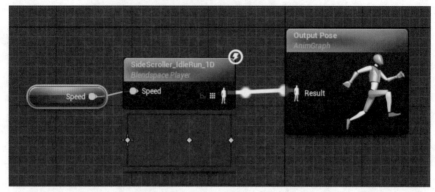

图11-24　使用Speed变量更新每一帧的混合空间

图11-25　玩家角色终于可以在关卡中四处走动了

　　最终，主角使用基于移动速度的移动动画。在下一个活动中，我们将更新"角色移动"组件，以便可以从混合空间预览角色的Running动画。

活动11.02 ｜ 预览在游戏中运行的动画

　　随着动画蓝图的更新和玩家角色获取速度的提升，我们可以在游戏中预览Idle和Walking动画。

　　在此活动中，我们将更新玩家角色蓝图的"**角色移动**"组件，以便可以在游戏中预览Running动画。

　　请按照以下步骤完成此活动。

　　步骤01 在内容浏览器中打开BP_SuperSideScroller_MainCharacter玩家角色蓝图。

　　步骤02 访问"**角色移动**"组件。

　　步骤03 在"**细节**"面板中将"**最大行走速度**"参数修改为500.0，这样角色就可以移动得足够快，从而实现从Idle平滑过渡到Walking，并最终过渡到Running状态。

完成以上操作后，玩家角色可以达到设置的速度，从而在游戏中预览奔跑的动画。
输出效果如图11-26所示。

⬆ 图11-26　玩家角色正在奔跑

注意事项

　　这个活动的解决方案可以在GitHub上找到：https://github.com/PacktPublishing/Elevating-Game-Experiences-with-Unreal-Engine-5-Second-Edition/tree/main/Activity%20solutions。

　　现在，我们已经成功实现了玩家角色从Idle到Walking再到Running的运动混合处理。接下来让我们添加允许玩家角色通过冲刺更快地移动的功能。

11.5 增强型输入系统

　　每款游戏都需要玩家的输入，无论是通过键盘上的W、A、S和D等键，还是使用控制器上的拇指摇杆，这正是电子游戏成为一种互动体验的所在。我们将使用增强型输入系统为玩家角色的冲刺动作添加输入绑定。关于如何启用和设置增强型输入系统插件的内容，请参阅"第4章　玩家输入入门"。接下来，本章的练习假设我们已经启用了该插件。

　　虚幻引擎5允许我们将键盘、鼠标、游戏手柄和其他类型的控件映射到标记的动作或轴上，然后可以在蓝图或C++中引用这些操作或轴，以实现角色或游戏玩法的功能。必须指出的是，每个唯一的操作映射或轴映射可以有一个或多个键绑定，并且相同的键绑定可以用于多个映射。输入绑定保存到一个名为DefaultInput.ini的初始化文件中，该文件可以在项目目录的Config文件夹中找到。

在下一个练习中，我们将为玩家角色的Sprint功能添加一个新的输入绑定。

练习11.04 为冲刺添加输入

随着玩家角色在关卡中移动，我们现在要为玩家角色实现一个独特的角色类，该类继承自基础的SuperSideScrollerCharacter C++类。这样做的原因是，我们可以很容易地区分玩家角色和敌人的类，而不是仅仅依赖于独特的蓝图类。

在创建独特的C++角色类时，我们将实现冲刺行为，以允许玩家角色按照自己的意愿行走和冲刺。

通过为Sprint引入"**输入操作**"，我们可以实现冲刺机制。

步骤01 在内容浏览器区域的"**内容**"目录下添加一个名为Input的新文件夹。

步骤02 在Input文件夹中，创建另一个名为Sprint的文件夹。我们将在这个目录中创建"**输入操作**"和"**输入映射情境**"资产。

步骤03 在Sprint文件夹的空白处右击，并在快捷菜单的"**输入**"子菜单中选择"**输入操作**"命令，如图11-27所示。

步骤04 将此输入操作命名为IA_Sprint并打开资产。

步骤05 在"**细节**"面板的"**操作**"类别下单击"**触发器**"右侧加号图标，添加一个新的

图11-27 选择"输入操作"命令

触发器。在"**索引[0]**"参数下选择"**下移**"类型，如图11-28所示。

现在我们有了输入操作，接下来创建"**输入映射情境**"资产并向其添加输入操作。

步骤06 在内容浏览器的Input文件夹的空白处右击，在快捷菜单的"**输入**"子菜单中选择"**输入映射情境**"命令，如图11-29所示。

图11-28 使用"下移"触发器类型的IA_Sprint输入操作类

图11-29 选择"输入映射情境"命令

步骤07 将此输入映射情境命名为IC_SideScrollerCharacter并打开该资产。

步骤08 在"**细节**"面板的"**映射**"类别中，通过单击右侧的加号图标添加一个新的映射，然后分配IA_Sprint。

步骤09 接下来，我们要将"左Shift"指定为用于冲刺的绑定。

步骤10 在"**触发器**"类别中，通过单击右侧加号图标添加一个新的触发器。在"**索引[0]**"参数下选择"**下移**"。最终的输入映射情境设置如图11-30所示。

⬆ 图11-30 使用IA_Sprint输入操作映射的IC_SideScrollerCharacter

Sprint输入绑定后，还需要基于SuperSideScrollerCharacter类为玩家角色创建一个新的C++类。

步骤11 确保更新了SuperSideScroller.Build.cs文件，使其包含了增强型输入插件，否则，代码将无法编译。在public SuperSideScroller(ReadOnlyTargetRues Target) : base(Target)函数中添加以下代码。

```
PrivateDependencyModuleNames.AddRange(new string[]
{ "EnhancedInput" });
```

步骤12 然后返回编辑器中，在菜单栏中单击"工具"按钮，在下拉菜单中选择"新建C++类"命令。

步骤13 打开"添加C++类"对话框，设置新的玩家角色类将继承SuperSideScrollerCharacter父类，因为这个基类包含了玩家角色所需的大部分功能。选择父类之后，单击"**下一步**"按钮。图11-31显示了SuperSideScrollerCharacter类的位置。

⬆ 图11-31 选择SuperSideScrollerCharacter类作为父类

步骤 14 将这个新类命名为SuperSideScroller_Player。除非需要调整这个新类的文件路径，否则将路径保留为虚幻引擎提供的默认路径。在命名新类并选择要保存类的目录之后，单击"**创建类**"按钮。

单击"**创建类**"按钮后，虚幻引擎会自动生成源文件和头文件，Visual Studio会自动打开这些文件。此时，头文件和源文件几乎都是空的，这是没有问题的，因为是从SuperSideScroller-Character类继承的，我们想要的很多逻辑都是在这个类中完成的。

步骤 15 在SuperSideScroller_Player中，我们只在继承的基础上添加所需的功能，可以在SuperSideScroller_Player.h文件中查看继承发生的代码，具体如下。

```
class SUPERSIDESCROLLER_API ASuperSideScroller_Player :
public ASuperSideScrollerCharacter
```

这个类声明的含义是新的ASuperSideScroller_Player类继承自ASuperSideScrollerCharacter类。

通过完成这个练习，我们为Sprint机制添加了一个**增强型输入绑定**（Enhanced Input Binding），该绑定可以在C++中引用，并用于允许玩家冲刺。我们已经为玩家角色创建了C++类，现在可以使用Sprint功能更新代码，但是首先还需要更新蓝图角色和动画蓝图，以引用这个新类。我们将在下一个练习中实现这一功能。

如果我们将蓝图重新父类化为一个新的类，会发生什么情况？每个蓝图都继承自一个父类，在大多数情况下，这个父类就是Actor。但是本示例中，我们创建的角色蓝图的父类是SuperSideScroller-Character。从父类继承允许蓝图继承该类的功能和变量，以便可以在蓝图关卡中重用逻辑。

例如，当从SuperSideScrollerCharacter类继承时，蓝图继承了"**角色移动**"组件和网格体骨骼网格体组件等，这些组件可以在蓝图中修改。

练习11.05 | 修改角色蓝图

现在我们已经为玩家角色创建了一个新的角色类，接下来需要更新BP_SuperSideScroller_MainCharacter蓝图，以便它使用SuperSideScroller_Player类作为其父类。如果不这样操作，添加到新类中的任何逻辑都不会影响蓝图中所创建的角色。

请按照以下步骤将蓝图重新分配给新角色类。

步骤 01 在内容浏览器中展开Game | MainCharacter | Blueprints文件夹，打开BP_SuperSide-Scroller_MainCharacter蓝图。

步骤 02 单击"文件"按钮，从下拉菜单中选择"重设置蓝图父项"命令。

步骤 03 选择"重设置蓝图父项"命令后，虚幻引擎将要求指定要将蓝图重新指定为哪个新类的子类。在打开的窗口中搜索SuperSideScroller_Player并在下拉列表中选择该选项。

我们一旦为蓝图选择了新的父类，虚幻引擎将重新加载蓝图并重新编译它，以上两种操作都会自动完成。

注意事项

在重新赋予蓝图新的父类时要谨慎，因为这可能会导致编译错误或将设置删除或恢复为类默认类。

虚幻引擎会显示编译蓝图并将其重定向到新类后可能发生的任何警告或错误，这些警告和错误通常发生在蓝图中引用的变量或其他类成员在新的父类中不再存在的情况下。即使没有编译错误，在继续工作之前，最好确认添加到蓝图中的任何逻辑或设置在重新父类化之后仍然存在。

现在，我们的角色蓝图已经被正确地重新父类化为新的SuperSideScroller_Player类，还需要更新AnimBP_SuperSideScroller_MainCharacter动画蓝图，以确保在使用Try Get Pawn Owner函数时可以过渡到正确的类。

(步骤 04) 接下来，导航到MainCharacter | Blueprints文件夹，打开AnimBP_SuperSideScroller_MainCharacter动画蓝图。

(步骤 05) 切换至"事件图表"选项卡，从Try Get Pawn Owner函数的Return Value输出引脚拖出一条引线，在打开的上下文菜单中搜索Cast to SuperSideScroller_Player，如图11-32所示。

⬆ 图11-32　添加Cast to SuperSideScroller_Player节点

(步骤 06) 现在，我们可以将输出作为SuperSideScroller_Player强制过渡连接到MainCharacter变量，如图11-33所示。这是有效的，因为MainCharacter变量是SuperSideScrollerCharacter类型，而新的SuperSide-Scroller_Player类继承自该类。

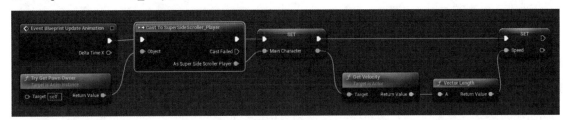

⬆ 图11-33　由于继承关系，SuperSideScroller_Player基于SuperSideScrollerCharacter，因此仍然可以使用MainCharacter变量

既然BP_SuperSideScroller_MainCharacter角色蓝图和AnimBP_SuperSideScroller_MainCharacter动画蓝图都引用了新SuperSideScroller_Player类，那接着就可以安全地进入C++并编写角色的冲刺功能了。

练习11.06 | 编码角色的冲刺功能

在蓝图中正确地实现了新的SuperSideScroller_Player类引用后，是时候开始编写允许玩家角色冲刺的功能了。

请按照以下步骤为角色添加Sprinting机制。

步骤01 要处理SuperSideScroller_Player类的构造函数，则需要切换到Visual Studio并打开SuperSideScroller_Player.h头文件。

步骤02 在本练习的后面，我们将使用构造函数为变量设置初始化值。现在，它是一个空的构造函数。确保声明是在public访问修饰符标题下进行的，代码如下。

```
//Constructor
ASuperSideScroller_Player();
```

步骤03 通过声明构造函数，在SuperSideScroller_Player.cpp源文件中创建构造函数定义，代码如下。

```
ASuperSideScroller_Player::ASuperSideScroller_Player()
{
}
```

有了构造函数，就可以创建SetupPlayerInputComponent函数了，这样就可以使用前面创建的键绑定来调用SuperSideScroller_Player类中的函数。

SetupPlayerInputComponent函数是角色类默认内置的函数，我们需要使用override修饰符将其声明为虚拟函数。这将告诉虚幻引擎，正在使用这个函数，并打算在这个类中重新定义它的功能。确保声明是在Protected访问修饰符标题下进行的。

步骤04 SetupPlayerInputComponent函数需要将一个UInputComponent类的对象传递给该函数，代码如下。

```
protected:
//Override base character class function to setup our
//player
    input component
virtual void SetupPlayerInputComponent(class
UInputComponent*
    PlayerInputComponent) override;
```

UInputComponent*PlayerInputComponent变量是从ASuperSideScroller_layer()类继承的UCharacter基类中继承而来的，因此该变量必须被用作SetupPlayerInputComponent()函数的输入参数。使用任何其他名称都会导致编译错误。

步骤05 现在，在源文件中创建SetupPlayerInputComponent函数的定义。在函数体中，我们将使用Super关键字来调用该函数，代码如下。

```
//Not always necessary, but good practice to call the
//function inthe base class with Super.
Super::SetupPlayerInputComponent(PlayerInputComponent);
```

Super关键字使我们能够调用SetupPlayerInputComponent父方法。准备好SetupPlayerInput-Component函数后，还需要包含以下头文件来继续这个练习，否则会出现编译错误。

◉ #include "Components/InputComponent.h"

⊙ #include "GameFramework/CharacterMovementComponent.h"

我们需要包含输入组件的头文件，以便将键映射绑定到接下来要创建的sprint函数。"**角色移动**"组件的标题对于冲刺功能来说是必要的，因此我们将根据玩家是否在冲刺来更新"**最大行走速度**"参数。下面的代码包含了玩家角色需要包含的所有标题。

```
#include "SuperSideScroller_Player.h"
#include "Components/InputComponent"
#include "GameFramework/CharacterMovementComponent.h"
```

使用SuperSideScroller_Player类的源文件中包含的必要头文件，我们可以创建sprint函数以使玩家角色移动得更快。让我们从声明所需的变量和函数开始。

步骤06 在SuperSideScroller_Player类的头文件中的Private访问修饰符下，声明一个名为bIsSprinting的新布尔类型的变量，代码如下。这个变量将被用作安全保护，这样我们就可以在改变移动速度之前知道玩家角色是否在冲刺。

```
private:
//Bool to control if we are sprinting. Failsafe.
bool bIsSprinting;
```

步骤07 接下来，在Protected访问修饰符下声明两个新函数Sprint()和StopSprinting()，代码如下。这两个函数不接受任何参数，也不返回任何内容。

```
//Sprinting
void Sprint();
//StopSprinting
void StopSprinting();
```

当玩家按下/按住映射到绑定的Sprint键，将调用Sprint()函数；当玩家释放映射到绑定的键，将调用StopSprint()函数。

步骤08 从Sprint()函数的定义开始。在SuperSideScroller_Player类的源文件中，创建这个函数的定义，代码如下。

```
void ASuperSideScroller_Player::Sprint()
{
}
```

步骤09 在函数中，需要检查bIsSprinting变量的值。如果玩家没有冲刺，意味着bIsSprinting为false，我们就可以创建函数的其余部分。

步骤10 在if语句中，将bIsSprinting变量设置为true。然后访问GetCharacterMovement()函数并修改MaxWalkSpeed参数。设置MaxWalkSpeed为500.0f。需要记住，移动混合空间的最大轴值参数是500.0f，这意味着玩家角色将达到使用Running动画所需的速度。

```
void ASuperSideScroller_Player::Sprint()
{
    if (!bIsSprinting)
        {
```

```
        bIsSprinting = true;
        GetCharacterMovement()->MaxWalkSpeed = 500.0f;
    }
}
```

StopSprinting()函数看起来与刚刚编写的Sprint()函数几乎相同，但其工作方式是相反的。首先，我们想要检查玩家是否在冲刺，这意味着bIsSprinting为true。如果是在冲刺，则可以创建函数的其余部分。

步骤11 在if语句中，将bIsPrinting设置为false，然后访问GetCharacterMovement()函数来修改MaxWalkSpeed。将MaxWalkSpeed设置回300.0f，这是玩家角色行走时的默认速度，意味着玩家角色只能达到行走动画所需的速度，代码如下。

```
void ASuperSideScroller_Player::StopSprinting()
{
    if (bIsSprinting)
    {
        bIsSprinting = false;
        GetCharacterMovement()->MaxWalkSpeed = 300.0f;
    }
}
```

现在已经有了冲刺所需的函数，接下来就可以将这些函数绑定到前面创建的操作映射。要做到这一点，需要创建变量来保存对本章前面创建的**"输入映射情境"**和**"输入操作"**的引用。

步骤12 在SuperSideScroller_Player头文件的Protected类别下，添加以下代码行来创建输入映射情境和输入操作的属性。

```
UPROPERTY(EditAnywhere, Category = "Input")
class UInputMappingContext* IC_Character;
UPROPERTY(EditAnywhere, Category = "Input")
class UInputAction* IA_Sprint;
```

在我们尝试测试冲刺功能之前，必须记住在角色蓝图中分配这些属性

步骤13 接下来，在SuperSideScroller_Player源文件的SetupPlayerInputComponent()函数中，我们需要通过编写以下代码来获取对增强型输入组件的引用。

```
UEnhancedInputComponent* EnhancedPlayerInput =
Cast<UEnhancedInputComponent>(PlayerInputComponent);
```

现在正在引用UEnhancedInputComponent，还需要包括以下类。

```
#include "EnhancedInputComponent.h"
```

由于我们想要同时支持传统输入和增强型输入系统，所以，要在代码中添加一个特定的if语句来检查EnhancedPlayerInput变量是否有效，代码如下。

```
if(EnhancedPlayerInput)
{}
```

如果EnhancedPlayerInput变量是有效的，将获得一个对玩家控制器的引用，以便我们可以访问EnhancedInputLocalPlayerSubsystem类，该类将分配输入映射情境，代码如下。

```
if(EnhancedPlayerInput)
{
    APlayerController* PlayerController =
    Cast<APlayerController>(GetController());
UEnhancedInputLocalPlayerSubsystem* EnhancedSubsystem =
ULocalPlayer::GetSubsystem<UEnhancedInputLocal
PlayerSubsystem> (PlayerController->GetLocalPlayer());
}
```

步骤14 现在我们正在引用UEnhancedInputLocalPlayerSubsystem类，还需要添加include头文件，代码如下。

```
#include "EnhancedInputSubsystems.h"
```

步骤15 最后，我们将添加另一个if语句来检查EnhancedSubsystem变量是否有效，然后调用AddMappingContext函数来添加IC_Character输入映射情境到玩家控制器，代码如下。

```
if(EnhancedSubsystem)
{
    EnhancedSubsystem->AddMappingContext(IC_Character,
    1);
}
```

我们已经将输入映射情境应用到玩家角色的EnhancedSubsystem上，接下来可以将Sprint()和Stopsprint()函数绑定到之前创建的输入操作。

步骤16 在if(EnhancedPlayerInput)语句的末尾，我们添加一个BindAction来将ETriggerEvent::Triggered绑定到Sprint()函数，代码如下。

```
//Bind pressed action Sprint to your Sprint function
EnhancedPlayerInput->BindAction(IA_Sprint,
ETriggerEvent::Triggered, this, &ASuperSideScroller_
Player::Sprint);
```

步骤17 最后，我们可以添加BindAction来将ETriggerEvent::Completed绑定到StopSprinting()函数，代码如下。

```
//Bind released action Sprint to your StopSprinting
//function
EnhancedPlayerInput->BindAction(IA_Sprint,
ETriggerEvent::Completed, this, &ASuperSideScroller_
Player::StopSprinting);
```

注意事项

有关ETriggerEvent枚举器类型的更多信息，以及增强型输入系统的更多细节，请参考Epic Games的以下文档：https://docs.unrealengine.com/5.0/en-US/GameplayFeatures/EnhancedInput/，或参阅"第4章 玩家输入入门"的相关内容。

将操作映射绑定到Sprint函数后，我们需要做的最后一件事是设置"**角色移动**"组件中的bIsSprinting变量和MaxWalkSpeed参数的默认初始化值。

步骤18 在SuperSideScroller_Player类的源文件的构造函数中，添加bIsSprinting = false行。这个变量被构造为false，这是因为玩家角色在默认情况下不应该进行冲刺。

步骤19 最后，添加GetCharacterMovement()->MaxWalkSpeed = 300.0f来将角色移动组件的MaxWalkSpeed参数设置为300.0f，代码如下。

```
ASuperSideScroller_Player::ASuperSideScroller_Player()
{
    //Set sprinting to false by default.
        bIsSprinting = false;
    //Set our max Walk Speed to 300.0f
        GetCharacterMovement()->MaxWalkSpeed = 300.0f;
}
```

在初始化了添加到构造函数中的变量之后，SuperSideScroller_Player类就完成了。返回到虚幻引擎，在工具栏中单击"**编译**"按钮，重新编译代码并执行编辑器的热重载。

在重新编译和热重载编辑器之后，我们需要记住在玩家角色中分配输入映射情境和输入操作。

步骤20 导航到MainCharacter | Blueprints文件夹，打开BP_SuperSideScroller_MainCharacter蓝图。

步骤21 在"**细节**"面板的"**输入**"类别下，找到IC_Character和IA_Sprint的参数。将我们之前创建的输入映射情境和输入操作资产分配给这些参数，如图11-34所示。

⬆图11-34　设置IC_Character和IA_Sprint参数

编译BP_SuperSideScroller_MainCharacter蓝图后，我们可以在编辑器中播放游戏，查看设置的成果。基本移动行为与之前相同，但现在如果按住键盘上的"左Shift"键或手柄右键，玩家角色将冲刺并开始播放Running动画，如图11-35所示。

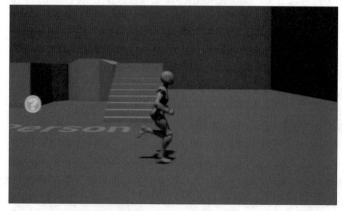

⬆图11-35　玩家角色现在可以冲刺

随着玩家角色能够冲刺，让我们进入下一个活动，角色将以非常相似的方式执行基本的Throw功能。

活动11.03 | 实现投掷输入

这款游戏所包含的功能之一便是玩家能够向敌人投掷投射物。在本章中，我们不会创建投射物或实现动画，会在下一章中设置键绑定和C++实现。

在这个活动中，我们需要为Throw功能设置增强型输入映射，并在C++中实现一个调试日志，以便在玩家按下映射到投掷的键时进行记录。

请按照以下步骤完成此活动。

步骤01 在Input文件夹中创建一个名为Throw的新文件夹，并创建一个名为IA_Throw的新输入操作。

步骤02 打开IA_Throw，使用名为"已按下"的触发器类型。

步骤03 为IC_SideScrollerCharacter添加新的IA_Throw输入操作，绑定鼠标左键和游戏手柄右键。

步骤04 在Visual Studio中，添加一个名为IA_Throw的新的UInputAction变量，并向该变量添加适当的UPROPERTY()宏。

步骤05 在SuperSideScroller_Player的头文件中添加一个新函数，将此函数命名为ThrowProjectile()，这将是一个没有参数的空函数。

步骤06 在SuperSideScroller_Player类的源文件中创建定义。在这个函数的定义中，使用UE_LOG打印一条消息，目的是让我们知道函数被成功调用了。

步骤07 使用EnhancedPlayerInput变量添加一个新的BindAction函数调用，将新的Throw输入操作绑定到ThrowProjectile()函数。

> **注意事项**
>
> 我们可以在以下链接中了解更多关于UE_LOG的信息：https://nerivec.github.io/old-ue4-wiki/pages/logs-printing-messages-to-yourself-during-runtime.html。

步骤08 编译代码并返回编辑器。接下来，将IA_Throw添加到BP_SuperSideScroller_MainCharacter参数中。

预期的结果是：当使用鼠标左键或游戏手柄右键触发，输出日志中会出现一个日志，让我们知道ThrowProjectile函数被成功调用。稍后我们将使用此功能生成投射物。

预期输出日志的效果如图11-36所示。

> **注意事项**
>
> 这个活动的解决方案可以在GitHub上找到：https://github.com/PacktPublishing/Elevating-Game-Experiences-with-Unreal-Engine-5-Second-Edition/tree/main/Activity%20solutions。

🔍 搜索日志

```
LogWorld: Bringing up level for play took
LogOnline: OSS: Created online subsystem
LogWorldPartition: New Streaming Source:
LogWorldPartition: Warning: Invalid world
LogTemp: Warning: THROW PROJECTILE!
LogTemp: Warning: THROW PROJECTILE!
LogTemp: Warning: THROW PROJECTILE!
LogTemp: Warning: THROW PROJECTILE!
```

⬆ 图11-36 预期的输出日志

这个活动完成后，就有了在"第13章　创建和添加敌人人工智能"中创建玩家投射物的功能。我们还拥有在游戏中添加新的键映射，以及在C++中利用这些映射来实现游戏功能的知识和经验。现在，我们将继续更新玩家角色的移动，以便在玩家跳跃时正确播放跳跃动画。在这之前，让我们花点时间了解动画状态机。

11.6　使用动画状态机

　　状态机是将动画或动画集分类为状态的一种方法。状态可以视为玩家角色在特定时间所处的状态，玩家当前是在行走，还是在跳跃？在许多第三人称游戏中，需要将移动、跳跃、蹲下和攀爬动画分类到各自的状态中。在游戏过程中，当满足特定条件，每个状态都可以访问。条件可以包括玩家是否在跳跃、玩家角色的速度，以及玩家是否处于蹲伏状态。状态机的工作是使用称为**过渡规则**的逻辑决策在每个状态之间进行过渡。当我们创建多个状态并使用多个相互交织的过渡规则，状态机开始看起来像一个网络。我们可以参照图11-37，了解ThirdPerson_AnimBP动画蓝图的状态机是什么样子的。

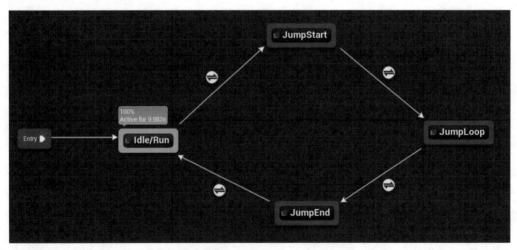

　↑ 图11-37　ThirdPerson_AnimBP的状态机

　　在玩家角色的状态机中，该状态机将处理默认玩家的移动和跳跃状态。目前，我们只需使用由角色速度控制的混合空间即可设置动画。在下一个练习中，我们将创建一个新的状态机，并将移动混合空间逻辑移到该状态机内自己的状态中。下面让我们开始创建新的状态机。

练习11.07 | 玩家角色移动和跳跃状态机

　　在本练习中，我们将实现一个新的动画状态机，并将现有的运动混合空间集成到状态机中。此外，我们将设置玩家角色何时开始跳跃，以及在跳跃过程中在空中的状态。

　　让我们从添加这个新的状态机开始。

步骤01 打开"MainCharacter | Blueprints"文件夹后，打开AnimBP_SuperSideScroller_MainCharacter动画蓝图。

步骤02 在**AnimGraph**选项卡中的空白处右击，在打开的上下文菜单的搜索框中输入state machine，然后选择State Machine选项。将创建的新状态机命名为Movement。

步骤03 现在，我们不需要插入SideScroller_IdleRun混合空间的输出姿态，可以将新状态机Movement的输出姿态连接到动画的输出姿态，如图11-38所示。

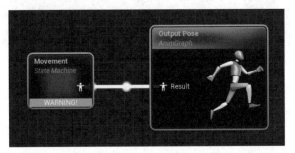

⬆图11-38 新的Movement状态机取代旧的混合空间

将空状态机连接到动画蓝图的Output Pose节点，将导致图11-39的警告。这一切意味着状态机内没有发生任何事情，结果对Output Pose无效。别担心，接下来将解决这个问题。

⬆图11-39 空状态机导致编译警告

双击Movement状态机，打开状态机本身。

我们将通过添加一个新的状态来处理角色之前所做的事情，即Idle、Walking或Running。

步骤04 从Entry节点拖出以打开上下文菜单，可以选择相关的选项。在打开的上下文菜单中有三个选项：添加导管、添加状态和添加状态别名，如图11-40所示。现在，我们将添加一个新状态并将其命名为Movement。

步骤05 选择**"添加状态"**选项后，将状态重命名为Movement，并且它自动连接到状态机的Entry节点，如图11-41所示。

⬆图11-40 在状态机内部，需要添加一个新状态

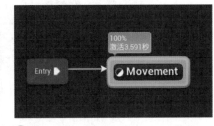

⬆图11-41 添加的新Movement状态

步骤06 复制Speed变量连接到SideScroller_IdleRun混合空间的逻辑，并粘贴到在上一步中创建的新Movement状态中。将其连接到此状态的Output Animation Pose节点的Result输入引脚，如图11-42所示。

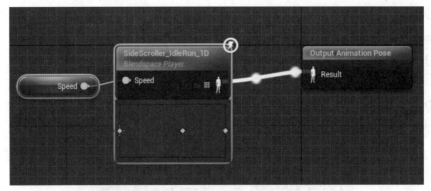

图11-42 将混合空间的输出姿势连接到此状态的输出姿势

现在，如果重新编译动画蓝图，前面显示的警告就消失了。这是因为添加了一个新状态，将动画输出到Output Animation Pose，而不是使用空状态机。

通过完成这个练习，我们已经构造了第一个状态机。虽然这是一个非常简单的状态，但它可以告诉角色进入并使用默认的Movement状态。现在，如果在编辑器中播放游戏，将看到玩家角色正在移动，就像在创建状态机之前一样。这意味着状态机正在运行，现在可以继续进行下一步，即添加跳转所需的初始状态。让我们从创建JumpStart状态开始。

过渡规则

传导器是告诉每个状态从一种状态过渡到另一种状态的条件的方法。在这种情况下，将创建一个过渡规则作为Movement和JumpStart状态之间的连接，如图11-43所示。这是由状态之间连接的方向箭头表示的。工具提示中提到过渡规则这个术语，这意味着我们需要使用布尔值来定义这些状态之间的过渡方式。

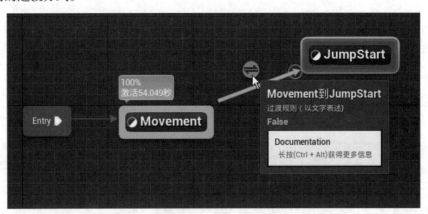

图11-43 需要有一个从移动到跳跃的过渡规则

简单的过渡规则和传导器之间的主要区别在于，过渡规则只能在两个状态之间连接，而传导器可以作为在一个状态和许多其他状态之间进行过渡的媒介。更多传导器信息，请参考以下链接中的文档：https://docs.unrealengine.com/5.0/en-US/state-machines-in-unreal-engine/#conduits。

在下一个练习中，我们将添加这个新的JumpStart状态，并添加角色从Movement状态到JumpStart状态所需的过渡规则。

练习11.08 将状态和过渡规则添加到状态机

从玩家角色的默认移动混合空间过渡到跳跃动画开始时，我们需要知道玩家何时决定跳跃。这可以通过玩家角色的"**角色移动**"组件中的IsFalling函数来实现。我们需要检测玩家是否处于下落状态，以便在跳跃时进行过渡。最好的方法是将IsFalling函数的结果存储在它自己的变量中，就像在检测玩家速度时所做的那样。

请按照以下步骤完成这个练习。

步骤01 回到状态机本身，从Movement状态的边缘拖出，以打开上下文菜单。

步骤02 选择"**添加状态**"选项并将此状态命名为JumpStart。完成以上操作时，虚幻引擎将自动连接这些状态，并实现一个空的过渡规则，如图11-44所示。

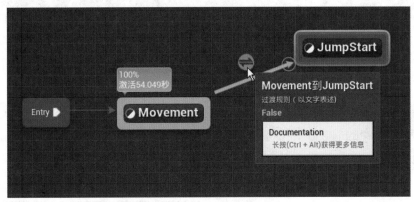

↑图11-44 连接两个状态时，虚幻引擎自动创建过渡规则

步骤03 切换到动画蓝图的"**事件图表**"选项卡，在这里我们使用事件蓝图更新动画事件来存储玩家角色的Speed值，如图11-45所示。

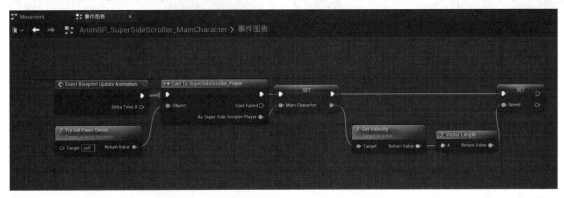

↑图11-45 我们现在将主要角色的向量长度存储为速度

步骤04 在"**我的蓝图**"面板的"**变量**"类别中拖动MainCharacter变量到"**事件图表**"选项卡中，在列表中选择"**获取MainCharacter**"选项。从MainCharacter变量输出引脚拖出一条引线，在打开的上下文菜单中搜索Character Movement，在"**角色移动**"组件中选择并添加该节点。再从Character Movement输出引脚拖出一条引线，在打开的上下文菜单中搜索并添加IsFalling节点，如图11-46所示。

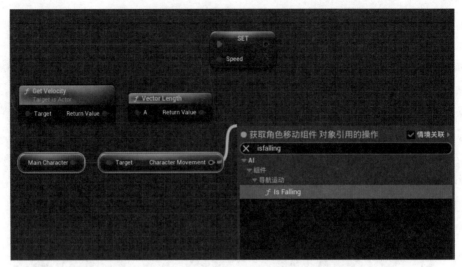

图11-46　添加IsFalling函数

步骤05 **"角色移动"**组件可以用IsFalling函数来判断玩家角色当前是否在空中，添加的节点如图11-47所示。

步骤06 从IsFalling函数的Return Value（布尔值）输出引脚上拖出一条引线，从打开的上下文菜单中搜索并添加Promote to Variable节点。在**"细节"**面板中将此变量命名为IsInAir。提升为变量时，Return Value输出引脚应自动连接到新提升变量的输入引脚上。如果没有，需要连接它们，如图11-48所示。

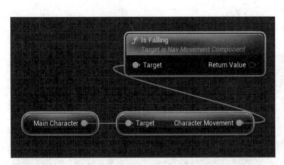

图11-47　角色移动组件显示玩家角色的状态

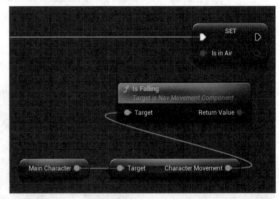

图11-48　一个新变量IsInAir，包含IsFalling函数的值

既然我们已经存储了玩家的状态以及他们是否在下落的状态，这便是Movement和JumpStart状态之间的过渡规则的完美选择。

步骤07 在运动状态机中，双击过渡规则以进入其图表。我们发现只有一个Result节点，该节点有Can Enter Transition参数。此处，需使用IsInAir变量并将它连接到Result节点，如图11-49所示。现在，过渡规则的含义是如果玩家在空中，Movement状态和JumpStart状态之间的过渡可以发生。

图11-49　当玩家角色在空中时，玩家将过渡到跳跃动画的开始

在Movement和JumpStart状态之间设置过渡规则后，接下来就是告诉JumpStart状态要使用哪个动画。

步骤 08 在状态机图表中，双击JumpStart状态以进入其图表。在"**资产浏览器**"面板中，单击并拖动JumpingStart动画到图表中，如图11-50所示。

步骤 09 将Play JumpingStart节点的输出引脚连接到Output Animation Pose节点的Result引脚，如图11-51所示。

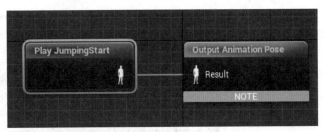

⬆ 图11-50　确保在"资产浏览器"中选择了　　⬆ 图11-51　将JumpStart动画连接到JumpStart状态的输出动画姿态
JumpingStart动画

在进入下一个状态之前，需要更改JumpingStart动画节点上的一些设置。

步骤 10 选择Play JumpingStart动画节点并更新"**细节**"面板，其中包含以下设置。

◉ 循环动画 = False（未勾选该复选框）

◉ 播放速率 = 2.0

图11-52显示了Play JumpingStart动画节点的最终设置。

⬆ 图11-52　提高播放速率会使跳跃动画更加流畅

这里，我们将"**循环动画**"参数设置为False，因为没有理由让这个动画循环播放，在任何情况下都应该只播放一次。这个动画循环的唯一方式是玩家角色陷入这种状态，但由于要创建下一个状态，所以这种情况是永远不会发生的。将"**播放速率**"设置为2.0的原因是，制作的游戏中JumpingStart动画本身太长了。动画中角色剧烈弯曲膝盖，向上跳跃超过一秒以上。对于JumpStart状态，我们希望角色更快地播放这个动画，让动画更流畅，并且更顺畅地过渡到下一个状态，这个状态就是JumpLoop。为了给动画中可用的"**播放速率**"参数提供额外的情境，这里还有"**播放速率**"和"**播放速率基础**"两个参数。"**播放速率基础**"参数可以改变"**播放速率**"

参数的表达位置，因此，默认情况下，该参数被设置为1.0。如果我们愿意，也可以将此值更改为10.0，这意味着"**播放速率**"参数的值将除以10。因此，根据不同的"**播放速率基础**"的值，"**播放速率**"中使用的数值可能会导致不同的结果。为了简化操作，我们将保持"**播放速率基础**"的默认值1.0。

步骤11 在状态机图表中，从JumpStart状态拖动，在打开的上下文菜单中选择"**添加状态**"选项，如图11-53所示。将这个新状态命名为JumpLoop。虚幻引擎将自动提供这些状态之间的过渡规则，我们将在下一个练习中添加该规则。最后，重新编译动画蓝图，忽略编译结果下可能出现的任何警告。

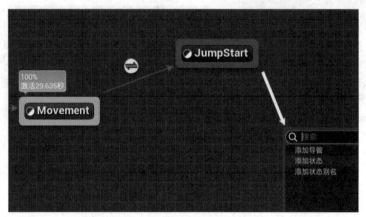

⬆图11-53　当角色在空中时处理其动画的新状态

通过完成这个练习，我们已经添加并连接了JumpStart和JumpLoop的状态。每个状态都是通过一个过渡规则连接起来的。现在，我们已经更好地理解了状态机中的状态是如何通过每个过渡规则中建立的规则从一个状态转换到另一个状态。

在下一个练习中，我们将学习如何通过Time Remaining Ratio函数从JumpStart状态过渡到JumpLoop状态。

练习11.09 | Time Remaining Ratio函数

为了使JumpStart状态平稳地过渡到JumpLoop状态，我们需要花点时间来考虑这种过渡该如何工作。根据JumpStart和JumpLoop动画的工作方式，最好在JumpStart动画经过一段指定的时间后过渡到JumpLoop动画。这样，在JumpStart动画播放一段时间后，JumpLoop状态将顺利播放。

执行以下步骤实现此目标。

步骤01 双击JumpStart和JumpLoop之间的过渡规则属性以打开其图表。这个过渡规则将检查JumpingStart动画还剩多少时间。这样做是因为JumpingStart动画中保留了一定比例的时间，我们可以假设此时玩家在空中，并准备过渡到JumpingLoop动画状态。

步骤02 要实现这一功能，需要确保在"**资产浏览器**"面板中选择JumpingStart动画。然后，在过渡规则的"**事件图表**"选项卡中右击，在上下文菜单中添加Time Remaining Ratio函数。

让我们花点时间来了解Time Remaining Ratio函数的作用。这个函数返回一个介于0.0到1.0之间的浮点数，该值表示指定的动画还剩下多少时间。值0.0和1.0可以直接转换为百分比值，以便更容易理解数值。在JumpingStart动画的情况下，我们想知道是否剩余不到60%的动画可以成功过渡到JumpingLoop状态。这就是我们现在要实现的功能。

步骤03 从Time Remaining Ratio函数的Return Value输出引脚拖出一条引线，在打开的上下文菜单中搜索并添加Less Than comparative operative节点。由于我们使用的是介于0.0到1.0之间的返回值，以确定剩余的动画是否少于60%，因此需要将该返回值与0.6的值比较。连接各节点后，如图11-54所示。

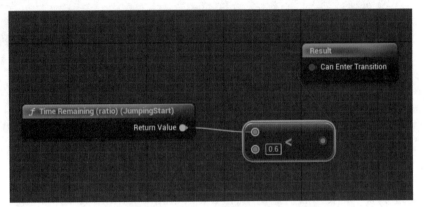

↑图11-54　JumpingStart和JumpingLoop状态之间的新过渡规则

有了这个过渡规则，接下来需要做的就是将JumpLoop动画添加到JumpLoop状态。

步骤04 在Movement状态机中，双击JumpLoop状态以进入其图表。在"**资产浏览器**"面板中选择JumpLoop动画资产后，单击并将其拖放到图表上。将其输出引脚连接到Output Animation Pose的Result输入引脚，如图11-55所示。Play JumpLoop节点的默认设置将保持不变。

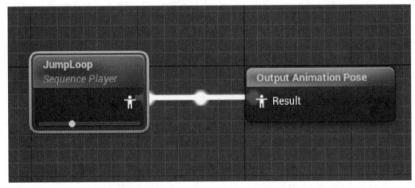

↑图11-55　连接到新状态的Output Animation Pose的JumpLoop动画

当JumpLoop动画处于JumpLoop状态时，可以编译动画蓝图和在编辑器中播放。我们会注意到移动和冲刺动画仍然存在，但是当尝试跳跃时会发生什么情况呢？玩家角色开始进入JumpStart状态，并在空中播放JumpLoop动画。这已经很好了，说明状态机正在工作，但是当玩家角色到达地面并且不再在空中时会发生什么情况呢？玩家角色没有转换回Movement状态，这是因为我们还没有添加JumpEnd的状态，也没有添加JumpLoop和JumpEnd之间的过渡，以及从JumpEnd回到Movement状态。我们将在下一个活动中实现以上功能。图11-56显示了一个玩家角色陷入JumpLoop状态的效果。

⬆ 图11-56 玩家角色播放JumpingStart和JumpLoop动画并陷入Jump Loop状态

通过完成这个练习，我们成功地使用Time Remaining Ratio函数从JumpStart状态过渡到JumpLoop状态。该函数可以提供动画播放信息，使得状态机能够进行相应的转换。玩家现在可以成功地从默认的Movement状态过渡到JumpStart状态，然后再到JumpLoop状态。然而，这导致了一个有趣的问题：玩家现在被困在JumpLoop状态，因为当前状态机不包含回到Movement状态的过渡。我们将在下一个活动中解决这个问题。

活动11.04 | 完成Movement和Jumping状态机

状态机完成一半之后，是时候添加跳转结束的状态，并定义从JumpLoop状态转换到新状态再回到Movement状态的过渡规则。

按照以下步骤完成Movement状态机。

步骤01 为从JumpLoop转换到JumpEnd添加一个新状态，并将此状态命名为JumpEnd。

步骤02 将JumpEnd动画添加到刚创建的JumpEnd状态。

步骤03 基于JumpEnd动画以及我们希望在JumpLoop、JumpEnd和Movement状态之间快速转换的速度，考虑修改动画的参数就像之前对JumpStart动画所操作的那样。"**循环动画**"参数需要设置为False，"**播放速率**"参数需要设置为3.0。

步骤04 添加一个基于IsInAir变量的从JumpLoop状态到JumpEnd状态的过渡规则。

步骤05 根据JumpEnd动画的Time Remaining Ratio函数，添加从JumpEnd状态到Movement状态的过渡规则（参照JumpStart到JumpLoop的过渡规则）。

在此活动结束时，我们将拥有一个功能齐全的运动状态机，允许玩家角色在空闲、行走和冲刺时进行动画，以及在跳跃的开始、空中和着陆时正确地跳跃和动画化。

角色在空中跳跃时的动画，如图11-57所示。

⬆ 图11-57 玩家角色现在可以在空闲、行走、冲刺和跳跃之间过渡

注意事项

这个活动的解决方案可以在GitHub上找到：https://github.com/PacktPublishing/Elevating-Game-Experiences-with-Unreal-Engine-5-Second-Edition/tree/main/Activity%20solutions。

通过完成这个活动，我们成功能完成了玩家角色的Movement状态机。通过添加剩余的JumpEnd状态和过渡规则来从JumpLoop状态转换到JumpEnd状态，并从JumpEnd状态过渡到Movement状态，我们已经成功创建了第一个动画状态机。现在，我们可以在地图上自由奔跑并轻松跳至高架平台，同时在Movement和跳跃状态之间进行正确的动画转换。

11.7 本章总结

在创建玩家移动混合空间并且玩家角色动画蓝图使用状态机从运动过渡到跳跃之后，我们已经准备好进入下一章。在下一章中，我们将准备所需的动画插槽和动画蒙太奇，并更新投掷动画的动画蓝图，该动画仅使用角色的上半身。

从本章的练习和活动中，我们学会了如何创建一个混合空间1D，该空间可以使用玩家角色的速度来控制动画的混合，从而平滑地混合基于移动的动画，如空闲、行走和跑步。

此外，我们还学会了如何在"**项目设置**"窗口中集成新的键绑定，并在C++中绑定这些键，以启用角色游戏机制，如冲刺和投掷。

最后，我们学会了如何在角色动画蓝图中实现自己的动画状态机，让玩家在运动动画之间转换，过渡到各种跳跃状态，再回到运动状态。有了这些逻辑，在下一章中，我们将创建允许玩家角色播放投掷动画的资产和逻辑，并为敌人设置基本类。

第12章

动画混合和蒙太奇

在前一章中，我们通过在混合空间中实现移动动画，并在动画蓝图中使用混合空间来驱动基于玩家速度的动画，从而使玩家角色栩栩如生。接着，我们基于玩家输入在C++中实现了功能，从而让角色能够快速冲刺。最后，我们利用动画状态机内置的动画蓝图来驱动角色的移动和跳跃，从而实现了在行走和跳跃之间的平滑过渡。

随着玩家角色的动画蓝图和状态机的运行，是时候通过实现角色的Throw动画来引入动画蒙太奇和动画插槽了。在本章中，我们将了解更多关于动画混合的内容，了解虚幻引擎如何通过创建动画蒙太奇处理多个动画的混合，并为玩家的投掷动画使用新的动画插槽。从那里开始，我们将使用玩家的动画蓝图中动画插槽实现新的功能，例如Save Cached Pose和Layered blend per bone。这样就可以正确地混合在前一章处理的运动动画与新的投掷动画了。

在本章中，我们将讨论以下内容。

- ⊙ 使用动画插槽为玩家角色创建分层动画混合
- ⊙ 为角色的Throw动画创建动画蒙太奇
- ⊙ 在动画蓝图中使用Layered blend per bone节点混合角色的上半身投掷动画和下半身运动动画

12.1 技术要求

在本章结束时，我们能够使用动画蒙太奇工具，以及在"第10章 创建超级横版动作游戏"中导入的Throw动画序列，创建一个独特的投掷动画。通过动画蒙太奇，我们将创建和使用动画插槽，该功能可以在玩家角色的动画蓝图中混合动画。我们还将了解如何使用混合节点来有效地混合角色的运动和投掷动画。

完成玩家角色动画后，我们将创建敌人人工智能（AI）所需的类和资产，并学习更多关于材质和材质实例的内容，以赋予敌人独特的视觉颜色，以便在游戏中区分它。最后，准备在"第13章 创建和添加敌人人工智能"中使用创建的敌人，在那里将开始创建AI行为逻辑。

在学习本章内容前，需要安装虚幻引擎5。

让我们从什么是动画蒙太奇和动画插槽开始学习，并了解如何将它们用于角色动画。

本章的完整代码可从本书的GitHub存储库下载，链接：https://github.com/PacktPublishing/Elevating-Game-Experiences-with-Unreal-Engine-5-Second-Edition。

12.2 动画混合、动画插槽和动画蒙太奇

动画混合是在骨骼网格体上实现多个动画之间无缝过渡的技术。我们已经熟悉了动画混合技术，因为在"第11章 使用混合空间1D、键绑定和状态机"中为玩家角色创建了一个混合空间资产。在这个混合空间中，角色在Idle、Walking和Running动画之间平滑地混合。现在，我们将通过探索和实施新的附加技术来扩展这一知识，将角色的运动动画与投掷动画相结合。通过使用动画插槽，我们将把投掷动画应用到一组上半身骨骼及其子骨骼组件，以允许移动和投掷动画同时应用，而不会对其他动画产生负面影响。首先，让我们来了解动画蒙太奇的相关知识。

动画蒙太奇是非常强大的资产，它可以组合多个动画并将这些组合动画拆分为所谓的"**片段**"。这些片段可以单独播放，并按照特定的顺序播放，甚至循环播放。

动画蒙太奇的作用是很大的，因为可以通过蓝图或C++中的蒙太奇来控制动画，这意味着可以根据正在播放的动画部分调用逻辑、更新变量、复制数据等，或者在蒙太奇中调用任何通知。在C++中，有一个UAnimInstance对象，我们可以用它来调用UAnimInstance::Montage_Play等函数，这将会从C++中访问和播放蒙太奇。

注意事项

这个方法将在"第14章 生成玩家投射物"中使用，那时我们开始对游戏进行优化。关于在虚幻引擎5的C++中处理动画和通知的更多信息，可以访问以下链接：https://docs.unrealengine.com/en-US/

图12-1显示了动画蒙太奇的人物角色编辑器。这将在"练习12.01　设置动画蒙太奇"中进一步详细讲解。

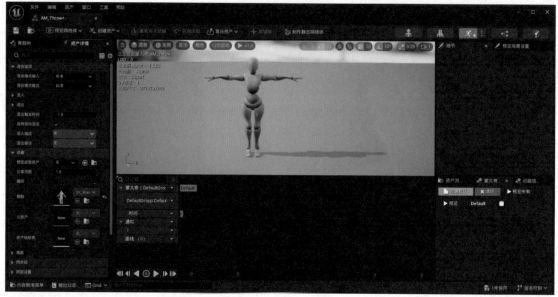

⬆图12-1　在编辑动画蒙太奇时打开人物角色编辑器

就像在动画序列中一样，动画蒙太奇允许通过时间轴触发通知，从而激活声音、粒子效果和事件。事件通知使我们能够从蓝图或C++调用逻辑。Epic Games在其文档中提供了一个武器重新加载动画蒙太奇的例子，该动画蒙太奇分为reload start（重新加载开始）、reload loop（重新加载循环）和reload complete（重新加载完成）的动画。通过拆分这些动画并为声音和事件应用通知，开发者可以根据内部变量完全控制reload loop动画的播放时间，并控制动画过程中播放的任何额外声音或效果。

最后，动画蒙太奇支持动画插槽。动画插槽可以对一个动画或一组动画进行分类，这些动画稍后可以在动画蓝图中引用，以允许基于插槽实现独特混合行为。这意味着我们可以定义一个动画插槽，在以后的动画蓝图中使用，允许使用该插槽的动画以任何方式混合在基础运动动画之上。在本例中，只影响玩家角色的上半身而不影响下半身。

我们首先在第一个练习中为玩家角色的Throw动画创建动画蒙太奇。

练习12.01 | 设置动画蒙太奇

首先要为玩家角色设置动画插槽，将这个动画单独归类为上半身动画。我们将使用这个动画插槽与动画蓝图中的混合功能相结合，以允许玩家角色投掷投射物，同时在移动和跳跃时仍然正确地设置下半身动画。

在这个练习结束时，玩家角色将能够只使用他们的上半身播放Throw动画，而下半身仍然使用在前一章中定义的移动动画。

让我们从为角色创建动画蒙太奇开始，在其中添加并设置动画插槽。

步骤01 首先，打开MainCharacter | Animation文件夹，这是所有动画资产所在的位置。

步骤02 在内容浏览器空白区域右击，在快捷菜单中将光标悬停在"**动画**"命令上。

步骤03 然后，在子菜单中选择"**动画蒙太奇**"命令。

步骤04 就像创建其他基于动画的资产一样（如混合空间或动画蓝图），虚幻引擎会要求为这个动画蒙太奇分配一个骨骼对象。本例是在打开的"**选择骨骼**"对话框中选择MainCharacter_Skeleton选项。

步骤05 将新的动画蒙太奇命名为AM_Throw。现在，双击并打开创建的动画蒙太奇。

打开创建的动画蒙太奇资产时，我们会看到一个类似编辑器的布局，就像打开动画序列一样。有一个预览窗口，在默认的T形姿势中显示主角骨骼，但是在向这个蒙太奇添加动画时，骨骼将更新以反映这些变化。

完成此练习后，我们已经成功地为超级横版动作项目创建了动画蒙太奇资产。现在，是时候了解更多关于动画蒙太奇以及如何添加Throw动画和动画插槽的知识，以便将投掷动画与现有的角色运动动画混合。

12.3 动画蒙太奇

图12-2显示动画蒙太奇的预览窗口和其他相关区域。

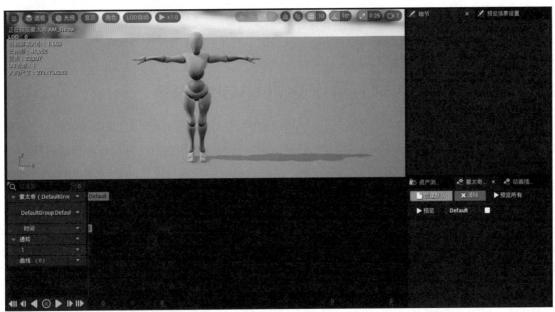

⬆ 图12-2 动画蒙太奇的预览窗口和部分区域

在预览窗口下面，是蒙太奇时间轴。

让我们从上到下介绍这些部分的功能。

⦿ **蒙太奇**：蒙太奇部分是一个动画集合，可以有一个或多个动画。我们还可以右击时间轴上的任何一点来创建一个片段。

⦿ **蒙太奇片段**：可以将蒙太奇的不同部分划分为各自的独立片段，这允许我们设置动画序列的播放顺序以及是否循环。

为了实现Throw蒙太奇，我们不需要使用这个功能，因为只会在这个蒙太奇中使用一个动画。

⦿ **时间**：时间部分提供了蒙太奇的预览和各个方面的顺序。通知的播放顺序、蒙太奇片段和其他元素将在这里直观地显示，以便我们快速预览蒙太奇的工作方式。

⦿ **通知**：可以在动画时间轴中添加帧，然后通知其他系统执行动作或从蓝图和C++调用逻辑。"**添加通知**"选项包括播放音效或播放粒子效果等，可以在动画中的特定时间播放音效或粒子。我们在这个项目中实现投掷时，将使用这些通知。

"**时间**"和"**通知**"区域如图12-3所示。

⬆ 图12-3　时间和通知区域

现在我们已经熟悉了动画蒙太奇的界面，可以根据下一个练习将Throw动画添加到蒙太奇中了。

练习12.02 | 在蒙太奇中添加Throw动画

现在我们已经了解了动画蒙太奇是什么，以及这些资产是如何工作的，是时候将Throw动画添加到在"练习12.01　设置动画蒙太奇"创建的蒙太奇中。本示例虽然只添加一个动画到这个蒙太奇，但需要强调的是，我们可以添加多个独特的动画到蒙太奇中，然后播放这些动画。现在，让我们从"第10章　创建超级横版动作游戏"中添加导入到项目中的Throw动画开始。

步骤01 在"**资产浏览器**"面板中找到Throw动画资产，如图12-4所示。然后单击并将其拖到蒙太奇的时间轴上。

步骤02 一旦将动画添加到动画蒙太奇中，预览窗口中的角色骨骼会相应更新，并开始播放动画，如图12-5所示。

⬆图12-4　基于动画资产的"资产浏览器"面板

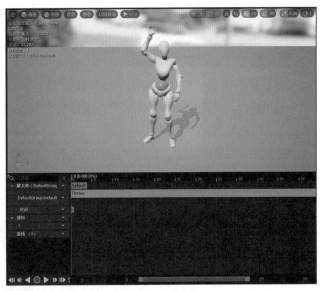

⬆图12-5　玩家角色开始应用动画

现在，Throw动画已经添加到动画蒙太奇中，我们可以继续创建动画插槽。

"**动画插槽管理器**"面板应该在"**资产浏览器**"面板的旁边，如果没有显示"**动画插槽管理器**"面板，我们可以单击动画蒙太奇编辑器窗口中"**窗口**"菜单按钮，在打开的菜单列表中选择"**动画插槽管理器**"命令，该窗口将显示出来。

通过完成这个练习，我们已经将Throw动画添加到新的动画蒙太奇中，并且可以在动画蒙太奇编辑器窗口中预览动画效果。

现在，我们可以进一步学习关于动画插槽和"**动画插槽管理器**"面板的知识，然后在本章后面添加自己独特的动画插槽来用于动画混合。

12.4 动画插槽管理器

顾名思义，"**动画插槽管理器**"是用于管理动画插槽的工具。在这个面板中，我们可以创建新的组，以便更好地组织插槽。例如，可以单击面板上方的"**添加组**"按钮来创建一个组，并将其命名为Face，以便向他人阐明该组中的插槽会影响角色的面部动画。默认情况下，虚幻引擎提供了一个名为DefaultGroup的组，该组中包含一个名为DefaultSlot的动画插槽。

在下面的练习中，我们将为玩家角色的上半身创建一个新的动画插槽。

练习*12.03*│添加新的动画插槽

了解了动画插槽和"**动画插槽管理器**"面板的应用，接下来可以按照以下步骤创建一个名为Upper Body的新动画插槽，从而在动画蓝图中使用和引用来处理动画混合，我们将在后面的练习中实践。

我们可以通过以下步骤创建动画插槽。

步骤01 在"动画插槽管理器"面板中单击"插槽"按钮。

步骤02 在添加一个新的动画插槽时，虚幻引擎会要求给这个动画插槽命名。将此插槽命名为Upper Body。动画插槽命名很重要，就像命名其他任何资产和参数一样，因为在稍后的动画蓝图中会引用此插槽。

随着动画插槽的创建，我们现在可以更新用于投掷蒙太奇的插槽。

步骤03 在蒙太奇部分，单击下三角按钮，在列表中显示应用的动画插槽。默认情况下，它被设置为DefaultGroup.DefaultSlot，单击右侧下三角按钮，将光标悬停在下拉列表中的"**槽位名称**"选项上，在子列表中选择DefaultGroup.Upper Body选项，如图12-6所示。

⬆ 图12-6　新的动画插槽将出现在下拉列表中

注意事项

改变动画插槽后，我们看到玩家角色停止动画并返回到T姿势。不要担心，如果发生这种情况，只需关闭动画蒙太奇并重新打开它，再次播放Throw动画即可。

创建动画插槽并将其放在Throw蒙太奇中，现在是时候更新动画蓝图了，以便玩家角色能意识到这个插槽并正确地基于它进行动画。

完成此练习后，我们已经使用动画蒙太奇中的"**动画插槽管理器**"面板创建了第一个动画插槽。有了这个插槽，就可以在玩家角色动画蓝图中使用和引用它来处理混合动画所需的动画，以混合前一章中实现的Throw动画和移动动画。在此之前，我们需要了解动画蓝图中Save Cached Pose节点。

12.5　Save Cached Pose节点

在处理复杂的动画和角色时，有时需要在多个地方引用由状态机输出的姿势。我们发现Movement状态机的输出姿势不能连接到其他多个节点，此时需要使用Save Cached Pose节点。该节点可以缓存（或存储）一个姿势，然后在多个地方同时引用这个姿势。我们将使用该节点来为上半身动画设置新的动画插槽。

在下一个练习中，我们将用Save Cached Pose节点来缓存运动状态机。

练习12.04 移动状态机中应用Save Cached Pose节点

为了有效地混合Throw动画，我们使用在之前练习中创建的Upper Body动画插槽和已经为玩家角色设置的移动动画相结合，还需要能够在动画蓝图中引用Movement状态机。要执行此操作，需要在动画蓝图中按照以下步骤实现Save Cached Pose节点。

步骤01 在AnimBP_SuperSideScroller_MainCharacter的**AnimGraph**选项卡空白处右击，搜索New Save Cached Pose，如图12-7所示。将添加的节点命名为Movement Cache。

⬆图12-7 添加New Save Cached Pose节点

步骤02 现在，不是将Movement状态机直接连接到输出姿态节点，而是将它连接到缓存节点，如图12-8所示。

步骤03 缓存Movement状态机姿势后，接下来要引用它。这可以通过添加Use Cached Pose节点来完成。

步骤04 添加Use Cached Pose节点后，将其连接到Output Pose节点并编译，如图12-9所示。

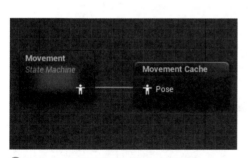

⬆图12-8 正在缓存Movement状态机

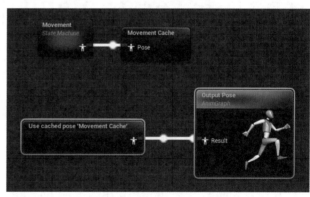

⬆图12-9 缓存的姿势现在连接到Output Pose节点

注意事项

所有缓存的姿势都将显示在步骤01打开的窗口中，只要确保我们选择了缓存的姿势和在步骤01中为它的命名一致。

在步骤04之后，我们会注意到主角正确地应用了动画，并在最后一章之后按预期进行移动。这证明了Movement状态机的缓存正在工作。图12-10显示了玩家角色在动画蓝图的预览窗口中的Idle动画的效果。

⬆ 图12-10　主角正在按预期设置动画

现在，Movement状态机的缓存已经正常工作了，我们将使用这个缓存基于创建的动画插槽的骨骼来混合动画。

完成此练习后，我们现在可以在动画蓝图中的任何地方引用缓存的Movement状态机姿势。有了这个可访问性，我们可以使用缓存的姿势通过名为Layered blend per bone（每个骨骼的分层混合）的函数在缓存的移动姿势和上半身动画插槽之间进行混合。

12.6 Layered blend per bone节点

用于混合动画的节点称为Layered blend per bone。该节点会隐藏角色骨骼上的一组特定骨骼，以便动画忽略这些骨骼。

在我们的玩家角色和Throw动画中，将遮罩下半身，这样只有上半身动画。我们的目标是能够同时执行Throw和移动动画，并将这些动画混合在一起。否则，在执行投掷动画时，移动动画将完全中止。

在接下来的练习中，我们将使用Layered blend per bone来掩盖玩家角色的下半身部分，这样Throw动画只影响角色的上半身。

练习12.05 | 将动画与上半身动画插槽混合

Layered blend per bone函数可以将Throw动画与在前一章中实现的移动动画混合，并控制Throw动画对玩家角色骨骼的影响程度。

在这个练习中，当播放Throw动画时，将使用Layered blend per bone函数来完全遮罩角色的下半身，这样它就不会影响下半身角色的移动动画。

让我们从添加Layered blend per bone节点开始，并探讨其输入参数和设置。

步骤01 在动画蓝图中空白处右击，在打开的上下文菜单中搜索并添加Layered blend per bone节点。图12-11显示了Layered blend per bone函数及其参数。

⬆图12-11　Layered blend per bone节点和参数

- 第一个参数Base Pose表示角色的基本姿势。在本示例中，Movement状态机的缓存姿态将是基本姿态。
- 第二个参数是Blend Poses 0，将其叠加在Base Pose之上。需要记住，单击节点中的"**添加引脚**"按钮将创建额外的Blend Poses和Blend Weights参数。目前，该节点只使用一个Blend Poses参数。

- 最后一个参数是Blend Weights 0，是一个0.0到1.0之间的alpha值，表示Blend Poses影响Base Pose的程度。

在将任何内容连接到该节点之前，需要为其属性添加一个层。

步骤02 选择添加的节点并切换至"**细节**"面板。单击"**层设置**"左侧的三角箭头，显示"**索引0**"。单击"**分支过滤器**"旁边的加号来创建一个新的过滤器。

在新添加的过滤器下方有两个参数，具体介绍如下。

- **骨骼名称：** 指定混合位置，并确定遮蔽骨骼的子层次结构。在这个项目中，对于主要角色骨骼，设置"骨骼名称"为Spine。图12-12显示了脊柱及其子骨骼如何与主角的下半身分离的。这可以在骨骼资源MainCharacter_Skeleton中看到。

- **混合深度：** 该参数决定了骨骼及其子对象将受动画影响的深度。值为0时将不会影响所选骨骼的直接子节点。

- **网格体空间旋转混合：** 确定是否在网格体空间或本地空间中混合骨骼旋转。网格体空间旋转指的是骨骼网格体的边界框作为其基础旋转，而本地空间旋转指的是骨骼名称的局部旋转。在这种情况下，我们希望旋转混合发生在网格体空间中，因此将此参数设置为true。

混合将传播到骨骼的所有子骨骼，以停止对特定骨骼的混合，将它们添加到数组中，并使它们的"**混合深度**"值为0。最终结果如图12-13所示。

⬆图12-12　脊柱及其子骨骼与主角的上半身有关

⬆图12-13　可以使用一个混合节点设置多个层级

步骤03 在Layered blend per bone节点中，可以将Movement Cache缓存的姿势连接到分层混合的Base Pose参数。确保将Layered blend per bone节点的输出引脚连接到动画蓝图的Output Pose输入引脚，如图12-14所示。

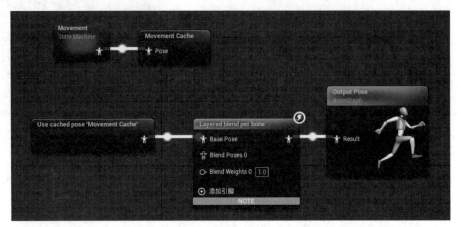

⬆ 图12-14　将Movement状态机的缓存姿态添加到Layered blend per bone节点中

现在，是时候使用之前创建的动画插槽了。我们可以通过Layered blend per bone节点来过滤使用这个插槽的动画。

步骤04 在AnimGraph选项的空白处右击，在打开的上下文菜单中搜索并添加DefaultSlot节点。选择添加的节点，进入"**细节**"面板，在"**设置**"类别中单击"**插槽名称**"右侧文本框，在打开的列表中选择DefaultGroup.Upper Body选项。

更改"**插槽名称**"属性时，Slot节点将更新这个新名称。Slot节点需要一个源姿态，这也是对Movement状态机的引用。这意味着我们需要为Movement Cache姿态创建另一个Use Cached Pose节点。

步骤05 将缓存的姿态连接到Slot节点的Source输入引脚，如图12-15所示。

步骤06 接下来，将Upper Body插槽节点连接到Blend Poses 0输入引脚。然后，将Layered blend per bone的最终姿态连接到Output Pose动画蓝图的Result引脚，如图12-16所示。

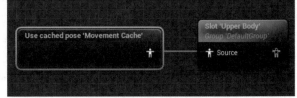

⬆ 图12-15　通过动画插槽过滤缓存的移动姿势

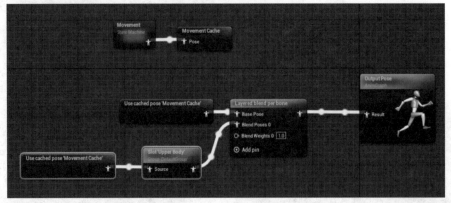

⬆ 图12-16　主角动画蓝图的最终设置

在主角的动画蓝图中，有了动画插槽和Layered blend per bone节点，就完成了主角的动画部分。

随着动画蓝图的更新，我们现在可以继续进行下一个练习，在那里将最终预览动作中的Throw动画。

练习 12.06 | 预览Throw动画

在上一个练习中，我们通过使用Save Cached Pose和Layered blend per bone节点来混合玩家角色的Movement动画和Throw动画。执行以下步骤在游戏中预览Throw动画，并查看设置效果。

步骤 01 打开/MainCharacter/Blueprints/文件夹后，打开角色的BP_SuperSideScroller_MainCharacter蓝图。

步骤 02 在上一章中，使用IA_Throw创建了用于投掷的增强型输入操作。

步骤 03 在角色蓝图的"**事件图表**"选项卡的空白处右击，在打开的上下文菜单中搜索Enhanced InputAction IA_Throw，然后选择对应的选项，在图表中创建该事件节点。

有了这个事件，还需要一个函数，该函数可以在使用鼠标左键投掷时播放动画蒙太奇。

步骤 04 在"**事件图表**"选项卡的空白处右击，在打开的上下文菜单中搜索并添加Play Montage函数。确保不要将此函数与类似的Play Animm Montage函数混淆。

Play Montage函数需要以下两个重要的输入参数。

⊙ Montage to Play

⊙ In Skeletal Mesh Component

让我们首先处理骨骼网格体组件。

步骤 05 玩家角色的"**骨骼网格体**"组件可以在"**组件**"面板中找到。单击并拖出对该变量的"获得"引用，将其连接到此函数的In skeleton Mesh Component输入引脚，如图12-17所示。

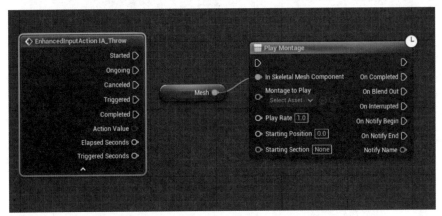

⬆ 图12-17　玩家角色的网格体连接到In Skeletal Mesh Component的输入引脚

现在要做的最后一件事是告诉这个函数播放哪个蒙太奇。幸运的是，在这个项目中只存在一个蒙太奇：AM_Throw。

步骤 06 单击Play Montage节点的Montage to Play下三角按钮，在打开的下拉列表中选择AM_Throw选项。

步骤07 最后，将EnhancedInputAction IA_Throw事件的Triggered输出引脚连接到Play Montage函数的执行输入引脚，如图12-18所示。

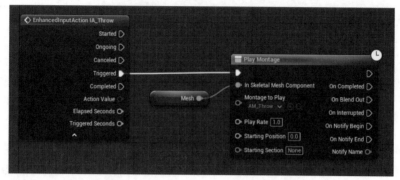

↑图12-18　连接事件和函数节点

步骤08 现在，单击鼠标左键时，玩家角色将播放投掷动画蒙太奇。投掷动画的效果如图12-19所示。

需要注意，角色在投掷时如何行走和奔跑，并将每个动作无缝融合，以免相互干扰。

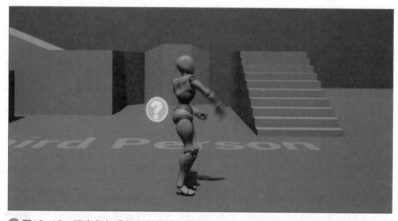

↑图12-19　玩家角色现在可以移动和投掷

使用鼠标左键反复播放Throw蒙太奇时，我们不用担心可能出现的任何错误，这些问题将在实现抛射时解决。抛射将在后面的章节介绍。现在，我们只要知道在动画插槽和动画蓝图上完成的工作为动画混合提供了所需的结果即可。

让我们继续超级横版动作项目，接下来将创建C++类、蓝图和设置敌人所需的材质，以便在下一章中使用。

12.7 超级横版动作游戏中的敌人

随着玩家角色在移动和执行Throw动画时正确地执行动画，现在，是时候讨论超级横版动作游戏将出现敌人的类型了。

这个敌人将有一个基本的来回移动模式，目前不支持任何攻击，只有与玩家角色碰撞才能对玩家角色造成伤害。

在接下来的练习中，我们将在C++中为第一种敌人类型设置基本敌人类，并配置敌人的蓝图和动画蓝图，以便为"第13章 创建和添加敌人人工智能"做准备，在那里将实现该敌人的人工智能。为了提高效率和节省时间，我们将使用虚幻引擎5在SideScroller模板中提供的资产来创建敌人，这意味着我们将使用默认的骨骼、骨骼网格体、动画和动画蓝图。让我们从创建第一个敌人类开始。

练习12.07 创建敌人基础C++类

这个练习的目标是从头开始创建一个新的敌人类，并在"第13章 创建和添加敌人人工智能"中使用该敌人，并为敌人开发人工智能。首先，按照以下步骤在C++中创建一个新的敌人类。

步骤01 在编辑器中，单击菜单栏中"**工具**"菜单按钮，选择"**新建C++类**"命令，创建新的敌人类。在打开的"**添加C++类**"对话框中切换至"**所有类**"，创建一个从SuperSideScrollreCharacter父类继承的新C++类，单击"下一步"按钮。

步骤02 为创建的类指定一个名称并选择保存的路径。本示例将这个类命名为EnemyBase，不需要更改目录路径。最后，单击"**创建类**"按钮，让虚幻引擎自动创建新类。

接下来，让我们在内容浏览器中为敌人资产创建文件夹结构。

步骤03 回到虚幻引擎5编辑器，在内容浏览器中创建一个名为Enemy的新文件夹，如图12-20所示。

步骤04 在Enemy文件夹中，创建另一个名为Blueprints的文件夹，在其中创建并保存敌人的蓝图资产。在空白处右击，在快捷菜单中选择"**蓝图类**"命令。从"**选取父类**"对话中搜索刚刚创建的新C++类：EnemyBase，如图12-21所示。

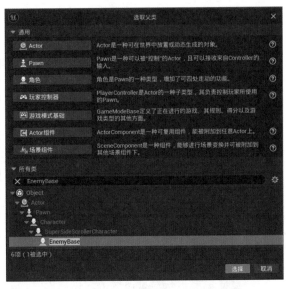

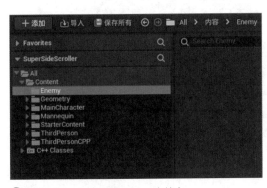

⬆ 图12-20 创建新的Enemy文件夹

⬆ 图12-21 新的EnemyBase类可用于创建蓝图

步骤05 将新创建的蓝图命名为BP_Enemy。

现在我们已经使用EnemyBase类作为父类创建了第一个敌人的蓝图，是时候处理动画蓝图了。我们将使用默认的动画蓝图，它由虚幻引擎在SideScroller模板项目中提供。接下来，我们将按照下一个练习中的步骤创建现有动画蓝图的副本，并将其移动到/Enemy/Blueprint文件夹中。

练习12.08 创建和应用敌人动画蓝图

在上一个练习中，我们使用EnemyBase类作为父类为第一个敌人创建了一个蓝图。在本练习中，将使用动画蓝图。

请根据以下步骤完成这个练习。

步骤01 打开/Mannequin/Animations文件夹，找到ThirdPerson_AnimBP资产。

步骤02 现在，复制ThirdPerson_AnimBP资产。复制资产有以下两种方法。

I. 在内容浏览器中选择所需的资产并按Ctrl+W组合键。

II. 在内容浏览器中右击所需的资产，从下拉菜单中选择"复制"命令。

步骤03 现在，单击并拖动复制的资产到/Enemy/Blueprints文件夹上方，释放鼠标左键，在弹出的快捷菜单中选择"**移动到这里**"命令。

步骤04 将此副本命名为AnimBP_Enemy。最好是创建一个资产的副本，稍后可以修改它，这样做的好处是不会影响原始资产的功能。

随着敌人蓝图和动画蓝图的创建，是时候更新敌人蓝图，使用默认的骨骼网格体人体模型和新的动画蓝图副本。

步骤05 打开/Enemy/Blueprints文件夹并打开BP_Enemy资产。

步骤06 接下来，在"**组件**"面板中选择"**网格体**"组件，以访问其"**细节**"面板。首先，将SK_Mannequin分配给"**骨骼网格体资产**"参数，如图12-22所示。

步骤07 接下来，需要将AnimBP_Enemy动画蓝图应用到"**网格体**"组件。导航到"**网格体**"组件的"**细节**"面板的"**动画**"类别，将AnimBP_Enemy分配给"**动画类**"参数，如图12-23所示。

⬆图12-22 为新敌人使用默认的SK_Mannequin骨骼网格体　　⬆图12-23 将新的AnimBP_Enemy指定为"动画类"

步骤08 最后，在预览窗口中预览角色时，我们会注意到角色网格体的位置和旋转不正确。通过将"**网格体**"组件的"**变换**"属性设置为以下数值，可解决这个问题。

⊙ **位置：**（0.0，0.0，-90.0）

- ⊙ **旋转：**（0.0°，0.0°，−90.0°）
- ⊙ **缩放：**（1.0，1.0，1.0）

设置变换的相关参数，如图12-24所示。

⬆图12-24　敌人角色的最终变换设置

图12-25显示了目前为止设置"**网格体**"组件的参数。请确保我们的设置与图12-25中显示的一致。

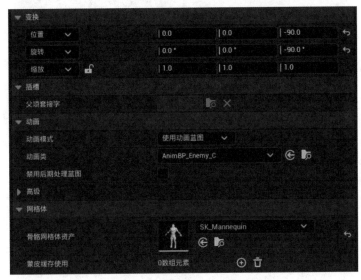

⬆图12-25　敌人角色的"网格体"组件设置

最后一步是创建人体模型主要材质的材质实例，以使该敌人具有独特的颜色，这有助于将它与其他敌人类型区分开来。

接下来，我们将学习更多关于材质和材质实例。

12.8 材质和材质实例

在进行下一个练习之前，我们需要先简要了解一下什么是材质实例，然后才能使用这些资产并将它们应用于新的敌人角色。虽然本书更侧重于使用虚幻引擎5游戏开发方面的技术，但是，理解什么材质实例以及如何在视频游戏中使用材质仍然很重要。材质实例是材质的扩展，我们无权访问或控制材质实例的基本材质，但可以控制材质创建者公开的参数。许多参数在材质实例内部公开并供我们使用。

虚幻引擎在Side Scroll模板项目中为我们提供了一个名为M_UE4Man_ChestLogo的材质实例示例，位于"Mannequin | Character | Materials"文件夹中。图12-26显示了基于父材质M_Male_Body给材质实例的公开参数集。需要关注的最重要的参数是Vector参数，称为BodyColor。我们将在下一个练习中创建的材质实例中使用这个参数为敌人赋予一个独特的颜色。

⬆图12-26　M_UE4Man_ChestLogo材质实例资产的参数列表

在下面的练习中，我们将利用这种材质实例的知识，并应用它来创建一个独特的材质实例，用于之前创建的敌人角色。

练习12.09 创建并应用敌人材质实例

现在我们已经基本了解什么是材质实例，是时候从M_MannequinUE4_Body资产中创建自己的材质实例了。有了这个材质实例，我们将调整BodyColor参数，给敌人角色提供一个独特的视觉表现。

请根据以下步骤完成这个练习。

步骤01 打开"Characters｜Mannequin_UE4｜Materials"文件夹，找到默认的人体模型角色 M_MannequinUE4_Body使用的材质。

步骤02 在M_MannequinUE4_Body材质资产上右击，在打开的快捷菜单中选择"**创建材质实例**"命令，创建材质实例，如图12-27所示。将此资产命名为MI_Enemy01。

⬆ 图12-27　任何材质都可以用于创建材质实例

在Enemy文件夹中创建一个名为Materials的新文件夹。单击并拖动刚创建的材质实例到/Enemy/Materials文件夹中，释放鼠标左键，在快捷菜单中选择"**移动到这里**"命令。将材质实例移到指定的文件夹中，如图12-28所示。

步骤03 双击移动的材质实例，切换到"**细节**"面板。在该面板的Global Vector Parameter Values类别中有一个名为BodyColor参数。首先勾选该参数的复选框以启用此参数，然后将其值更改为红色。现在，材质实例为红色的，效果如图12-29所示。

⬆ 图12-28　将材质实例移到指定的文件夹中

⬆ 图12-29　将敌人的材质设置为红色

步骤04 保存材质实例资产并返回BP_Enemy01蓝图。在"**组件**"面板中选择"**网格体**"组件，在"**细节**"面板的"**材质**"类别中将"**元素 0**"材质参数更新为MI_Enemy，如图12-30所示。

步骤05 第一个敌人类型已经制作好了，视觉效果如图12-31所示。现在，我们为下一章准备了适当的蓝图和动画蓝图资产，在那里我们将开发它的人工智能。

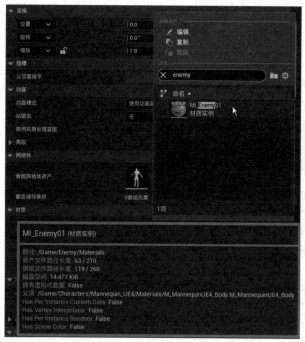

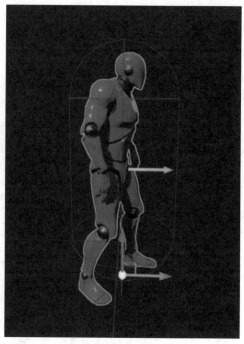

🔼 图12-30　将MI_Enemy材质实例指定给敌方角色网格体　　🔼 图12-31　敌人角色的最终效果

　　完成这个练习后，我们已经创建了一个材质实例，并将其应用于敌人角色，使其具有独特的视觉表现。

　　在本章结束时我们继续完成一个简短的活动，这将帮助我们更好地理解在前面练习中使用的Layered blend per bone节点的动画混合。

活动12.01 | 更新混合权重

　　在"练习12.06　预览Throw动画"结束时，我们能够混合移动动画和Throw动画，以便它们可以同时播放而不会相互产生负面影响。结果是玩家角色在行走或奔跑时正确地执行动画，同时也在上半身执行Throw动画。

　　在此活动中，我们将尝试使用Layered blend per bone节点的混合偏差值和参数，以便更好地理解动画混合的工作原理。

　　请根据以下步骤完成该活动。

　　步骤01 更新Layered blend per bone节点的Blend Weights输入参数，以便Throw动画的附加姿势与基础移动姿势之间完全没有混合。尝试使用0.0和0.5等值来比较动画中的差异。

注意事项

　　完成调整之后，请确保将该值恢复为1.0，以免影响上一练习中设置的混合。

　　步骤02 更新Layered blend per bone节点的分层混合设置，以更改受混合影响的骨骼，以便整个角色的身体受到混合的影响。最好从MainCharacter_Skeleton资产的骨骼层次结构中的根骨骼开始。

步骤 **03** 保持上一步的设置，向"**分支过滤器**"添加一个新的数组元素，在这个新的数组元素中添加"**骨骼名称**"和"**混合深度**"值-1.0f，这样在混合Throw动画时，仅允许角色的左腿继续正确地执行移动动画。

注意事项

在此活动之后，将Layered blend per bone节点的分层混合设置返回到在第一次练习结束时设置的值，以确保角色的动画进度没有丢失。

活动第一部分的预期输出效果，如图12-32所示。

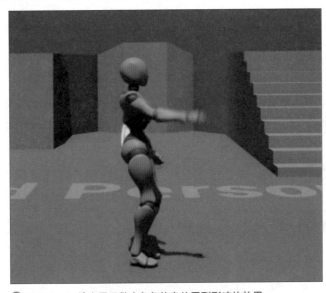

⬆图12-32 输出显示整个角色的身体受到影响的效果

活动最后一部分的预期输出效果，如图12-33所示。

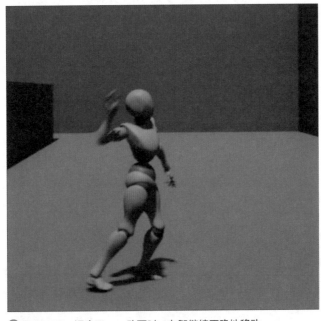

⬆图12-33 混合Throw动画时，左腿继续正确地移动

完成此活动后，我们对动画混合的工作原理有了更深入的理解，并且理解了如何使用Layered blend per bone节点，以及通过混合权重影响附加姿势对基础姿势的影响。

12.9 本章总结

为敌人设置了C++类、蓝图和材质后，我们已经准备好进入下一章。在下一章，我们将利用虚幻引擎5中的行为树等系统为这个敌人创建人工智能。

从本章的练习和活动中，我们学会了如何创建动画蒙太奇，以便播放动画。同时，我们还学会了如何在这个蒙太奇中设置动画插槽，为玩家角色的上半身分类。

接下来，我们学习了如何通过使用Use Cached Pose节点缓存状态机的输出姿态，以便可以在多个实例中引用此姿态以获得更复杂的动画蓝图。然后，通过学习Layered blend per bone函数，我们能够使用动画插槽将基础移动姿势与Throw动画的附加层混合。

最后，通过创建C++类、蓝图和其他资产，构建了基础敌人，以便为下一章做好准备。准备好敌人后，接下来，我们开始创建敌人的人工智能，以便它能够与玩家互动。

第13章

创建和添加敌人 人工智能

在上一章中，我们为玩家角色添加了分层动画，其中使用动画混合结合动画插槽、动画蓝图，以及Layered blend per bone等混合函数。有了这些知识，我们就能够顺利地将投掷动画蒙太奇与基本运动状态机平滑混合，为角色创建分层动画。

在本章中，我们将讨论以下内容。

⊙ 如何使用导航网格体（Navigation Mesh）在游戏世界中创建敌人可以移动的导航空间。

⊙ 如何使用虚幻引擎5中提供的包括黑板和行为树等的人工智能工具组合，创建一个可以在游戏世界中巡逻点位置之间导航的敌人。

⊙ 如何使用变换向量将局部变换转换为世界变换。

⊙ 如何在C++中创建一个玩家投射类，以及如何实现OnHit()碰撞事件函数来识别和记录投射在游戏世界中击中对象的情况。

13.1 技术要求

本章主要采用在"第12章 动画混合和蒙太奇"中创建的C++敌人类，并与人工智能相结合，使这个敌人"活"起来。虚幻引擎5使用许多不同的工具来实现人工智能，例如AI控制器（AI Controllers）、黑板（Blackboards）和行为树（Behavior Trees）等，我们将在本章中学习和使用这些功能。

在本章结束时，我们能够创建一个敌人可以移动的空间。我们还能够创建一个敌人人工智能pawn，并使用**黑板**和**行为树**在不同的位置之间导航。最后，我们能够创建和实现一个玩家抛射类，并添加视觉元素。在研究这些系统之前，让我们先花点时间了解近年来人工智能在游戏中的发展。自从《超级马里奥兄弟》（*Super Mario Bros*）问世以来，人工智能无疑已经发生了巨大变化。

学习本章，技术要求如下：

⊙ 安装虚幻引擎5。

⊙ 安装Visual Studio 2022。

本章的完整代码可从本书的GitHub存储库下载，链接：https://github.com/PacktPublishing/Elevating-Game-Experiences-with-Unreal-Engine-5-Second-Edition。

13.2 敌人人工智能

什么是人工智能（AI）？根据使用它的领域和背景，这个术语可以有很多含义，我们以一种与视频游戏主题相关的方式来定义它。

人工智能是一种能够感知到其周围的环境并选择最优实现预定目标的实体。人工智能使用所谓的**有限状态机**（finite state machines），根据从用户或环境接收到的输入在多个状态之间切换。例如，视频游戏人工智能可以根据其当前的生命值在进攻状态和防御状态之间切换。

在使用虚幻引擎4开发的《你好邻居》（*Hello Neighbor*）和《异形：隔离》（*Alien: Isolation*）等游戏中，人工智能的目标是尽可能高效地找到玩家，但也要遵循开发者定义的一些预先确定的模式，以确保玩家能够比人工智能聪明。其中，《你好邻居》为人工智能添加了一个非常有创意的元素，即让人工智能从玩家过去的行为中学习，并尝试基于所学到的知识去战胜玩家。

我们可以在游戏发行商TinyBuild Games提供的视频中找到人工智能如何工作的详细信介绍，链接：https://www.youtube.com/watch?v=Hu7Z52RaBGk。

有趣且富有挑战性的人工智能对于任何游戏都至关重要，而人工智能的复杂程度则取决于所创造的游戏类型。我们将为超级横版动作游戏创造的人工智能不会像之前提到的那样复杂，但它将满足我们想要创造的游戏的需求。

让我们来分析一下敌人的行为。

- ⦿ 敌人是一个非常简单的角色。他们有一个基本的来回移动模式，不具有任何攻击的动作，只有通过与玩家角色发生碰撞才能造成伤害。
- ⦿ 为敌人人工智能设置移动的位置。
- ⦿ 接下来，我们必须决定人工智能是否应该改变位置、是否应该在位置之间不断移动，或者是否应该在选择移动到新位置之间暂停。

幸运的是，虚幻引擎5提供了大量的工具，我们可以使用这些工具开发如此复杂的人工智能。在项目中，我们将使用这些工具来创建一个简单的敌人类型。下面让我们从讨论虚幻引擎5中的AI控制器开始。

13.3 AI控制器

我们将讨论**玩家控制器**和**AI控制器**之间的主要区别。这两个Actor都继承自基础**Controller**（控制器）类。控制器用来控制**Pawn**或**角色**的动作。

玩家控制器依赖于实际玩家的输入，而AI控制器则运用人工智能来操控其拥有的角色，并根据人工智能设定的规则对环境做出反应。通过这种方式，人工智能可以根据玩家和其他外部因素做出明智的决定，而无需玩家明确地告诉它该怎样操作。相同的人工智能pawn的多个实例可以共享同一个AI控制器，并且相同的AI控制器可以在不同的人工智能pawn类中使用。人工智能就像虚幻引擎5中的所有Actor一样，是通过UWorld类生成的。

> **注意事项**
>
> 我们将在"第14章 生成玩家投射物"中了解更多关于UWorld类的信息，但作为参考，也可以在以下链接中阅读更多的相关内容：https://docs.unrealengine.com/en-US/API/Runtime/Engine/Engine/UWorld/index.html。

玩家控制器和AI控制器最重要的方面是它们所控制的pawn。让我们进一步了解AI控制器如何处理此问题。

自动拥有人工智能

像所有的控制器一样，AI控制器必须拥有一个pawn。在C++中，我们可以使用下面的函数来拥有一个pawn。

```
void AController::Possess(APawn* InPawn)
```

我们还可以使用以下函数来解除pawn的拥有状态。

```
void AController::Possess(APawn* InPawn)
```

在调用Possess()和UnPossess()函数时分别调用void AController::OnPossess(APawn* InPawn)和void AContrler::OnUnPossess()函数。

当涉及到人工智能，特别是在虚幻引擎5中，AI控制器可以通过两种方法拥有人工智能Pawn或角色。下面让我们来介绍这些选项。

- ⊙ Placed in World（放置在世界中）：第一种方法是在项目中处理人工智能的方式，我们手动将这些敌人角色放置到游戏世界中，当游戏开始时，人工智能将处理剩下工作。
- ⊙ Spawned：第二种方法稍微复杂一点，因为它需要在C++或蓝图中明确地显式函数调用，以生成指定类的实例。Spawn Actor方法需要一些参数，包括World对象和Transform参数（如位置和旋转），以确保正确地生成实例。
- ⊙ Placed in World或Spawned：如果我们不确定想要使用哪种方法，一个安全的选择是既支持Placed in World也支持Spawned，这样，两种方法都得到支持。
- ⊙ 对于超级横版动作游戏，我们将使用Placed in World选项，因为创建的人工智能需要手动放置在游戏关卡中。

接下来进入第一个练习，我们将为敌人实现AI控制器。

练习13.01 | 实现AI控制器

在敌人的pawn能够做任何事情之前，它需要被AI控制器拥有，这也需要在人工智能执行任何逻辑之前发生。在本练习结束时，我们将创建一个AI控制器并将其应用于在前一章创建的敌人。下面让我们从创建AI控制器开始。

请按照以下步骤完成这个练习。

步骤 01 在内容浏览器中打开"**内容 | Enemy**"文件夹。

步骤 02 在Enemy文件夹的空白处右击，在快捷菜单中选择"**新建文件夹**"命令，将创建的新文件夹命名为AI。在AI文件夹的空白处右击，在快捷菜单中选择"**蓝图类**"命令。

步骤 03 在"选取父类"对话框中展开"**所有类**"，手动搜索AIController类。

步骤 04 选择这个类的选项，然后单击底部的"**选择**"按钮，从这个类创建一个新的蓝图。请参考图13-1找到AIController类。此外，需要注意光标悬停在类选项上时出现的工具提示，它包含了开发人员关于这个类的有用信息。

⬆ 图13-1 在"选取父类"对话框中找到的AIController资产类

步骤05 创建新的AIController蓝图后，将这个资产命名为BP_AIControllerEnemy。

随着AI控制器的创建和命名，现在是时候将这个资产分配给在前一章制作的第一个敌人蓝图了。

步骤06 打开"Enemy | Blueprints"文件夹，找到BP_Enemy蓝图类。双击打开此蓝图。

步骤07 在第一个敌人蓝图的"**细节**"面板中展开Pawn类别，设置关于Pawn或角色的人工智能功能的相关参数。

步骤08 "**AI控制器类**"参数决定了该敌人使用哪个AI控制器。单击右侧的下三角按钮，在列表中选择之前创建的AI控制器，即BP_AIControllerEnemy。

完成这个练习后，敌人人工智能就知道该使用哪个AI控制器了。这个设置至关重要，因为人工智能将在AI控制器中使用并执行本章稍后将创建的行为树。

AI控制器现在已经被分配给敌人，这意味着几乎准备好开始为这个人工智能开发实际的智能。然而，在此之前我们还需要讨论另一个重要的内容，那就是**导航网格体**（Navigation Mesh）。

13.4 导航网格体

视频游戏中任何人工智能最重要的方面之一是以高级的方式导航环境。在虚幻引擎5中，引擎可以告诉人工智能哪些环境是可导航的，哪些环境是不可导航的。这是通过**导航网格体**（Navigation Mesh，简称Nav Mesh）实现的。

这里的网格体（mesh）术语可能会产生误导，因为它在编辑器中是通过一个体积实现的。我们在关卡中需要一个导航网格体，这样人工智能才能有效地导航游戏世界的可玩边界。我们将在下面的练习中添加一个导航网格体。

虚幻引擎5还支持**动态导航网格体**（Dynamic Navigation Mesh），该网格体允许导航网格体随着动态对象在环境中移动而实时更新。这使得人工智能能够识别环境中的这些变化，并适当地更新它们的路径或导航。本书不涉及这一点，但可以打开"**项目设置**"窗口，在左侧选择"**导航网格体**"选项，在右侧"**运行时**"类别的"**运行时生成**"参数列表中选择对应的选项。

现在我们已经了解了导航网格体，可以开始下一个练习，将在关卡中添加导航网格体。

练习13.02 | 为人工智能敌人实现导航网格体

在这个练习中，我们将向SideScrollerExampleMap添加一个导航网格体，并探索导航网格体如何在虚幻引擎5中工作。我们还将学习如何根据游戏的需要调整此体积的参数。这个练习将在虚幻引擎5编辑器中执行。

在本练习结束时，我们将对导航网格体有更深入的理解。在本练习之后活动中，还可以将此体积应用于关卡。让我们从向关卡中添加导航网格体开始。

请按照以下步骤完成这个练习。

步骤01 如果我们还没有打开地图，则打开ThirdPersonExampleMap。在编辑栏中单击"**文件**"按钮，在菜单中选择"**打开关卡**"命令，在"**打开关卡**"对话框中打开"ThirdPersonCPP｜Maps"，找到SideScrollerExampleMap。选择此地图，然后单击对话框底部的"**打开**"按钮以打开该地图。

步骤02 打开地图后，单击编辑器左上角的"**窗口**"按钮，在菜单中选择"**放置Actors**"命令。"**放置Actor**"面板的上方包含一组容易访问的Actor类型，如**体积**、**光源**、**几何体**等。在"**体积**"类别下，包含"**导航网格体边界体积**"选项。

步骤03 单击并拖动这个体积到地图/场景中。默认情况下，我们将在编辑器中看到体积的轮廓。按P键显示该体积所包含的导航区域，但要确保该体积与地面几何图形相交，才能看到绿色的可视化区域，如图13-2所示。

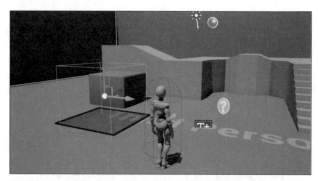

⬆ 图13-2　绿色区域被虚幻引擎和人工智能感知为可导航

添加导航网格体体积后，还需要调整它的形状，使体积扩展到关卡的整个区域。在此之后，我们将学习如何调整游戏的导航网格体体积的参数。

步骤04 选择NavMeshBoundsVolume并导航到其"**细节**"面板，在"**画刷设置**"部分，可以调整体积的形状和大小。建议设置如下："**笔刷形状**"为"**盒体**"、*X*为3000.0、*Y*为3000.0、*Z*为3000.0。注意，当NavMeshBoundsVolume的形状和尺寸发生变化时，导航网格体将调整并重新计算可导航区域。图13-3中显示调整后的可导航区域，此时上面的平台是不能导航的，稍后将修复此问题。

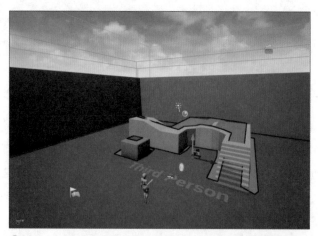

⬆ 图13-3　NavMeshBoundsVolume扩展到示例地图的整个区域

通过完成此练习，我们已经将第一个NavMeshBoundsVolume角色放置到游戏世界中，并使用调试键P在默认地图中可视化可导航区域。接下来，我们将了解更多关于RecastNavMesh角色的信息，这也是在将NavMeshBoundsVolume放置在关卡时创建的。

13.5 重新生成导航网格体

添加NavMeshBoundsVolume时，我们可能已经注意到另一个Actor是自动创建的，其名为RecastNavMesh-Default的RecastNavMesh。这个RecastNavMesh可以视为导航网格体的"大脑"，因为它包含了调整导航网格体所需的参数，这些参数直接影响人工智能导航给定区域的方式。

在"大纲"面板的搜索框中输入"nav"，在下方显示该资产，如图13-4所示。

⬆图13-4　从"大纲"面板中查看RecastNavMesh

注意事项

RecastNavMesh中有很多参数，我们将只介绍本书中重要的参数。欲了解更多信息，请访问以下链接：https://docs.unrealengine.com/en-US/API/Runtime/NavigationSystem/NavMesh/ARecastNavMesh/index.html。

目前，只有两个部分是重要的。

◉ **显示：** 该类别中只包含影响NavMeshBoundsVolume生成的可导航区域的可视化调试显示的参数。建议读者尝试设置此类别下的每个参数，并查看它们如何影响生成的导航网格体的显示。

◉ **生成：** 该类别包含一组值，这些值作为导航网格体如何生成和确定哪些几何体区域可导航，哪些不可导航的规则集。这里有很多选项，但我们只讨论以下重要的几个参数。

　▢ **Cell Size**指的是导航网格体在一个区域内生成可导航空间的精度。将在下一练习中更新此值，因此会看到它如何实时影响可导航区域。

　▢ **Agent Radius**是指将在此区域导航的Actor的半径。在本游戏中，设置的半径是具有最大半径的角色碰撞组件的半径。

　▢ **Agent Height**指的是将在此区域导航的Actor的高度。在本游戏中，要设置的高度是具有最大"半高"的角色的碰撞组件的"半高"值。我们可以把该值乘以2.0得到整个高度。

- ☑ **Agent Max Slope**指的是游戏世界中可能存在的倾斜角度。默认情况下，这个值是44度，除非游戏需要改变这个参数，否则不需要设置该参数。
- ☑ **Agent Max Step Height**指的是人工智能可以导航的台阶高度，以楼梯台阶为单位。就像**Agent Max Slope**参数一样，除非游戏特别要求改变这个值，否则不需要设置该参数。

现在我们已经了解了关于重新生成导航网格体的参数，接下来将在下一个练习中具体设置相关参数。

练习13.03 重新生成导航网格体体积参数

现在在关卡中添加了**导航网格体**体积，是时候改变Recast Nav Mesh Actor的参数了，这样导航网格体就可以让敌人人工智能在比其他平台更窄的平台上导航。这个练习将在虚幻引擎5编辑器中操作。

在这里，我们只需要更新Cell Size和Agent Height参数，从而更符合角色的需要和导航网格体所需的精度，代码如下。

```
Cell Size: 5.0f
Agent Height: 192.0f
```

由于我们对Cell Size的更改，扩展平台现在是可导航的，如图13-5所示。

⬆图13-5　将Cell Size从19.0更改为5.0，可导航狭窄的扩展平台

通过SuperSideScrollerExampleMap设置自己的导航网格体，我们现在可以继续设置，并为敌人创建人工智能逻辑。在执行此操作之前，完成以下活动来创建一个具有独特布局和NavMeshBoundsVolume Actor的关卡，可以在此项目的其他部分中使用。

活动13.01 创建新关卡

现在我们已经将NavMeshBoundsVolume添加到示例地图中，是时候为超级横版动作游戏的其他部分创建地图了。通过创建地图，我们将更好地理解NavMeshBoundsVolume和RecastNavMesh

的属性如何影响它们所处的环境。

注意事项

在继续这个活动的解决方案之前，如果需要一个适用于超级横版动作游戏后续章节的示例关卡，那么不用担心，本章附带了SuperSideScroller.umap资源，以及一个名为SuperSideScroller_NoNavMesh的地图，该地图不包含NavMeshBoundsVolume。我们可以使用SuperSideScroller.umap作为如何创建关卡的参考，或获得如何提高关卡的想法。我们可以从以下链接下载地图：https://packt.live/3lo7v2f。

请按照以下步骤创建一个简单的地图。

步骤 01 创建一个新关卡。

步骤 02 将此关卡命名为SuperSideScroller。

步骤 03 使用这个项目的内容浏览器中默认提供的"**静态网格体**"资产，创建一个具有不同海拔高度的有趣空间。将玩家角色的蓝图添加到关卡中，并确保它被**玩家控制器0**控制。

步骤 04 将NavMeshBoundsVolume Actor添加到关卡中，调整尺寸，使其适合创建的空间。在为该活动提供的示例地图中，将X、Y和Z轴分别设置为1000.0、5000.0和2000.0。

步骤 05 确保按下P键启用NavMeshBoundsVolume的调试可视化。

步骤 06 调整RecastNavMesh Actor的参数，使NavMeshBoundsVolume适合我们的关卡。在本例中，设置Cell Size为5.0、Agent Radius为42.0、Agent Height为192.0。输出的效果，如图13-6所示。

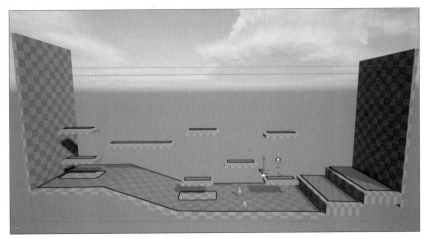

⬆图13-6 SuperSideScroller地图的效果

在此活动结束时，我们将拥有一个包含所需的NavMeshBoundsVolume和RecastNavMesh Actor设置的关卡。这将使我们在接下来的练习中开发的人工智能能够正确工作。同样，如果我们不确定关卡的外观，则参考所提供的示例地图SuperSideScroller.umap。现在，是时候为超级横版动作游戏开发人工智能了。

注意事项

这个活动的解决方案可以在GitHub上找到：https://github.com/PacktPublishing/Elevating-Game-Experiences-with-Unreal-Engine-5-Second-Edition/tree/main/Activity%20solutions。

13.6 行为树和黑板

行为树和黑板协同工作，允许我们的人工智能能够遵循不同的逻辑路径，并根据各种条件和变量做出决策。

行为树是一种可视化的编程工具，可以根据某些因素和参数告诉pawn该做什么。例如，行为树可以根据人工智能是否能看到玩家而告诉人工智能移动到特定位置。

为了说明行为树和黑板是如何在游戏中使用的，让我们以《战争机器5》为例，这款游戏是使用虚幻引擎5开发的。《战争机器5》和《战争机器》系列中的人工智能，总是试图从玩家的侧翼攻击玩家或迫使玩家离开掩体。要做到这一点，人工智能逻辑的一个关键组成部分是知道玩家是谁以及他们在哪里。黑板中有一个玩家的引用变量和一个存储玩家位置的位置向量。决定如何使用这些变量以及人工智能如何使用这些信息的逻辑是在行为树中执行的。

黑板是定义一组变量的地方，这些变量用于让行为树执行操作并使用这些值进行决策。

行为树是创建人工智能执行任务的地方，比如移动到一个位置或执行我们创建的自定义任务。与虚幻引擎5中的许多编辑器工具一样，行为树在很大程度上是一种非常直观的可视化的编程体验。

黑板是定义变量的地方，也被称为键，这些变量将被行为树引用。我们在这里创建的键可以在**任务**（Tasks）、**服务**（Services）和**装饰器**（Decorators）中使用，以根据人工智能的功能提供不同的目的。图13-7显示了一组变量键的示例，这些变量键可以被其关联的行为树引用。如果没有黑板，行为树将无法在不同的**任务**、**服务**和**装饰器**之间传递和存储信息，从而使其变得无用。

⬆ 图13-7　可以在行为树中引用的黑板内的一组变量示例

行为树由一组对象组成，即Composites（组合器）、任务、装饰器和服务，它们共同定义人工智能将如何根据设置的条件和逻辑流程进行行为和响应。所有的行为树都从所谓的根开始，逻辑流程也从这里开始，这是不能被修改的，并且只有一个执行分支。下面让我们更详细地理解这些对象。

注意事项

有关行为树的C++ API的更多信息，请参考以下文档：https://docs.unrealengine.com/4.27/en-US/API/Runtime/AIModule/BehaviorTree/Composites。

Composites节点告诉行为树如何执行任务和其他操作。图13-8显示了虚幻引擎默认情况下的Composites节点的完整列表：Selector、Sequence和Simple Parallel。

Composites节点也可以附加装饰器和服务，以便在执行行为树分支之前应用可选条件。

↑图13-8　Composites节点：Selector、Sequence和Simple Parallel

下面详细地介绍这些节点的含义。

- ⊙ **Selector**：Selector组合节点按从左到右的顺序执行其子任务，并在其中一个子任务成功时停止执行之后的子任务。使用图13-9的示例，如果FinishWithResult任务成功，则父Selector成功，这将导致Root再次执行，FinishWithResult也会再次执行。此模式将持续到FinishWithResult失败，然后，Selector节点执行MakeNoise。如果MakeNoise失败，则Selector节点失败，Root节点将再次执行。如果MakeNoise任务成功，则Selector成功，并且Root再次执行。根据行为树的流程，如果Selector失败或成功，下一个Composite分支开始执行。在图13-9中，没有其他Composite节点，因此如果Selector失败或成功，则再次执行Root节点。但是，如果有一个Sequence复合节点，下面有多个Selector节点，则每个Selector尝试成功执行其子节点。无论成功或失败，每个Selector依次尝试执行。

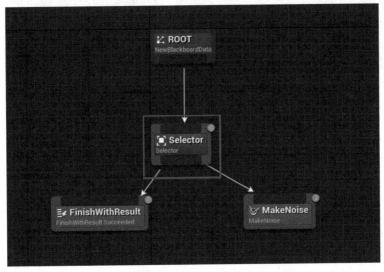

↑图13-9　说明如何在行为树中使用Selector组合节点的示例

注意，在添加任务和Composite节点时，我们会注意到每个节点的右上角都有数字。这些数字表示执行这些节点的顺序。该模式遵循从上到下、从左到右的顺序，这些值可以帮助我们检查节点的执行顺序。任何断开连接的任务或Composite节点都将被赋值为-1，表示它未被使用。

- ⊙ **Sequence**：Sequence组合节点从左到右顺序执行其子任务，当其中一个子任务失败，将停止执行。使用图13-10的示例，如果Move To任务成功，则父Sequence节点执行Wait任务。如果Wait任务成功，那么Sequence就成功了，Root将再次执行。但是，如果Move

To任务失败，Sequence节点将失败，Root再次执行，导致Wait任务永远不会执行。

- ◎ **Simple Parallel:** Simple Parallel组合节点可以同时执行任务和新的独立逻辑分支。图13-11显示了一个非常基本的示例。在这个例子中，一个Wait5秒的任务正在执行的同时，另一个新的任务Sequence也正在执行。

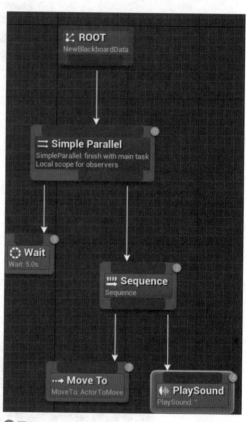

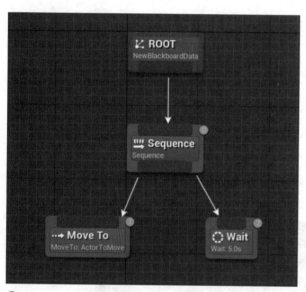

⬆图13-10　Sequence组合节点如何在行为树中使用的示例　　⬆图13-11　使用Simple Parallel组合节点的示例

Simple Parallel组合节点也是唯一在其"**细节**"面板中有参数的组合节点，该参数是"**完成模式**"，在该参数中有两种选择。

直接： 设置为"**直接**"时，Simple Parallel组合节点将在主任务完成后成功完成。在这种情况下，Wait任务完成后，后台树序列将中止，整个Simple Parallel将再次执行。

已延迟： 设置为"**已延迟**"时，Simple Parallel组合节点将在后台树完成其执行并且任务完成后成功完成。在这种情况下，Wait任务将在5秒后完成，但整个Simple Parallel将等待Move To和PlaySound任务执行后再重新启动。

注意事项

有关组合节点的C++ API的更多信息，请参考以下文档：https://docs.unrealengine.com/4.27/en-US/API/Runtime/AIModule/BehaviorTree/Composites/。

现在我们对组合节点有了更好的理解，下面再看几个任务节点的例子。

13.6.1 任务

在Tasks列表中都是人工智能可以完成的任务。虚幻引擎提供了内置的任务，但我们也可以在蓝图和C++中创建自己的任务。这包括告诉人工智能移动到特定位置、旋转面对目标，甚至告诉人工智能发射武器等任务。同样重要的是要知道，我们也可以使用蓝图创建自定义任务。让我们简单地讨论一下接下来将用于开发敌人角色人工智能的两项任务。

- **Move To任务**：这是行为树中最常用的任务之一，在本章接下来的练习中将使用这个任务。Move To任务使用导航系统根据给定的位置告诉人工智能如何移动以及移动到哪里。我们将使用这个任务告诉人工智能敌人该去哪里。
- **Wait任务**：这是行为树中另一个常用的任务，如果逻辑需要，它允许任务在执行之间有延迟。这可以让人工智能在移动到新位置之前等待几秒钟。

> **注意事项**
>
> 有关任务的C++ API的更多信息，请参考以下文档：https://docs.unrealengine.com/4.27/en-US/API/Runtime/AIModule/BehaviorTree/Tasks/。

13.6.2 装饰器

装饰器是可以添加到任务或Composite节点（如Sequence或Selector）的条件，它们可以发生分支逻辑。例如，我们可以设置一个装饰器来检查敌人是否知道玩家的位置，如果敌人知道，装饰器就会告诉敌人向最后一个已知位置移动。如果敌人不知道，装饰器就会告诉人工智能生成一个新位置并移动到那里。同样重要的是，我们可以使用蓝图创建自定义装饰器。

让我们简要地讨论一下将用来为敌人角色开发人工智能的装饰器——Is At Location装饰器。这决定了被控制的pawn是否在装饰器本身指定的位置，有助于确保行为树在敌人人工智能到达其给定位置之前不会执行。

> **注意事项**
>
> 有关装饰器的C++ API的更多信息，请参考以下文档：https://docs.unrealengine.com/4.27/en-US/API/Runtime/AIModule/BehaviorTree/Decorators/UBTDecorator_BlueprintBase/。

现在我们对任务节点有了更好的理解，下面再简要地讨论一下Service节点。

13.6.3 服务

服务的工作方式很像装饰器，因为它们可以与任务和Composite节点链接。主要区别在于服务可以基于服务中定义的间隔执行节点分支。同样重要的是要知道，我们可以使用蓝图创建自定义服务。

掌握了Composite、任务和服务节点的知识后，让我们继续下一个练习，在那里将为敌人创建行为树和黑板。

练习13.04 创建人工智能行为树和黑板

现在我们已经对**行为树**和**黑板**有了一个大概的认识，本练习将创建这些资产，告诉AI控制器使用创建的行为树，并将黑板分配给行为树。我们在这里创建的黑板和行为树资产将用于超级横版动作游戏。本练习在虚幻引擎5编辑器中执行。

请按照以下步骤完成这个练习。

步骤01 在内容浏览器中打开"Enemy | AI"文件夹，这与创建AI控制器的位置相同。

步骤02 在此文件夹的空白处右击，将光标悬停在快捷菜单的"**人工智能**"命令上，然后在子菜单中选择"**行为树**"命令，创建行为树资产。将此资产命名为BT_EnemyAI。

步骤03 在与上一步相同的文件夹中再次右击，将光标悬停在快捷菜单的"**人工智能**"命令上，然后在子菜单中选择"**黑板**"命令，创建黑板资产。将此资产命名为BB_EnemyAI。

在我们告诉AI控制器运行这个新的行为树之前，还需要将黑板分配给这个行为树，以便将它们连接在一起。

步骤04 在内容浏览器中双击并打开BT_EnemyAI资产。在右侧的"**细节**"面板中找到"**黑板资产**"参数。

步骤05 单击该参数的下三角按钮，在列表中选择之前创建的BB_EnemyAI黑板资产。在关闭行为树之前编译并保存它。

步骤06 接下来，在内容浏览器中双击打开AI控制器的BP_AIController_Enemy资产。在打开资产的"**事件图表**"选项卡中右击，在打开的上下文菜单中搜索Run Behavior Tree函数。

Run Behavior Tree函数非常简单，用于将行为树分配给控制器，该函数返回行为树是否成功开始执行。

步骤07 最后，将Event BeginPlay事件节点连接到Run Behavior Tree函数的执行引脚，并分配行为树资产BT_EnemyAI，这是在前面的练习中创建的行为树资产，如图13-12所示。

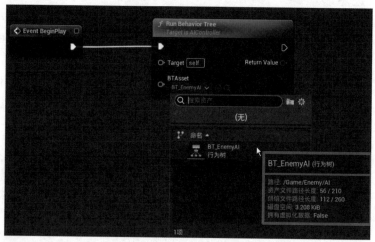

⬆ 图13-12　分配BT_EnemyAI行为树

步骤08 完成这个练习后，现在敌人AI控制器知道运行BT_EnemyAI行为树，而这个行为树知道使用黑板资产BB_EnemyAI。经过以上操作，我们就可以开始使用行为树逻辑来开发人工智能，这样敌人角色就可以在关卡中移动了。

练习13.05 | 创建新的行为树任务

本练习的目标是为敌人人工智能开发一个人工智能任务，允许角色在关卡的导航网格体体积范围内找到一个随机的移动点。

虽然超级横版动作游戏只允许二维移动，但我们让人工智能在"活动13.01 创建新关卡"中创建的关卡的三维空间内移动，然后将敌人限制在二维空间内。

请按照以下步骤为敌人创建这个新任务。

步骤01 首先，打开在前面的练习中创建的黑板资产BB_EnemyAI。

步骤02 单击"**黑板**"面板左上角的"**新键**"按钮，然后选择"**向量**"选项，并将此向量命名为MoveToLocation。当人工智能决定移到哪里时，将使用这个向量变量来检测人工智能的下一步移动。

对于这个敌人人工智能，需要创建一个新的任务，因为虚幻引擎中目前可用的任务不适合敌人行为的需要。

步骤03 打开前面练习中创建的行为树资产BT_EnemyAI。

步骤04 单击顶部工具栏上的"**新建任务**"按钮。创建新任务时，它会自动打开任务资产。但是，如果我们已经创建了一个任务，则在单击"**新建任务**"按钮时出现一个下拉列表，列表中显示创建的任务。在处理此任务的逻辑之前，必须重命名资产。

步骤05 打开"**资产另存为**"对话框，打开"Enemy | AI"文件夹，这是保存任务的位置。默认情况下，任务名称是BTTask_BlueprintBase_New，将此资产重命名为BTTask_FindLocation。

步骤06 命名新任务资产后，双击打开任务编辑器。新任务将具有空的"**事件图表**"选项卡，并且"**事件图表**"中不会提供使用的任何默认事件。

步骤07 在"**事件图表**"选项卡中右击，从打开的上下文菜单中搜索并选择Event Receive Execute AI选项。

步骤08 选择Event Receive Execute AI选项后，在"**事件图表**"中创建该事件节点，如图13-13所示。

⬆ 图13-13　Event Receive Execute AI事件包含Owner Controller和Controlled Pawn返回值

步骤 09 每个任务都需要调用Finish Execute函数，以便行为树资产知道何时可以转移到下一个任务或树的分支。在"**事件图表**"选项卡的空白处右击，并通过上下文菜单搜索Finish Execute。

步骤 10 选择Finish Execute选项，在任务的"**事件图表**"中创建该节点，如图13-14所示。

⬆ 图13-14 Finish Execute函数有一个布尔参数，用于确定任务是否成功

步骤 11 我们需要的下一个函数为GetRandomLocationInNavigableRadius。顾名思义，此函数返回可导航区域定义半径内的随机向量位置。这将允许敌人角色找到随机位置并移动到该位置。

步骤 12 在"**事件图表**"选项卡的空白处右击，在打开的上下文菜单中搜索GetRandomLocationInNavigableRadius，然后选择GetRandomLocationInNavigableRadius选项，将此函数放置在图表中。

有了这两个函数，并准备好Event Receive Execute AI事件，是时候为敌人人工智能获取随机位置了。

步骤 13 从Event Receive Execute AI的Controlled Pawn输出引脚拖出引线，在打开的上下文菜单中搜索并选择GetActorLocation函数，如图13-15所示。

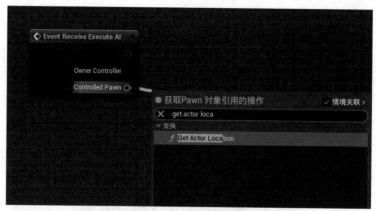

⬆ 图13-15 敌人pawn的位置将作为随机点选择的起点

步骤 14 将GetActorLocation节点的Return Value输出引脚连接到GetRandomLocationInNavigable-Radius函数的Origin向量输入引脚，如图13-16所示。现在，这个函数将使用敌人人工智能pawn的位置作为确定下一个随机点的原点。

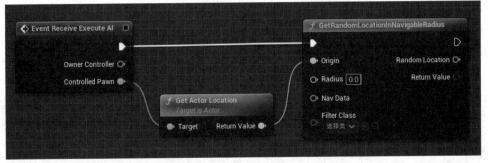

☝图13-16　敌人的pawn位置将被用作随机点向量搜索的原点

步骤15 接下来，我们需要告诉GetRandomLocationInNavigableRadius函数要检查关卡可导航区域中的随机点的半径并将半径设置为1000.0。

Nav Data和Filter Class参数可以保持默认状态。现在我们已经从GetRandomLocationInNavigableRadius函数获得了一个随机位置，还需要能够将这个值存储在本练习前面创建的黑板向量中。

步骤16 要获取对黑板向量变量的引用，需要在这个任务中创建一个"**黑板键选择器**"类型的新变量。创建这个新变量并将其命名为NewLocation。

步骤17 现在，我们需要将该变量设置为公共变量，以便它可以在行为树中公开。单击**眼睛**图标，使眼睛图标为可见状态，即可将该变量设置为公共变量。

步骤18 准备好"**黑板键选择器**"类型的变量后，拖出并获取该变量。然后从这个变量中拖出引线，在打开的上下文菜单中搜索Set Blackboard Value as Vector，如图13-17所示。

☝图13-17　Set Blackboard Value具有多种不同的类型，以支持黑板可能存在的不同变量

步骤19 将GetRandomLocationInNavigableRadius中的RandomLocation向量输出引脚连接到Set Blackboard Value as vector的Value输入引脚。然后连接这两个函数节点的执行引脚，效果如图13-18所示。

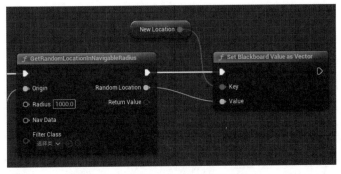

☝图13-18　黑板向量值被指定给这个新的随机位置

最后，我们使用GetRandomLocationInNavigableRadius函数的Return Value布尔输出引脚来确定任务是否成功执行。

步骤20 将布尔输出引脚连接到Finish Execute函数的Success输入引脚，并将Set Blackboard Value as Vector的执行引脚连接Finish Execute函数的执行引脚，如图13-19所示。

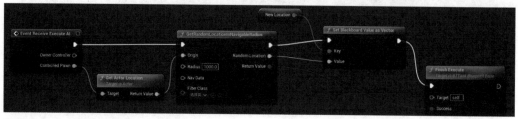

⬆图13-19 任务的最终设置

> **注意事项**
>
> 我们可以在以下链接中找到全分辨率的截图，以便更好地观看效果：https://packt.live/3lmLyk5。

通过完成本练习，我们已经在虚幻引擎5中使用蓝图创建了第一个自定义任务。现在面临一个新的挑战，在关卡的导航网格体体积的可导航范围内找到一个随机的位置，使用敌人的pawn作为搜索的起点。在接下来的练习中，将在行为树中执行这一全新的任务，并观察敌人人工智能在关卡中移动。

练习13.06 创建行为树逻辑

本练习的目标是在行为树中执行前一个练习中创建的新任务，让敌人人工智能在关卡的可导航空间中找到一个随机位置，然后移动到这个位置。我们将使用Composite、任务和服务节点的组合来实现此功能。这个练习将在虚幻引擎5编辑器中执行，我们可以按照以下步骤完成这个练习。

步骤01 首先，打开在"练习13.04 创建人工智能行为树和黑板"中创建的行为树，名称是BT_EnemyAI。

步骤02 打开"Behavior Tree"选项卡，从ROOT节点的底部拖出引线，然后在打开的上下文菜单中搜索并选择Sequence节点。结果将是连接到Sequence组合节点的ROOT节点。

步骤03 接下来从Sequence节点的底部拖出，在上下文菜单中搜索前面练习中创建的任务，即BTTask_FindLocation。

步骤04 默认情况下，BTTask_FindLocation任务应该自动将New Location键选择器变量分配给黑板中的MovetoLocation向量变量。如果没有发生这种情况，我们可以在任务的"**细节**"面板中手动分配此Selector。

现在，**BTTask_FindLocation**将把**NewLocation**选择器分配给黑板中的**MovetoLocation**向量变量。这意味着从任务返回的随机位置将被分配给Blackboard变量，我们可以在其他任务中引用该变量。

找到了一个有效的随机位置后，将这个位置分配给Blackboard变量（即MovetoLocation），我们可以使用**Move to**任务告诉敌人人工智能移动到这个位置。

步骤 05 从Sequence组合节点底部拖出，从上下文菜单中搜索并选择Move To任务。现在的行为树如图13-20所示。

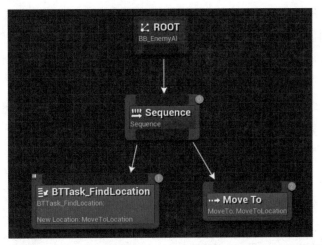

⬆图13-20　选择随机位置后，Move To任务将让敌人人工智能移动到这个新位置

步骤 06 默认情况下，Move To任务应该分配MoveToLocation作为它的"**黑板键**"值。如果没有自动设置"**黑板键**"参数，可以在Move To任务的"**细节**"面板中设置"**黑板键**"参数。同时，在"**细节**"面板中设置"**可接受半径**"为50.0。

现在，行为树使用BTTask_FindLocation自定义任务找到随机位置，并使用Move To任务告诉敌人人工智能移动到该位置。这两个任务通过引用MovetoLocation的Blackboard向量变量来相互通信位置。这里要做的最后一件事是向Sequence组合节点添加装饰器，确保再次执行行为树以查找并将其移动到新位置之前，敌方角色不在随机位置。

步骤 07 右击Sequence节点的顶部区域，在快捷菜单中选择"**添加装饰器**"命令，从子菜单中选择Is at Location命令。

步骤 08 因为在黑板内部已经有了一个向量参数，所以Is at Location装饰器应该自动将MoveToLocation向量变量分配为"**黑板键**"。选择装饰器，在"**细节**"面板的"**黑板**"类别中确保将"**黑板键**"分配给MoveToLocation来验证这一点。

步骤 09 添加装饰器，就完成了行为树的设置。最终结果如图13-21所示。

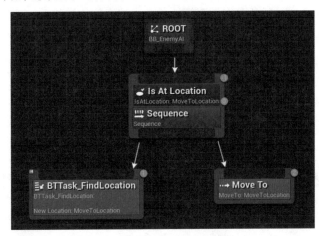

⬆图13-21　人工智能敌人行为树的最终设置

这个行为树告诉敌人人工智能使用BTTask_FindLocation找到一个随机位置，并将这个位置分配给名为MoveToLocation的Blackboard向量变量。这个任务成功时，行为树将执行Move To任务，告诉人工智能移动到这个新的随机位置。Sequence节点包裹在装饰器中，确保敌人人工智能在再次执行之前处于MoveToLocation状态，就像人工智能的安全网一样。

步骤10 在测试新的人工智能行为之前，确保已经在关卡中添加了BP_Enemy AI（如果在之前的练习和活动中还没有添加）。

步骤11 现在，如果在编辑器中播放，敌人人工智能将在地图上四处奔跑，并移动到导航网格体体积内的随机位置，如图13-22所示。

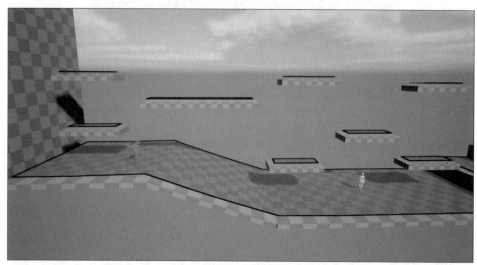

⬆图13-22 敌人人工智能现在将从一个位置移动到另一个位置

注意事项

在某些情况下，敌人人工智能可能不会移动。这可能是由于GetRandomLocationInNavigableRadius函数没有返回True。这是一个已知的问题，如果发生该问题，请重新启动编辑器并重试。

步骤12 通过完成这个练习，我们创建了一个功能齐全的行为树，允许敌人人工智能使用导航网格体体积在关卡的可导航范围内找到并移动到随机位置。让之前的练习中创建的任务可以找到这个随机点，而Move To任务允许人工智能角色向这个新位置移动。

因为Sequence组合节点的工作方式，每个任务必须成功完成才能继续下一个任务。所以，首先让敌人成功地找到一个随机位置，然后向这个位置移动。只有当Move To任务完成时，整个行为树才会重新开始并选择一个新的随机位置。

现在，我们可以继续进行下一个活动，在那里将为这个行为树添加更多的功能，让敌人人工智能在选择一个新的随机点之间等待，这样敌人就不会一直移动了。

活动13.02 | 让敌人人工智能移动到玩家的位置

在上一练习中，我们通过使用自定义任务和Move To任务使人工智能敌人角色移动到**导航网格体**体积范围内的随机位置。

在这个活动中，将继续上一练习并更新行为树。我们将通过使用装饰器来利用Wait任务，并创建一个新的自定义任务，让敌人人工智能跟随玩家角色并每隔几秒钟更新一次其位置。

请按照以下步骤完成此活动。

步骤01 在上一练习创建的BT_EnemyAI行为树中，将继续并创建一个新任务。在工具栏中单击"**新建任务**"按钮，在打开的对话框中将这个新任务命名为BTTask_FindPlayer。

步骤02 在BTTask_FindPlayer任务中，创建一个名为Event Receive Execute AI的新事件。

步骤03 通过添加Get Player Character函数来获取玩家的引用，确保使用Player Index 0。

步骤04 从玩家角色中调用Get Actor Location函数来查找玩家的当前位置。

步骤05 在任务中创建一个新的"**黑板键选择器**"类型的变量，将此变量命名为NewLocation。

步骤06 将NewLocation变量拖拽到"**事件图表**"选项卡中。从这个变量的输出引脚拖出一条引线，并在打开的上下文菜单中添加Set Blackboard Value as Vector节点。

步骤07 将Set Blackboard Value as Vector函数连接到事件的Receive Execute AI节点的执行引脚。

步骤08 添加Finish Execute函数，确保布尔Success参数为True。

步骤09 最后，将Set Blackboard Value as Vector函数连接到Finish Execute函数。

步骤10 保存并编译任务蓝图，然后返回BT_EnemyAI行为树。

步骤11 用新的BTTask_FindPlayer任务替换BTTask_FindLocation任务，这样这个新任务现在就是Sequence组合节点下面的第一个任务。

步骤12 通过自定义BTTask_FindLocation和Move To任务，添加一个新的PlaySound任务作为Sequence组合节点下面的第三个任务。

步骤13 在Sound to Play参数中，添加Explosion_Cue SoundCue资产。

步骤14 在PlaySound任务中添加一个Is At Location装饰器，并确保MovetoLocation被分配给这个装饰器。

步骤15 在PlaySound任务之后的Sequence组合节点下添加一个新的Wait任务作为第四个任务。

步骤16 将Wait任务设置为等待2.0秒才能成功完成。输出效果，如图13-23所示。

⬆图13-23　敌方人工智能跟随玩家，每2秒更新一次到玩家的位置

敌人人工智能角色将移动到玩家在关卡可导航空间中的最后一个已知位置，并在每个玩家位置之间暂停2.0秒。

注意事项

这个活动的解决方案可以在GitHub上找到：https://github.com/PacktPublishing/Elevating-Game-Experiences-with-Unreal-Engine-5-Second-Edition/tree/main/Activity%20solutions。

完成这个活动后，我们学会了如何创建一个新任务，让敌人人工智能角色找到玩家的位置，并移动到玩家最后已知的位置。在继续下一练习之前，需要删除PlaySound任务，并用在"练习13.06　创建行为树逻辑"中创建的BTTask_FindLocation任务替换BTTask_FindPlayer任务。请参考"练习13.05　创建新的行为树任务"和"练习13.06　创建行为树逻辑"，以确保行为树能够正确返回。在接下来的练习中，将使用BTTask_FindLocation任务。

在下一个练习中，我们通过开发一个新的蓝图Actor来解决这个问题，该Actor可以设置人工智能可以移动的特定位置。

练习13.07 创建敌人巡逻点

人工智能敌人角色的目前问题是，他们可以在3D可导航空间中自由移动，因为行为树允许他们在该空间中找到随机位置。相反，敌人人工智能需要被赋予巡逻点，我们可以在编辑器中指定和更改这些巡逻点。然后，敌人人工智能会随机选择其中一个巡逻点移动。这就是我们在超级横版动作游戏中要实现的：创造敌人人工智能可以移动的巡逻点。本练习将使用一个简单的蓝图Actor创建这些巡逻点。这个练习将在虚幻引擎5编辑器中执行。

请按照以下步骤完成这个练习。

步骤01 首先打开"Enemy | Blueprints"文件夹。在这个文件夹中，我们将创建用于人工智能巡逻点的新蓝图Actor。

步骤02 在此文件夹中的空白处右击，从快捷菜单中选择"**蓝图类**"命令。

步骤03 从"**选取父类**"对话框中选择Actor选项，以基于Actor类创建一个新的蓝图，如图13-24所示。

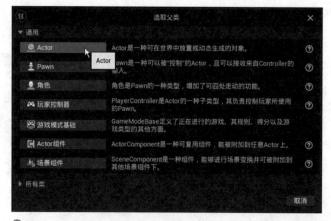

⬆ 图13-24　Actor类是所有可以在游戏世界中放置或生成对象的基类

步骤04 将这个新资产命名为**BP_AIPoints**，并在内容浏览器中双击该资产来打开这个蓝图。

注意事项

蓝图的界面与其他系统（如动画蓝图和任务）共享许多相同的功能和布局，因此这对我们来说应该都很熟悉。

步骤05 在左侧的"**我的蓝图**"面板中单击"**变量**"右侧的加号按钮，新建变量并命名为Points。

步骤06 从变量类型下拉列表中选择"**向量**"选项。

步骤07 接下来，需要将此向量变量设置为"**数组**"，以便可以存储多个巡逻位置。选择创建的变量，在"**细节**"面板中单击"**变量**"旁边的黄色图标，然后在列表中选择"**数组**"选项。

步骤08 设置Points向量变量的最后操作是：勾选"**可编辑实例**"和"**显示3D控件**"复选框。

⊙ 当变量被放置在关卡中，"**可编辑实例**"参数允许这个向量变量在Actor上是公开可见的，允许这个Actor的每个实例都可以编辑这个变量。

⊙ "**显示3D控件**"可以通过在编辑器视口中使用可见的3D转换控件来定位向量值。我们将在本练习的后续步骤中了解设置该参数的意义。同样重要的是要注意，"**显示3D控件**"参数仅对涉及角色转换的变量可用，例如向量和转换。

设置好简单的角色后，是时候将角色放置在关卡中并开始巡逻点位置了。

步骤09 将BP_AIPoints角色蓝图添加到关卡中，效果如图13-25所示。

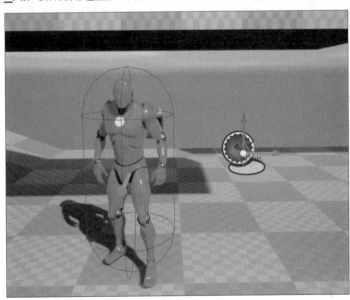

⬆图13-25 BP_AIPoints在关卡中的效果

步骤10 选择添加到关卡中的**BP_AIPoints**后，在其"**细节**"面板中找到Points变量的参数。

步骤11 接下来，单击该变量参数右侧的"**添加元素**"按钮，向向量数组中添加一个新元素，如图13-26所示。

步骤12 当向向量数组中添加新元素时，会出现一个3D控件，单击可以选择并在关卡中移动，如图13-27所示。

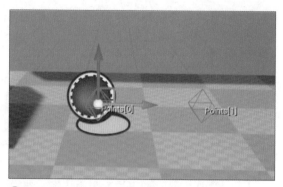

⬆ 图13-26 数组中可以有许多元素，但是数组越大，分配 ⬆ 图13-27 第一个巡逻点向量定位
的内存就越多

注意事项

更新表示向量数组元素的3D控件的位置时，**Points**变量的"细节"面板中的3D坐标将更新。

步骤13 最后，根据关卡背景，在向量数组中添加尽可能多的元素。需要注意，这些巡逻点的位置应该对齐，以便它们沿着水平轴形成一条直线，与角色移动的方向平行。图13-28显示了本练习中包含的示例SideScroller.map关卡中的设置。

⬆ 图13-28 巡逻点路径示例，如SideScroller.umap示例关卡的效果

步骤14 继续重复前面的步骤，创建多个巡逻点，并根据需要放置3D控件。我们可以使用提供的SideScroller.umap示例关卡作为如何设置这些巡逻点的参考。

通过完成这个练习，我们已经创建了一个新的**Actor**蓝图，其中包含位置的**向量数组**，现在可以使用编辑器中的3D控件手动设置该数组。有了手动设置巡逻点位置的功能，我们可以完全控制人工智能可以移动的位置。然而，这里存在一个问题：当前没有从这个数组中选择一个点并将其传递给行为树，以便人工智能可以在这些巡逻点之间移动的功能。在设置此功能之前，让我们进一步学习更多关于向量和向量变换的知识，因为这些知识将在下一个练习中被证明是有用的。

13.7 向量变换

在进入下一个练习之前，我们先了解向量变换，其中更重要的是理解Transform Location（变换位置）函数的作用。涉及到一个Actor的位置时，有两种方式来思考它的位置：从世界空间和本地空间的角度。Actor在世界空间中的位置是它相对于世界本身的位置，更简单地说，这是在关卡中放置角色的位置。Actor的本地位置是它相对于自身或父Actor的位置。

我们以BP_AIPoints actor为例，介绍世界空间和本地空间的含义。Points数组的每个位置都是一个本地空间向量，因为它们是相对于BP_AIPoints角色本身的世界空间位置的位置。图13-29显示了Points数组中的向量列表。这些值是相对于BP_AIPoints actor在关卡中的位置。

⬆ 图13-29　Points数组的本地空间位置向量，相对于BP_AIPoints角色的世界空间位置

为了让敌人人工智能移动到这些点的正确世界空间位置，我们需要使用一个名为Transform location的函数。这个函数接受以下两个参数。

⊙ **T**：这是提供的变换，用于将向量位置参数从本地空间值转换为世界空间值。

⊙ **Location**：这是从本地空间转换为世界空间的位置。

然后，这个向量变换的结果作为函数的返回值返回。在下一个练习中，我们将使用这个函数从Points数组中返回一个随机选择的向量点，并将该值从本地空间向量转换为世界空间向量。这个新的世界空间向量将用于告诉敌人人工智能相对于世界的移动位置。现在让我们实现该功能。

练习13.08 | 在数组中选择一个随机点

现在我们对向量和向量变换有了更深入的理解。在本练习中，将创建一个简单的蓝图函数来选择一个巡逻点向量位置，并使用名为Transform Location的内置函数将其向量从本地空间值转换为世界空间值。通过返回向量位置的世界空间值，可以将这个值传递给行为树，这样人工智能就会移动到正确的位置。本练习将在虚幻引擎5编辑器中执行。

让我们从创建新函数开始本练习吧！

步骤01 打开BP_AIPoints蓝图，在蓝图编辑器左侧的"**我的蓝图**"面板中单击"**函数**"类别旁边的加号按钮，创建一个新函数，并命名为GetNextPoint。

步骤02 在向该函数添加逻辑之前，在"**函数**"类别下选择创建的函数，以访问其"**细节**"面板。

步骤03 在"**细节**"面板中，勾选"**图表**"类别下的"**纯函数**"复选框，以便将此函数标记为纯函数。我们在"第11章 使用混合空间1D、键绑定和状态机"中学习了纯函数，当时正在为玩家角色处理动画蓝图。

步骤04 接下来，GetNextPoint函数需要返回一个向量，行为树可以使用该向量告诉敌人人工智能移动到哪里。在"**细节**"面板的"**输出**"类别下单击"**新建输出参数**"按钮，添加一个新输出参数。将该输出参数命名为NextPoint，并设置其类型为"**向量**"，如图13-30所示。

步骤05 在添加"**输出**"变量时，该函数将自动生成Return Node并将其放置在函数图表中，如图13-31所示。我们将使用此输出返回新的向量巡逻点，以便敌人人工智能移动到该位置。

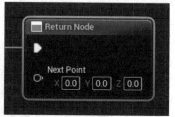

⬆图13-30 根据逻辑的需要，函数可以返回不同类型的多个变量　　⬆图13-31 自动生成Return Node，其中包括Next Point向量变量

现在函数的基础工作已经完成，让我们开始添加逻辑。

步骤06 要选择一个随机位置，首先需要找到Points数组的长度。从"**我的蓝图**"面板中将Points向量变量拖到图表中，并在快捷菜单中选择"**获取Points**"命令，从这个向量变量中拖出引线，在上下文菜单中搜索并添加Length函数，如图13-32所示。

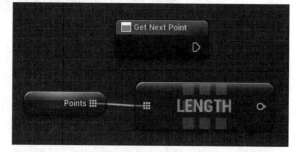

⬆图13-32 Length函数是一个纯函数，它返回数组的长度

步骤07 对于Length函数的整数输出，拖出引线，在上下文菜单中搜索并选择Random Integer函数，如图13-33所示。该函数的作用：返回一个介于0到最大值之间的随机整数，在本例中，这是Points向量数组的长度。

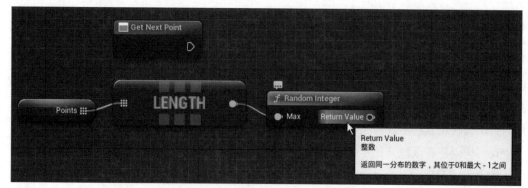

⬆图13-33 使用Random Integer函数从Points向量数组返回一个随机向量

在这里，我们将生成一个介于0和Points向量数组长度之间的随机整数。接下来，还需要在返回的Random Integer函数的索引位置找到Points向量数组的元素。

步骤08 为此，再次将Points向量拖到图表中并获取该变量。然后，拖动变量输出引脚到图表，在上下文菜单中搜索并选择Get(a copy)函数。

步骤09 接下来，将Random Integer函数的Return Value输出引脚连接到Get(a copy)函数的输入引脚。这将告诉函数选择一个随机整数，并使用该整数作为从Points向量数组返回的索引。

现在我们已经从Points向量数组中获得了一个随机向量，还需要使用Transform Location函数将位置从本地空间向量转换为世界空间向量。

正如之前介绍的，Points向量数组中的向量是相对于关卡中BP_AIPoints角色位置的本地空间位置。因此，我们需要使用Transform Location函数将随机选择的本地空间向量转换为世界空间向量，以便敌人人工智能移动到正确的位置。

步骤10 从Get(a copy)函数的向量输出引脚拖出引线，在上下文菜单中搜索并选择Transform Location函数。

步骤11 自动将Get(a copy)函数的向量输出引脚连接到Transform Location函数的Location输入引脚。

步骤12 最后一步是使用蓝图Actor本身的变换作为Get(a copy)函数的T参数。通过在图表空白处右击，并在上下文菜单中搜索并选择GetActorTransform函数，将其连接到Transform Location函数的T参数来完成此操作。

步骤13 最后，连接Transform Location函数的Return Value向量，并将其连接到函数的NewPoint向量输出，如图13-34所示。

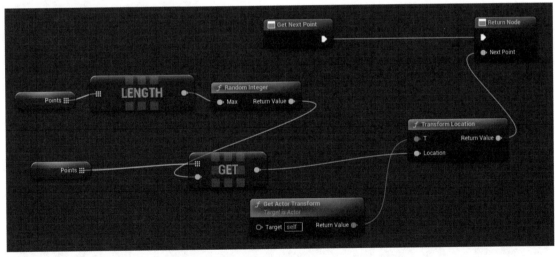

⬆图13-34 GetNextPoint函数的最终逻辑已经设置好了

注意事项

我们可以在https://packt.live/35jlilb链接中找到完整分辨率的截图，以便更好地观看效果。

通过完成这个练习，我们已经在**BP_AIPoints** Actor中创建了一个新的蓝图函数，该函数从Points数组变量中获取一个随机索引，使用Transform Location函数将其转换为世界空间向量值，并返回这个新的向量值。我们将在人工智能行为树中的**BTTask_FindLocation**任务中使用这个函数，这样敌人就会移动到设置的点上。在这样做之前，敌人人工智能需要一个**BP_AIPoints Actor**的作为参考，这样它就知道可以从哪些点中选择并移动到哪个点。我们将在下面的练习中实现这样的操作。

练习13.09 引用巡逻点Actor

既然BP_AIPoints actor拥有一个从其向量巡逻点数组返回随机转换位置的函数，就需要让敌人人工智能在关卡中引用这个Actor，以便它知道要引用哪个巡逻点。为此，我们将为敌人角色蓝图添加一个新的变量，该变量指定为之前在关卡中放置的BP_AIPoints Actor的"**对象引用**"。这个练习将在虚幻引擎5编辑器中执行。让我们从添加"**对象引用**"变量开始。

> **注意事项**
>
> Object Reference变量存储对特定类对象或Actor的引用。有了这个变量，我们就可以访问这个类提供的公开的变量、事件和函数。

请按照以下步骤完成这个练习。

步骤01 打开"Enemy | Blueprints"文件夹，双击内容浏览器中的**BP_Enemy**资产，打开敌人角色蓝图。

步骤02 在"**我的蓝图**"面板中创建新变量，单击变量类型下三角按钮，在列表中搜索BP_AIPoints类型，将光标悬停在该选项上，在子列表中选择"**对象引用**"选项。

步骤03 要在关卡中引用现有的**BP_AIPoints** actor，还需要通过在"**细节**"面板中勾选"**可编辑实例**"复选框，将上一步中的变量设置为公共变量。最后将此变量命名为Patrol Points。

步骤04 现在已经设置了对象引用，导航到关卡并选择敌人人工智能。图13-35显示了放置在提供的示例关卡中的敌人人工智能，即SuperSideScroller.umap。如果关卡中没有敌人，现在就添加一个吧。

⬆ 图13-35 敌人人工智能放置在SuperSideScroller.umap关卡中的效果

注意事项

在虚幻引擎5中，将敌人放入关卡中的操作与其他Actor相同：从内容浏览器中按住并拖动敌人人工智能蓝图到关卡中。

步骤05 在"**细节**"面板中的"**默认**"类别下找到Patrol Points变量参数。最后需要操作是为Patrol Points参数分配在"练习13.07 创建敌人巡逻地点"中已经放置在关卡的BP_AIPoints Actor。通过单击Patrol Points参数的下三角按钮，并从列表中对应的选项。

完成这个练习后，关卡中的敌人人工智能现在有了关卡中的**BP_AIPoints** actor作为参考。有了有效的引用，敌人人工智能就可以使用这个Actor来确定在**BTTask_FindLocation**任务中移动的点集。现在需要做的就是更新**BTTask_FindLocation**任务，以便使用这些点，而不是寻找随机位置。

练习*13.10* 更新BTTask_FindLocation任务

完成敌人人工智能巡逻行为的最后一步是替换**BTTask_FindLocation**中的逻辑，以便它使用来自**BP_AIPoints** Actor的GetNextPoint函数，而不是在关卡的可导航空间中寻找随机位置。这个练习将在虚幻引擎5编辑器中执行。

提醒一下，回到"练习13.05 创建新的行为树任务"中，在开始之前查看BTTask_**FindLocation**任务是什么样子的。

请按照以下步骤完成这个练习。

步骤01 首先，必须从Event Receive Execute AI中获取返回的**Controlled Pawn**引用，并将其转换为**BP_Enemy**，如图13-36所示。这样，我们就可以从前面的练习中访问Patrol Points对象引用变量。

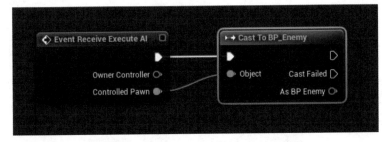

⬆ 图13-36 确保返回的Controlled Pawn为BP_Enemy类型

步骤02 接下来，通过从Cast To BP_Enemy的As BP Enemy输出引脚中拖动来访问巡逻点对象引用变量，并通过上下文菜单搜索并选择Patrol Points。

步骤03 从Patrol Points引用中单击并拖动，在上下文菜单中搜索在"练习13.08 在数组中选择一个随机点"中创建的GetNextPoint函数。

步骤04 将GetNextPoint函数的NextPoint向量输出引脚连接到Set Blackboard Value as Vector函数，并将转换的执行引脚连接到Set Blackboard Value as Vector函数。现在，每次执行**BTTask_FindLocation**任务时，都会设置一个新的随机巡逻点。

步骤 05 最后，将Set Blackboard Value as Vector函数连接到Finish Execute函数，并手动将Success参数设置为True，以便在转换成功时，始终执行此任务。

步骤 06 作为故障保护，创建一个Finish Execute的副本，并将其连接到Cast函数的Cast Failed执行引脚。然后，将Success参数设置为False，如图13-37所示。这将作为一个故障保险，因此，如果由于任何原因导致Controlled Pawn不是BP_Enemy类，任务将失败。这是一个很好的调试实践，可以确保任务的功能适用于其预期的人工智能类。

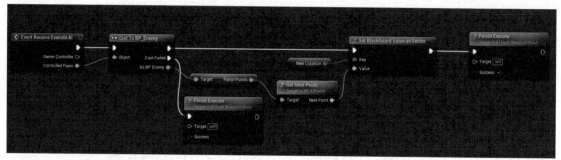

⬆ 图13-37 在逻辑中解释任何转换的失败总是好的做法

注意事项

我们可以在https://packt.live/3n58THA链接中找到完整分辨率的截图，以便更好地观看效果。

随着BTTask_FindLocation任务更新为使用来自BP_AIPoints Actor引用的敌人中的随机巡逻点，敌人人工智能现在将随机在巡逻点之间移动，如图13-38所示。

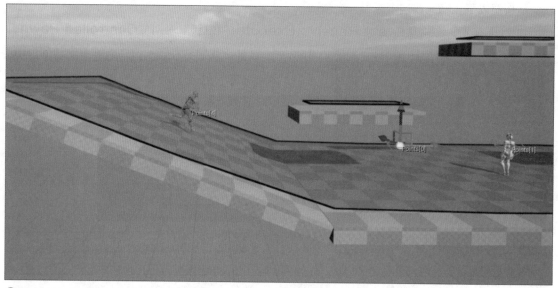

⬆ 图13-38 敌方人工智能在关卡中的巡逻点位置之间移动

随着这个练习的完成，敌人人工智能现在使用关卡中BP_AIPoints Actor的引用来寻找并移动到关卡中的巡逻点。关卡中的每个敌人角色实例都可以引用另一个唯一的BP_AIPoints Actor实例，或者可以共享相同的实例引用。敌人人工智能如何在关卡中移动取决于我们的设计。

13.8 玩家投射物

在本章的最后一节中，我们将专注于创建玩家投射物的基础，它可以用来摧毁敌人。目标是创建适当的Actor类，将所需的碰撞和抛射运动组件引入该类，并为抛射的运动行为设置必要的参数。

为了简单起见，玩家的投射物将不受重力影响，只会一击就摧毁敌人，投射物本身也会在击中任何物体表面时被摧毁，例如，投射物不会在墙上反弹。玩家抛射物的主要目标是让玩家能够在关卡中生成并使用投射物摧毁敌人。在本章中，我们将设置投射物框架的基本功能，而在"第14章 生成玩家投射物"中将添加音效和视觉效果。让我们从创建PlayerProjectile类开始。

练习13.11 创建玩家投射物

到目前为止，我们一直在用虚幻引擎5编辑器创建敌人人工智能。对于创建PlayerProjectile类，我们将使用C++和Visual Studio。玩家投射物将允许玩家摧毁关卡中的敌人，这种投射物的寿命很短、速度很快，会与敌人和环境发生碰撞。

本练习的目标是为玩家投射物设置基本Actor类，并开始在投射物头文件中编写所需的功能和组件的代码。

请按照以下步骤完成这个练习。

步骤01 首先，在虚幻引擎编辑器中单击菜单栏中"**工具**"按钮，在菜单中选择"**新建C++类**"命令，在打开的"**添加C++类**"对话框中使用Actor类作为PlayerProjectile类的父类。接下来，将创建的Actor类命名为PlayerProjectile，最后单击"**创建类**"按钮。

创建新C++类之后，Visual Studio将为该类生成所需的源文件和头文件，并打开这些文件。Actor基类包含了一些默认函数，这些函数对于玩家投射特来说是不需要的。

步骤02 在PlayerProjectile.h文件中找到以下代码行并删除。

```
protected:
    // Called when the game starts or when spawned
    virtual void BeginPlay() override;
public:
    // Called every frame
    virtual void Tick(float DeltaTime) override;
```

这些代码行表示Tick()和BeginPlay()函数的声明，默认情况下，这些函数包含在每个基于Actor的类中。Tick()函数在每一帧上都会被调用，并允许在每一帧上执行逻辑，这可能会变得很复杂，具体取决于我们想要做什么。BeginPlay()函数在Actor初始化并开始播放时被调用，这可以用于在Actor进入世界时对其执行逻辑。我们删除了这些函数，是因为它们不是玩家投射物所需要的，只会使代码很混乱。

步骤03 在从PlayerProjectile.h头文件中删除以上代码行之后，还需要从PlayerProjectile.cpp源文件中删除以下代码行。

```
// Called when the game starts or when spawned
void APlayerProjectile::BeginPlay()
{
    Super::BeginPlay();
}
// Called every frame
void APlayerProjectile::Tick(float DeltaTime)
{
    Super::Tick(DeltaTime);
}
```

　　这几行代码代表在上一步中删除的两个函数的实现，即Tick()和BeginPlay()函数。同样，这些被删除是因为它们对玩家的投射物没有任何作用，只会给代码增加混乱。此外，如果在PlayerProjectile.h头文件中没有声明，那么编译此代码时，将会显示编译错误。此时，唯一剩下的函数将是抛射类的构造函数，将在下一个练习中使用它来初始化投射物的组件。现在我们已经从PlayerProjectile中删除了不必要的代码，接下来添加投射物所需的函数和组件。

　　步骤 04 在PlayerProjectile.h头文件中，添加组件，代码如下。

```
public:
    //Sphere collision component
    UPROPERTY(VisibleDefaultsOnly, Category =
    Projectile)
    class USphereComponent* CollisionComp;
private:
    //Projectile movement component
    UPROPERTY(VisibleAnywhere, BlueprintReadOnly,
    Category = Movement, meta =
    (AllowPrivateAccess = "true"))
    class UProjectileMovementComponent*
    ProjectileMovement;
    //Static mesh component
    UPROPERTY(EditAnywhere, Category = Projectile)
    class UStaticMeshComponent* MeshComp;
```

　　这里添加了三个不同的组件，第一个是碰撞组件，我们将使用它来识别与敌人和环境资产的碰撞；第二个组件是投射物移动组件，我们应该从上一个项目中熟悉它了，这将使投射物表现得更真实；最后一个组件是StaticMeshComponent，我们将使用它给投射物一个视觉表现。

　　步骤 05 接下来，将以下函数签名代码添加到PlayerProjectile.h头文件的public访问修饰符下。

```
UFUNCTION()
void OnHit(UPrimitiveComponent* HitComp, AActor*
OtherActor,
    UPrimitiveComponent* OtherComp, FVector
    NormalImpulse, const FHitResult&
    Hit);
```

这个最后的事件声明将允许玩家投射物响应在上一步创建的CollisionComp组件中的OnHit事件。

步骤06 要编译这段代码，需要在PlayerProjectile.cpp源文件中实现上一步骤中的函数，代码如下。

```
void APlayerProjectile::OnHit(UPrimitiveComponent*
HitComp, AActor*
    OtherActor, UPrimitiveComponent* OtherComp, FVector
    NormalImpulse, const
    FHitResult& Hit)
{
}
```

OnHit事件提供了关于发生碰撞的大量信息。在下一个练习中，我们将使用OtherActor参数。OtherActor参数将告诉我们这个OnHit事件正在响应的Actor。这可以让你知道其他Actor是否是敌人。

步骤07 最后，返回虚幻引擎编辑器并编译新代码。

完成这个练习后，我们现在已经为PlayerProjectile类准备好了框架。该类包含Projectile Movement、Collision和Static Mesh所需的组件，以及OnHit碰撞的事件签名，以便投射物可以识别与其他Actor的碰撞。

在下一个练习中，我们将继续自定义并启用PlayerProjectile的参数，以便它按照超级横版动作项目所需的方式运行。

练习13.12 | 初始化PlayerProjectile类的设置

现在PlayerProjectile类的框架已经就绪，是时候用投射物所需的默认设置更新这个类的构造函数了，这样它就可以像我们预想的那样移动和行为。为此，我们需要初始化Projectile Movement、Collision和Static Mesh组件。

请按照以下步骤完成这个练习。

步骤01 打开Visual Studio并打开PlayerProjectile.cpp源文件。

步骤02 在向构造函数添加任何代码之前，请确保在PlayerProjectile.cpp源文件中包含以下文件。

```
#include "GameFramework/ProjectileMovementComponent.h"
#include "Components/SphereComponent.h"
#include "Components/StaticMeshComponent.h"
```

这些头文件将分别初始化和更新投射物移动组件（Projectile Movement）、球体碰撞组件（Collision Component）和StaticMeshComponent的参数。如果没有这些文件，PlayerProjectile类将不知道如何处理这些组件以及如何访问它们的函数和参数。

步骤03 默认情况下，APlayerProjectile::APlayerProjectile()构造函数包括以下代码行。

```
PrimaryActorTick.bCanEverTick = true;
```

步骤 04 在PlayerProjectile.cpp源文件中，向APlayerProjectile::APlayerProjectile()构造函数中添加以下代码行。

```
CollisionComp = CreateDefaultSubobject
    <USphereComponent>(TEXT("SphereComp"));
CollisionComp->InitSphereRadius(15.0f);
CollisionComp->BodyInstance.
SetCollisionProfileName("BlockAll");
CollisionComp->OnComponentHit.AddDynamic(this,
&APlayerProjectile::OnHit);
```

第一行代码初始化球体碰撞组件，并将其分配给在前面的练习中创建的CollisionComp变量。球体碰撞组件有一个名为InitSphereRadius的参数。默认情况下，这将决定碰撞Actor的大小或半径，在本例中，该参数设置为15.0，其碰撞效果是很好的。接下来，SetCollisionProfileName将碰撞组件设置为BlockAll，这样碰撞配置文件就被设置为BlockAll。这意味着当这个碰撞组件与其他对象碰撞时，将响应OnHit事件。最后，添加的最后一行代码允许OnComponentHit事件响应在上一个练习中创建的函数，代码如下。

```
void APlayerProjectile::OnHit(UPrimitiveComponent*
HitComp, AActor*
    OtherActor, UPrimitiveComponent* OtherComp, FVector
    NormalImpulse, const
    FHitResult& Hit)
{
}
```

这意味着当碰撞组件从碰撞事件中接收到OnComponentHit事件时，它将使用该函数进行响应。然而，这个函数目前是空的，将在本章后面向这个函数添加代码。

注意事项

有关如何创建自定义碰撞配置文件的详细信息，请访问以下链接：https://docs.unrealengine.com/4.26/en-US/InteractiveExperiences/Physics/Collision/HowTo/AddCustomCollisionType/。

步骤 05 最后对碰撞组件的操作是将该组件设置为玩家投射物Actor的Root组件。在步骤04的代码行之后，向构造函数添加以下代码行。

```
// Set as root component
RootComponent = CollisionComp;
```

步骤 06 碰撞组件设置完成并准备好后，我们继续设置Projectile Movement组件。将以下代码行添加到构造函数中。

```
// Use a ProjectileMovementComponent to govern this
projectile's movement
ProjectileMovement =
    CreateDefaultSubobject<
    UProjectileMovementComponent>(
```

```
    TEXT("ProjectileComp"))
    ;
ProjectileMovement->UpdatedComponent = CollisionComp;
ProjectileMovement->ProjectileGravityScale = 0.0f;
ProjectileMovement->InitialSpeed = 800.0f;
ProjectileMovement->MaxSpeed = 800.0f;
```

第一行代码初始化了ProjectileMovementComponent，并将其分配给在前面的练习中创建的ProjectileMovement变量。接下来，我们将CollisionComp设置为投射物运动组件的更新组件，这样做的原因是：ProjectileMovementComponent将使用Actor的Root作为组件来移动。然后，我们将投射物的重力比例设置为0.0，因为玩家的投射物不应该受到重力的影响，这样设置投射物将以相同的速度，在相同的高度，而不受重力的影响下运行。最后，我们将InitialSpeed和MaxSpeed参数均设置为800.0f，投射物将立即开始并以这个速度移动，在其击中目标前保持这个速度。玩家的投射物将不支持任何加速运动。

步骤07 初始化并设置投射物运动组件后，是时候为StaticMeshComponent进行同样的操作了。在上一步的代码行之后添加以下代码。

```
MeshComp =
CreateDefaultSubobject<UStaticMeshComponent>(TEXT("Mesh-
Comp"));
MeshComp->AttachToComponent(RootComponent,
    FAttachmentTransformRules::KeepWorldTransform);
```

第一行代码初始化StaticMeshComponent，并将其分配给在前面的练习中创建的MeshComp变量。然后，它使用一个名为FAttachmentTransformRules的结构体将这个StaticMeshComponent附加到RootComponent上，以确保StaticMeshComponent在附加期间保持它的世界变换，这是本练习步骤05中的CollisionComp。

注意事项

我们可以在以下链接中找到关于FAttachmentTransformRules结构体的更多信息：https://docs.unrealengine.com/en-US/API/Runtime/Engine/Engine/FAttachmentTransformRules/index.html。

步骤08 最后，让我们给PlayerProjectile设定一个3秒的初始生命周期，这样投射物在这段时间之后如果没有碰撞任何物体，它就会自动被摧毁。请将以下代码添加到构造函数的末尾。

```
InitialLifeSpan = 3.0f;
```

步骤09 最后，返回虚幻引擎编辑器并编译新代码。

通过完成这个练习，我们已经为玩家投射物设置了基础，这样就可以在编辑器中创建为蓝图Actor。所有三个必需的组件都已初始化，并包含希望用于此投射物的默认参数。现在我们所要做的就是从这个类中创建蓝图，以便在关卡中可以看到它。

活动13.03 创建玩家投射物蓝图

为了结束本章，我们将从新的PlayerProjectile类中创建蓝图Actor，并自定义此Actor，以便它使用静态网格体组件的占位符形状进行调试。这将在游戏世界中查看投射物。然后，向PlayerProjectile.cpp源文件中的APlayerProjectile::OnHit函数添加一个UE_LOG()函数，这样就可以确保这个函数在投射物接触到关卡中的物体时被调用。

请根据以下步骤进行操作。

步骤01 在内容浏览器的"MainCharacter"文件夹下创建一个名为Projectile的新文件夹。

步骤02 在这个文件夹中，从PlayerProjectile类创建一个新的蓝图，这个类是在"练习13.11 创建玩家投射物"中创建的。将创建的蓝图命名为BP_PlayerProjectile。

步骤03 打开BP_PlayerProjectile资产，在"**组件**"面板中选择MeshComp组件来访问其的设置。

步骤04 将Shape_Sphere网格体添加到MeshComp组件的"**静态网格体**"参数中。

步骤05 更新MeshComp的变换，使其符合CollisionComp组件的Scale和Location。请参考以下设置。

```
Location:(X=0.000000,Y=0.000000,Z=-10.000000)
Scale: (X=0.200000,Y=0.200000,Z=0.200000)
```

步骤06 编译并保存**BP_PlayerProjectile**蓝图。

步骤07 在Visual Studio中导航到PlayerProjectile.cpp源文件，找到APlayerProjectile::OnHit函数。

步骤08 在函数内部实现UE_LOG调用，使记录的日志行为LogTemp、Warning log level，并显示文本HIT.UE_LOG，在"第11章 使用混合空间1D、键绑定和状态机"中介绍过。

步骤09 编译代码更改，并打开在前面的练习中放置**BP_PlayerProjectile**角色的关卡。如果还没有将这个Actor添加到关卡中，请立即添加吧！

步骤10 在测试之前，请确保在窗口的下方已经打开"**输出日志**"面板。在菜单栏中单击"**窗口**"按钮，在菜单中选择"**输出日志**"命令，即可打开该面板。

步骤11 使用新建编辑窗口播放，当投射物与某些东西碰撞时，并注意"**输出日志**"面板中的日志警告。

预期输出效果，如图13-39所示。

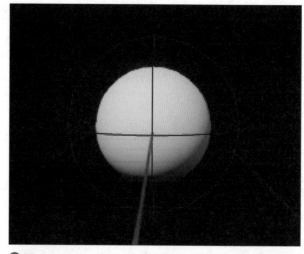

⬆图13-39 MeshComp的比例更适合CollisionComp的大小

日志警告如图13-40所示。

LogAudio: Display: Audio Device (ID: 2) registered with world 'ThirdPersonMap'.
LogLoad: Game class is 'BP_ThirdPersonGameMode_C'
LogWorld: Bringing World /Game/ThirdPerson/Maps/UEDPIE_0_ThirdPersonMap.ThirdPersonMap up for play (max t:
LogWorld: Bringing up level for play took: 0.001596
LogOnline: OSS: Created online subsystem instance for: :Context_2
LogWorldPartition: New Streaming Source: PlayerController_0 -> Position: X=900.000 Y=1110.000 Z=92.013
LogWorldPartition: Warning: Invalid world bounds, grid partitioning will use a runtime grid with 1 cell.
LogTemp: Warning: HIT
LogBlueprintUserMessages: [BP_ThirdPersonCharacter_C_0] Hello

⬆图13-40　当投射物击中物体时，HIT显示在输出日志区域

随着最后的活动完成，玩家投射物已经为下一章作好准备。在下一章中，当玩家使用Throw动作时，将抛出这个投射物。我们将更新APlayerProjectile::OnHit函数，使其摧毁与之相撞的敌人，投射物成为玩家用来对抗敌人的有效的进攻工具。

注意事项

这个活动的解决方案可以在GitHub上找到：https://github.com/PacktPublishing/Elevating-Game-Experiences-with-Unreal-Engine-5-Second-Edition/tree/main/Activity%20solutions。

13.9　本章总结

在本章中，我们学会了如何使用虚幻引擎5提供的不同的人工智能工具，包括黑板、行为树和AI控制器。通过结合使用自己创建的任务、虚幻引擎5提供的默认任务，以及装饰器，可以让敌人人工智能在添加到关卡中的导航网格体范围内导航。

在此基础上，我们还创建了一个新的蓝图Actor，该蓝图可以使用向量数组变量添加巡逻点。然后，为这个角色添加一个新函数，该函数随机选择其中一个点，将其位置从本地空间转换为世界空间，然后返回这个新值供敌人角色使用。

有了随机选择巡逻点的功能，便可以更新自定义BTTask_FindLocation任务，以查找并移动到所选定的巡逻点，从而允许敌人随机地向每个巡逻点移动。从玩家和环境的角度来看，这将敌人人工智能角色提高到一个全新的互动水平。

最后，我们创建了PlayerProjectile类，玩家能够使用该类来摧毁环境中的敌人。同时利用Projectile Movement组件和Sphere组件实现抛射运动，并识别和响应环境中的碰撞。

随着PlayerProjectile类处于可工作状态，是时候进入下一章了。在下一章，当玩家使用Throw动作，将使用"**动画通知**"来生成投射物。

第14章

生成玩家投射物

在上一章中，通过创建行为树让敌人能够从所创建的BP_AIPoints Actor中随机选择点，从而在敌人角色的人工智能方面取得了很大的进展。这给了超级横版动作游戏更多的乐趣，因为现在可以让多个敌人在游戏世界中移动。此外，我们还了解了在虚幻引擎5中可用的不同工具，这些工具结合用于制作不同复杂程度的人工智能。这些工具包括导航网格体、行为树和黑板。

现在敌人可以在关卡中奔跑了，我们需要让玩家使用在上一章结束时开始创造的玩家投射物击败这些敌人。本章的目标是使用一个自定义的UAnimNotify类，将在Throw动画蒙太奇中实现它来生成Player Projectile。此外，我们将为投射物添加特效元素，例如粒子系统和声音提示。

在本章中，我们将讨论以下内容。

⊙ 使用UAnimNotify类在Throw动画蒙太奇期间生成玩家投射物。

⊙ 为主角骨骼创建一个新的插槽，投射物将从中生成。

⊙ 使用粒子系统和声音提示为游戏添加一层视觉和音频。

14.1 技术要求

在本章结束时，我们能够在蓝图和C++中播放动画蒙太奇，以及如何使用C++和UWorld类在游戏世界中生成对象。这些游戏元素将被赋予音频和视觉元素作为额外的润色层，超级横版动作游戏中的玩家角色将能够投掷投射物并摧毁敌人。

学习本章，要求如下。

◉ 安装虚幻引擎5。

◉ 安装Visual Studio 2022。

◉ 安装虚幻引擎4.27。

本章的完整代码可从本书的GitHub存储库下载，链接：https://github.com/PacktPublishing/Elevating-Game-Experiences-with-Unreal-Engine-5-Second-Edition。

让我们从学习"**动画通知**"和"**动画通知状态**"开始这一章。之后，我们将会创建一个UAnimNotify类，这样就可以在Throw动画蒙太奇期间生成玩家投射物。

14.2 动画通知和动画通知状态

当涉及到创建精致和复杂的动画时，动画师和程序员需要有一种方法在动画中添加自定义事件，从而可以出现额外的效果、图层和功能。虚幻引擎5中的解决方案是使用动画通知和动画通知状态。

动画通知和动画通知状态的主要区别在于动画通知状态拥有三个不同的事件，而动画通知没有。这些事件是**Notify Begin**、**Notify End**和**Notify Tick**，它们都可以在蓝图或C++中使用。当涉及到这些事件时，虚幻引擎5确保以下行为。

◉ 通知状态将始终以**Notify Begin Event**开始。

◉ 通知状态将始终以**Notify End Event**结束。

◉ **Notify Tick Event**将始终发生在**Notify Begin**和**Notify End**事件之间。

然而，动画通知是一个更简化的版本，它只使用一个Notify()函数，允许程序员向通知本身添加功能。它的工作方式是"发射并忘记"，意味着我们不需要担心在Notify()事件的开始、结束或中间的任何情况。这是由于动画通知的简单性，以及不需要动画通知状态中包含的事件，所以我们将使用动画通知来为超级横版动作游戏生成玩家投射物。

在继续下面的练习之前，我们将在C++中创建一个自定义的动画通知，并简要讨论一下虚幻引擎5默认提供的现有动画通知的一些例子。图14-1显示一个完整的默认动画通知状态列表。我们将在本章后面使用两个动画通知：**播放粒子效果**和**播放音效**。让我们更详细地讨论这两个动画通知，以便以后可以熟练地使用它们。

- **播放粒子效果：** 播放粒子效果通知，顾名思义，可以在动画的特定帧生成和播放粒子系统。选择更改正在使用的**视觉效果（VFX）**，例如更新粒子的**"位置偏移""旋转偏移"**和**"缩放"**，如图14-2所示。我们甚至可以将粒子附加到指定的**"插槽命名"**上。

⬆ 图14-1　虚幻引擎5中提供的默认动画通知的完整列表　　⬆ 图14-2　播放粒子效果通知的"细节"面板

一个非常常见的例子是，在游戏中，当玩家行走或奔跑时，使用这种类型的通知在玩家脚下生成污垢或其他效果。能够指定这些效果在动画的哪一帧产生是非常强大的功能，可以为角色创造令人信服的效果。

- **播放音效：** 播放音效通知可以在动画的某一帧播放声音提示或声波。其**"细节"**面板如图14-3所示。我们可以选择改变正在使用的声音，更新其**"音量乘数"**和**"Pitch乘数"**的值，甚至让声音跟随声音的所有者，将其附加到指定的**"附加命名"**。

注意事项

视觉效果（简称VFX）是任何游戏的关键元素。在虚幻引擎5中，视觉效果是使用编辑器中的**Niagara**工具创建的。自虚幻引擎4的4.20版本以来，**Niagara**作为一个免费的插件，提高视觉特效的质量和流程。以前的视觉特效工具Cascade将在虚幻引擎5的后续版本中被弃用。我们可以在以下链接中了解更多关于**Niagara**的信息：https://docs.unrealengine.com/en-US/Engine/Niagara/Overview/index.html。

与播放粒子效果通知的例子类似，播放音效通知通常也可以用于在角色移动时播放脚步声。通过控制动画时间轴上播放声音的确切位置，可以创建很真实的声音效果。

虽然本例子中不会使用动画通知状态，但了解默认情况下可用的选项仍然是很重要的，如图14-4所示。

⬆ 图14-3　播放音效通知的"细节"面板　　⬆ 图14-4　在虚幻引擎5中提供的默认动画通知状态的完整列表

注意事项

在动画序列中不可用的两个通知状态是"**蒙太奇通知窗口**"和"**禁用根运动**"状态。有关通知的更多信息，请参阅以下文档：docs.unrealengine.com/en-US/Engine/Animation/Sequences/Notifies/index.html。

现在我们对动画通知和动画通知状态更熟悉了，本章的第一个练习将在C++中创建一个自定义的动画通知，用来生成玩家投射物。

练习14.01 | 创建UAnimNotify类

在超级横版动作游戏中，玩家角色的主要进攻能力是向敌人投掷投射物。在前一章中，我们设置了投射物的框架和基本功能，但是，目前玩家还没有办法使用它。为了使投射物生成或投掷，还需要创建一个自定义的**动画通知**，然后将其添加到Throw动画蒙太奇中。这个**动画通知**会让玩家知道什么时候生成投射物了。

请按照以下步骤创建新的UAnimNotify类。

步骤01 在虚幻引擎5中，单击菜单栏中"**工具**"按钮，在菜单中选择"**新建C++类**"命令

步骤02 在"**添加C++类**"对话框的"**所有类**"中，搜索AnimNotify，并在列表中选择AnimNotify选项。然后，单击"**下一步**"按钮来命名新类。

步骤03 将这个新类命名为Anim_ProjectileNotify，然后单击"**创建类**"按钮，这样虚幻引擎5就会在Visual Studio中重新编译和热加载这个新类。Visual Studio将打开头文件Anim_ProjectileNotify.h和源文件Anim_ProjectileNotify.cpp。

步骤04 UAnimNotify基类有一个函数需要在类中实现，代码如下。

```
virtual void Notify(USkeletalMeshComponent*
MeshComp, UAnimSequenceBase* Animation, const
FAnimNotifyEventReference& EventReference);
```

当通知在使用它的时间轴上被单击时，这个函数会被自动调用。通过重写此函数，能够向通知添加逻辑。此函数还可以访问拥有通知的骨骼网格体组件和当前正在播放的动画序列。

步骤05 接下来，让我们将该函数的重写声明添加到头文件中。在Anim_ProjectileNotify.h头文件中的GENERATED_BODY()下面添加以下代码。

```
public:   virtual void Notify(USkeletalMeshComponent*
MeshComp, UAnimSequenceBase* Animation, const
FAnimNotifyEventReference& EventReference) override;
```

既然已经将函数添加到头文件中，那么就该在Anim_ProjectileNotify源文件中定义函数了。

步骤06 在Anim_ProjectileNotify.cpp源文件中，定义函数并添加UE_LOG()调用，该调用打印文本"Throw Notify"，代码如下。

```
void UAnim_
ProjectileNotify::Notify(USkeletalMeshComponent*
```

```
MeshComp, UAnimSequenceBase* Animation, const
FAnimNotifyEventReference& EventReference)
{
    Super::Notify(MeshComp, Animation, EventReference);
    UE_LOG(LogTemp, Warning, TEXT("Throw Notify"));
}
```

现在，我们将只使用UE_LOG()调试工具来验证当在下一个练习中向Throw动画蒙太奇添加此通知时，该函数是否被正确调用。

在这个练习中，通过添加以下函数创建了实现自己的动画通知类必要的基础。

```
Notify(USkeletalMeshComponent* MeshComp, UAnimSequenceBase*
Animation, const FAnimNotifyEventReference& EventReference)
```

在这个函数中，我们将使用UE_LOG()在输出日志中打印自定义文本"Throw Notify"，来验证此通知在正常工作。

在本章的后面，我们将更新这个函数，使它调用逻辑来生成玩家投射物，但是首先，将新的通知添加到Throw动画蒙太奇中。

练习14.02 | 将新通知添加到Throw动画蒙太奇

现在有了Anim_ProjectileNotify通知，是时候把它添加到Throw动画蒙太奇中，这样对我们创建游戏很有用。

在这个练习中，我们将添加Anim_ProjectileNotify到Throw动画蒙太奇的时间轴上，该时间轴位于希望投射物生成的动画的确切帧处。

请根据以下步骤进行操作。

步骤01 回到虚幻引擎5，在内容浏览器中，进入"MainCharacter | Animation"文件夹，双击AM_Throw资产打开动画蒙太奇编辑器。

在动画蒙太奇编辑器的底部是动画的时间轴。默认情况下，当播放动画时，红色条将沿着时间轴移动。

步骤02 单击这个红色条，手动移动到第22帧，如图14-5所示。

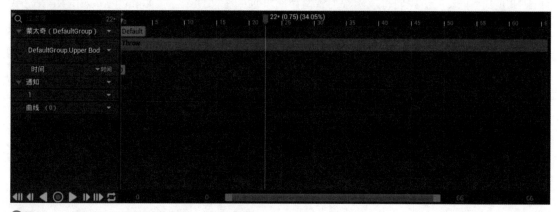

⬆ 图14-5 将红色条手动定位到时间轴上的指定位置

Throw动画的第22帧正是投射物生成并被玩家投掷的时刻。图14-6显示了Throw动画的框架，就像在人物角色编辑器中看到的那样。

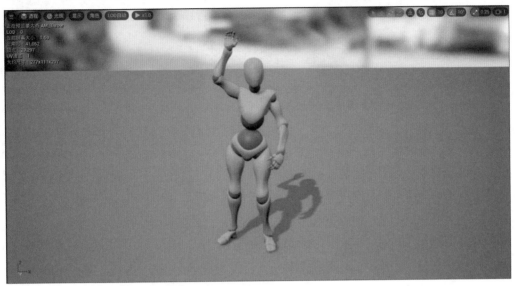

⬆图14-6　玩家投射物应该产生的确切时刻

步骤03 现在我们知道了在时间轴上应该播放通知的位置，就可在在通知时间轴中的细红线上右击。

显示一个快捷菜单，可以在其中添加**通知**或**通知状态**。在某些情况下，"**通知**"时间轴可能不显示，或者难以找到，只需单击"**通知**"文本左侧的下三角按钮，即可在折叠和展开之间切换。

步骤04 选择"**添加通知**"命令，从提供的选项中找到并选择Anim Projectile Notify。

步骤05 将Anim Projectile Notify添加到通知时间轴后，将显示以下内容，如图14-7所示。

⬆图14-7　Anim_ProjectileNotify已成功添加到Throw动画蒙太奇

步骤06 使Anim_ProjectileNotify通知在**Throw**动画蒙太奇时间轴上，保存蒙太奇。

步骤07 如果"**输出日志**"面板不可见，可以通过在菜单栏的"**窗口**"菜单中选择"**输出日志**"命令来重新启用该面板。

步骤08 现在，使用编辑器播放动画，在游戏中使用单击开始播放**Throw**蒙太奇。

在动画中添加通知的位置，将看到"Throw Notify"调试日志文本出现在"**输出日志**"中。

在"第12章　动画混合和蒙太奇"中，添加了Play Montage函数到玩家角色蓝图，即BP_SuperSideScroller_MainCharacter。为了在虚幻引擎5的中学习C++，我们会在接下来的练习中将此逻辑从蓝图移动到C++中，这样就不会过于依赖蓝图脚本来设定玩家角色的基本行为。

完成此练习后，我们已经成功地将自定义动画通知类Anim_ProjectileNotify添加到**Throw**动画蒙太奇中。这个通知是从玩家手中扔出投射物的精确帧中添加的。由于在"第12章　动画混合和蒙太奇"中为玩家角色添加了蓝图逻辑,当使用鼠标左键调用EnhancedInputAction事件ThrowProjectile时,就可以播放这个Throw动画蒙太奇。从在蓝图中播放Throw动画蒙太奇到在C++中播放它之前,让我们进一步讨论播放动画蒙太奇的内容。

14.3 播放动画蒙太奇

正如在"第12章 动画混合和蒙太奇"中所介绍的,这些资产对于动画师将单个动画序列组合成一个完整的蒙太奇是非常有用的。通过将蒙太奇分割成独特的部分,并添加粒子和音效的通知,动画师和动画程序员可以制作复杂的蒙太奇集来处理动画的所有不同的情况。

动画蒙太奇已经准备好了,我们如何在角色上播放呢?下面介绍第一种方法,即通过蓝图播放。

14.3.1 在蓝图中播放动画蒙太奇

在蓝图中,可以使用Play Montage函数播放动画蒙太奇,如图14-8所示。

⬆图14-8 蓝图中的Play Montage函数

我们已经使用了Play Montage函数来播放AM_Throw动画蒙太奇。这个函数需要指定播放蒙太奇的骨骼网格体组件,以及需要播放的动画蒙太奇。

剩下的参数是可选的,这取决于蒙太奇将如何工作。让我们快速了解一下这些参数。

⊙ Play Rate: Play Rate参数可以增加或减少动画蒙太奇的播放速度。为了更快地播放,可以增加这个值,否则,会减少这个值。

⊙ Starting Position: Starting Position参数可以沿蒙太奇开始播放的蒙太奇时间轴设置起始位置,是以秒为单位设置的。例如,在具有3秒时间轴的动画蒙太奇中,我们可以选择将蒙太奇从1.0开始,而不是从0.0开始。

⊙ Starting Section: Starting Section参数可以告诉动画蒙太奇从特定部分开始播放。根据蒙太奇的设置方式不同,我们可以为蒙太奇的不同部分创建多个部分。例如,霰弹枪武器重新装弹动画蒙太奇将包含重新装填的初始动作的部分、子弹重新装填的循环部分，以及重新装备武器以便再次发射的最后部分。

Play Montage函数的输出时，有几个不同的选择。

- ⊙ **On Completed**：当动画蒙太奇播放完成并完全混合时，将调用**On Completed**输出。
- ⊙ **On Blend Out**：当动画蒙太奇开始混合时，调用**On Blend Out**输出。这可能在**Blend Out Trigger Time**内发生，或者如果蒙太奇提前结束也会发生。
- ⊙ **On Interrupted**：当蒙太奇被试图在同一骨骼上播放的另一个蒙太奇打断而开始混合时，就会调用**On Interrupted**输出。
- ⊙ **On Notify Begin**和**On Notify End**：如果在动画蒙太奇的"**添加通知**"列表下选择"**蒙太奇通知**"选项，则会调用**On Notify Begin**和**On Notify End**输出。动画蒙太奇通知的名称通过"**通知名称**"参数返回。

现在我们已经更好地理解了Play Montage函数的蓝图实现方式，下面让来学习如何在C++中播放动画。

14.3.2 在C++中播放动画蒙太奇

在C++中播放动画蒙太奇，可以使用UAnimInstance::Montage_Play()函数。这个函数需要播放动画蒙太奇、播放蒙太奇的播放速率、EMontagePlayReturnType类型的值、用于确定播放蒙太奇的开始位置的浮点值，以及用于确定播放该蒙太奇是否应该停止或中断所有蒙太奇的布尔值。

虽然不会改变EMontagePlayReturnType的默认参数，即EMontagePlayReturnType::MontageLength，但了解这个枚举器的两个值仍然是很重要的。

- ⊙ **Montage Length**：Montage Length值以秒为单位返回蒙太奇本身的长度。
- ⊙ **Duration**：Duration值返回蒙太奇的播放持续时间，等于蒙太奇的长度除以播放速率。

注意事项

有关UAnimMontage类的更多详细信息，请参阅以下文档：https://docs.unrealengine.com/en-US/API/Runtime/Engine/Animation/UAnimMontage/index.html。

在下一个练习中，我们将学习更多关于在C++中播放动画蒙太奇的实现方法。

练习*14.03* 在C++中播放Throw动画

现在，我们已经更好地理解了如何通过蓝图和C++在虚幻引擎5中播放动画蒙太奇，是时候将播放动画蒙太奇的逻辑从蓝图迁移到C++了。这一更改的原因是蓝图逻辑被作为占位符放置到位，以便可以预览Throw蒙太奇。本书更侧重于C++游戏开发指南，因此，学习如何在代码中实现这种逻辑非常重要。

让我们从移除蓝图中的逻辑开始，然后在玩家角色类中用C++重新创建逻辑。

请按照以下步骤完成这个练习。

步骤01 导航到"MainCharacter | Blueprints"文件夹，双击BP_SuperSideScroller_
MainCharacter玩家角蓝图，以打开该资产。

步骤02 在这个蓝图中，我们将发现EnhancedInputAction IA_Throw事件和创建的用于
预览Throw动画蒙太奇的Play Montage函数，如图14-9所示。删除此逻辑，然后重新编译并
保存玩家角色蓝图。

⬆图14-9 玩家角色蓝图中不再需要此占位符逻辑

步骤03 现在，使用编辑器播放并尝试使用鼠标左键让玩家角色投掷，可见玩家角色不再播放
放Throw动画蒙太奇。让我们通过在C++中添加所需的逻辑来解决这个问题。

步骤04 在Visual Studio中打开玩家角色的头文件，即SuperSideScroller_Player.h文件。

步骤05 我们需要做的第一件事是为玩家角色创建一个将用于Throw动画的新变量。在
Private访问修饰符下添加以下代码。

```
UPROPERTY(EditAnywhere)
class UAnimMontage* ThrowMontage;
```

现在有了一个表示Throw动画蒙太奇的变量，是时候在SuperSideScroller_Player.cpp文件中
添加播放蒙太奇的逻辑了。

步骤06 在调用UAnimInstance::Montage_Play()之前，需要在源文件顶部的现有列表中添加下
面的include目录来访问这个函数，代码如下。

```
#include "Animation/AnimInstance.h"
```

正如在"第9章 添加音视频元素"中所介绍的，玩家角色已经有了一个名为ThrowProjectile的
函数，每当按下左键时该函数就会被调用。这是C++中的绑定的地方，代码如下。

```
//Bind the pressed action Throw to your ThrowProjectile
Function
EnhancedPlayerInput->BindAction(IA_Throw,
ETriggerEvent::Triggered, this, &ASuperSideScroller_
Player::ThrowProjectile);
```

步骤07 更新ThrowProjectile，使其播放在本练习之前设置的Throw蒙太奇。将以下代码添
加到在本练习之前设置的ThrowProjectile()函数中。然后，我们再讨论这里发生了什么。

```
void ASuperSideScroller_Player::ThrowProjectile()
{
    if (ThrowMontage)
    {
```

```
const bool bIsMontagePlaying = GetMesh()
->GetAnimInstance()->
    Montage_IsPlaying(ThrowMontage);
if (!bIsMontagePlaying)
{
    GetMesh()->GetAnimInstance()
    ->Montage_Play(ThrowMontage,
        1.0f);
}
    }    }
```

第一行代码检查ThrowMontage是否有效，如果我们没有指定一个有效的动画蒙太奇，那么就没有继续执行逻辑的意义了。在后继的函数调用中使用NULL对象也可能是危险的，因为它可能会导致程序崩溃。接下来，我们声明一个新的布尔变量，名称为bIsMontagePlaying，该变量用于确定ThrowMontage是否已经在玩家角色的骨骼网格体上播放。这个检查是有必要的，因为如果Throw动画蒙太奇已经播放了，就不应该再次播放，否则如果玩家反复按下鼠标左键，将导致动画中断。

只要满足上述条件，就可以安全地继续播放动画蒙太奇。

步骤08 在if语句中，玩家的骨骼网格体以1.0的播放速率播放ThrowMontage。使用此值，以便动画蒙太奇以预期的速度播放。该值大于1.0时会使蒙太奇播放得更快，而小于1.0的值将使蒙太奇播放得更慢。我们之前了解了其他参数，例如起始位置或EMontagePlayReturnType参数，可以保留其默认值。回到虚幻引擎5编辑器中，像之前一样编译代码。

步骤09 代码重新编译成功后，返回到玩家角色蓝图BP_SuperSideScroller_MainCharacter，双击该资产以打开它。

步骤10 在玩家角色的"细节"面板中，将显示添加的Throw Montage参数。

步骤11 单击Throw Montage参数的下三角按钮，在列表中选择AM_Throw蒙太奇，如图14-10所示。

⬆图14-10 投掷蒙太奇已指定为AM_Throw蒙太奇

步骤12 重新编译并保存玩家角色蓝图。然后，使用新建编辑器窗口来生成玩家角色，并使用鼠标左键播放Throw Montage。图14-11显示了该动画的实际效果。

通过完成这个练习，我们已经学会了如何添加Animation Montage参数到玩家角色中，以及如何在C++中播放蒙太奇。除了在C++中播放Throw动画蒙太奇之外，我们还添加了检查蒙太奇是否正在播放的功能，从而控制Throw

⬆图14-11 玩家角色现在可以再次执行投掷动画

动画播放的频率。这样操作，可以防止玩家滥发Throw输入，并导致动画中断或完全不播放。

> **注意事项**
>
> 尝试将Animation Montage的播放速率从1.0设置为2.0，并重新编译代码，并观察增加动画的播放速率是如何影响动画的外观和玩家的感觉。

在继续生成玩家投射物之前，让我们在玩家角色的骨骼中设置插槽的位置，这样就可以在Throw动画期间从玩家的手上生成投射物。

|练习14.04| 创建投射物生成插槽

为了生成玩家投射物，我们需要确定投射物将生成的"**变换**"属性，同时主要关注"**位置**"和"**旋转**"参数，而不是"**缩放**"参数。

在这个练习中，我们将在玩家角色的骨骼上创建一个新的插槽，然后可以在代码中引用它来获得生成投射物的变换。

让我们开始本练习。

步骤 **01** 在虚幻引擎5的内容浏览器中，找到"MainCharacter | Mesh"文件夹。

步骤 **02** 找到Skeleton资产，也就是MainCharacter_Skeleton.uasset。双击打开这个骨骼。

为了确定投射物应该生成的最佳位置，我们需要添加Throw动画蒙太奇作为骨骼的预览动画。

步骤 **03** 在"**预览场景设置**"面板的"**动画**"类别下，找到"**预览控制器**"参数并选择"**使用特定动画**"选项。

步骤 **04** 接下来，单击下方"**动画**"下三角按钮，在打开的可用动画列表中选择AM_Throw动画蒙太奇。

现在，玩家角色的骨骼将开始执行Throw动画蒙太奇，如图14-12所示。

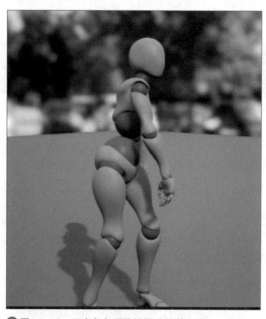

↑图14-12　玩家角色预览投掷动画蒙太奇

"练习14.02　将新通知添加到Throw动画蒙太奇"中，在**Throw**动画的第22帧添加了Anim_ProjectileNotify。

步骤05 使用骨骼编辑器底部的时间轴，将红色条移动到尽可能靠近第22帧的位置，如图14-13所示。

⬆ 图14-13　与之前添加Anim_ProjectileNotify的第22帧相同位置

在**Throw**动画的第22帧，玩家角色效果如图14-14所示。

在图14-13中，**Throw**动画蒙太奇的第22帧，角色的手处于释放投射物的位置。

正如我们所看到的，玩家角色将从右手投掷投射物，因此新的插槽应该连接到它。让我们来看看玩家角色的骨骼层次结构，如图14-15所示。

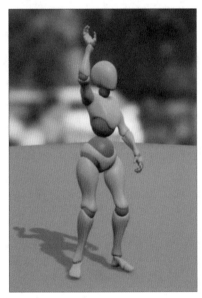
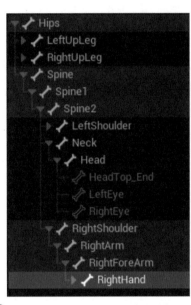

⬆ 图14-14　角色的手处于释放投射物的位置　　⬆ 图14-15　玩家角色骨骼层次中的右手骨骼

步骤06 从骨骼层次结构中，找到**RightHand**，可以在**RightShoulder**层次结构下找到。

步骤07 右击**RightHand**骨骼，然后在快捷菜单中选择**"添加插槽"**命令。将此插槽命名为ProjectileSocket。

此外，当添加一个新的插槽时，整个**RightHand**的层次结构将扩展，新的插槽名称将出现在底部。

步骤08 选择ProjectileSocket后，使用**Transform**控件的小工具定位此插槽以下位置。

```
Location = (X=30.145807,Y=36.805481,Z=-10.23186)
```

最终结果如图14-16所示。

如果小工具看起来有点不同，那是因为图14-16显示的是在世界空间中插槽的位置，而不是本地空间。

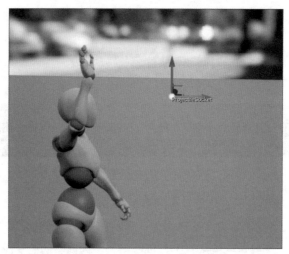

🔼 图14-16　ProjectileSocket在世界空间中Throw动画的第22帧的最终位置

步骤 09 现在，将**ProjectileSocket**放置在想要的位置，保存MainCharacter_Skeleton资产。

完成这个练习后，我们现在知道了玩家投射物将从哪里生成。因为在预览中使用了Throw动画蒙太奇，并且使用了相同的第22帧动画，所以我们知道这个位置将基于Anim_ProjectileNotify触发的时间，这个位置将是正确的。

现在，让我们在C++中生成玩家投射物。

练习14.05 | 准备SpawnProjectile()函数

现在已经有了ProjectileSocket，并且确定了一个可以生成玩家投射物的位置，让我们添加生成玩家投射物所需的代码。

在本练习结束时，我们将准备好生成投射物的函数，并准备好从Anim_ProjectileNotify类调用。

请遵循以下步骤完成此练习。

步骤 01 从Visual Studio中，导航到SuperSideScroller_Player.h头文件。

步骤 02 PlayerProjectile类需要一个类引用变量，可以使用TsubclassOf变量模板类类型来完成此操作。将以下代码添加到头文件中，在Private访问修饰符下。

```
UPROPERTY(EditAnywhere)
TSubclassOf<class APlayerProjectile> PlayerProjectile;
```

既然已经准备好了变量，那么就该声明将用于生成投射物的函数了。

步骤 03 在void ThrowProjectile()函数和Public访问修饰符的声明下添加以下函数声明。

```
void SpawnProjectile();
```

步骤 04 在准备定义SpawnProjectile()函数之前，将以下include语句添加到SuperSideScroller_Player.cpp源文件中，代码如下。

```
#include "PlayerProjectile.h"
```

```
#include "Engine/World.h"
#include "Components/SphereComponent.h"
```

包含PlayerProjectile.h，是因为它需要引用抛射类的碰撞组件。接下来，通过Engine/World.h来使用SpawnActor()函数并访问FActorSpawnParameters结构体。最后，使用Components/SphereComponent.h来更新玩家投射物的碰撞组件，这样它就会忽略玩家。

步骤05 接下来，在SuperSideScroller_Player.cpp源文件的底部创建SpawnProjectile()函数的定义，代码如下。

```
void ASuperSideScroller_Player::SpawnProjectile()
{
}
```

这个函数需要做的第一件事是检查PlayerProjectile类变量是否有效。如果此对象无效，则继续尝试生成它就没有意义了。

步骤06 更新SpawnProjectile()函数，其代码如下。

```
void ASuperSideScroller_Player::SpawnProjectile()
{
    if(PlayerProjectile)
        {
        }
}
```

现在，如果PlayerProjectile对象是有效的，我们会想要获得玩家当前存在的UWorld对象，并在继续之前确保这个世界是有效的。

步骤07 更新SpawnProjectile()函数，代码如下。

```
void ASuperSideScroller_Player::SpawnProjectile()
{
    if(PlayerProjectile)
        {
            UWorld* World = GetWorld();
            if (World)
                {
                }
        }
}
```

此时，我们已经进行了安全检查，以确保PlayerProjectile和UWorld都是有效的，所以现在，可以安全地尝试生成投射物了。接下来，必须做的第一件事是声明一个FactorSpawnParameters类型的新变量，并将玩家指定为其所有者。

步骤08 在最近的if语句中添加以下代码，SpawnProjectile()函数中的代码如下。

```
void ASuperSideScroller_Player::SpawnProjectile()
{
    if(PlayerProjectile)
```

```
        {
            UWorld* World = GetWorld();
            if (World)
                {
                    FActorSpawnParameters SpawnParams;
                    SpawnParams.Owner = this;
                }
            }
}
```

如前文所述，来自UWorld对象的SpawnActor()函数调用将需要FActorSpawnParameters结构体作为生成对象初始化的一部分。在玩家投射物的情况下，我们可以使用this关键字作为投射物所有者的玩家角色类的引用。

步骤09 接下来，需要处理SpawnActor()函数的Location和Rotation参数。在最新的行下面添加SpawnParams.Owner = this，代码如下。

```
const FVector SpawnLocation = this->GetMesh()-
    >GetSocketLocation(FName("ProjectileSocket"));
const FRotator Rotation = GetActorForwardVector().
Rotation();
```

在第一行代码中，声明了一个名为SpawnLocation的新FVector变量。这个向量使用在上一练习中创建的ProjectileSocket的插槽位置。从GetMesh()函数返回的骨骼网格体组件包含一个名为GetSocketLocation()的函数，该函数将使用传入的FName属性返回插槽的位置，在本例中是ProjectileSocket。

在第二行代码中，声明一个新的FRotator变量，其名称为Rotation。这个值被设置为玩家的前进向量，并转换为Rotator容器。这将确保旋转，或者换句话说，玩家投射物生成的方向，将在玩家前方，并且将远离玩家。

现在，生成投射物需要的所有参数都准备好了

步骤10 在上一步的代码下面添加以下代码。

```
APlayerProjectile* Projectile = World-
    >SpawnActor<APlayerProjectile>(PlayerProjectile,
    SpawnLocation,
    Rotation, SpawnParams);
```

World->SpawnActor()函数将返回我们试图在其中生成的类的对象，在本例中是AplayerProjectile，这就是在实际生成之前添加APlayerProjectile* Projectile的原因。然后，传入SpawnLocation、Rotation和SpawnParams参数，以确保在想要的位置和方式生成投射物。

步骤11 返回到编辑器并重新编译新添加的代码。在代码编译成功后，这个练习就完成了。

完成这个练习后，我们有了一个函数，该函数将生成分配在玩家角色内部的玩家抛射类。通过添加对投射物和世界有效性的安全检查，可以确保如果生成一个对象，它是一个在有效世界中的有效对象。

我们为UWorld SpawnActor()函数设置了适当的location、rotation和FActorSpawnParameters参

数，以确保玩家投射物在正确的位置（基于上一练习中的插槽位置）生成，并以适当的方向远离玩家，以玩家角色作为其所有者。

现在，是时候更新Anim_ProjectileNotify源文件了，这样它就能生成投射物。

练习I4.06 更新Anim_ProjectleNotify类

允许玩家投射物生成的函数已经准备好了，但是我们还没有在合适的地方调用这个函数。在"练习14.01创建UAnimNotify类"中创建了Anim_ProjectileNotify类，而在"练习14.02 将新通知添加到Throw动画蒙太奇"中将这个通知添加到**Throw**动画蒙太奇中。

现在，是时候更新UanimNotify类了，以便它可以调用SpawnProjectile()函数。

请遵循以下步骤完成此练习。

步骤01 在Visual Studio中，打开Anim_ProjectileNotify.cpp源文件。

在源文件中包含以下代码。

```
#include "Anim_ProjectileNotify.h"
void UAnim_
ProjectileNotify::Notify(USkeletalMeshComponent*
MeshComp, UAnimSequenceBase* Animation, const
FAnimNotifyEventReference& EventReference)
{
    Super::Notify(MeshComp, Animation, EventReference);
    UE_LOG(LogTemp, Warning, TEXT("Throw Notify"));
}
```

步骤02 从Notify()函数中删除UE_LOG()行。

步骤03 接下来，在Anim_ProjectileNotify.h下面添加以下include行代码。

```
#include "Components/SkeletalMeshComponent.h"
#include "SuperSideScroller/SuperSideScroller_Player.h"
```

包含SuperSideScroller_Player.h头文件，是因为它需要调用在上一练习中创建的Spawn-Projectile()函数。代码中还包含了SkeletalMeshComponent.h文件，是因为我们将在Notify()函数中引用这个组件。

Notify()函数传递一个对所属骨骼网格体的引用，标记为MeshComp。通过使用GetOwner()函数并将返回的actor转换为SuperSideScroller_Player类，可以使用这个骨骼网格体来获取对玩家角色的引用。我们接下来实现这一功能。

步骤04 在Notify()函数中，添加以下代码行。

```
ASuperSideScroller_Player* Player =
    Cast<ASuperSideScroller_Player>(
    MeshComp->GetOwner());
```

步骤05 现在有了一个玩家的引用，在调用SpawnProjectile()函数之前为Player变量添加一个有效性检查。在上一步的代码行之后添加以下代码行。

```
if (Player)
{
    Player->SpawnProjectile();
}
```

步骤 06 从Notify()函数调用了SpawnProjectile()函数，返回到编辑器重新编译更改的代码。

在编辑器中播放来运行投掷玩家投射物之前，需要分配上一练习中的Player Projectile变量。

步骤 07 在内容浏览器中，导航到 "/MainCharacter/Blueprints" 文件夹，找到BP_SuperSideScroller_MainCharacter蓝图，双击并打开蓝图。

步骤 08 在"**细节**"面板中，在Throw Montage参数下面，找到Player Projectile参数。单击该参数的下三角按钮并在列表中选择BP_PlayerProjectile选项，将其分配给Player Projectile变量。

步骤 09 重新编译并保存BP_SuperSideScroller_MainCharacter蓝图。

步骤 10 现在，在编辑器中播放并通过鼠标左键，玩家角色将播放**Throw**动画，而且玩家的投射物将生成。

注意，投射物是从创建的Projectile-Socket函数中生成的，并且它会远离玩家。图14-17显示了玩家投掷投射物的实际效果。

完成这个练习后，玩家现在可以投掷投射物了。在当前状态下，玩家的投射物对敌人是无效的，只能在空中飞行。为了实现玩家抛出投射物的功能，我们需要在Throw动画蒙太奇、Anim_ProjectileNotify类和玩家角色之间设置大量移动部件。

↑图14-17　玩家现在可以投掷投射物

在接下来的部分和练习中，我们将更新玩家投射物，使其摧毁敌人并产生额外的效果，如粒子和音效等效果。

14.4　摧毁Actor

到目前为止，我们将重点放在游戏世界中的生成或创造actor上。玩家角色使用UWorld类来生成投射物。虚幻引擎5和它的基本Actor类有一个默认函数，可以使用该函数来从游戏世界中销毁或移除一个Actor。

```
bool AActor::Destroy( bool bNetForce, bool bShouldModifyLevel )
```

在Visual Studio中，可以通过在 "/source/Runtime/Engine/Actor.cpp" 文件夹的Actor.cpp源文件来找到该函数的完整实现。这个函数存在于所有从Actor类扩展而来的类中，在虚幻引擎5中，它存在于所有可以在游戏世界中生成或放置的类中。更明确地说，EnemyBase和PlayerProjectile类都是Actor类的子类，因此它们可以被摧毁。

进一步观察AActor::Destroy()函数，包含下面代码行。

```
World->DestroyActor( this, bNetForce, bShouldModifyLevel );
```

我们不会深入讨论UWorld类究竟是如何摧毁一个Actor的，但重要的是要强调一个事实，即UWorld类负责在世界中创建和摧毁Actor。我们可深入研究源引擎代码，以找到有关UWorld类如何处理摧毁和生成Actor的更多信息。

现在已经有了更多关于虚幻引擎5如何处理从游戏世界中摧毁和移除Actor的准备，接下来我们将为敌人角色实现这一功能。

练习14.07 | 创建DestroyEnemy()函数

超级横版动作游戏玩法的主要部分是让玩家在关卡中移动并使用投射物摧毁敌人。在项目的这一点上，我们已经处理了玩家的移动和生成玩家投射物。然而，目前这种投射物还不能摧毁敌人。

为了实现这个功能，首先，向EnemyBase类添加一些逻辑，这样它就知道如何处理其破坏，并在它与玩家投射物碰撞时将其从游戏中移除。

请遵循以下步骤实现这一目标。

步骤01 首先，在Visual Studio中并打开EnemyBase.h头文件。

步骤02 在头文件中的Public访问修饰符下创建一个名为DestroyEnemy()的新函数声明，代码如下。

```
public:
    void DestroyEnemy();
```

确保这个函数定义写在GENERATED_BODY()的下面，且在类定义的内部。

步骤03 将这些更改保存到头文件中，并打开EnemyBase.cpp源文件，以添加该函数的实现。

步骤04 在#include行下面，添加以下函数定义。

```
void AEnemyBase::DestroyEnemy()
{
}
```

现在，这个函数将非常简单了，我们需要做的就是从Actor基类中调用继承的Destroy()函数。

步骤05 更新DestroyEnemy()函数，代码如下。

```
void AEnemyBase::DestroyEnemy()
{
    Destroy();
}
```

步骤06 完成此函数后，保存源文件并返回到编辑器，以便重新编译更改的代码。

完成这个练习后，敌人角色现在有了一个函数，该函数可以轻松地处理毁灭actor。Destroy-

Enemy()函数是公开的，因此它可以被其他类调用，这将在稍后处理玩家投射物的销毁时非常有用。

创建一个独特的函数来摧毁敌人actor的原因是，将在本章后面使用这个函数，以便在敌人被玩家投射物摧毁时添加视觉特效（VFX）和音频特效（SFX）。

在完善摧毁敌人的元素之前，让我们在玩家投射类中实现一个类似的函数，这样它也可以被摧毁。

|练习14.08| 摧毁投射物

既然敌人角色可以通过上一练习中实现的新的DestroyEnemy()函数来处理被摧毁的情况，那么是时候对玩家的投射物做同样的处理了。

在这个练习结束时，玩家投射物将有一个独特的函数来处理它被摧毁并从游戏世界中移除。

让我们开始此练习吧！

步骤01 在Visual Studio中，打开玩家抛射物的头文件，即PlayerProjectile.h。

步骤02 在Public访问修饰符下，添加以下函数声明。

```
void ExplodeProjectile();
```

步骤03 接下来，打开玩家投射物的源文件，即PlayerProjectile.cpp。

步骤04 在APlayerProjectile::OnHit函数下面，添加ExplodeProjectile()函数的定义，代码如下。

```
void APlayerProjectile::ExplodeProjectile()
{
}
```

现在，这个函数的工作方式与上一练习中的DestroyEnemy()函数相同。

步骤05 将继承的Destroy()函数添加到新的ExplodeProjectile()函数中，代码如下。

```
void APlayerProjectile::ExplodeProjectile()
{
    Destroy();
}
```

步骤06 完成此函数后，保存源文件并返回到编辑器，编译更改的代码。

完成这个练习后，玩家投射物现在有了一个函数，可以在轻松地处理销毁actor。创建一个独特的函数来处理摧毁玩家投射物actor的原因，这与创建DestroyEnemy()函数的原因是一样的，即将在本章后面使用这个函数在玩家投射物与另一个actor碰撞时添加视觉特效（VFX）和音频特效（SFX）。

现在已经有了在玩家投射物和敌人角色中实现Destroy()函数的经验，是时候把这两个元素结合在一起了。

在下一个活动中，我们将使玩家的投射物与敌人角色碰撞时摧毁敌人。

|活动 *14.01* | 允许投射物摧毁敌人

既然玩家的投射物和敌人的角色都可以处理被摧毁的问题，那么是时候让玩家的投射物在和敌人碰撞时同时被摧毁了。

请遵循以下步骤实现这一目标。

步骤 01 在PlayerProjectile.cpp源文件的顶部添加EnemyBase.h头文件的#include语句。

步骤 02 在APlayerProjectile::OnHit()函数中，创建一个AEnemyBase*类型的新变量，并将该变量命名为Enemy。

步骤 03 将APlayerProjectile::OnHit()函数的OtherActor参数强制转换为AEnemyBase*类，并将Enemy变量设置为强制转换的结果。

步骤 04 使用if()语句检查Enemy变量的有效性。

步骤 05 如果Enemy变量是有效的，从这个Enemy调用DestroyEnemy()函数。

步骤 06 在if()语句块之后，调用ExplodeProjectile()函数。

步骤 07 保存源文件的更改并返回到虚幻引擎5编辑器。

步骤 08 在编辑器中播放，然后使用玩家投射物击中敌人来观察结果。

输出的效果，如图14-18所示。

⬆图14-18 投掷投射物的玩家

当投射物击中敌人时，敌人角色被摧毁，如图14-19所示。

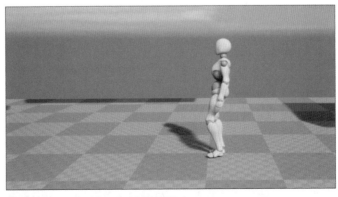

⬆图14-19 投射物和敌人都被摧毁了

完成这个活动后，玩家的投射物和敌人的角色在相互碰撞时都会被摧毁。此外，当另一个角色触发它的APlayerProjectile::OnHit()函数时，玩家投射物将被销毁。

至此，超级横版动作游戏的一个主要元素已经完成了：生成玩家的投射物，以及敌人在与投射物碰撞时都被摧毁。摧毁这些Actor非常简单，但对玩家来说并不是很有趣。

这就是为什么呢？在本章接下来的练习中，我们将学习更多关于视觉特效和音频特效的内容，还将为敌人角色和玩家投射物实现这些特效。

现在敌人角色和玩家投射物都可以被摧毁，让我们简要讨论什么是视觉特效和音频特效，以及它们将如何影响项目。

> **注意事项**
>
> 这个活动的解决方案可以在GitHub上找到：https://github.com/PacktPublishing/Elevating-Game-Experiences-with-Unreal-Engine-5-Second-Edition/tree/main/Activity%20solutions。

14.5 理解和实现视觉和音频特效

视觉特效（如粒子系统）和音频特效（如声音提示）在视频游戏中扮演着重要角色。它们在系统、游戏机制，甚至是基本动作的基础上添加了一定程度的优化，使这些元素变得更有趣或更令人愉悦。

让我们从了解视觉特效开始，然后再介绍音频特效。

14.5.1 视觉特效（VFX）

在虚幻引擎5中，视觉特效是由所谓的粒子系统组成的。粒子系统由发射器组成，而发射器由模块组成。在这些模块中，可以使用材质、网格体和数学模块控制发射器的外观和行为。结果可以是任何火炬火焰或雪花飘落，到雨水、尘埃等效果。

> **注意事项**
>
> 我们可以在以下链接中了解更多关于视觉特效的内容：https://docs.unrealengine.com/en-US/Resources/Showcases/Effects/index.html。

14.5.2 音频特效（SFX）

在虚幻引擎5中，音频特效是由声波和声音提示的组合。

- 声波是可以导入到虚幻引擎5中的.wav音频格式文件。
- 声音提示将声波音频文件与其他节点，如Oscillator、Modulator和Concatenator相结合，为游戏创建独特的、复杂的声音。

注意事项

我们可以在以下链接中了解更多关于音频特效的信息：https://docs.unrealengine.com/en-US/
Engine/Audio/SoundCues/NodeReference/index.html。

在虚幻引擎5中，视觉特效是使用一种名为**Cascade**的工具创建的，可以将**材质**、**静态网格体**和**数学**的使用结合起来，为游戏世界创造有趣且令人信服的效果。本书不会深入介绍这个工具的工作原理，但是可以在以下链接中找到有关Cascade的信息：https://docs.unrealengine.com/4.27/en-US/RenderingAndGraphics/ParticleSystems/。

从最新的虚幻引擎版本开始，特别是从4.20版本更新开始，有一个名为**Niagara**的插件可以创建视觉特效。与Cascade工具不同的是，Niagara插件使用了一个类似于蓝图的系统，在这个系统中，可以可视化的方式编写特效的行为脚本，而不是使用带有预定义行为的预设模块。我们可以在以下链接中找到更多关于Niagara的信息：https://docs.unrealengine.com/en-US/Engine/Niagara/Overview/index.html。此外，在新版本的虚幻引擎5中，Cascade工具将被弃用，而Niagara将被使用。但是在本书中，我们仍然会使用Cascade粒子效果。

在"第9章　添加音视频元素"中，介绍了更多关于音频，以及如何在虚幻引擎5中处理音频的内容。现在虚幻引擎5使用.wav文件格式将音频导入虚幻引擎，之后，可以直接使用.wav文件，在编辑器中称为声波，或者可以将这些资产转换为声音提示，从而在声波的上方添加音频效果。

最后，有一个重要的类，我们将在接下来的练习中引用该类，该类被称为UGameplay-Statics。这是虚幻引擎5中的一个静态类，可以在C++和蓝图中使用，它提供了各种有用的游戏玩法相关功能。在接下来的练习中，将使用的两个函数如下。

```
UGameplayStatics::SpawnEmitterAtLocation
UGameplayStatics:SpawnSoundAtLocation
```

这两个函数的工作方式非常相似，都需要World情境对象来产生效果，需要生成粒子系统或音频，以及生成效果的位置。在接下来的练习中，我们将使用这些函数为敌人生成摧毁效果。

练习*14.09* 添加敌人被摧毁时的效果

在本练习中，将向本章和练习中包含的项目添加新内容，包括视觉特效和音频特效，以及它们需要的所有资产。然后，我们将更新EnemyBase类，以便它可以使用音频和粒子系统参数，从而在敌人被玩家投射物摧毁时添加所需的效果。

在这个练习结束时，将有一个敌人，在与玩家的投射物碰撞并摧毁时，将产生视觉和听觉上的效果。

让我们开始此练习吧！

步骤01 首先，我们需要从"**动作RPG**"项目中迁移特定的资产，这些资产可以在Unreal Engine Launcher的"**示例**"选项卡中找到。

步骤02 从Epic Games Launcher中，导航到"**示例**"选项卡，在"**UE旧版示例**"类别中，找到"**动作RPG**"项目，如图14-20所示。

⬆图14-20　动作RPG示例项目

注意事项

在本章后面的练习中，我们将从"**动作RPG**"项目中获得额外的资产，因此应该保持这个项目的打开状态，以避免重复打开该项目。本练习的资源可以从以下链接中下载：https://github.com/PacktPublishing/Elevating-Game-Experiences-with-Unreal-Engine-5-Second-Edition/tree/main/Chapter14/Exercise14.09。

步骤03 单击"**动作RPG**"游戏项目，然后单击"**创建工程**"按钮。

步骤04 在打开的界面中，选择引擎版本4.27，并选择将项目下载到的目录。然后，单击"**创建**"按钮开始安装项目。

步骤05 完成"**动作RPG**"项目下载，导航到Epic Games Launcher的"**库**"选项卡，在"**我的工程**"部分找到"**动作RPG**"。

步骤06 双击"**动作RPG**"项目，在虚幻引擎5编辑器中打开它。

步骤07 在编辑器的内容浏览器中找到A_Guardian_Death_Cue音频资产。右击该资产并在快捷菜单中将光标悬停在"**资产操作**"命令上，然后在子菜单中选择"**迁移**"命令。

步骤08 在选择"**迁移**"命令之后，在A_Guardian_Death_Cue中显示引用的所有资产，包括所有音频类和声波文件。从"**资产报告**"对话框中单击"**确定**"按钮。

步骤09 打开"**选择目标内容文件夹**"对话框，导航到超级横版动作项目的Content文件夹，然后单击"**选择文件夹**"按钮。

步骤10 迁移过程完成后，将在编辑器中显示一条通知，说明迁移已成功完成。

步骤11 对P_Goblin_Death视频特效资产执行相同的迁移步骤。添加到项目中的两个主要资产如下。

```
A_Guardian_Death_Cue
P_Goblin_Death
```

P_Goblin_Death粒子系统资产引用了额外的资产，如Effects文件夹中包含的材质和纹理，而A_Guardian_Death_Cue引用了Assets文件夹中包含的额外声波资产。

步骤12 将这些文件夹迁移到Content目录后，打开SuperSideScroller项目的虚幻引擎5编辑器，找到包含在项目内容浏览器中的新文件夹。

将用于敌人角色毁灭的粒子称为P_Goblin_Death，可以在"Effects | FX_Particle"文件夹中找到该粒子。将用于摧毁敌人角色的声音称为A_Guardian_Death_Cue，可以在"Assets | Sounds | Creatures | Guardian"文件夹中找到。现在，需要的资产已经导入到编辑器中，让我们继续编写代码吧！

步骤13 打开Visual Studio并导航到敌人基类的头文件，即EnemyBase.h文件。

步骤14 添加以下UPROPERTY()变量，这表示当敌人被摧毁时的粒子系统。确保在Public access修饰符下声明，代码如下。

```
UPROPERTY(EditAnywhere, BlueprintReadOnly)
class UParticleSystem* DeathEffect;
```

步骤15 添加以下UPROPERTY()变量，这代表敌人被摧毁时的声音。确保在Public访问修饰符下声明，代码如下。

```
UPROPERTY(EditAnywhere, BlueprintReadOnly)
class USoundBase* DeathSound;
```

定义了这两个属性后，让我们继续添加生成所需的逻辑，并在敌人被摧毁时使用这些效果。

步骤16 在敌人基类的源文件EnemyBase.cpp中，添加以下UGameplayStatics和UWorld类的内容。

```
#include "Kismet/GameplayStatics.h"
#include "Engine/World.h"
```

当敌人被摧毁时，我们使用UGameplayStatics和UWorld类将声音和粒子系统生成到世界中。

步骤17 在AEnemyBase::DestroyEnemy()函数中，有以下一行代码。

```
Destroy();
```

步骤18 在Destroy()函数调用上方添加以下代码行。

```
UWorld* World = GetWorld();
```

在尝试生成粒子系统或声音之前，有必要定义UWorld对象，因为需要一个World情境对象。

步骤19 接下来，使用if语句来检查刚刚定义的World对象的有效性，代码如下。

```
if(World)
{
}
```

步骤20 在if语句中，添加以下代码以检查DeathEffect属性的有效性，然后使用UGameplayStatics的SpawnEmitterAtLocation函数生成此效果。

```
if(DeathEffect)
{
    UGameplayStatics::SpawnEmitterAtLocation(World,
        DeathEffect, GetActorTransform());
}
```

在尝试生成或操作对象之前，必须确保对象是有效的，这一点再强调一遍也不为过。这样做可以避免虚幻引擎崩溃。

步骤21 在if（DeathEffect）块之后，对DeathSound属性执行相同的有效性检查，然后使用UGameplayStatics::SpawnSoundAtLocation函数生成声音，代码如下。

```
if(DeathSound)
{
    UGameplayStatics::SpawnSoundAtLocation(World,
        DeathSound, GetActorLocation());
}
```

在调用Destroy()函数之前，我们需要检查DeathEffect和DeathSound属性是否有效。如果两个属性是有效的，再使用正确的UGameplayStatics函数生成这些效果。这确保了无论属性是否有效，敌人角色仍然会被摧毁。

步骤22 现在AEnemyBase::DestroyEnemy()函数已经被更新以产生这些效果，返回到虚幻引擎5编辑器中编译更改的代码。

步骤23 在内容浏览器中，导航到"Enemy | Blueprints"文件夹，双击BP_Enemy资产打开它。

步骤24 在敌人蓝图的"**细节**"面板中，找到"**死亡效果**"（Death Effect）和"**死亡声音**"（Death Sound）属性。单击"**死亡效果**"属性的下三角按钮，在列表中选择P_Goblin_Death粒子系统。

步骤25 接下来，在"**死亡效果**"参数下方，单击"**死亡声音**"属性的下三角按钮，在列表中选择A_Guardian_Death_Cue声音提示。

步骤26 现在这些参数已经更新并分配了正确的效果，编译并保存敌人的蓝图。

步骤27 在编辑器中播放，生成玩家角色并向敌人投掷一个玩家投射物（如果关卡中还没有敌人，请添加一个）。当玩家的投射物与敌人碰撞时，添加的视觉特效和音频特效将会播放，如图14-21所示。

⬆ 图14-21　敌人在闪耀的火焰中爆炸并被摧毁

完成这个练习，当敌人角色被玩家的投射物摧毁时，会播放粒子系统和声音提示。这为本游戏添加了一层亮丽的效果，并在消灭敌人时让玩家更具有满足感。

在下一个练习中，我们将为玩家投射物添加一个新的粒子系统和音频组件，使它在空中飞行时看起来和听起来更有趣。

练习 *14.10* 为玩家的投射物添加效果

在当前状态下，玩家投掷物按预期设置的功能发挥作用，它在空中飞行，与游戏世界中的物体相撞，然后被摧毁。然而，从视觉上看，玩家的投射物只是一个带有纯白色纹理的球体。

在这个练习中，我们将通过添加粒子系统和音频组件来为玩家投射物添加一层效果，这样使投射物看起来就会更真实了。

请按照以下步骤实现这一目标。

步骤01 与前面的练习非常相似，我们需要将资产从"**动作RPG**"项目迁移到超级横版动作项目中。请参考"练习14.09 增加敌人被摧毁时的效果"中关于如何从"**动作RPG**"项目中安装和迁移资产的相关内容。

将添加到项目中的两个主要资产如下。

```
P_Env_Fire_Grate_01
A_Ambient_Fire01_Cue
```

P_Env_Fire_Grate_01粒子系统资产引用了Effects文件夹中的其他资产，比如材质和纹理。而A_Ambient_Fire01_Cue引用了位于Assets文件夹中额外的声波和声音衰减资产。

我们将用于玩家投射物的粒子称为P_Env_Fire_Grate_01，可以在"/Effects/FX_Particle/"文件夹中找到，这与上一练习中的P_Goblin_Death视觉特效路径相同。将用于玩家投射物的声音被称为A_Ambient_Fire01_Cue，可以在"Assets | Sounds | Ambient"文件夹中找到。

步骤02 在"**动作RPG**"项目的内容浏览器中右击这些资产，在快捷菜单中将光标悬停在"**资产操作**"命令上，然后在子菜单中选择"**迁移**"命令。

步骤03 在确认迁移之前，请确保为SuperSideScroller项目选择Content文件夹。

现在所需的资产已经迁移到项目中，让我们继续创建玩家投射类。

步骤04 打开Visual Studio并导航到玩家抛射类的头文件，即PlayerProjectile.h。

步骤05 在Private访问修饰符下面，在UStaticMeshComponent* MeshComp类组件的声明下面，添加下面的代码来为玩家抛射声明一个新的音频组件。

```
UPROPERTY(VisibleDefaultsOnly, Category = Sound)
class UAudioComponent* ProjectileMovementSound;
```

步骤06 接下来，在音频组件的声明下面添加以下代码，以声明一个新的粒子系统组件。

```
UPROPERTY(VisibleDefaultsOnly, Category = Projectile)
class UParticleSystemComponent* ProjectileEffect;
```

而不是使用可以在蓝图中定义的属性，例如在敌人角色类中，这些效果将成为玩家投射物的组件。这是因为这些效果应该附加到投射物的碰撞组件上，这样它们就可以随着投射物在关卡中一起移动。

步骤 07 在头文件中声明这两个组件后，打开玩家投射物的源文件，并将以下include添加到文件顶部的include行列表中。

```
#include "Components/AudioComponent.h"
#include "Engine/Classes/Particles/
ParticleSystemComponent.h"
```

我们需要同时引用音频组件和粒子系统类，才能使用CreateDefaultSubobject函数创建这些子对象，并将这些组件附加到RootComponent。

步骤 08 添加以下代码来创建ProjectileMovementSound组件的默认子对象，并将该组件附加到RootComponent。

```
ProjectileMovementSound =
CreateDefaultSubobject<UAudioComponent>
    (TEXT("ProjectileMovementSound"));
    ProjectileMovementSound
    ->AttachToComponent(RootComponent,
    FAttachmentTransformRules::KeepWorldTransform);
```

步骤 09 接下来，添加以下几行代码来创建ProjectileEffect组件的默认子对象，并将该组件附加到RootComponent。

```
ProjectileEffect = CreateDefaultSubobject<UParticle
SystemComponent>(TEXT("Projectile
    Effect"));
ProjectileEffect->AttachToComponent(RootComponent,
    FAttachmentTransformRules::KeepWorldTransform);
```

步骤 10 现在我们已经创建、初始化并将这两个组件附加到RootComponent，返回到虚幻引擎5编辑器重新编译更改的代码。

步骤 11 从内容浏览器中，导航到"MainCharacter | Projectle"文件夹。找到BP_PlayerProjectile资产并双击打开蓝图。

在"**组件**"面板中，找到使用前面的代码添加的两个新组件。需要注意，这些组件被附加到CollisionComp组件，也称为RootComponent。

步骤 12 选择ProjectileEffect组件，在"**细节**"面板中，将P_Env_Fire_Grate_0视觉特效资产分配给该参数。

步骤 13 在分配音频组件之前，调整ProjectileEffect的视觉特效资产的"变换"属性。更新视觉特效"**变换**"属性的"**旋转**"和"**缩放**"的值，使它们与图14-22中显示的数据相匹配。

⬆ 图14-22　更新了粒子系统组件的"变换"，使其更适合投射物

步骤 **14** 导航到蓝图中的"**视口**"选项卡,显示设置"**变换**"属性后的效果。ProjectileEffect 的效果如14-23所示。

⬆图14-23　火焰的视觉特效已经被适当地缩放和旋转

步骤 **15** 现在视觉特效已经设置好了,单击ProjectileMovementSound组件并将A_Ambient_Fire01_Cue分配给它。

步骤 **16** 保存并重新编译BP_PlayerProjectile蓝图。在编辑器中播放并观察当玩家角色扔出投射物时,它现在会显示视觉特效资产并播放指定的声音,如图14-24所示。

⬆图14-24　玩家投射物在空中飞行时有了视觉特效和音频特效

完成这个练习后,玩家投射物现在有一个视频特效和一个音频特效,当它在空中飞行时一起播放。这些元素使投射物栩栩如生,并且使用起来更加有趣。

由于视频特效和音频特效是作为投射物的组成部分创建的,所以当投射物被摧毁时,它们也会被摧毁。

在下一练习中,我们将向Throw蒙太奇中添加一个粒子效果通知和一个音效通知,以便在玩家投掷投射物时产生更大的冲击效果。

练习14.11 | 为投射物添加视觉特效和音频特效

到目前为止，我们已经通过C++为游戏实现了优化元素，这是一种有效的实现方法。为了增加多样性，并扩展对虚幻引擎5工具集的认识，本练习将介绍如何在动画蒙太奇中使用通知来添加动画中的粒子系统和音频。

与前面的练习非常相似，我们需要将资产从"**动作RPG**"项目迁移到超级横版动作项目中。请参考"练习14.09增加敌人被摧毁时的效果"，学习如何从"**动作RPG**"项目中安装和迁移资产。

请按照以下步骤完成本练习。

步骤01 打开"**动作RPG**"项目并导航到内容浏览器中。

添加到项目中的两个主要资产如下所示。

```
P_Skill_001
A_Ability_FireballCast_Cue
```

P_Skill_001粒子系统资产引用了Effects文件夹中的其他资产，比如材质和纹理。而A_Ability_FireballCast_Cue引用了Assets文件夹中的声波资产。

当投射物被抛出时，玩家将使用的粒子称为P_Skill_001，可以在"Effects | FX_Particle"文件夹中找到。这与前面练习中P_Goblin_Death和P_Env_Fire_Grate_01视觉特效资产存储在相同的文件夹中。将用于敌人角色摧毁的声音被称为A_Ambient_Fire01_Cue，可以在"Assets | Sounds | Ambient"文件夹中找到。

步骤02 在"**动作RPG**"项目的内容浏览器中右击这些资产，在快捷菜单中将光标悬停在"**资产操作**"命令上，然后在子菜单中选择"**迁移**"命令。

步骤03 在确认迁移之前，请确保为超级横版动作项目选择Content文件夹。

现在需要的资产已经迁移到项目中，让我们继续向AM_Throw资产添加所需的通知。在继续本练习之前，请确保返回到SuperSideScroller项目。

步骤04 从内容浏览器，导航到"MainCharacter | Animation"文件夹，找到AM_Throw资产并双击以打开它。

步骤05 在动画蒙太奇编辑器中心的预览窗口下方的时间轴中，找到"**通知**"部分。这是在本章前面添加Anim_ProjectileNotify的相同部分。

步骤06 在"**通知**"轨道的右边，有一个▼图标，在列表中可以使用额外的通知轨道。单击该图标，在列表中选择"**添加通知轨道**"选项，如图14-25所示。

在添加多个通知时，向时间轴添加多个轨道以保持事物的条理性是很有用的。

↑图14-25 添加新的通知轨道

步骤07 定位到与Anim_ProjectileNotify相同的帧，在上一步中创建的新轨道上右击，在快捷菜单中将光标悬停在"**添加通知**"命令上，在子菜单中选择"**播放粒子效果**"命令。

步骤08 创建通知后，选择新通知并访问其"**细节**"面板。在"**动画通知**"类别中，将P_Skill_001视觉特效资产添加到"**粒子系统**"参数中。

当添加了这个新的视觉特效，我们会注意到，视觉特效几乎被放置在底部，即玩家角色的脚所在的位置，但这不是想要的确切位置。这个视觉特效应该直接放在地板上，或者放在角色的底部。图14-26展示了放置粒子通知的位置。

⬆ 图14-26 粒子通知的位置不在地面上

为了解决这个问题，我们需要在玩家角色的骨骼上添加一个新的插槽。

步骤09 导航到 "MainCharacter | Mesh" 双击MainCharacter_Skeleton资产以打开它。

步骤10 在左侧的骨骼层次结构中，在Hips骨骼上右击在快捷菜单中选择 **"添加插槽"** 命令。将这个新插槽命名为EffectSocket。

步骤11 在骨骼层次结构中单击此插槽以查看其当前位置。默认情况下，它的位置设置为与髋骨相同的位置，如图14-27所示。

使用 **"变换"** 小工具控件，移动EffectSocket的位置，使其位置设置如下。

```
(X=0.000000,Y=100.000000,Z=0.000000)
```

这个位置将更接近地面和玩家角色的脚，如图14-28所示。

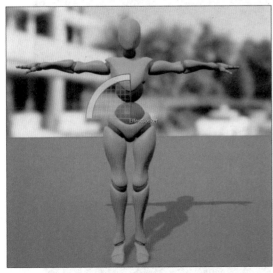

⬆ 图14-27 插槽的默认位置是在玩家角色骨骼的中心

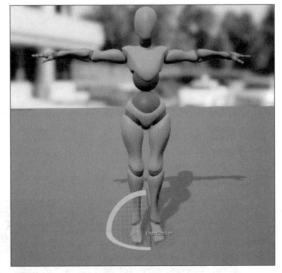

⬆ 图14-28 将插槽的位置移动到玩家角色的脚印

步骤 **12** 现在有了粒子通知的位置，返回到AM_Throw动画蒙太奇。

步骤 **13** 在"**播放粒子效果**"通知的"**细节**"面板中，"**动画通知**"类别下将"**插槽命名**"设置为EffectSocket。

注意事项

如果自动完成没有显示EffectSocket，关闭并重新打开动画蒙太奇。重新打开后，应该会显示EffectSocket选项。

步骤 **14** 最后，粒子效果的比例有点太大，需要调整投射物的缩放，使其数值如下所示。

```
(X=0.500000,Y=0.500000,Z=0.500000)
```

现在，当通过这个通知播放粒子效果时，它的位置和缩放将是正确的，效果如图14-29所示。

步骤 **15** 要添加"**播放音效**"通知，在时间轴上添加一个新的通知轨道，现在总共应该有三个轨道。

步骤 **16** 在这个新轨道上，在"**播放粒子效果**"和Anim_ProjectileNotify通知的同一帧位置右击，在快捷菜单中将光标悬停在"**添加通知**"命令上，在子菜单中选择"**播放音效**"命令。图14-30显示了添加"**播放音效**"通知操作。

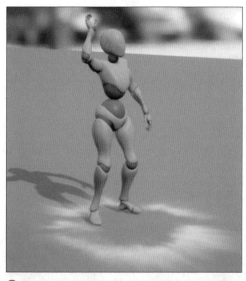

⬆图14-29 粒子现在在玩家角色骨骼的底部播放

⬆图14-30 添加"播放音效"通知

步骤 **17** 接下来，选择添加的Play Sound通知并访问其"**细节**"面板。

步骤 **18** 从"**细节**"面板中，找到"**音效**"参数并分配A_Ability_FireballCast_Cue。

随着声音的分配，当播放Throw动画时，我们会看到视频特效也播放，同时还会听到声音。"**通知**"轨道的效果如图14-31所示。

⬆图14-31 Throw动画蒙太奇时间轴上设置通知的最终效果

步骤19 保存AM_Throw资产并在编辑器中播放。

步骤20 现在，当玩家投掷投射物时，会看到粒子通知播放P_Skill_001视觉特效，还会听到A_Ability_FireballCast_Cue音频特效，如图14-32所示。

⬆图14-32　当玩家投掷投射物时，会播放添加的视觉特效和音频特效

完成本章最后的练习后，当玩家投掷投射物时，可以播放添加的视觉特效和音频特效。这赋予了投掷动画更强大的力量感，让人感觉玩家角色在投掷投射物时消耗了大量的能量。

在本章最后的活动中，我们将使用从最后几次练习中获得的知识，在玩家投射物被摧毁时添加视觉特效和音频特效。

活动*14.02* 增加投射物被摧毁时的效果

在最后的活动中，我们将使用从向玩家投射物和敌人角色添加视觉特效和音频特效元素所获得的知识，来创建投射物与物体碰撞时的爆炸效果。我们添加这个额外的爆炸效果的原因是，当投射物与环境物体碰撞时，在摧毁它的基础上增加一个火焰效果。如果玩家的投射物击中一个物体，然后在没有任何声音或视觉反馈的情况下消失，这种情况很不符合实际的。

我们将向玩家投射物添加粒子系统和声音提示参数，并在投射物与物体碰撞时生成这些元素。请按照以下步骤实现预期的输出效果。

步骤01 在PlayerProjectile.h头文件中，添加一个新的粒子系统变量和一个新的声音基础变量。

步骤02 将粒子系统变量命名为DestroyEffect，将声音基础变量命名为DestroySound。

步骤03 在PlayerProjectile.cpp源文件中，将UGameplayStatics的include添加到include列表中。

步骤04 更新APlayerProjectile::ExplodeProjectile()函数，使该函数同时生成DestroyEffect和DestroySound对象。返回到虚幻引擎5编辑器并重新编译新的C++代码。在BP_PlayerProjectile蓝图中，将P_Explosion视觉特效（默认情况下包含在项目中）分配给投射物的Destroy Effect参数。

步骤05 将Explosion_Cue音频特效（默认情况下包含在项目中）指定给投射物的Destroy Sound参数。保存并编译玩家投射蓝图。

步骤06 在编辑器中播放来观察玩家投射物被摧毁时的效果。

输出效果如图14-33所示。

⬆图14-33　投射物的视觉特效和音频特效的效果

完成这个活动后，我们就有了在游戏中添加优化元素的经验，不仅可以通过C++代码添加这些元素，还可以通过虚幻引擎5中的其他工具添加这些元素。此时，我们已经有足够的经验将粒子系统和音频添加到游戏中，而无需担心如何实现这些功能。

注意事项

这个活动的解决方案可以在GitHub上找到：https://github.com/PacktPublishing/Elevating-Game-Experiences-with-Unreal-Engine-5-Second-Edition/tree/main/Activity%20solutions。

 **14.6 本章总结**

在本章中，我们理解了视觉特效和音频特效在游戏开发中的重要性。通过结合C++代码和通知，能够将游戏玩法功能添加到玩家的投射物和敌人角色的碰撞中，并通过添加视觉特效和音频特效去完善这一功能。除此之外，我们还理解了在虚幻引擎5中对象是如何生成和销毁的。

我们还学习了如何从蓝图和C++播放动画蒙太奇。通过将播放Throw动画蒙太奇的逻辑从蓝图迁移到C++，我们理解了这两种方法的工作原理，以及如何在游戏中使用这两种实现方法。

通过使用C++添加一个新的动画通知，可以将这个通知添加到Throw动画蒙太奇中，这允许玩家生成在前一章中创建的玩家投射物。通过使用UWorld->SpawnActor()函数并向玩家骨骼添加一个新的插槽，就能够在Throw动画的确切帧和我们想要的确切位置上生成玩家投射物。

最后，我们学习了如何在Throw动画蒙太奇中使用"**播放粒子效果**"和"**播放音效**"通知来为玩家投射物添加视觉特效和音频特效。本章还介绍了在虚幻引擎5中使用视觉特效和音频特效的不同方法。

既然玩家投射物可以投掷并摧毁敌人角色，那么是时候执行游戏的最终机制了。在接下来的章节中，我们将创造玩家可以收集的收集品，也将为玩家创造能够在短时间内提升玩家移动机制的增强道具。

第15章

探索收集品、能量升级和拾取物

在上一章中，我们创建了玩家投射物，并使用动画通知在Throw动画期间生成玩家投射物。玩家投射物将成为玩家在整个关卡中用来对抗敌人的主要进攻玩法机制。由于虚幻引擎5提供的默认动画通知和自定义Anim_ProjectileNotify类的结合，玩家的投射机制看起来感觉很棒。

在本章中，我们将讨论以下内容。

⦿ 在虚幻引擎5中使用虚幻动态图形（Unreal Motion Graphics，简称UMG）UI设计器系统创建和集成UI元素。

⦿ 利用从这个项目中获得的知识，创建一个有趣的能量升级功能，以提高玩家的移动速度和跳跃高度。

⦿ 在C++中使用继承从一个父基类派生多个子类，用于收集品和能量升级。我们还需要在收集品和能量升级中添加视觉和音频元素，这样它们就会更加精致。

⦿ 使用URotatingMovementComponent以一种非常优化和直接的方式为Actor添加旋转功能。

15.1 技术要求

在本章结束时，我们将拥有完整的超级横版动作游戏项目，包括金币收集和相应的用户界面来记录收集的金币数量，新增的药剂能量升级道具可以提高玩家的移动速度和跳跃高度，并为游戏提供了潜在的新能量升级道具和收集品基类。

学习本章，要求如下。

⊙ 安装虚幻引擎5。

⊙ 安装Visual Studio 2022。

⊙ 安装虚幻引擎4.27。

我们通过学习更多关于URotatingMovementComponent的内容来开始本章，将在收集品中使用它。

本章的完整代码可从本书的GitHub存储库下载，链接：https://github.com/PacktPublishing/Elevating-Game-Experiences-with-Unreal-Engine-5-Second-Edition。

15.2 理解URotatingMovementComponent

URotatingMovementComponent是虚幻引擎5中存在的几个移动组件之一。我们已经从超级横版动作游戏项目中，熟悉了CharacterMovementComponent和ProjectileMovementComponent，而RotatingMovementComponent只是另一个移动组件。移动组件允许它们所属的Actor或角色产生不同类型的移动。

> **注意事项**
>
> CharacterMovementComponent可以设置控制角色的移动参数，比如移动速度和跳跃高度，在"第10章　创建超级横版动作游戏"中创建**SuperSideScroller**玩家角色时介绍了。ProjectileMovementComponent可以为Actor添加基于投射物的移动功能，比如速度和重力，在"第14章　生成玩家投射物"中开发玩家投射物时介绍了。

与CharacterMovementComponent相比，RotatingMovementComponent是一个非常简单的移动组件，RotatingMovementComponent专注于旋转它所属的Actor，没有其他复杂的功能。RotatingMovementComponent根据定义的旋转速率、旋转中心点的平移以及在本地空间或世界空间中使用旋转的选项，连续地旋转组件。此外，RotatingMovementComponent比其他旋转角色的方法更有效，比如通过蓝图中的Event Tick事件或时间轴。

注意事项

更多关于移动组件的信息可以在以下链接中查看：https://docs.unrealengine.com/en-US/Engine/Components/Movement/index.html#rotatingmovementcomponent。

我们将使用RotatingMovementComponent来允许金币收集品和药剂升级器沿着Z轴原地旋转。这种旋转会吸引玩家的注意力，为他们提供一个视觉提示，表明这些收集品是重要的。

现在我们对RotatingMovementComponent有了更好的理解，下面继续并创建PickableActor_Base类，这就是金币收集和药剂升级都将继承的基类。

练习15.01 | 创建PickableActor_Base类并添加 URotatingMovementComponent

在本练习中，我们将创建PickableActor_Base Actor类，该类将用作可收集金币和药剂升级派生的基类。我们还将从这个C++基类创建一个蓝图类，以预览UrotatingMovementComponent的工作方式。请按照以下步骤完成这个练习。

注意事项

在整个超级横版动作游戏项目中，我们已经执行了许多次以下步骤的操作，因此这里将不再提供详细的操作截图，只在介绍新概念时才会附带截图。

步骤01 在虚幻引擎5编辑器中，单击编辑器顶部的菜单栏中"**工具**"按钮，在打开的菜单中选择"**新建C++类**"命令。

步骤02 在"**添加C++类**"对话框中，选择Actor选项，然后单击该对话框底部的"**下一步**"按钮。

步骤03 将这个类命名为PickableActor_Base，并保持默认的目录路径不变。然后，单击"**创建类**"按钮。

步骤04 单击"**创建类**"按钮后，虚幻引擎5将重新编译项目代码，并自动打开Visual Studio，并带有PickableActor_Base类的头文件和源文件。

步骤05 默认情况下，Actor类提供virtual void Tick(float DeltaTime) override;代码，这是头文件中的函数声明。对于PickableActor_Base类，我们不需要Tick函数，因此从PickableActor_Base.h头文件中删除这个函数声明。

步骤06 接下来，需要从PickableActor_Base.cpp文件中删除该函数，否则，会出现编译错误。在这个源文件中，找到并删除以下代码。

```
void APickableActor_Base::Tick(float DeltaTime)
{
    Super::Tick(DeltaTime);
}
```

注意事项

在许多情况下，使用Tick()函数进行移动更新可能会导致性能的问题，原因是Tick()函数每一帧都会被调用。相反，可以尝试使用Gameplay Timer函数在特定的时间间隔执行特定的更新，而不是每帧更新一次。我们可以在以下链接了解更多关于Gameplay Timers函数的内容：https://docs.unrealengine.com/4.27/en-US/ProgrammingAndScripting/ProgrammingWithCPP/UnrealArchitecture/Timers/。

步骤07 现在，是时候添加PickableActor_Base类所需的组件了。让我们从USphereComponent开始，将使用它来检测与玩家的重叠碰撞。在PickableActor_Base.h头文件中的Protected访问修饰符下面添加以下代码。

```
UPROPERTY(VisibleDefaultsOnly, Category = PickableItem)
class USphereComponent* CollisionComp;
```

现在我们应该对USphereComponent的声明非常熟悉了，因为已经在之前的章节中介绍过该知识，比如"第14章 生成玩家投射物"中当创建PlayerProjectile类的时候介绍过。

步骤08 接下来，在USphereComponent声明的下面添加以下代码来创建一个新的UStaticMeshComponent。这将用于在视觉上表示金币收集或药剂升级。

```
UPROPERTY(VisibleDefaultsOnly, Category = PickableItem)
class UStaticMeshComponent* MeshComp;
```

步骤09 最后，在UStaticMeshComponent的声明下面添加以下的代码来创建一个新的URotatingMovementComponent。这将用于为可收集的金币和药剂提供简单的旋转运动。

```
UPROPERTY(VisibleDefaultsOnly, Category = PickableItem)
class URotatingMovementComponent* RotationComp;
```

步骤10 现在我们已经在PickableActor_Base.h头文件中声明了组件，导航到PickableActor_Base.cpp源文件，以便可以为这些组件添加所需的#include语句。在#include " PickableActor_Base.h "之后在源文件的顶部添加以下代码行。

```
#include "Components/SphereComponent.h"
#include "Components/StaticMeshComponent.h"
#include "GameFramework/RotatingMovementComponent.h"
```

步骤11 现在已经有了组件所需的#include文件，可以添加必要的代码来初始化APickableActor_Base::APickableActor_Base()构造函数中的这些组件，代码如下。

```
APickableActor_Base::APickableActor_Base()
{
}
```

步骤12 首先，通过在APickableActor_Base::APickableActor_Base()函数中添加以下代码来初始化USphereComponent组件变量CollisionComp。

```
CollisionComp = CreateDefaultSubobject
    <USphereComponent>(TEXT("SphereComp"));
```

步骤13 接下来，通过在上一步中提供的代码下面添加以下代码，初始化默认球体半径为30.0的UsphereComponent。

```
CollisionComp->InitSphereRadius(30.0f);
```

步骤14 因为玩家角色需要与这个组件重叠，所以还需要添加以下代码。这样，默认情况下，USphereComponent具有overlap All Dynamic的碰撞设置。

```
CollisionComp->BodyInstance.
SetCollisionProfileName("OverlapAllDynamic");
```

步骤15 最后，CollisionComp USphereComponent应该是该Actor的根组件，添加以下代码来分配它。

```
RootComponent = CollisionComp;
```

步骤16 现在已经初始化CollisionComp USphereComponent组件了，让我们再为MeshComp UstaticMeshComponent执行同样的操作。添加以下代码，之后，我们将讨论添加的代码的功能。

```
MeshComp = CreateDefaultSubobject<UStaticMeshComponent>(-
TEXT("MeshComp"));
MeshComp->AttachToComponent(RootComponent,
    FAttachmentTransformRules::KeepWorldTransform);
MeshComp->SetCollisionEnabled(ECollisionEnabled::NoCollision);
```

第一行代码使用CreateDefaultSubobject()模板函数初始化MeshComp UStaticMeshComponent。接下来，使用AttachTo()函数将MeshComp附加到为CollisionComp创建的根组件。最后，默认情况下，MeshComp UStaticMeshComponent不应该有任何碰撞，因此使用SetCollisionEnabled()函数并传入ECollisionEnable::NoCollision枚举器值。

步骤17 最后，我们可以通过添加以下代码来初始化URotatingMovementComponent RotationComp。

```
RotationComp =
    CreateDefaultSubobject<URotatingMovementComponent>(
    TEXT("RotationComp"));
```

步骤18 初始化所有组件后，编译C++代码并返回到虚幻引擎5编辑器。编译成功后，就可以开始为PickableActor_Base创建一个蓝图类。

步骤19 在内容浏览器的"**内容**"文件夹的空白处右击，在快捷菜单中选择"**新建文件夹**"命令，创建新文件夹，并为其命名为PickableItems。

步骤20 在PickableItems文件夹的空白处右击，在快捷菜单中选择"**蓝图类**"命令。在打开的"**选取父类**"对话框中，搜索并选择PickableActor_Base类，然后单击"**选择**"按钮来创建一个新的蓝图。

步骤21 将此蓝图命名为BP_PickableActor_Base，并双击该蓝图以打开它。

步骤22 在"**组件**"面板中，选择MeshComp UStaticMeshComponent，并将Shape_Cone静态网格体分配给"**细节**"面板中的"**静态网格体**"参数。效果如图15-1所示。

步骤 23 接下来，选择RotationComp URotatingMovementComponent，并在"细节"面板的"旋转组件"类别中找到"旋转速率"参数。

步骤 24 将"旋转速率"设置为以下值。

```
(X=100.000000,Y=100.000000,Z=100.000000)
```

这些值决定了Actor每秒沿每个轴旋转的速度，这意味着圆锥体将沿每个轴以每秒100度的速度旋转。

步骤 25 编译PickableActor_Base蓝图并将这个Actor添加到关卡中。

步骤 26 现在，使用编辑器播放并查看关卡中的PickableActor_Base Actor，可见它正在旋转，如图15-2所示。

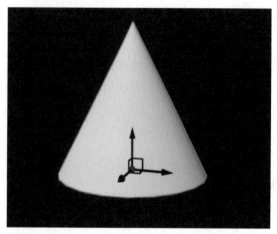

⬆图15-1　Shape_Cone网格体分配给MeshComp StaticMeshComponent

⬆图15-2　BP_PickableActor_Base在关卡中旋转

注意事项

我们可以在以下链接中找到这个练习的资源和代码：https://github.com/PacktPublishing/Game-Development-Projects-with-Unreal-Engine/tree/master/Chapter15/Exercise15.01。

完成这个练习后，我们已经创建了PickableActor_Base类所需的基本组件，并学习了如何实现和使用URotatingMovementComponent。准备好了PickableActor_Base类，并且在蓝图Actor上实现了UrotatingMovementComponent。我们可以通过添加重叠检测功能、销毁可收集的Actor，以及在玩家拾取Actor时生成音频效果来完成类。在接下来的活动中，我们将添加PickableActor_Base类所需的其余功能。

活动15.01 | 在PickableActor_Base中检测玩家重叠和生成效果

现在，PickableActor_Base类已经拥有了所有必需的组件，并且有了初始化组件的构造函数，是时候为其添加其他方面的功能了。这些功能将在本章后面的金币收集和药剂升级继承。此附加的功能包括玩家重叠检测、摧毁可收集的Actor，并生成音频效果，向玩家反馈已经成功拾取物品。执行以下步骤，来添加当可收集物与玩家重叠时播放USoundBase类对象的功能。

步骤01 在PickableActor_Base类中创建一个新函数，将创建的函数命名为PlayerPickedUp。该函数接受对玩家的引用作为输入参数。

步骤02 创建一个名为BeginOverlap()的新UFUNCTION。在继续之前，确保该函数包含所有必要的输入参数。参考"第6章　设置碰撞对象"，其中在VictoryBox类中使用了这个函数。

步骤03 为USoundBase类添加一个新的UPROPERTY()，并将其命名为PickupSound。

步骤04 在PickableActor_Base.cpp源文件中，创建BeginOverlap()和PlayerPickedUp()函数的定义。

步骤05 现在，在源文件的顶部为SuperSideScroller_Player类和GameplayStatics类添加所需的#include文件。

步骤06 在BeginOverlap()函数中，使用该函数的OtherActor输入参数创建一个对玩家的引用。

步骤07 接下来，如果对玩家的引用是有效的，则调用PlayerPickedUp()函数，传入玩家变量。

步骤08 在PlayerPickedUp()函数中，为GetWorld()函数返回的UWorld*对象创建一个变量。

步骤09 使用UGameplayStatics库在PickableActor_Base actor的位置生成PickUpSound。

步骤10 然后，调用Destroy()函数，使Actor被销毁并从世界中移除。

步骤11 最后，在APickableActor_Base::APickableActor_Base()构造函数中，将CollisionComp的OnComponentBeginOverlap事件绑定到BeginOverlap()函数。

步骤12 从Epic Games Launcher的"**示例**"选项卡下的"**UE旧版示例**"部分下载并安装"**虚幻三消游戏**"项目。使用在"第14章　生成玩家投射物"中学到的知识，将Match_Combo声波资产从这个项目迁移到**SuperSideScroller**项目中。

步骤13 将此声音应用于BP_PickableActor_Base蓝图的PickupSound参数。

步骤14 编译蓝图，如果在关卡中没有该蓝图，现在就把BP_PickableActor_Base actor添加到关卡中。

步骤15 在编辑器中播放，让角色与BP_PickableActor_Base角色重叠。

预期的输出效果，如图15-3所示。

⬆ 图15-3　玩家可以拾取BP_PickableActor_Base对象

完成这个活动后，我们已经学会了如何添加OnBeginOverlap()函数到Actor类中，以及如何使用这个函数来执行Actor的逻辑。在PickableActor_Base的情况下，我们添加了生成自定义声音并销毁角色的逻辑。

现在已经设置并准备好了PickableActor_Base类，是时候开发从该类派生的可收集金币和增强药剂类了。金币收集类将继承刚刚创建的PickableActor_Base类，并重写关键功能，比如PlayerPickedUp()函数，这样就可以在玩家拾取可收集物品时实现唯一的逻辑。除了重写继承的父类PickableActor_Base的功能外，金币收集类还将拥有自己独特的一组属性，例如当前的金币价值和独特的拾取声音。在下一个练习中，我们将一起创建金币收集类。

练习15.02 | 创建PickableActor_Collectable类

在这个练习中，我们将创建PickableActor_Collectable类，该类将继承在"练习15.01　创建PickableActor_Base类并添加UrotatingMovementComponent"中创建的PickableActor_Base类，并在"活动15.01　在PickableActor_Base中检测玩家重叠和生成效果"中完成。该类将作为玩家在关卡中可以收集的主要金币。请按照以下步骤完成这个练习。

步骤01 在虚幻引擎5编辑器中，单击编辑器顶部菜单栏中"**工具**"按钮，然后在菜单中选择"**新建C++类**"命令。

步骤02 在打开的"**添加C++类**"中，搜索并选择**PickableActor_Base**选项，然后单击该对话框底部的"**下一步**"按钮。

步骤03 将这个类命名为PickableActor_Collectable，并保持默认的路径。然后，单击"**创建类**"按钮。

步骤04 单击"**创建类**"按钮后，虚幻引擎5将重新编译项目代码，在Visual Studio中将自动打开带有Pickable-Actor_Collectable类的头文件和源文件。

步骤05 默认情况下，PickableActor_Collectable.h头文件在其类声明中没有声明的函数或变量。我们需要在一个新的Protected Access Modifier下面添加重写BeginPlay()函数的代码。添加的代码如下。

```
protected:
    virtual void BeginPlay() override;
```

我们重写BeginPlay()函数的原因是URotatingMovementComponent需要Actor初始化并使用BeginPlay()来正确旋转Actor。因此，我们需要创建该函数的重写声明，并在源文件中创建一个基本定义。然而，首先，我们需要重写来自PickableActor_Base父类的另一个重要函数。

步骤06 通过在Protected Access Modifier下添加以下代码，重写PickableActor_Base父类中的PlayerPickedUp()函数。

```
virtual void PlayerPickedUp(class ASuperSideScroller_
Player* Player)override;
```

现在，我们就可使用和重写PlayerPickedUp()函数的功能。

步骤07 最后，创建一个名为UPROPERTY()的新整数，它将保存收集金币的值，在本例中，它的值为1。添加以下代码来完成此操作。

```
public:
    UPROPERTY(EditAnywhere, Category = Collectable)
    int32 CollectableValue = 1;
```

以上代码为创建一个整数变量，该变量将在蓝图中可访问，并设置默认值为1。这样设置后，使用EditAnywhere UPROPERTY()关键字，可以更改收集金币的价值。

步骤08 现在，可以转到PickableActor_Collectable.cpp源文件，并创建重写的PlayerPickedUp()函数的定义。将以下代码添加到源文件中。

```
void APickableActor_Collectable::PlayerPickedUp(class
    ASuperSideScroller_Player* Player)
{
}
```

步骤09 现在，我们需要使用Super关键字来调用PlayerPickedUp()父函数。将以下代码添加到PlayerPicked()函数中。

```
Super::PlayerPickedUp(Player);
```

对使用Super::PlayerPickedUp(Player)的父函数的调用将确保调用在PickableActor_Base类中创建的函数。我们可能还记得，父类中的PlayerPickedUp()函数调用生成PickupSound声音对象并销毁Actor。

步骤10 接下来，通过在源文件中添加以下代码创建BeginPlay()函数的定义。

```
void APickableActor_Collectable::BeginPlay()
{
}
```

步骤11 最后，在C++中再次使用Super关键字调用BeginPlay()父函数。将以下代码添加到PickableActor_Collectable类中的BeginPlay()函数中。

```
Super::BeginPlay();
```

步骤12 编译C++代码并返回编辑器。

注意事项

我们可以在以下链接中找到本练习的资源和代码：https://packt.live/35fRN3E。

既然已经成功编译了PickableActor_Collectable类，那么就已经创建了金币收集器所需的框架。在接下来的活动中，将从这个类创建一个蓝图，并完成金币收集品Actor的制作。

活动15.02 | 完成PickableActor_Collectable Actor

现在，PickableActor_Collectable类已经拥有了所有必要的继承功能和独特的属性，是时候从这个类中创建蓝图了，并添加一个静态网格体，更新其URotatingMovementComponent，并给PickUpSound属性应用一个声音。请通过执行以下步骤来完成PickableActor_Collectable actor。

步骤01 打开**Epic Games Launcher**，在"**示例**"选项卡的"**UE功能示例**"类别下找到"**内容提示**"项目。

步骤02 从"**内容提示**"项目创建并安装一个新项目。

步骤03 将SM_Pickup_Coin资产及其所有引用资产从"**内容提示**"项目迁移到Super-SideScroller项目中。

步骤04 在内容浏览器的"Content | PickableItems"文件夹中创建一个新文件夹，并将其命名为Collectable。

步骤05 在这个新的Collectable文件夹中，从"练习15.02 创建PickableActor_Collectable类"中创建一个新的蓝图，并将这个新蓝图命名为BP_Collectable。

步骤06 在此蓝图中，将MeshComp组件的"**静态网格体**"参数设置为在此活动之前导入的SM_Pickup_Coin网格体。

步骤07 接下来，将Match_Combo声音资产添加到可收集品的PickupSound参数中。

步骤08 最后，更新RotationComp组件，使Actor以每秒90度的速度沿Z轴旋转。

步骤09 编译蓝图，将BP_Collectable放置在关卡中，并在编辑器中播放。

步骤10 将玩家角色与BP_Collectable actor重叠，并观察结果。

输出的效果，如图15-4所示。

⬆ 图15-4 收集的金币可以旋转，并且可以和玩家重叠

注意事项

这个活动的解决方案可以在以下链接中找到：https://github.com/PacktPublishing/Elevating-Game-Experiences-with-Unreal-Engine-5-Second-Edition/tree/main/Activity%20solutions。

完成此活动后，我们已经学会了如何将资产迁移到虚幻引擎5项目中，以及如何使用和更新URotatingMovementComponent以满足收集金币的需求。现在金币收集Actor已经完成，是时候为玩家添加功能了，这样玩家就可以记录他们收集了金币的数量。

首先，我们将创建使用UE_LOG计数金币的逻辑。稍后，我们将在游戏的用户界面上使用虚幻动态图形UI设计器（Unreal Motion Graphics UI Designer）系统来实现金币计数器。

15.3 使用UE_LOG记录变量

在"第11章 使用混合空间1D、键绑定和状态机"中，我们学习并使用了UE_LOG函数来记录玩家何时应该投掷投射物。然后，在"第13章 创建和添加敌人人工智能"中使用UE_LOG函数记录在玩家投射物击中物体时的日志。UE_LOG是一个强大的日志记录工具，我们可以在玩游戏时使用它将C++函数中的重要信息输出到编辑器中的"**输出日志**"面板中。到目前为止，我们只记录了FStrings，以便在"**输出日志**"面板中显示常规文本，从而知道函数正在被调用。现在，是时候学习如何记录变量来更新玩家收集的金币的数量了。

> **注意事项**
>
> 在虚幻引擎5的C++中还有另一个有用的调试函数，名称为AddOnScreenDebugMessage。我们可以在以下链接中了解有关此函数的更多信息：https://docs.unrealengine.com/en-US/API/Runtime/Engine/Engine/UEngine/AddOnScreenDebugMessage/1/index.html。

在创建TEXT()宏使用的FString语法时，我们可以添加格式说明符来记录不同类型的变量。我们将只讨论如何为整数变量添加格式说明符。

> **注意事项**
>
> 阅读以下文档找到关于如何指定其他变量类型的更多信息：https://www.ue4community.wiki/Logging#Logging_an_FString。

以下是UE_LOG()在传入FString "Example Text"时的代码。

```
UE_LOG(LogTemp, Warning, TEXT("Example Text"));
```

在这里，有日志类别（Log Category）、日志详细级别（Log Verbose Level）和在日志中实际显示的Fstring字符串（例如"Example Text"）。要记录一个整数变量，需要在TEXT()宏中的FString中添加"%d"，然后在TEXT()宏之外加上整数变量名，中间用逗号分隔。下面是一个记录整数变量的例子。

```
UE_LOG(LogTemp, Warning, TEXT("My integer variable %d),
MyInteger);
```

格式说明符由"%"符号标识，每个变量类型都有一个与之对应的指定字母。对于整数变量，使用字母d来表示。在下一个练习中，我们将使用这种记录整数变量的方法来记录玩家收集金币的数量。

练习15.03 | 记录玩家金币的数量

在这个练习中，我们将创建必要的属性和函数，以便能够记录玩家在整个关卡中收集了金币的数量。稍后在本章中，将使用此记录通过UMG向玩家展示收集金币的数量。请按照以下步骤完成这个练习。

步骤01 在Visual Studio中找到并打开SuperSideScroller_Player.h头文件。

步骤02 在Private Access Modifier下，创建一个新的整数变量NumberofCollectables，代码如下。

```
int32 NumberofCollectables;
```

这是一个私有属性，它将记录玩家当前收集的金币数量。我们将创建一个公共函数，该函数将返回这个整数值。出于安全考虑，这样操作以确保没有其他类可以修改此值。

步骤03 接下来，在现有的public访问修饰符下，使用名为GetCurrentNumberOfCollectables()的BlueprintPure关键字创建一个新的UFUNCTION()。这个函数将返回一个整数类型，下面的代码将其添加为内联函数。

```
UFUNCTION(BlueprintPure)
int32 GetCurrentNumberofCollectables() { return
NumberofCollectables; };
```

这里，使用UFUNCTION()和BlueprintPure关键字将这个函数公开给蓝图，以便稍后在UMG中使用它。

步骤04 在public访问修饰符下声明一个新的void函数，函数名为IncrementNumberofCollectables()，该函数接受一个名为Value的整数参数。

```
void IncrementNumberofCollectables(int32  Value);
```

这是用来记录玩家收集金币数量的主要函数。我们还将添加一些安全措施，以确保该值永远不会为负数。

步骤05 声明了IncrementNumberofCollectables()函数后，让我们在SuperSideScroller_Player.cpp源文件中创建该函数的定义。

步骤06 编写以下代码来创建IncrementNumberofCollectables函数的定义。

```
void ASuperSideScroller_
Player::IncrementNumberofCollectables(int32 Value)
{
}
```

步骤07 这里要处理的主要情况是，传递给这个函数的整数值是否小于或等于0。在这种情况下，我们不想增加NumberofCollectables变量。将以下代码添加到IncrementNumberofCollectables()函数中。

```
if(Value == 0)
{
    return;
}
```

这个if()语句表示，如果输入参数的值小于或等于0，则函数将结束。由于IncrementNumberofCollectables()函数返回void，则以这种方式使用return关键字是完全可以的。

我们添加了这项检查，以确保传递给IncrementNumberofCollectables()函数的值参数既不是0也不是负数。因为这对于建立良好的编码实践很重要，可以保证所有可能的结果都得到处理。在实际的开发环境中，可能会有设计人员或其他程序员尝试使用IncrementNumberofCollectables()函数，并尝试传入一个负值或等于0的值。如果函数没有考虑到这种可能性，那么在以后的开发中就有可能会出现错误。

步骤08 现在我们已经处理了value小于等于0的特殊情况，让我们继续使用else()语句来增加NumberofCollectables。在上一步的if()语句下添加以下代码。

```
else
{
    NumberofCollectables += Value;
}
```

步骤09 接下来，让我们使用UE_LOG和学到的关于日志变量的知识来记录NumberofCollectables。在else()语句之后添加以下代码，以正确记录NumberofCollectables。

```
UE_LOG(LogTemp, Warning, TEXT("Number of Coins: %d")),
NumberofCollectables);
```

使用这个UE_LOG()，我们将创建一个更健壮的日志来记录金币的数量，这为UI如何工作奠定了基础。因为我们将在本章后面使用UMG向玩家显示记录相同的信息。

添加了UE_LOG()之后，我们所需要做的就是在PickableActor_Collectable类中调用IncrementNumberofCollectables()函数。

步骤10 在PickableActor_Collectable.cpp源文件中，添加以下头文件。

```
#include "SuperSideScroller_Player.h"
```

步骤11 接下来，在PlayerPickedUp()函数中的Super::PlayerPickedUp(Player)行之前添加以下函数调用代码。

```
Player->IncrementNumberofCollectables(CollectableValue);
```

步骤12 现在，PickableActor_Collectable类调用了玩家的IncrementNumberofCollectables函数，重新编译C++代码并返回到虚幻引擎5编辑器。

步骤13 在虚幻引擎5编辑器中，在编辑栏中单击"**窗口**"按钮，在打开的菜单中选择"**输出日志**"命令，打开"**输出日志**"面板。

步骤14 现在，向关卡中添加多个BP_Collectable actor并在编辑器中播放。

步骤15 当玩家角色在每个收集的金币上重叠时，观察"**输出日志**"面板，发现每次收集金币时，输出日志窗口将显示收集金币的数量。

> **注意事项**
>
> 我们可以在以下链接中找到这个练习的资源和代码：https://github.com/PacktPublishing/Game-Development-Projects-with-Unreal-Engine/tree/master/Chapter15/Exercise15.03。

完成这个练习后，现在已经完成了开发记录玩家收集金币数量的UI元素所需的一半工作。接下来的另一半工作将涉及使用在UMG内部开发的功能，在屏幕上向玩家显示这些信息。要实现这一功能，我们需要更多地了解虚幻引擎5中的UMG。

15.4 介绍虚幻动态图形UI

虚幻动态图形UI设计器是虚幻引擎5的主要工具，用于创建UI菜单、游戏内HUD元素（如生命条），以及其他想呈现给玩家的用户界面。

在超级横版动作游戏中，我们将只使用"**文本**"控件来构建收集的金币数量的UI（在"练习15.04　创建金币计数器UI HUD元素"中）。接下来，我们将介绍更多关于"**文本**"控件的信息。

理解"文本"控件

"**文本**"控件是现有的较简单的控件之一。这是因为它只向用户显示文本信息并可以自定义该文本的视觉效果。几乎每款游戏都以这样或那样的方式使用文本向玩家显示信息。例如，《守望先锋》使用基于文本的UI向玩家显示关键的比赛数据。如果不使用文本，就很难甚至不可能向玩家传达关键的统计数据，比如造成的总伤害、玩游戏的总时间等。

"**文本**"控件显示在UMG中的"**控制板**"面板中。当将"**文本**"控件添加到画布面板时，它将默认显示文本为"文本块"。我们可以通过将文本添加到控件的"**文本**"参数来自定义该文本。或者，我们可以使用函数绑定来显示更新的文本，这些文本可以引用内部或外部变量。当我们需要显示可能改变的信息时，应该使用函数绑定，这可以是代表玩家分数的文本、玩家拥有多少钱，或者在我们的例子中，玩家收集的金币数量。

我们将使用"**文本**"控件的函数绑定功能来显示玩家收集的金币数量，使用在"练习15.03记录玩家金币的数量"中创建的GetCurrentNumberofCollectables()函数来记录玩家的金币数量。

现在我们在画布面板中有了"**文本**"控件，是时候将这个控件定位到需要在屏幕中显示该文本的位置了。为此，我们将利用锚点。

锚点

锚点用于定义控件在画布面板上的所处位置。定义后，这个锚点将确保控件在不同平台设备（如手机、平板电脑和计算机）的不同屏幕尺寸下保持这个位置。如果没有锚点，控件的位置可能在不同的屏幕分辨率之间变得不一致，这是我们绝对不希望存在的结果。

> **注意事项**
>
> 有关锚点的更多信息，请参考以下文档：https://docs.unrealengine.com/en-US/Engine/UMG/UserGuide/Anchors/index.html。

本项目的金币收集用户界面和将使用的"**文本**"控件，锚点将位于屏幕的左上角。我们还可以添加与这个锚点的一个位置偏移，这样显示的文本对玩家来说更易见和易读。在继续创建金币收集UI之前，先了解一下Text Formatting（文本格式），将使用Text Formatting向玩家显示当前收集的金币数量。

文本格式

文本格式与C++中的UE_LOG()宏非常相似，蓝图提供了一个类似的解决方案来显示文本并对其进行格式化，以允许在其中添加自定义变量。Format Text函数接受一个标记为Format的文本输入，并返回Result文本。这可以用来显示信息，该函数如图15-5所示。

Format Text函数不像UE_LOG()那样使用"%"符号，而是使用"{}"符号来表示可以传递到字符串中的参数。在"{}"符号之间需要添加一个参数名称，这可以是我们想要的任何内容，如图15-6所示。

↑ 图15-5　Format Text函数节点

↑ 图15-6　Format Text函数中的整数示例

Format Text函数仅支持Byte、Integer、Float、Text或EText Gender变量类型，因此，如果我们试图将其他类型的变量作为参数传递给该函数，则必须将其转换为支持的类型之一。

> **注意事项**
>
> Format Text函数也用于文本本地化，我们可以借此为游戏支持多种语言。关于如何在C++和蓝图中实现这一点的更多信息可以以下链接中找到：https://docs.unrealengine.com/en-US/Gameplay/Localization/Formatting/index.html。

在下一个练习中，我们将使用Format Text函数和UMG中的"**文本**"控件，在这里我们将创建金币计数器UI控件来显示玩家已经收集的金币数量。我们还将使用锚点将"**文本**"控件定位在屏幕的左上角。

练习15.04 创建金币计数器UI HUD元素

在本练习中，我们将创建UMG UI资产，该资产将显示并更新玩家收集的金币数量。我们将使用在"练习15.02 创建PickableActor_Collectable类"中创建的GetCurrentNumberofCollectables()内联函数，使用一个简单的"**文本**"控件在屏幕上显示这个值。按照以下步骤来完成本练习。

步骤01 我们首先在内容浏览器中创建一个名为UI的新文件夹。在"**内容**"文件夹的空白处右击，在快捷菜单中选择"**新建文件夹**"命令来完成此操作。

步骤02 在新建的"Content | UI"文件夹中的空白处右击，此处不是选择"**蓝图类**"命令，而是将光标悬停在底部的"**用户界面**"命令上，然后在子菜单中选择"**控件蓝图**"命令。

步骤03 将这个新的"**控件蓝图**"命名为BP_UI_CoinCollection，然后双击该资产以打开UMG编辑器。

步骤04 默认情况下，UMG编辑器是空的，在左侧"**层级**"面板中存在一个空的层次结构，如图15-7所示。

⬆ 图15-7 "层级"面板的空层次结构

步骤05 "**层级**"面板的上方是"**控制板**"面板，该面板列出了可以在UI中使用的所有可用控件。我们将只使用"**通用**"类别下的"**文本**"控件，不要将"**文本**"控件与"**多格式文本块**"控件混淆。

> **注意事项**
>
> 有关UMG中所有可用控件的更详细参考，请阅读Epic Games的以下文档：https://docs.unrealengine.com/en-US/Engine/UMG/UserGuide/WidgetTypeReference/index.html。

步骤06 如果没有自动创建，则添加一个"**画布面板**"控件作为"**层级**"面板基础区域。

步骤07 将"**文本**"控件添加到UI面板中，方法是按住"**文本**"控件从"**控制板**"面板中拖到"**层级**"面板中画布面板根目录下，或者直接将"**文本**"控件拖到UMG编辑器中间的画布面板区域中。

在更改这个"**文本**"控件之前，我们需要更新它的锚点、位置和字体大小，以便它符合向玩家显示必要信息的要求。

步骤08 选中"**文本**"控件后，在其"**细节**"面板下显示许多自定义选项。此处需要设置"**文本**"控件的锚点到画布面板的左上角。单击"**插槽（画布面板槽）**"类别下的"**锚点**"下三角按钮，在列表中选择左上角的锚点选项，如图15-8所示。

"**锚点**"允许控件在画布面板中保持其所需的位置，而不管屏幕大小如何变化。

既然"**文本**"控件被锚定在画布面板的左上角，还需

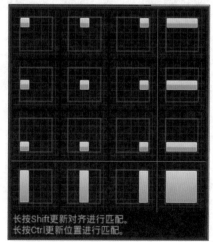

长按Shift更新对齐进行匹配。
长按Ctrl更新位置进行匹配。

⬆ 图15-8 默认情况下，"锚点"参数可以将控件固定在屏幕上的不同位置

要设置它与该锚点的相对位置，就样就会有一个偏移量，可以更好地定位和阅读文本。

步骤09 在"**细节**"面板中，在"**锚点**"类别下面，设置"**位置X**"和"**位置Y**"的值均为100.0。

步骤10 接下来，勾选"**大小到内容**"复选框，如图15-9所示。这样"**文本**"控件就会根据显示的文本大小自动调整文本框的大小。

步骤11 最后，我们必须更新用于"**文本**"控件的字体的大小。在"**文本**"控件的"**细节**"面板的"**外观**"类别下面找到"**尺寸**"参数，将其值设置为48。

步骤12 最后的"**文本**"控件的效果，如图15-10所示。

⬆图15-9 "大小到内容"参数将确保"文本"控件中文本显示完整

⬆图15-10 "文本"控件现在固定在画布面板的左上角

现在我们已经将"**文本**"控件固定好位置并调整文本的大小，接下来为文本添加一个新的绑定，这样它就会自动更新并匹配玩家所拥有的收集品数量。

步骤13 选中"**文本**"控件后，在其"**细节**"面板的"**内容**"类别下找到"**文本**"参数，在该参数的右侧是"**绑定**"参数。

步骤14 单击"**绑定**"下三角按钮，在列表中选择"**创建绑定**"选项，将自动创建新的函数绑定，并赋予其名称GetText，如图15-11所示。

步骤15 将此函数重命名为Get Number of Collectables。

步骤16 在继续这个函数之前，创建一个名为Player变量，该变量的类型是SuperSideScroller_Player的对象引用。在"**细节**"面板中勾选该变量的"**可编辑实例**"和"**生成时公开**"复选框，使该变量在生成时公开，如图15-12所示。

⬆图15-11 文本的新绑定函数

⬆图15-12 勾选该变量的"可编辑实例"和"生成时公开"复选框

通过将Player变量设置为Public并在生成时公开，我们将能够在创建控件并将其添加到屏幕时分配此变量。我们将在"练习15.05　添加金币计数器UI到玩家屏幕"中完成此操作。

现在我们有了一个指向SuperSideScroller_Player的引用变量，下面继续使用Get Number of Collectables绑定函数。

步骤17 添加一个获取Player变量到Get Number of collecables函数中。

步骤18 从这个变量节点的输出引脚拖出一条引线，从上下文菜单中搜索并选择Get Current Number of Collectables函数，如图15-13所示。

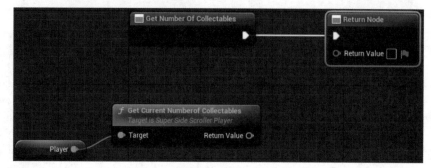

⬆图15-13　添加练习15.03中创建的Get Current Number of Collectables函数

步骤19 接下来，从Return Node的Return Value输入引脚拖出，在上下文菜单中搜索并选择Format Text选项，如图15-14所示。

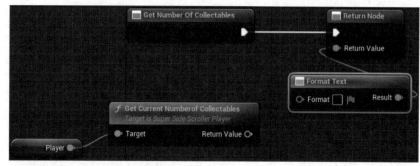

⬆图15-14　创建自定义和格式化的文本

步骤20 在Format Text函数中，添加以下文本。

```
Player->IncrementNumberofCollectables(CollectableValue);
```

设置完成后的效果如图15-15所示。

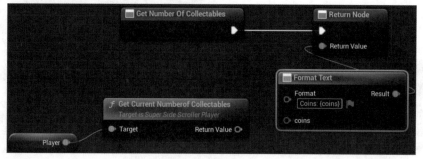

⬆图15-15　格式化文本有了一个新的输入参数

需要记住，使用"{}"符号表示一个文本参数，可以将变量传递到文本中。

步骤21 最后，将GetCurrentNumberofCollectables()函数的Return Value整数的输出引脚与Format Text函数的通配符coins输入引脚连接起来，如图15-16所示。

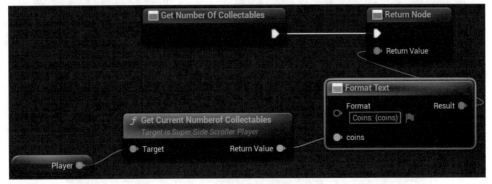

↑图15-16 "文本"控件将根据Get Current Number of collecables函数自动更新

步骤22 编译并保存BP_UI_CoinCollection控件蓝图。

注意事项

我们可以在以下链接中找到这个练习的资源和代码：https://packt.live/3eQJjTU。

完成此练习后，我们已经创建了UI UMG控件，该控件用于显示玩家当前收集的金币数量。通过使用GetCurrentNumberofCollectables() C++函数和"**文本**"控件的绑定功能，UI将始终根据收集到的金币数量更新其值。在下一个练习中，我们将把这个UI添加到玩家的屏幕上，但首先，简要了解如何从玩家屏幕上添加和删除UMG。

添加和创建UMG用户控件

目前，我们已经在UMG中创建了金币收集用户界面，是时候学习如何在玩家屏幕上添加和删除用户界面了。通过在屏幕上添加金币收集用户界面，并随着玩家收集金币而进行更新，玩家便能够看到相关数据。

在蓝图中，有一个名为Create Widget的函数，如图15-17所示。如果没有指定类，该函数将被标记为Construct None，但我们不要被名称混淆了。

该函数需要创建用户控件的类，并需要一个玩家控制器，该玩家控制器将被引用为该用户界面的拥有者。该函数将返回生成的用户控件作为其Return Value，然后使用Add to Viewport函数将其添加到玩家的视口中。Create Widget函数只实例化控件对象，它不会将这个控件添加到玩家的屏幕上。Add to Viewport函数使这个控件在屏幕上可见，该函数如图15-18所示。

⬆图15-17　默认情况下，Create Widget函数没有应用类　　　⬆图15-18　Add to Viewport函数节点

　　视口是覆盖游戏世界视图的游戏屏幕，它使用所谓的ZOrder来确定多个UI元素需要在彼此之上或之下重叠的情况下的覆盖深度。默认情况下，**Add to Viewport**函数会将User控件添加到屏幕上，并使其填充整个屏幕，也就是说，除非调用Set Desired Size In Viewport函数来手动设置它应该填充的大小，如图15-19所示。

⬆图15-19　Size参数确定在User控件中传递的所需大小

　　在C++中，还有一个名为CreateWidget()的函数，代码如下。

```
template<typename WidgetT, typename OwnerT>
WidgetT * CreateWidget
(
    OwnerT * OwningObject,
    TSubclassOf < UUserWidget > UserWidgetClass,
    FName WidgetName
)
```

　　CreateWidget()函数可以通过UserWidget类获得，该类可以在"Engine｜Source｜Runtime｜UMG｜Public｜Blueprint｜UserWidget.h"中找到。

　　这个例子在"第8章　使用UMG创建用户界面"中可以找到，我们使用CreateWidget()函数来创建BP_HUDWidget控件蓝图。

```
HUDWidget = CreateWidget<UHUDWidget>(this, BP_HUDWidget);
```

　　关于C++中CreateWidget()函数的更多信息，请参见"第8章　使用UMG创建用户界面"，以及"练习8.06　创建生命值进度条的C++逻辑"。

　　这个函数的工作原理与蓝图中的对应函数几乎相同，因为它接受了Owning Object参数，就像蓝图函数的Owning Player参数一样，并且它需要创建User Widget类。C++ CreateWidget()函数还接受一个FName参数来表示控件的名称。

　　现在我们已经了解了将UI添加到玩家屏幕的方法，下面来测试这些知识。在下面的练习中，将实现Create Widget和Add to Viewport蓝图功能，以便我们可以将在"练习15.04　创建金币计数器UI HUD元素"中的用户界面添加到玩家屏幕。

练习15.05 添加金币计数器UI到玩家屏幕

在这个练习中，我们将创建一个新的Player Controller类，以便可以使用玩家控制器将BP_UI_CoinCollection控件蓝图添加到玩家的屏幕上。我们还将创建一个新的Game Mode（游戏模式）类，并将此游戏模式应用到SuperSideScroller项目中。请执行以下步骤完成此练习。

步骤01 在虚幻引擎5编辑器中，单击"**工具**"菜单按钮，在下拉菜单中选择"**新建C++类**"命令。

步骤02 在"**添加C++类**"对话框中，搜索并选择Player Controller选项。

步骤03 将新的Player Controller类命名为SuperSideScroller_Controller，然后单击"**创建类**"按钮。Visual Studio将自动生成并打开SuperSideScroller_Controller类的源文件和头文件，但现在，我们将留在虚幻引擎5编辑器中。

步骤04 在内容浏览器的MainCharacter文件夹下，创建一个名为PlayerController的新文件夹。

步骤05 在PlayerController文件夹中，使用新的SuperSideScroller_Controller类创建一个新的蓝图类，如图15-20所示。

步骤06 将此新蓝图命名为BP_SuperSideScroller_PC，然后双击该资产以打开它。

要将BP_UI_CoinCollection控件添加到屏幕上，我们需要使用Add To Viewport函数和Create widget函数。我们希望在玩家角色被玩家控制器占有之后，将UI添加到玩家的屏幕上。

步骤07 在"**事件图表**"选项卡的空白处右击，从上下文菜单中搜索并选择Event On possession选项，添加该事件的节点，如图15-21所示。

🔼图15-20 找到要创建新蓝图的SuperSideScroller_Controller类

🔼图15-21 Event On Possess节点

Event On Possess事件节点返回**Possessed Pawn**。我们将使用这个**Possessed Pawn**传递到BP_UI_CoinCollection UI控件，但要先创建**Cast To the SuperSideScroller_Player**类。

步骤08 从Event On Possess节点的Possessed Pawn输出引脚拖出一条引线，在上下文菜单中搜索并选择Cast to SuperSideScroller_Player节点，如图15-22所示。

步骤09 在"**事件图表**"的空白处右击，在上下文菜单中搜索并选择Create Widget函数。

步骤10 在添加的节点中单击Class下三角按钮，在列表中选择在"练习15.04 创建金币计数器UI HUD元素"中创建的BP_UI_CoinCollection资产，如图15-23所示。

图15-22 添加Cast to SuperSideScroller_Player节点

图15-23 为Create Widget函数指定类

在将Class参数更新为BP_UI_CoinCollection类之后，此时Create Widget函数将更新，以显示创建的Player变量。

步骤11 在"事件图表"选项卡的空白处右击，从上下文菜单中搜索并找到Self引用变量。将Self对象变量连接到Create Widget函数的Owning Player输入引脚，如图15-24所示。

图15-24 Owning Player输入引脚属于Player Controller类型

Owning Player参数是玩家控制器类型，它将显示并拥有这个UI对象。因为我们要将这个UI添加到SuperSideScroller_Controller蓝图中，所以可以只使用Self引用变量来传递给函数。

步骤12 接下来，将从Cast节点返回的SuperSideScroller_Player变量传递到Create Widget函数的Player输入引脚。然后，连接Cast节点和Create Widget函数的执行引脚，如图15-25所示。

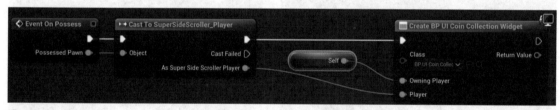

图15-25 创建BP_UI_CoinCollection控件

注意事项

我们可以在以下链接中找到完整分辨率的屏幕截图，以便更好地观看效果：https://github.com/PacktPublishing/Game-Development-Projects-with-Unreal-Engine/blob/master/Chapter15/Images/New_25.png。

步骤13 从Create Widget函数的Return Value输出引脚拖出一条引线，在上下文菜单中搜索并找到Add to Viewport函数，以便将其放置在图表中。

步骤14 将Create Widget函数的Return Value输出引脚连接到Add to Viewport函数的Target输入引脚，不需要更改ZOrder参数。

步骤15 最后，连接Create Widget和Add to Viewport函数的执行引脚，如图15-26所示。

⬆图15-26　在创建BP_UI_CoinCollection控件之后，我们可以将其添加到玩家视口中

注意事项

　　我们可以在以下链接中找到完整分辨率的屏幕截图，以便更好地观看效果：https://packt.live/2UwufBd。

　　现在玩家控制器将BP_UI_CoinCollection控件添加到玩家的视口中，我们需要创建一个GameMode蓝图，并将BP_SuperSideScroller_MainCharacter和BP_SuperSideScroller_PC类应用到这个游戏模式中。

　　步骤16 在内容浏览器的"**内容**"文件夹空白处右击，在快捷菜单中选择"**新建文件夹**"命令来创建一个新文件夹，并将此文件夹命名为GameMode。

　　步骤17 在创建的文件夹的空白处右击，在快捷菜单中选择"**蓝图类**"命令，从"**选取父类**"对话框中，在"**所有类**"下搜索并找到SuperSideScrollerGameMode。

　　步骤18 将这个新的GameMode蓝图命名为BP_SuperSideScroller_GameMode，双击该资产以打开它。

　　GameMode蓝图包含了一个"**类**"类别，可以设置相关参数自定义类。现在，我们只关注"**玩家控制器类**"和"**默认Pawn类**"两个参数。

　　步骤19 单击"**玩家控制器类**"下三角按钮，找到并选择前面创建的BP_SuperSideScroller_PC蓝图。

　　步骤20 然后，单击"**默认Pawn类**"下三角按钮，在列表中找到并选择BP_SuperSideScroller_MainCharacter蓝图。

　　现在我们有了一个使用自定义玩家控制器和玩家Pawn类的自定义GameMode，让我们将这个游戏模式添加到"**项目设置**"窗口中，以便在使用"**新建编辑器窗口**"和构建项目时默认使用该游戏模式。

　　步骤21 从虚幻引擎5编辑器中，单击顶部的"**编辑**"按钮，从下拉菜单中选择"**项目设置**"命令。

　　步骤22 打开"**项目设置**"窗口，在左侧是一个分类列表，分为几个部分。在"**项目**"类别下，选择"**地图和模式**"选项。

　　步骤23 在"**地图和模式**"区域，有一些与项目的默认地图和游戏模式相关的参数。在这部分的顶部，有一个"**默认游戏模式**"参数。单击此参数下三角按钮，查找并选择在本练习前面创建的SuperSideScroller_GameMode蓝图。

（步骤 **24**）关闭**"项目设置"**窗口并返回到关卡中。使用**"新建编辑器窗口"**并开始收集金币。需要注意，每次收集金币时都会显示并更新BP_UI_CoinCollection控件，效果如图15-27所示。

⬆图15-27 收集的每一枚金币都会出现在玩家界面上

完成此练习后，我们已经创建了UI UMG控件，用于显示玩家当前收集的金币数量。通过使用GetCurrentNumberofCollectables() C++函数和**"文本"**控件的绑定功能，UI将始终根据收集到的金币数量更新其值。

到目前为止，我们专注于可收集的金币，允许玩家收集这些金币，并将收集到的金币总数添加到玩家的UI中。现在，我们将专注于药剂的能量升级，并在短时间内提高玩家的移动速度和跳跃高度。为了实现这个功能，我们首先需要学习计时器。

15.6 使用计时器

虚幻引擎5中的计时器可以在延迟或每X秒后执行动作。在超级横版动作游戏项目中药剂升级的情况下，计时器将用于恢复玩家的移动并在8秒后跳转到设置的默认值。

注意事项

在蓝图中，除了计时器句柄（timer handles）之外，我们还可以使用Delay节点来实现相同的结果。然而，在C++中，计时器是实现延迟和重复逻辑的最佳选择。

计时器由存在于UWorld对象中的TimerManager（计时器管理器）或FtimerManager来管理的。我们将使用FTimerManager类中两个主要的函数，分别为SetTimer()和ClearTimer()，示例如下。

```
void SetTimer
(
    FTimerHandle & InOutHandle,
    TFunction < void )> && Callback,
    float InRate,
    bool InbLoop,
    float InFirstDelay
)
void ClearTimer(FTimerHandle& InHandle)
```

我们可能已经注意到，在这两个函数中，都有一个必需的FTimerHandle。这个句柄用于控制所设置的计时器。使用此句柄，可以暂停、恢复、清除，甚至延长计时器。

SetTimer()函数还有其他参数可以在初始设置计时自定义计时器。在计时器完成后调用回调函数，如果InbLoop参数为True，将继续无限地调用回调函数，直到计时器停止为止。InRate参数是计时器本身的持续时间，而InFirstDelay是在计时器开始InRate的计时器之前应用于计时器。

FTimerManager类的头文件可以在以下文件夹中找到：/Engine/Source/Runtime/Engine/Public/TimerManager.h。

注意事项

我们可以通过阅读这里的文档了解更多关于计时器和FTimerHandle的信息：https://docs.unrealengine.com/4.27/en-US/ProgrammingAndScripting/ProgrammingWithCPP/UnrealArchitecture/Timers/。

在下面的练习中，我们将在SuperSideScroller_Player类中创建自己的FTimerHandle，并使用它来控制药剂升级在玩家身上持续多长时间。

练习*15.06* 为玩家添加药剂的能量升级行为

在这个练习中，我们将创造药剂升级背后的逻辑，以及它将如何影响玩家的角色。我们将利用计时器和计时器句柄来确保升级效果只持续很短的时间。请按照以下步骤来完成此练习。

步骤01 在Visual Studio中，打开SuperSideScroller_Player.h头文件。

步骤02 在我们的Private Access Modifier下，添加一个FTimerHandle类型的新变量，并将其命名为PowerupHandle。

```
FTimerHandle PowerupHandle;
```

这个计时器句柄将负责记录自启动以来已经过了多少时间，本项目中用来控制药剂升级效果持续的时间。

步骤 03 接下来，在Private Access Modifier下添加一个名为bHasPowerupActive的布尔变量。

```
bool bHasPowerupActive;
```

我们将在更新Sprint()和StopSprinting()函数时使用这个布尔变量，以确保根据能量升级是否有效来更新玩家的冲刺移动速度。

步骤 04 接下来，在Public Access Modifier下声明一个新的void函数，函数名称为IncreaseMovementPowerup()，代码如下。

```
Vold IncveaseMovementPowencp();
```

这是将从药剂升级类中调用的函数，用于为玩家启用升级效果。

步骤 05 最后，需要创建一个函数来处理能量升级的效果何时结束。在Protected Access Modifier下创建一个名为EndPowerup()的函数，代码如下。

```
void EndPowerup();
```

在声明了所有必要的变量和函数后，是时候开始定义这些新函数并处理玩家的能量升级效果了。

步骤 06 打开SuperSideScroller_Player.cpp源文件。

步骤 07 首先，在源文件的顶部添加#include " TimerManager.h "头文件，我们将需要这个类来使用计时器。

步骤 08 通过在源文件中添加以下代码来定义IncreaseMovementPowerup()函数。

```
void ASuperSideScroller_Player::IncreaseMovementPowerup()
{
}
```

步骤 09 当调用这个函数时，我们需要做的第一件事是将bHasPowerupActive变量设置为true。将以下代码添加到IncreaseMovementPowerup()函数中。

```
bHasPowerupActive = true;
```

步骤 10 接下来，添加以下代码来增加玩家角色移动组件中的MaxWalkSpeed和JumpZVelocity组件，并设置对应的数值。

```
GetCharacterMovement()->MaxWalkSpeed = 500.0f;
GetCharacterMovement()->JumpZVelocity = 1500.0f;
```

在这里，我们将MaxWalkSpeed从默认值300.0更改为500.0。我们可能还记得，默认的冲刺速度也是500.0。我们将在稍后的活动中解决这个问题，以便在能量升级时提高冲刺速度。

步骤 11 为了利用计时器，我们需要获得对UWorld对象的引用，代码如下。

```
UWorld* World = GetWorld();
if (World)
```

```
{
}
```

正如我们之前在这个项目中多次操作的那样，使用GetWorld()函数来获取对UWorld对象的引用，并将该引用保存在其变量中。

步骤12 现在我们有了对World对象的引用并执行了有效性检查，可以安全地使用TimerManager来设置计时器了。在上一步所示的if()语句中添加以下代码。

```
World->GetTimerManager().SetTimer(PowerupHandle, this,
    &ASuperSideScroller_Player::EndPowerup, 8.0f, false);
```

以上代码使用TimerManager类来设置计时器。SetTimer()函数接受要使用的FTimerHandle组件，在本例中，是创建的PowerupHandle变量。接下来，我们需要通过使用this关键字向玩家类传递一个引用。然后，我们需要提供回调函数，以便在计时器结束后调用，在本例中是&ASuper-SideScroller_Player::EndPowerup函数。8.0f表示计时器的持续时间，我们可以随意调整自己认为合适的时间，但目前而言，8秒就可以了。最后，SetTimer()函数的最后一个布尔参数决定了这个计时器是否应该循环，在本示例的情况下，它不应该循环。

步骤13 创建EndPowerup()函数的函数定义，代码如下。

```
void ASuperSideScroller_Player::EndPowerup()
{
}
```

步骤14 调用EndPowerup()函数时要做的第一件事是将bHasPowerupActive变量设置为false。在EndPowerup()函数中添加以下代码。

```
bHasPowerupActive = false;
```

步骤15 接下来，将角色移动组件的MaxWalkSpeed和JumpZVelocity参数更改回默认值，代码如下。

```
GetCharacterMovement()->MaxWalkSpeed = 300.0f;
GetCharacterMovement()->JumpZVelocity = 1000.0f;
```

我们将角色移动组件的MaxWalkSpeed和JumpZVelocity参数都更改为默认值。

步骤16 同样，为了利用计时器并清除计时器来处理PowerupHandle，我们需要获得对UWorld对象的引用，代码如下。

```
UWorld* World = GetWorld();
if (World)
{
}
```

步骤17 最后，我们可以添加代码来清除计时器句柄的PowerupHandle，代码如下。

```
World->GetTimerManager().ClearTimer(PowerupHandle);
```

通过使用ClearTimer()函数并传入PowerupHandle，我们可以确保这个计时器不再有效，不再影响玩家。

现在我们已经创建了处理能量升级效果的函数和与效果相关的计时器，还需要更新Sprint()和StopSprinting()函数，以便它们在能量升级时也考虑到玩家的速度。

步骤18 将Sprint()函数更新以下内容。

```
void ASuperSideScroller_Player::Sprint()
{
    if (!bIsSprinting)
    {
        bIsSprinting = true;
        if (bHasPowerupActive)
        {
            GetCharacterMovement()->MaxWalkSpeed = 900.0f;
        }
        else
        {
            GetCharacterMovement()->MaxWalkSpeed = 500.0f;
        }
    }
}
```

这里，我们正在更新Sprint()函数，以考虑bHasPowerupActive是否为true。如果这个变量为true，那么在冲刺时将MaxWalkSpeed从500.0f增加到900.0f，代码如下。

```
if (bHasPowerupActive)
{
    GetCharacterMovement()->MaxWalkSpeed = 900.0f;
}
```

如果bHasPowerupActive为false，那么将MaxWalkSpeed返回到500.0f，就像在默认情况下设置的值。

步骤19 将StopSprinting()函数更新为以下代码。

```
void ASuperSideScroller_Player::StopSprinting()
{
    if (bIsSprinting)
    {
        bIsSprinting = false;
        if (bHasPowerupActive)
        {
            GetCharacterMovement()->MaxWalkSpeed = 500.0f;
        }
        else
        {
            GetCharacterMovement()->MaxWalkSpeed = 300.0f;
        }
    }
}
```

这里，我们正在更新StopSprinting()函数，以考虑bHasPowerupActive是否为true。如果这个变量为true，那么我们将MaxWalkSpeed的值设置为500.0f而不是300.0f，代码如下。

```
if (bHasPowerupActive)
{
    GetCharacterMovement()->MaxWalkSpeed = 500.0f;
}
```

如果bHasPowerupActive为false，那么我们将MaxWalkSpeed设置为300.0f，即默认情况下的值。

步骤20 最后，我们需要做的就是重新编译C++代码。

注意事项

我们可以在以下链接中找到这个练习的资源和代码：https://github.com/PacktPublishing/Game-Development-Projects-with-Unreal-Engine/tree/master/Chapter15/Exercise15.06。

完成此练习后，我们已经在玩家角色中创建了药剂升级效果。这种能量升级既提高了玩家的默认移动速度，也提高了跳跃高度。此外，加速的效果提高了短跑速度。通过使用计时器句柄，能够控制能量升级效果持续的时间。

现在，是时候创建药剂升级Actor了，这样我们就可以在游戏中展示这种升级的效果了。

活动15.03 | 创建药剂升级Actor

现在SuperSideScroller_Player类处理了药剂升级的效果，是时候创建药剂升级类和蓝图了。这个活动的目的是创建药剂升级类，继承PickableActor_Base类，实现重叠功能来授予在"练习15.06 为玩家添加药剂的能量升级行为"中实现的移动效果，并为药剂升级创建蓝图Actor。按照以下步骤创建药剂升级类并创建药剂蓝图Actor。

步骤01 创建一个新的C++类，该类继承PickableActor_Base类，并将这个新类命名为PickableActor_Powerup。

步骤02 为BeginPlay()和PlayerPickedUp()函数添加重写函数声明。

步骤03 创建BeginPlay()函数的函数定义。在BeginPlay()函数中，添加对BeginPlay()的父类函数的调用。

步骤04 为PlayerPickedUp()函数创建函数定义。在PlayerPickedUp()函数中，添加对PlayerPickedUp()父类函数的调用。

步骤05 接下来，为SuperSideScroller_Player类添加必要的#include文件，以便我们可以引用玩家类及其函数。

步骤06 在PlayerPickedUp()函数中，使用该函数本身的Player输入参数对IncreaseMovementPowerup()进行函数调用。

步骤07 打开**Epic Games Launcher**，从"**示例**"选项卡的"**UE旧版示例**"类别下找到"**动作RPG**"项目。使用它来创建和安装一个新项目。

步骤 08 将A_Character_Heal_Mana_Cue和SM_PotionBottle资产，以及它们的所有引用资产，从"动作RPG"项目迁移到SuperSideScroller项目中。

步骤 09 在内容浏览器的PickableItems文件夹中创建一个名为Powerup的新文件夹。在这个目录中基于PickableActor_Powerup类创建一个新的蓝图，并将这个资产命名为BP_Powerup。

步骤 10 在BP_Powerup蓝图中，更新MeshComp组件，使其使用SM_PotionBottle静态网格体。

步骤 11 接下来，添加A_Character_Heal_Mana_Cue，这是作为Pickup Sound参数导入的。

步骤 12 最后，更新RotationComp组件，使角色能够围绕*Y*轴每秒旋转60度，并围绕*X*轴每秒旋转180度。

步骤 13 将BP_Powerup添加到关卡中，并使用"**新建编辑器窗口**"观察与药剂升级重叠时的结果。

输出的效果如图15-28所示。

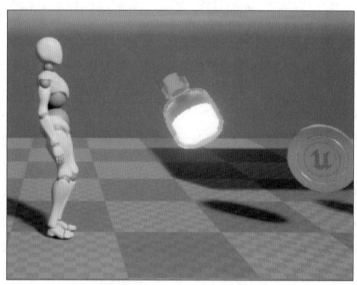

⬆图15-28　药剂升级的效果

注意事项

　　这个活动的解决方案可以在以下链接中找到：https://github.com/PacktPublishing/Elevating-Game-Experiences-with-Unreal-Engine-5-Second-Edition/tree/main/Activity%20solutions。

完成这个活动后，我们成功地将所学的知识应用到游戏中。创建一个继承了PickableActor_Base类的新C++类，并重写PlayerPickedUp()函数来添加自定义逻辑。通过从玩家类中添加对IncreaseMovementPowerup()函数的调用，可以在与角色重叠时为玩家添加运动增强效果。然后，通过使用自定义网格体、材质和音频资产，就能够从PickableActor_Poweup类中激活蓝图Actor。

现在我们已经创造了收集金币和药剂升级的功能，还需要在项目中实现一个新的游戏功能：Brick类。在《超级马里奥》等游戏中，砖块中包含隐藏的金币和供玩家寻找的升级道具。这些砖块也可以作为到达关卡中高架平台和楼层内区域的一种方式。在我们的超级横版动作项目中，Brick类将为玩家提供收集隐藏的金币，并作为一种允许玩家通过砖块到达关卡中难以到达的位置的方法。因此，在下一节中，我们将创建Brick类，需要打破这个类才能找到隐藏的金币。

练习15.07 创建Brick类

现在我们已经创建了收集金币和药剂升级的功能，是时候创建Brick类了，它将包含玩家收集的隐藏金币。砖块是超级横版动作项目的最后一个游戏元素。在这个练习中，我们将创建Brick类，该类将被用作超级横版动作游戏项目的平台机制的一部分，但也作为一种保存玩家寻找的收集金币的手段。请按照以下步骤创建这个Brick类和蓝图。

步骤01 在虚幻引擎5编辑器中，单击菜单栏中"**工具**"按钮，在下拉菜单中选择"**新建C++类**"命令。

步骤02 打开"**添加C++类**"对话框，选择Actor类，单击"**下一步**"按钮。

步骤03 将这个类命名为SuperSideScroller_Brick并单击"**创建类**"按钮。Visual Studio和虚幻引擎将重新编译代码并打开此类。

默认情况下，SuperSideScroller_Brick类附带了Tick()函数，但是Brick类不需要使用这个函数。在继续之前，请从SuperSideScroller_Brick.h头文件中删除Tick()的函数声明，并从SuperSideScroller_Brink.cpp源文件中删除该函数定义。

步骤04 在SuperSideScroller_Brick.h文件的Private Access Modifier下，添加以下代码来声明一个新的UStaticMeshComponent* UPROPERTY()函数来表示我们游戏世界中的brick。

```
UPROPERTY(VisibleDefaultsOnly, Category = Brick)
class UStaticMeshComponent* BrickMesh;
```

步骤05 接下来，我们需要创建一个UBoxComponent UPROPERTY()来处理与玩家角色的碰撞。在Private Access Modifier下添加此组件，代码如下。

```
UPROPERTY(VisibleDefaultsOnly, Category = Brick)
class UBoxComponent* BrickCollision;
```

步骤06 在Private Access Modifier下为OnHit()函数创建UFUNCTION()声明，这将用于确定玩家何时击中UboxComponent，代码如下。

```
UFUNCTION()
void OnHit(UPrimitiveComponent* HitComp, AActor*
OtherActor,
    UPrimitiveComponent* OtherComp, FVector
    NormalImpulse,
    const FHitResult& Hit);
```

注意事项

回想一下，在"第13章 创建和添加敌人人工智能"中为该项目开发PlayerProjectile类时使用了OnHit()函数。关于OnHit()函数的更多信息，请参考该章中相关内容。

步骤07 接下来，在Private Access Modifier下，使用bHasCollectable的EditAnywhere关键字创建一个名为UPROPERTY()的布尔值，代码如下。

```
UPROPERTY(EditAnywhere)
bool bHasCollectable;
```

这个布尔值将决定砖块是否包含玩家可以收集的金币。

(步骤 08) 现在，我们需要一个变量来保存玩家在这个砖块中可以收集金币的数量。为此，我们将创建一个名为Collectable Value的整数变量。在Private Access Modifier下使用EditAnywhere关键字将其设置为UPROPERTY()，并为其默认值设置为1，代码如下。

```
UPROPERTY(EditAnywhere)
int32 CollectableValue = 1;
```

砖块需要包含一个独特的声音和粒子系统，这样当砖块被玩家破坏时，它就会有一个很好的视觉效果。接下来我们将添加这些属性。

(步骤 09) 在SuperSideScroller_Brick.h头文件中创建一个新的Public Access Modifier。

(步骤 10) 接下来，为USoundBase类的一个变量使用EditAnywhere和BlueprintReadOnly关键字创建一个新的UPROPERTY()。将这个变量命名为HitSound，代码如下。

```
UPROPERTY(EditAnywhere, BlueprintReadOnly, Category =
Brick)
class USoundBase* HitSound;
```

(步骤 11) 然后，使用EditAnywhere和BlueprintReadOnly关键字为UParticleSystem类的一个变量创建一个新的UPROPERTY()。确保将其置于Public Access Modifier下，并将此变量命名为Explosion，代码如下。

```
UPROPERTY(EditAnywhere, BlueprintReadOnly, Category =
Brick)
class UParticleSystem* Explosion;
```

现在我们已经有了Brick类所需的所有属性，下面继续查看SuperSideScroller_Brick.cpp源文件，并在其中初始化组件。

(步骤 12) 首先为StaticMeshComponent和BoxComponent添加下面的#include语句。将以下代码添加到源文件的#include列表中。

```
#include "Components/StaticMeshComponent.h"
#include "Components/BoxComponent.h"
```

(步骤 13) 将以下代码添加到ASuperSideScroller_Brick::ASuperSideScroller_Brick()构造函数来初始化BrickMesh组件。

```
BrickMesh = CreateDefaultSubobject<UStaticMeshCompo
nent>(TEXT("BrickMesh"));
```

(步骤 14) 接下来，BrickMesh组件应该有一个碰撞，这样玩家就可以在上面行走，以达到平台游戏的目的。为了确保在默认情况下发生这种情况，添加以下代码将碰撞设置为"BlockAll"。

```
BrickMesh->SetCollisionProfileName("BlockAll");
```

步骤15 最后，BrickMesh组件将作为Brick actor的根组件，代码如下。

```
RootComponent = BrickMesh;
```

步骤16 现在，将以下代码添加到构造函数中，以初始化BrickCollision UboxComponent。

```
BrickCollision = CreateDefaultSubobject<UBoxComponent>
    (TEXT("BrickCollision"));
```

步骤17 就像BrickMesh组件一样，BrickCollision组件也需要将其碰撞设置为"BlockAll"，来接收OnHit()回调事件，代码如下。该事件我们将在稍后的练习中添加。

```
BrickCollision->SetCollisionProfileName("BlockAll");
```

步骤18 接下来，需要将BrickCollision组件附加到BrickMesh组件上。我们可以通过添加以下代码来完成这一点。

```
BrickCollision->AttachToComponent(RootComponent,
    FAttachmentTransformRules::KeepWorldTransform);
```

步骤19 在完成BrickCollision组件的初始化之前，我们需要为OnHit()函数添加函数定义。在源文件中添加以下代码。

```
void ASuperSideScroller_Brick::OnHit(UPrimitiveComponent*
HitComp, AActor*
    OtherActor, UPrimitiveComponent* OtherComp, FVector
    NormalImpulse, const
    FHitResult& Hit)
{
}
```

步骤20 现在我们已经定义了OnHit()函数，可以将OnComponentHit回调函数分配给BrickCollision组件。将以下代码添加到构造函数中。

```
BrickCollision->OnComponentHit.AddDynamic(this,
    &ASuperSideScroller_Brick::OnHit);
```

步骤21 编译SuperSideScroller_Brick类的C++代码并返回到虚幻引擎5编辑器。

步骤22 在内容浏览器的"**内容**"文件夹的空白处右击，在快捷菜单中选择"**新建文件夹**"命令，并将此文件夹命名为Brick。

步骤23 在Brick文件夹的空白处右击，在快捷菜单中选择"**蓝图类**"命令。在"**选取父类**"对话框的"**所有类**"搜索栏中，搜索并选择SuperSideScroller_Brick类。

步骤24 将这个新蓝图命名为BP_Brick，然后双击并打开它。

步骤25 从"**组件**"面板中选择BrickMesh组件，并将其"**静态网格体**"参数设置为Shape_Cube网格体。

步骤26 在BrickMesh组件仍然被选中的情况下，将"**元素 0**"材质参数设置为M_Brick_Clay_Beveled。在创建新项目时，Epic Games默认提供此材质。该材质可以在内容浏览器中的

StarterContent文件夹中找到。

对于BrickMesh组件，我们需要做的最后一件事是调整其缩放，使其符合玩家角色的需求，以及超级横版动作游戏项目的平台机制。

步骤27 选择BrickMesh组件后，对其"**缩放**"参数进行如下更改。

```
(X=0.750000,Y=0.750000,Z=0.750000)
```

现在BrickMesh组件是其正常大小的75%，当我们将Brick actor放置到游戏世界中，以及在关卡中开发有趣的平台部分时，作为设计师，将更容易管理砖块。

最后一步是更新BrickCollision组件的位置，使其中部分碰撞从BrickMesh组件的底部伸出来。

步骤28 从"**组件**"面板中选择BrickCollision组件，并将其"**位置**"参数更新为以下值。

```
(X=0.000000,Y=0.000000,Z=30.000000)
```

BrickCollision组件现在的位置，如图15-29所示。

我们正在调整BrickCollision组件的位置，这样玩家只能在跳到砖块下面时击中UBoxComponent。通过使其稍微超出BrickMesh组件，我们可以更好地控制它，并确保该组件不会被玩家以任何其他方式击中。

⬆图15-29　BrickCollision组件刚好位于Brick-Mesh组件的外部

> **注意事项**
>
> 我们可以在以下链接中找到这个练习的资源和代码：https://github.com/PacktPublishing/Game-Development-Projects-with-Unreal-Engine/tree/master/Chapter15/Exercise15.07。

完成此练习后，我们就能够为SuperSideScroller_Brick类创建基本框架，并将蓝图Actor组合在一起，以表示游戏世界中的砖块。通过添加立方体网格体和砖块材质，可以为砖块添加了很好的视觉效果。在下面的练习中，我们将把剩余的C++逻辑添加到砖块中。这将允许玩家摧毁砖块并获得收集品。

练习15.08 添加Brick类的C++逻辑

在上一练习中，通过添加必要的组件和创建BP_Brick蓝图actor，为SuperSideScroller_Brick类创建了基本框架。在本练习中，我们将在"练习15.07　创建Brick类"中的C++代码的基础上进行扩展，为Brick类添加逻辑，这将使砖块能为玩家提供金币。请执行以下步骤来完成此操作。

步骤01 首先，我们需要创建一个将收集物添加给玩家的函数。将以下函数声明添加到Super-

SideScroller_Brick.h头文件的Private Access Modifier下，代码如下。

```
void AddCollectable(class ASuperSideScroller_Player*
Player);
```

要传递一个对SuperSideScroller_Player类的引用，就可以从该类调用IncrementNumberof-Collectables()函数。

步骤02 接下来，在Private Access Modifier下创建一个名为PlayHitSound()的void函数声明，代码如下。

```
void PlayHitSound();
```

PlayHitSound()函数将负责生成在"练习15.07 创建Brick类"中创建的HitSound属性。

步骤03 最后，在Private Access Modifier下创建另一个名为PlayHitExplosion()的void函数声明，代码如下。

```
void PlayHitExplosion();
```

PlayHitExplosion()函数将负责生成在"练习15.07 创建Brick类"中创建的Explosion属性。

在头文件中声明了SuperSideScroller_Brick类所需的其余函数后，在源文件中定义这些函数。

步骤04 在SuperSideScroller_Brick.cpp源文件的顶部，将以下#include语句添加到该类已经存在的#include目录列表中。

```
#include "Engine/World.h"
#include "Kismet/GameplayStatics.h"
#include "SuperSideScroller_Player.h"
```

World和GameplayStatics类的include对于生成砖块的HitSound和Explosion效果是必要的。要调用IncrementNumberofCollectables()类函数，需要包含SuperSideScroller_Player类。

步骤05 让我们从AddCollectable()函数的定义开始，代码如下。

```
void ASuperSideScroller_Brick::AddCollectable(class
    ASuperSideScroller_Player* Player)
{
}
```

步骤06 现在，通过使用Player函数输入参数来调用IncrementNumberofCollectables()函数，代码如下。

```
Player->IncrementNumberofCollectables(CollectableValue);
```

步骤07 对于PlayHitSound()函数，在从UGameplayStatics类调用SpawnSoundAtLocation函数之前，还需要获得对UWorld*对象的引用，并验证HitSound属性是否有效。这是一个我们已经做过很多次的操作，以下是整个函数代码。

```
void ASuperSideScroller_Brick::PlayHitSound()
{
    UWorld* World = GetWorld();
```

```
    if (World && HitSound)
    {
        UGameplayStatics::SpawnSoundAtLocation(World,
        HitSound,
            GetActorLocation());
    }
}
```

步骤08 就像PlayHitSound()函数一样，PlayHitExplosion()函数也以几乎相同的方式工作，这也是本项目中多次执行的操作。添加以下代码来创建函数定义。

```
void ASuperSideScroller_Brick::PlayHitExplosion()
{
    UWorld* World = GetWorld();
    if (World && Explosion)
    {
        UGameplayStatics::SpawnEmitterAtLocation(World,
        Explosion,
            GetActorTransform());
    }
}
```

定义了这些函数后，再更新OnHit()函数，这样如果玩家击中了BrickCollision组件，就可以生成HitSound和Explosion，并在玩家的集合中添加一个可收集的金币。

步骤09 首先，在OnHit()函数中，创建一个名为Player的新变量，其类型为ASuperSideScroller_Player，该变量等于该函数的OtherActor输入参数的Cast，代码如下。

```
ASuperSideScroller_Player* Player =
    Cast<ASuperSideScroller_Player>(OtherActor);
```

步骤10 接下来，我们希望在Player有效且bHasCollectable为True的情况下继续执行这个函数。添加以下if()语句。

```
if (Player && bHasCollectable)
{
}
```

步骤11 如果满足If()语句中的条件，则需要调用AddCollectable()、PlayHitSound()和PlayHitExplosion()函数。确保在AddCollectable()函数中也传递了Player变量，代码如下。

```
AddCollectable(Player);
PlayHitSound();
PlayHitExplosion();
```

步骤12 最后，在if()语句内部添加函数调用以销毁砖块，代码如下。

```
Destroy();
```

步骤13 根据需要定义OnHit()函数，重新编译C++代码，但不需要返回到虚幻引擎5编辑器。

（步骤**14**）对于砖块爆炸的视觉特效和音频特效，我们将需要从Epic Games Launcher提供的两个独立项目中迁移资产："**蓝图**"和"**内容提示**"项目。

（步骤**15**）使用以前练习中的知识，使用虚幻引擎4.24版下载并安装这些项目。这两个项目都可以分别在"**示例**"选项卡的"**UE功能示例**"和"**UE旧版示例**"类别中找到。

（步骤**16**）安装完成后，打开"**内容提示**"项目并在内容浏览器中找到P_Pixel_Explosion资产。

（步骤**17**）右击此资产，在快捷菜单中将光标悬停在"**资产操作**"命令上，然后在子菜单中选择"**迁移**"命令。将此资产及其所有引用的资产迁移到SuperSideScroller项目中。

（步骤**18**）成功迁移该资产后，关闭"**内容提示**"项目并打开"**蓝图**"项目。

（步骤**19**）从"**蓝图**"项目的内容浏览器中，找到Blueprints_TextPop01资产。

（步骤**20**）右击此资产，在快捷菜单中将光标悬停在"**资产操作**"命令上，然后在子菜单中选择"**迁移**"命令。将此资产及其所有引用的资产迁移到SuperSideScroller项目中。

将这些资产迁移到项目中后，返回到SuperSideScroller项目的虚幻引擎5编辑器。

（步骤**21**）导航到内容浏览器中的Brick文件夹，双击BP_Brick资产以打开它。

（步骤**22**）在actor的"**细节**"面板中，找到**Super Side Scroller Brick**部分，并将HitSound参数设置为导入的Blueprints_TextPop01声波。

（步骤**23**）接下来，将P_Pixel_Explosion粒子添加到Explosion参数中。

（步骤**24**）重新编译BP_Brick蓝图并将其中两个角色添加到关卡中。

（步骤**25**）设置其中一个砖块的bHasCollectable参数为True，将另一个设置为False，如图15-30所示。

🔼图15-30 这个Brick actor设置为生成一个可收集品

（步骤**26**）使用"**新建编辑窗口**"，当角色在跳跃时试图用头部撞击砖块底部，观察两个砖块被摧毁后的效果差异，如图15-31所示。

🔼图15-31 现在玩家可击中砖块，并摧毁砖块

当bHasCollectable为True时，SuperSideScroller_Brick将播放HitSound，生成爆炸粒子系统，为玩家添加一个可收集的金币，然后砖块被销毁。

> **注意事项**
>
> 我们可以在以下链接中找到这个练习的资源和代码：https://github.com/PacktPublishing/Game-Development-Projects-with-Unreal-Engine/tree/master/Chapter15/Exercise15.08。

完成此练习后，我们现在已经完成了超级横版动作游戏项目的玩法机制的开发。现在，Super-SideScroller_Brick类既可以用于平台玩法，也可以用于我们想要的游戏中的金币收集机制。

现在砖块可以被摧毁，隐藏的金币也可以被收集，我们创建了超级横版动作游戏项目中所有游戏元素。

 # 15.7 额外的挑战

通过向超级横版动作游戏项目添加以下功能，测试我们在本章节所学的知识。

（1）添加新的能量升级道具，降低玩家角色的重力。导入自定义网格体和音频资产，使此能量升级与制作的药剂升级相比具有独特的外观。

（2）当玩家角色收集到10个金币时，给予玩家一个能量升级道具。

（3）执行允许玩家在与人工智能重叠时被摧毁的功能。包括在发生这种情况时玩家能够重新生成玩家。

（4）添加另一个能量升级道具，该道具可使玩家获得免疫，当玩家与敌人重叠时就不会被摧毁（事实上，当玩家带着此能量升级道具与敌人重叠时，可以摧毁敌人）。

（5）利用为超级横版动作项目开发的所有游戏元素，创造一个新关卡，利用这些元素创造一个有趣的竞技平台供玩家游玩。

（6）添加多个具有有趣巡逻点的敌人，以在玩家到达该区域时会向敌人发起挑战。

（7）将能量升级道具放置在难以到达的区域，这样玩家就需要提高平台技能才能获得这些道具。

（8）为玩家设置危险的陷阱，并添加一些如果玩家掉出地图便会摧毁他们的功能。

15.8 本章总结

在本章中，我们将运用所学的知识创建**超级横版动作**游戏项目剩余的游戏机制。结合使用C++和蓝图，我们开发了可以在关卡中收集的药剂能量升级和金币。此外，通过使用在"第14章 生成玩家投射物"中的知识，为这些可收集物品添加了独特的音频和视觉资产，为游戏添加了炫酷的视觉效果。

我们学习并利用虚幻引擎5中的UMG UI系统去创造一个简单而有效的用户界面反馈系统，以显示玩家所收集的金币数量。通过使用"**文本**"控件的绑定功能，可以使用玩家当前收集的金币数量来更新用户界面。最后，我们使用从**超级横版动作**项目中学到的知识创建了一个Brick类，可以隐藏金币，以便角色能够收集和找到隐藏的金币。

超级横版动作项目是一个广泛的项目，扩展了许多虚幻引擎5中可用的工具和实践。在"第10章 创建超级横版动作游戏"中，我们导入了自定义骨骼和动画资产，用于开发玩家角色的动画蓝图。在"第11章 使用混合空间1D、键绑定和状态机"中，我们使用混合空间来允许玩家角色在空闲、行走和冲刺动画之间混合，同时还使用动画状态机来处理玩家角色的跳跃和移动状态。接着，我们学习了如何使用角色移动组件来控制玩家的移动和跳跃高度。

在"第12章 动画混合和蒙太奇"中，我们学习了如何在动画蓝图中使用Layered Blend per Bone函数和Saved Cached Poses来进一步了解动画混合的内容。通过为玩家角色的投掷动画的上半身动画添加一个新的动画插槽，我们能够将玩家的移动动画和投掷动画顺利地融合在一起。在"第13章 创建和添加敌人人工智能"中，我们使用行为树和黑板的强大系统来开发敌人的人工智能行为。我们创建了一个Task，允许敌人人工智能从我们开发的自定义蓝图中移动到点之间，以确定人工智能的巡逻点。

在"第14章 生成玩家投射物"中，我们学习了如何创建一个动画通知，以及如何在动画蒙太奇中实现这个通知，让玩家角色投掷以生成玩家的投射物。然后，我们学习了如何创建投射物，以及如何使用投射物移动组件让玩家的投射物在游戏世界中移动。

最后，在本章中，我们学习了如何使用UMG工具集为可收集金币创建用户界面，以及如何操纵角色移动组件为玩家创建药剂升级。此外，我们还创建了一个Brick类用来隐藏金币，供玩家寻找和收集。

在下一章中，我们将学习多人游戏的基础知识、服务器-客户端架构，以及用于虚幻引擎5多人游戏的游戏框架类。然后使用这些知识来扩展虚幻引擎5中的多人第一人称射击游戏（FPS）项目。

这个总结仅仅触及了在超级横版动作项目中所学到的和完成的内容的表面。在继续前进之前，这里有一些挑战来测试我们的知识并扩展项目。

第 *16* 章

多人游戏基础

在前一章中，我们成功地开发了超级横版动作游戏，并使用了1D混合空间、动画蓝图和动画蒙太奇。在本章中，我们将在此基础上，进一步学习如何使用虚幻引擎添加多人游戏功能。

在本章结束时，我们将理解基本的多人游戏概念，如服务器–客户端架构、连接、Actor所有权、角色和变量复制，这样就可以创建一个自己的多人游戏了。我们也可以制作一个2D混合空间，以便可以在2D网格中进行混合动画。最后，我们将学习如何使用Transform (Modify) Bone节点在运行时控制骨骼网格体的骨骼。

在本章中，我们将讨论以下内容。

- 多人游戏基础知识
- 理解服务器
- 理解客户端
- 打包项目
- 探索连接和所有权
- 理解角色
- 理解变量复制
- 探索2D混合空间
- 应用Transform (Modify) Bone节点

16.1 技术要求

在过去十年，多人游戏发展迅速。像《堡垒之夜》《英雄联盟》《火箭联盟》《守望先锋》和《反恐精英：全球攻势》等游戏在游戏界广受欢迎，并取得了巨大成功。如今，几乎所有游戏都需要具备某种多人游戏体验，才能获得成功。

原因在于它在现有游戏玩法的基础上增加了一层新的可能性，例如可以在合作模式（也称为在线合作模式）下远程与朋友玩游戏，或者与世界各地的玩家进行对战，这大大增加了游戏的持久性和价值。

学习本章，要求如下。

◉ 安装虚幻引擎5。

◉ 安装Visual Studio 2022。

本章的完整代码可从本书的GitHub存储库下载，链接：https://github.com/PacktPublishing/Elevating-Game-Experiences-with-Unreal-Engine-5-Second-Edition。

在下一节中，我们将讨论多人游戏的基础知识。

16.2 多人游戏基础知识

在游戏开发者眼中，"多人游戏"是指一组通过网络（互联网或局域网）在服务器和连接的客户端之间发送指令，以制造一种共享世界的虚拟体验。

要实现这一点，服务器与客户端要能够相互通信。因为客户端通常是影响游戏世界的一方，所以它们需要一种方式在玩游戏时向服务器传达它们的意图。

一个经典的例子是，玩家在游戏中试图开枪，服务器和客户端需要频繁进行通信。图16-1显示了玩家开火时客户端与服务器的交互方式。

让我们来理解图16-1的含义。

（1）玩家通过按住鼠标左键向服务器发送武器发射请求。

（2）服务器通过以下检查来验证玩家是否可以开枪。

◉ 玩家是否还活着。

◉ 玩家是否已经装备了武器。

◉ 玩家是否有足够的弹药。

（3）如果所有条件都有效，服务器将执行以下操作。

◉ 运行逻辑来扣除弹药。

◉ 在服务器上生成抛射Actor，并自动发送到所有客户端。

◉ 在所有客户端的角色实例上播放火焰动画，以确保客户端之间的同步，这有助于传达同一个世界的概念，即使事实并非如此。

（4）如果任何一个条件未满足，服务器将向特定的客户端发送指示。

◉ 玩家已经死亡：什么都不做。

◉ 玩家没有装备武器：什么都不做。

◉ 玩家弹药不足：播放空的点击声音。

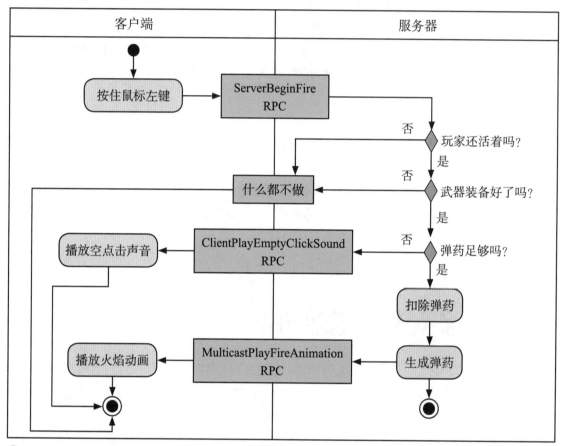

⬆图16-1 玩家开火时客户端与服务器交互

记住，如果我们想让游戏支持多人游戏，强烈建议在开发早期就实现这一功能。如果我们尝试在一个原本设计为单人游戏的项目中添加多人游戏功能，会发现有些功能可以正常运行，但大多数功能不能正常运行。

出现这种问题的原因是，以单人模式执行游戏时，代码会在本地立即运行，但是将多人游戏添加到游戏中时，要添加外部因素，例如权威服务器，该服务器在网络上与客户端通信并存在延迟。

为了使一切正常工作，我们需要将现有代码分解为以下组件。

◉ 只在服务器上运行的代码。

◉ 只在客户端上运行的代码。

◉ 在服务器和客户端上同时运行的代码。

为了向游戏中添加多人游戏功能，虚幻引擎5内置了强大且带宽高效的网络框架，该框架使用权威的服务器-客户端架构。

以下是服务器-客户端架构的工作原理图，如图16-2所示。

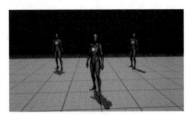

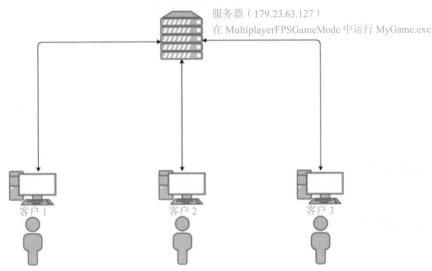

服务器（179.23.63.127）
在 MultiplayerFPSGameMode 中运行 MyGame.exe

客户 1　　　　　客户 2　　　　　客户 3

⬆图16-2　虚幻引擎5中的服务器–客户端体系结构

从图16-2中，可以看到虚幻引擎5中服务器-客户端架构的工作原理。每个玩家控制一个客户端，该客户端使用双向连接与服务器进行通信。服务器运行带有游戏模式（只存在于服务器中）的特定关卡，并控制信息流，以便客户端可以在游戏世界中看到并相互交互。

注意事项

多人游戏是一个非常高级的主题，因此接下来的几章将作为一个入门介绍，帮助我们理解多人游戏的要点，但不会进行深入的研究。为了简单起见，可能会省略一些内容。

至此，我们已经理解了多人游戏的基本工作原理。现在，让我们深入理解服务器的工作原理，以及它们的职责是什么。

16.3 理解服务器

服务器是体系结构中最关键的部分，因为它负责处理大部分工作并做出重要决策。

以下是服务器的主要职责概述。

- ⊚ **创建和管理共享世界实例**：服务器在特定的关卡和游戏模式中运行其游戏实例（在"第18章 在多人游戏中使用游戏玩法框架类"中介绍），它将作为所有连接的客户端之间的共享世界。所使用的关卡可以在任何时间点更改，如果更改得适用，服务器可以自动连接所有已连接的客户端。

- ⊚ **处理客户端加入和离开请求**：如果客户端想要连接到服务器，它需要请求权限。为此，客户端通过直接IP连接（在下一节中解释）或在线子系统（如Steam）向服务器发送连接请求。一旦连接请求到达服务器，它将执行一些验证来确定请求是被接受还是被拒绝。

服务器拒绝请求的一些最常见的原因是，服务器的容量已经满了，不能再接受任何客户端，或者客户端使用的是过时版本的游戏。如果服务器接受请求，则将具有连接的玩家控制器分配给客户端，并调用游戏模式中的PostLogin函数。从那时起，客户端将进入游戏，成为共享世界的一部分，玩家将能够看到其他客户端并与之互动。如果一个客户端在任何时间点断开连接，那么将通知所有其他客户端，并调用游戏模式中的Logout函数。

- ⊚ **生成所有客户端都需要知道的Actor**：如果我们希望生成一个存在于所有客户端的Actor，那么需要在服务器上执行此操作。原因是服务器具有权限，并且是唯一可以告诉每个客户端创建该Actor的实例的服务器。

这是多人游戏中最常见的生成Actor的方式，因为大多数Actor需要存在于所有客户端中。这方面的一个例子就是能量升级，这是所有客户端都可以看到并与之交互的东西。

- ⊚ **运行关键的游戏逻辑**：为了确保游戏对所有客户端都是公平的，关键的游戏逻辑只需要在服务器上执行。如果客户端负责处理扣除生命值，这将是非常容易被利用的，因为玩家可以使用工具将当前的生命值更改为内存中的100%，这样玩家永远不会在游戏中死亡。

- ⊚ **处理变量复制**：如果有一个复制的变量（在"理解变量复制"一节中介绍），那么它的值应该只在服务器上更改，这将确保所有客户端都将自动更新该值。仍然可以在客户端上更改该值，但它将始终被替换为服务器的最新值，以防止作弊并确保所有客户端同步。

- ⊚ **处理来自客户端的RPC**：服务器需要处理从客户端发送的**远程过程调用（RPC）**（在"第17章 使用远程过程调用"中介绍）。

现在我们已经理解了服务器的功能，接下来将讨论在虚幻引擎5中创建服务器的两种不同的方法了。

16.3.1 专用的服务器

专用服务器只运行服务器逻辑，因此我们不会看到典型的游戏运行窗口，但可以像普通玩家一样控制角色。这意味着所有的客户端都将连接到这个服务器，服务器唯一的工作就是协调客户端并执行关键的游戏逻辑。此外，如果使用-log命令提示符运行专用服务器，我们将拥有一个控制台窗口，该窗口记录有关服务器上正在发生的事情的相关信息，例如客户端是否已连接或已断开等。作为开发人员，我们还可以使用UE_LOG宏记录信息。

使用专用服务器是为多人游戏创建服务器的一种非常常见的方式，由于它比监听服务器（在下一节将介绍）更轻量级，因此可以将其托管在服务器堆栈上并让其运行。专用服务器的另一个优点是，它将使游戏对所有玩家更公平，因为网络条件对每个人都是一样的，也没有客户端有权限，所以也降低了被黑客攻击的可能性。

要在虚幻引擎5中启动专用服务器，可以使用以下命令参数。

◉ 运行以下命令，通过快捷方式或命令提示符在编辑器中启动专用服务器。

```
"<UE5 Install Folder>\Engine\Binaries\Win64\UnrealEditor.
exe"
"<UProject Location>" <Map Name> -server -game -log
```

以下是启动专用服务器的例子。

```
"C:\Program Files\Epic
Games\UE_5.0\Engine\Binaries\Win64\UnrealEditor.exe"
"D:\TestProject\TestProject.uproject" TestMap -server
-game -log
```

创建一个打包的专用服务器需要构建一个专门作为专用服务器运行的项目。

注意事项

我们可以在以下链接中找到关于设置打包专用服务器的更多信息：https://docs.unrealengine.com/5.0/en-US/InteractiveExperiences/Networking/HowTo/DedicatedServers/。

16.3.2 监听服务器

监听服务器同时充当服务器和客户端，因此还将有一个窗口，可以在其中使用此服务器类型作为客户端玩游戏。它的另一个优点是在打包构建中运行服务器的最快方式，但它不像专用服务器那样轻量级，因此可以同时连接的客户端数量将受到限制。

要启动监听服务器，可以使用以下命令参数。

◉ 运行以下命令，通过快捷方式或命令提示符在编辑器中启动监听服务器。

```
"<UE5 Install Folder>\Engine\Binaries\Win64\UnrealEditor.
exe"
"<UProject Location>" <Map Name>?Listen -game
```

以下是启动监听服务器的例子。

```
"C:\Program Files\Epic
Games\UE_5.0\Engine\Binaries\Win64\UnrealEditor.exe"
"D:\TestProject\TestProject.uproject" TestMap?Listen
-game
```

◉ 通过快捷方式或命令提示符打包的开发构建。

```
"<Project Name>.exe" <Map Name>?Listen -game
```

以下是打包的开发构建的例子。

```
"D:\Packaged\TestProject\TestProject.exe" TestMap?Listen
-game
```

现在我们已经理解了虚幻引擎中的两种不同类型的服务器，下面可以继续讨论它对应的部分：客户端及其职责。

16.4 理解客户端

客户端是体系结构中最简单的部分，因为大多数Actor都在服务器上拥有权限，所以在这种情况下，工作将在服务器上完成，而客户端只需服从其命令。

以下是客户端的主要职责概述。

- **强制从服务器复制变量：** 服务器通常对客户端知道的所有Actor都具有权限，因此当在服务器上更改复制变量的值时，客户端也需要强制执行该值。
- **处理来自服务器的RPC：** 客户端需要处理从服务器发送的RPC（在"第17章 使用远程过程调用"中介绍）。
- **模拟时预测运动：** 当客户端模拟Actor时（在"理解角色"中介绍），它需要根据Actor的速度本地预测其将位于何处。
- **生成仅有客户端需要知道的Actor：** 如果我们想生成仅存在于客户端上的Actor，那么需要在该特定的客户端上执行此操作。

这是最不常见的生成Actor的方式，因为很少情况下我们希望Actor只存在于客户端上的。这方面的一个例子是在多人生存游戏中看到的放置预览Actor，玩家控制着半透明的墙壁，其他玩家在放置墙壁之前无法看到它。

客户端可以通过几种不同的方式加入服务器。下面是一些常见的方法。

- 通过在开发构建中打开虚幻引擎5控制台，并输入以下内容。

```
open <Server IP Address>
```

该方法的示例如下。

```
open 194.56.23.4
```

- 使用Execute Console Command蓝图节点，如图16-3所示。

⬆ 图16-3　使用Execute Console Command节点连接具有示例IP的服务器

◉ 使用APlayerController中的ConsoleCommand函数，代码如下。

```
PlayerController->ConsoleCommand("open <Server IP
Address>");
```

具体示例如下。

```
PlayerController->ConsoleCommand("open 194.56.23.4");
```

◉ 通过快捷方式或命令提示符使用编辑器可执行文件，代码如下。

```
"<UE5 Install Folder>\Engine\Binaries\Win64\UnrealEditor.
exe"
"<UProject Location>" <Server IP Address> -game
```

具体示例如下。

```
"C:\Program Files\Epic Games\UE_5.0\Engine\Binaries\
Win64\UnrealEditor.exe" "D:\TestProject\TestProject.
uproject" 194.56.23.4 -game
```

◉ 通过快捷方式或命令提示符使用打包的开发构建，代码如下。

```
"<Project Name>.exe" <Server IP Address>
```

具体示例如下。

```
"D:\Packaged\TestProject\TestProject.exe" 194.56.23.4
```

在下面的练习中，我们将在多人游戏中测试虚幻引擎5自带的"第三人称游戏"模板。

练习16.01 在多人游戏中测试第三人称游戏模板

在本练习中，我们将创建一个"第三人称游戏"模板项目，并在多人模式下进行游戏。请按照以下步骤完成练习。

步骤01 使用蓝图创建一个名为TestMultiplayer的"第三人称游戏"模板项目，并将其保存到指定的位置。

创建项目后，打开编辑器。现在，让我们在多人模式下测试这个项目，看看它的表现如何。

步骤02 在编辑器中，在"播放"按钮的右侧，有一个带有三个点的按钮⋮。单击该按钮，打开一个选项列表。在"玩家数量"参数中，我们可以输入所需要客户端的数量，并指定"网络模式"，该网络模式有以下选项。

◉ **运行Standalone**：以单人模式运行游戏。

◉ **以监听服务器运行**：使用监听服务器运行游戏。

◉ **以客户端运行**：在专用服务器上运行游戏。

步骤03 确保"网络模式"选项设置为"以监听服务器运行"，将"玩家数量"更改为3，然后使用"新编辑器窗口(PIE)"播放。

我们应该看到三个窗口重叠在一起，代表三个客户端，如图16-4所示。

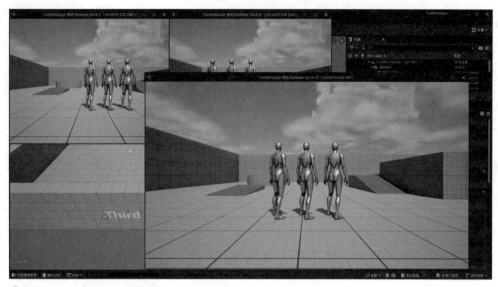

图16-4　使用列表服务器启动三个客户端窗口

正如我们所看到的，服务器窗口比客户端窗口大，下面让我们改变它的大小。按键盘上的Esc键停止播放。

步骤04　再次单击"**播放**"按钮旁边的三个点按钮，在列表中选择最后一个"**高级设置**"选项。

步骤05　在打开的窗口中，找到"**游戏视口设置**"类别。将"**新视口分辨率**"更改为640×480，并关闭窗口。

注意事项

这个选项只会改变服务器窗口的大小。如果想改变客户端窗口的大小，可以修改"**多人游戏视口大小**"参数的值，该参数在同一个菜单中向下滚动即可找到。

步骤06　再次运行游戏，效果如图16-5所示。

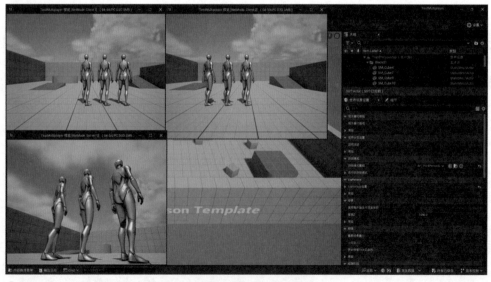

图16-5　使用640×480分辨率和监听服务器启动三个客户端窗口

开始播放后，我们会注意到窗口的标题栏显示Server 0、Client 1和Client 2。由于我们可以控制服务器窗口中的角色，这意味着我们正在运行监听服务器，其中服务器和客户端在同一窗口中运行。当发生这种情况，我们应该将窗口标题理解为Server + Client 0，而不仅仅是**Server 0**，以避免混淆。

完成这个练习后，我们已经完成了一个设置，其中有一台服务器和三个正在运行的客户端（Client 0、Client 1和Client 2）。

注意事项

当同时运行多个窗口时，我们会注意到一次只能将输入焦点集中在一个窗口上。要将焦点转移到另一个窗口，只需按Shift+F1组合键以失去当前输入焦点，然后单击要聚焦的新窗口。

如果我们在其中一个窗口玩游戏，将会注意到角色可以四处移动和跳跃。当执行这些动作时，其他客户端窗口也将执行相同的动作。

这一切运行正常的原因是因为角色移动组件会自动复制位置、旋转和下落状态（用于确定角色是否在空中）。如果我们想添加自定义行为，例如攻击动画，不能只是告诉客户端在按下键时在本地播放动画，因为这在其他客户端上不起作用。这就是为什么需要服务器作为中介，告诉所有客户端在一个客户端按下键时播放动画。

在这个练习中，我们学会了如何在编辑器中测试多人游戏。现在，让我们学习如何在打包构建中执行相同的操作。

16.5 打包项目

完成项目后，最好将其打包，这样就有了一个不使用虚幻引擎编辑器的纯独立版本。这将运行得更快、更轻量级。

按照以下步骤将"练习16.01　在多人游戏中测试第三人称游戏模板"中创建的文件打包。

步骤01 在虚幻引擎编辑器中单击"**平台**"下三角按钮（播放按钮右侧），在列表中将光标悬停在Windows选项上，在子列表中选择"**打包项目**"选项。

步骤02 打开"**打开项目**"对话框，选择一个文件夹用来放置打包的构建并等待它完成，单击"**选择文件夹**"按钮。

步骤03 完成后，进入选定的文件夹并打开其中的Windows文件夹。

步骤04 在**TestMultiplayer.exe**文件上右击，在快捷菜单中选择"**创建快捷方式**"命令。

步骤05 重命名新的快捷方式为Run Server。

步骤06 在快捷方式图标上右击，在快捷菜单中选择"**属性**"命令，在打开的对话框中可以更改快捷方式的起始位置、目标路径或其他相关设置。

步骤07 在目标上，附加ThirdPersonMap?Listen -server，它将使用ThirdPersonMap创建一个监听服务器。应该得到以下这样的结果。

```
"<Packaged Path>\Windows\TestMultiplayer.exe"
    ThirdPersonMap?Listen -server
```

步骤08 单击"**确定**"按钮并运行快捷方式。

步骤09 应该显示一个Windows防火墙提示：允许这样做。

步骤10 让服务器运行，返回文件夹（使用Alt+Tab组合键或按Windows键并从任务栏中选择另一个窗口），并从TestMultiplayer.exe创建另一个快捷方式。

步骤11 将其重命名为Run Client。

步骤12 右击创建的快捷方式，在快捷菜单中选择"**属性**"命令。

步骤13 在目标上附加127.0.0.1，这是本地服务器的IP。应该得到"<Packaged Path>\Windows\TestMultiplayer.exe" 127.0.0.1。

步骤14 单击"**确定**"并运行快捷方式。

现在我们已连接到监听服务器，这意味着可以看到彼此的角色。每次单击**Run Client**快捷方式时，都会向服务器添加一个新客户端，这样就可以在同一台机器上运行几个客户端。

完成打包构建的测试后，可以按Alt+F4组合键关闭每个窗口。

现在我们知道了如何在多人游戏下测试打包项目，接下来让学习连接和所有权，这允许在服务器和客户端之间拥有双向通信线路。

16.6 探索连接和所有权

在虚幻引擎中使用多人游戏时，需要理解的一个重要概念是连接。当客户端加入服务器时，它将获得一个带有与之关联的连接的新玩家控制器。

如果Actor没有与服务器有效连接，将无法进行复制操作，例如变量复制（在"理解变量复制"一节中介绍）或调用RPC（在"第17章 使用远程过程调用"中介绍）。

如果玩家控制器是唯一持有连接的Actor，那么这是否意味着它是唯一可以执行复制操作的地方？不，这就是在AActor中定义的GetNetConnection函数发挥作用的地方。

当对Actor执行复制操作（例如变量复制或调用RPC）时，网络框架将通过在Actor上调用GetNetConnection()函数来获得Actor的连接。如果连接有效，则将处理复制操作；如果没有连接，则什么都不会发生。GetNetConnection()函数最常见的实现来自APawn和AActor。

以下代码表示APawn类是如何实现GetNetConnection()函数的，该函数通常用于角色。

```cpp
class UNetConnection* APawn::GetNetConnection() const
{
    // If we have a controller, then use its net connection
    if ( Controller )
    {
        return Controller->GetNetConnection();
```

```
    }
    return Super::GetNetConnection();
}
```

前面的实现是虚幻引擎5源代码的一部分，它将首先检查pawn是否具有有效的控制器。如果具有有效的控制器，那么它将使用其连接；如果没有有效的控制器，那么它将使用AActor上的GetNetConnection()函数的父类实现，代码如下。

```
UNetConnection* AActor::GetNetConnection() const
{
    return Owner ? Owner->GetNetConnection() : nullptr;
}
```

前面的实现也是虚幻引擎5源代码的一部分，将检查Actor是否具有有效的所有者。如果具有有效的所有者，它将使用所有者的连接；如果没有，它将返回一个无效的连接。那么，所有者变量是什么？每个Actor都有一个名为Owner的变量（我们可以通过调用SetOwner函数来设置它的值），该变量存储哪个Actor拥有它，因此可以将它视为它的父Actor。

注意事项

在监听服务器中，由其客户端控制的角色的连接始终是无效的。这是因为客户端已经是服务器的一部分，所以不需要连接。

在GetNetConnection()函数的实现中使用所有者的连接将像层次结构一样工作。如果在所有者的层次结构中，它发现一个所有者是玩家控制器或被一个玩家控制器控制，那么它将有一个有效的连接，并将能够处理复制操作。请看下面的例子。

想象一下，一个武器Actor被放置在这个世界上，它只是放在那里。在这种情况下，武器将没有所有者，如果武器尝试执行任何复制操作，例如变量复制或调用RPC，将不会发生任何事情。

然而，如果客户端拿起武器并在服务器上使用角色的值调用SetOwner，那么武器现在将有一个有效的连接。这是因为武器是一个Actor，所以为了获得它的连接，将使用GetNetConnection()函数的AActor实现，该实现返回其所有者的连接。由于所有者是客户端的角色，因此它将使用APawn的GetNetConnection()的实现。角色有一个有效的玩家控制器，因此这是函数返回的连接。

图16-6可以帮助我们理解这个逻辑。

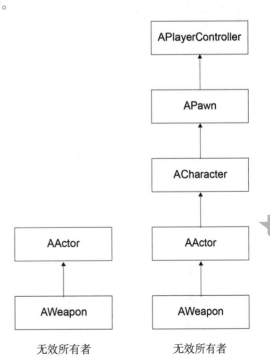

图16-6　武器Actor的连接和所有权的例子

如果武器有一个无效的所有者，将发生以下情况。

- AWeapon不会重写GetNetConnection函数，因此它会调用类层次结构中找到的第一个实现，即AActor::GetNetConnection。

- AActor::GetNetConnection的实现调用其所有者上的GetNetConnection。由于没有所有者，因此连接无效。

如果武器有一个有效的所有者，会发生以下情况。

- AWeapon不会重写GetNetConnection函数，因此它将调用类层次结构中的第一个实现，即AActor::GetNetConnection。

- AActor::GetNetConnection 的实现会调用其所有者上的GetNetConnection。由于武器的所有者是拾取它的角色，因此它将调用该角色的GetNetConnection。

- Acharacter不会重写GetNetConnection函数，因此它将调用在类层次结构中第一个实现，即APawn::GetNetConnection。

- APawn::GetNetConnection的实现使用了所有者的玩家控制器的连接。由于所有者的玩家控制器是有效的，因此它将使用武器的连接。

注意事项

要使SetOwner按预期工作，它需要根据授权机构执行，在大多数情况下，这意味着要在服务器上执行。如果在非授权的游戏实例上执行SetOwner，它将无法执行复制操作。

在本节中，我们学习了连接和所有权如何允许服务器和客户端进行双向通信。接下来，将学习角色的概念，它告诉我们正在执行代码的角色的版本。

16.7 理解角色

在服务器上生成角色时，它将在服务器上创建一个版本，同时在每个客户端上创建一个版本。由于在游戏的不同实例（Server、Client 1、Client 2等）中存在相同Actor的不同版本，因此了解Actor的不同版本非常重要。这将使我们知道在每个实例中可以执行哪些逻辑。

为了帮助解决这种情况，每个Actor都有以下两个变量。

- **本地角色：** Actor在当前游戏实例中的角色。例如，如果Actor是在服务器上生成的，而当前游戏实例也是服务器，那么Actor的版本就具有权限，因此我们可以在其上运行更多关键的游戏玩法逻辑。它可以通过调用GetLocalRole()函数来访问。

- **远程角色：** Actor在远程游戏实例中的角色。例如，如果当前游戏实例是服务器，那么它将返回Actor在客户端的角色，反之亦然。它可以通过调用GetRemoteRole()函数来访问。

GetLocalRole()和GetRemoteRole()函数的返回类型是ENetRole，它是一个枚举，可以有以下可能的值。

- ⦿ **ROLE_None:** Actor没有角色，因为它没有被复制。
- ⦿ **ROLE_SimulatedProxy:** 当前游戏实例对Actor没有权限，也不受玩家控制器的控制。这意味着它的运动将通过使用Actor速度的最后值来模拟/预测。
- ⦿ **ROLE_AutonomousProxy:** 当前游戏实例对Actor没有权限，但它被玩家控制器控制。这意味着我们可以根据玩家的输入向服务器发送更准确的移动信息，而不是仅仅使用Actor的最后速度值。
- ⦿ **ROLE_Authority:** 当前游戏实例对Actor拥有完全的权限。这意味着，如果Actor位于服务器上，则对其复制变量所做的更改将被视为每个客户端需要通过变量复制强制执行的值。

让我们看看下面的示例代码片段。

```
ENetRole MyLocalRole = GetLocalRole();
ENetRole MyRemoteRole = GetRemoteRole();
FString String;
if(MyLocalRole == ROLE_Authority)
{
    if(MyRemoteRole == ROLE_AutonomousProxy)
    {
        String = "This version of the actor is the authority
        and it's being controlled by a player on its client";
    }
    else if(MyRemoteRole == ROLE_SimulatedProxy)
    {
        String = "This version of the actor is the authority
        but it's not being controlled by a player on its
        client";
    }
}
else String = "This version of the actor isn't the authority";
GEngine->AddOnScreenDebugMessage(-1, 0.0f, FColor::Red,
String);
```

前面的代码片段将分别在MyLocalRole和MyRemoteRole中存储本地角色和远程角色的值。之后，将在屏幕上打印不同的消息，这些消息取决于该版本的Actor是否具有权限或者是否在其客户端上由玩家控制的。

注意事项

重要的是要理解，如果Actor具有ROLE_Authority的本地角色，这并不意味着它在服务器上，而意味着在最初生成它的游戏实例上，因此对它具有权限。

如果一个客户端生成一个Actor，即使服务器和其他客户端不知道它，它的本地角色仍然是ROLE_Authority。多人游戏中的大多数角色都是由服务器生成的，这就是容易被误解权限总是指是服务器的原因。

表16-1可帮助我们理解Actor在不同场景中的角色。

表16-1 Actor在不同场景中可以扮演的角色

	服务器		客户端	
	本地角色	远程角色	本地角色	远程角色
服务器上生成 Actor	ROLE_Authority	ROLE_SimulatedProxy	ROLE_SimulatedProxy	ROLE_Authority
客户端上生成 Actor	将不存在	将不存在	ROLE_Authority	ROLE_SimulatedProxy
服务器上生成玩家拥有的 pawn	ROLE_Authority	ROLE_AutonomousProxy	ROLE_AutonomousProxy	ROLE_Authority
客户端上生成玩家拥有的 pawn	将不存在	将不存在	ROLE_Authority	ROLE_SimulatedProxy

在表16-1中，我们可以看到Actor在不同场景中所扮演的角色。

我们将在下面的部分中分析每个场景，并解释为什么Actor具有该角色。

16.7.1 服务器上生成Actor

在服务器上生成Actor，因此该Actor的服务器版本将具有本地角色ROLE_Authority和远程角色ROLE_SimulatedProxy。对于该Actor的客户端版本，其本地角色将是ROLE_SimulatedProxy，远程角色将是ROLE_Authority。

16.7.2 客户端上生成Actor

在客户端生成Actor，因此该Actor的客户端版本将具有本地角色ROLE_Authority和远程角色ROLE_SimulatedProxy。因为Actor不是在服务器上生成的，所以它将只存在于生成它的客户端上，不存在服务器上。

16.7.3 服务器上生成玩家拥有的pawn

在服务器上生成pawn，因此该pawn的服务器版本将具有本地角色ROLE_Authority和远程角色ROLE_AutonomousProxy。对于该pawn的客户端版本，它的本地角色将是ROLE_AutonomousProxy，它由玩家控制器控制，因此远程角色为ROLE_Authority。

16.7.4 客户端上生成玩家拥有的pawn

在客户端上生成的pawn，因此该pawn的客户端版本将具有本地角色ROLE_Authority和远程角色ROLE_SimulatedProxy。由于pawn不是在服务器上生成的，因此它将只存在于生成它的客户端上，不存在服务器上。

练习16.02 | 实现所有权和角色

在这个练习中，我们将创建一个C++项目，它使用"**第三人称游戏**"模板作为基础，并实现以下功能。

- 创建一个名为OwnershipTestActor的新Actor，该Actor具有一个静态网格体组件作为根组件。在每个tick中，都会执行以下操作。
  - 在权限上，它将检查在一定半径内（由名为OwnershipRadius的EditAnywhere变量配置）哪个角色离它最近，并将该角色设置为其所有者。如果半径内没有角色，则所有者为nullptr。
  - 显示其本地角色、远程角色、所有者和连接。
- 编辑**OwnershipRolesCharacter**并重写**Tick**函数，以便它显示本地角色、远程角色、所有者和连接。
- 在OwnershipRoles.h文件上添加一个名为**ROLE_TO_STRING**的宏，它将ENetRole转换为可以在屏幕上打印的FString值。

请按照以下步骤完成此练习。

步骤01 使用C++创建一个名为OwnershipRoles的新"**第三人称游戏**"模板项目，并将其保存到指定的位置。

步骤02 创建该项目后，应该打开编辑器和Visual Studio解决方案。

步骤03 在编辑器中，创建一个新的C++类，该类派生自Actor，并命名为OwnershipTestActor。

步骤04 编译完成后，Visual Studio应该会弹出新创建的.h和.cpp文件。

步骤05 关闭编辑器，然后返回到Visual Studio。

步骤06 在Visual Studio中，打开OwnershipRoles.h文件并添加以下宏。

```
#define ROLE_TO_STRING(Value) FindObject<UEnum>(ANY_
PACKAGE, TEXT("ENetRole"), true)-
>GetNameStringByIndex(static_cast<int32>(Value))
```

该宏将用于将从GetLocalRole()和GetRemoteRole()函数获得的ENetRole枚举类型转换为FString。它的工作方式是通过虚幻引擎的反射系统找到ENetRole枚举类型，然后，将Value参数转换为一个FString变量，以便在屏幕上打印出来。

步骤07 现在，打开OwnershipTestActor.h文件，为静态网格体组件和所有权半径声明受保护的变量，代码如下。

```
UPROPERTY(VisibleAnywhere, BlueprintReadOnly, Category =
"Ownership Test Actor")
UStaticMeshComponent* Mesh;
UPROPERTY(EditAnywhere, BlueprintReadOnly, Category =
```

```
"Ownership Test Actor")
float OwnershipRadius = 400.0f;
```

在前面的代码片段中，我们声明了静态网格体组件和OwnershipRadius变量，该变量用于设置所有权的半径。

步骤08 接下来，删除BeginPlay的声明，并将构造函数和Tick函数声明移动到受保护的区域。

步骤09 现在，打开OwnershipTestActor.cpp文件并添加所需的头文件，代码如下。

```
#include "OwnershipRoles.h"
#include "OwnershipRolesCharacter.h"
#include "Kismet/GameplayStatics.h"
```

在前面的代码片段中，包含了OwnershipRoles.h、OwnershipRolesCharacter.h和GameplayStatics.h，这是因为我们将调用GetAllActorsOfClass函数。

步骤10 在构造函数定义中，创建静态网格体组件并将其设置为根组件，代码如下。

```
Mesh =
CreateDefaultSubobject<UStaticMeshComponent>("Mesh");
RootComponent = Mesh;
```

步骤11 仍然在构造函数中，将bReplicates设置为true，告诉虚幻引擎这个actor复制并且应该存在于所有客户端中，代码如下。

```
bReplicates = true;
```

步骤12 删除BeginPlay函数定义。

步骤13 在Tick函数中，绘制一个调试范围以帮助可视化所有权半径，代码如下。

```
DrawDebugSphere(GetWorld(), GetActorLocation(),
OwnershipRadius, 32, FColor::Yellow);
```

步骤14 仍然在Tick函数中，创建特定于权限的逻辑，该逻辑将获得所有权半径内最接近的AOwnershipRolesCharacter。如果与当前不同，则将其设置为所有者，代码如下。

```
if (HasAuthority())
{
    AActor* NextOwner = nullptr;
    float MinDistance = OwnershipRadius;
    TArray<AActor*> Actors;
    UGameplayStatics::GetAllActorsOfClass(this,
        AOwnershipRolesCharacter::StaticClass(), Actors);
    for (AActor* Actor : Actors)
    {
        const float Distance = GetDistanceTo(Actor);
        if (Distance <= MinDistance)
        {
            MinDistance = Distance;
            NextOwner = Actor;
```

```
        }
    }
    if (GetOwner() != NextOwner)
    {
        SetOwner(NextOwner);
    }
}
```

注意事项

前面的代码仅用于演示目的，因为每一帧在Tick函数上运行GetAllActorsOfClass会对性能造成很大影响。理想情况下，我们应该只执行一次这段代码（例如，在BeginPlay上），并存储这些值，以便可以在Tick中查询它们。

步骤15 仍然在Tick函数中，将本地角色/远程角色（使用我们之前创建的ROLE_TO_STRING宏）、当前所有者和连接的值转换为字符串，代码如下。

```
const FString LocalRoleString = ROLE_TO_
STRING(GetLocalRole());
const FString RemoteRoleString = ROLE_TO_
STRING(GetRemoteRole());
const FString OwnerString = GetOwner() != nullptr ?
GetOwner()->GetName() : TEXT("No Owner");
const FString ConnectionString = GetNetConnection()
!= nullptr ? TEXT("Valid Connection") : TEXT("Invalid
Connection");
```

步骤16 为了完成Tick函数，使用DrawDebugString在屏幕上打印在上一步中转换的字符串，代码如下。

```
const Fstring Values = Fstring::Printf(TEXT("LocalRole =
%s\nRemoteRole = %s\nOwner = %s\nConnection = %s"),
    *LocalRoleString, *RemoteRoleString, *OwnerString,
    *ConnectionString);
DrawDebugString(GetWorld(), GetActorLocation(), Values,
nullptr, Fcolor::White, 0.0f, true);
```

注意事项

我们可以使用在AActor中定义的HasAuthority()辅助函数，而不是经常使用的GetLocalRole() == ROLE_Authority来检查Actor是否具有权限。

步骤17 打开OwnershipRolesCharacter.h并声明Tick函数为受保护，代码如下。

```
virtual void Tick(float DeltaTime) override;
```

步骤18 现在，打开OwnershipRolesCharacter.cpp并包含OwnershipRoles.h，代码如下。

```
#include "OwnershipRoles.h"
```

1
2
3
4
5
6
7
8
9
10
11
12
13
14
15
16
17
18

步骤19 执行Tick函数，代码如下。

```
void AOwnershipRolesCharacter::Tick(float DeltaTime)
{
    Super::Tick(DeltaTime);
}
```

步骤20 在Tick函数内部，将本地角色/远程角色（使用我们之前创建的ROLE_TO_STRING宏）、当前所有者和连接的值转换为字符串，代码如下。

```
const FString LocalRoleString = ROLE_TO_
STRING(GetLocalRole());
const FString RemoteRoleString = ROLE_TO_
STRING(GetRemoteRole());
const FString OwnerString = GetOwner() != nullptr ?
GetOwner()- >GetName() : TEXT("No Owner");
const FString ConnectionString = GetNetConnection() !=
nullptr ?
    TEXT("Valid Connection") : TEXT("Invalid
    Connection");
```

步骤21 使用DrawDebugString将在上一步转换的字符串打印到屏幕上，代码如下。

```
const FString Values = FString::Printf(TEXT("LocalRole =
    %s\nRemoteRole = %s\nOwner = %s\nConnection = %s"),
    *LocalRoleString, *RemoteRoleString, *OwnerString,
    *ConnectionString);
DrawDebugString(GetWorld(), GetActorLocation(), Values,
nullptr, FColor::White, 0.0f, true);
```

最后，我们可以测试该项目。

步骤22 运行代码并等待编辑器完全加载。

步骤23 在"内容"文件夹中创建一个名为OwnershipTestActor_BP的新蓝图，该蓝图是从OwnershipTestActor派生的。设置网格体使用立方体网格，然后将其实例放置在世界中。

步骤24 进入多人游戏选项，将"**网络模式**"设置为"**以监听服务器运行**"，并将"**玩家数量**"设置为2。

步骤25 设置窗口大小为800×600。

步骤26 使用新编辑器窗口进行游戏。输出效果，如图16-7所示。

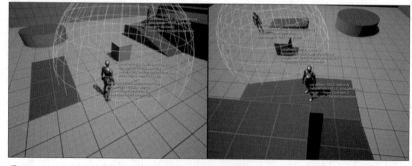

⬆ 图16-7　在Server和Client 1窗口上的预期结果

通过完成这个练习，我们可以更好地理解连接和所有权的工作原理。这些都是需要理解的重要概念，因为与复制相关的所有内容都依赖于它们。

当Actor没有执行复制操作时，我们就应当知道需要检查它是否具有有效的连接和所有者。

现在，让我们分析服务器和客户端窗口中显示的值。

注意事项

服务器和客户端窗口的两个图形将有三个文本块，分别表示Server Character、Client 1 Character和Ownership Test Actor，但是这些文本是在原始截图上手动添加的，这有助于理解哪个角色和Actor。

16.7.5 服务器窗口的输出

在上一练习在Server窗口中的效果，如图16-8所示。

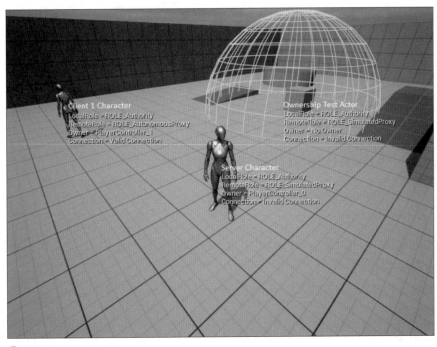

⬆ 图16-8　Server窗口

在图16-8中，我们可以看到**Server Character**、**Client 1 Character**和**Ownership Test Actor**。

首先，让我们分析**Server Character**的值。

16.7.6 服务器角色（Server Character）

这是监听服务器所控制的角色。与该角色相关的值如下。

⊙ **LocalRole = ROLE_Authority**：该角色是在服务器上生成的，即当前的游戏实例。

⊙ **RemoteRole = ROLE_SimulatedProxy**：因为这个角色是在服务器上生成的，所以其他客户端应该只是模拟它。

第
16
章

多人游戏基础

1
2
3
4
5
6
7
8
9
10
11
12
13
14
15
16
17
18

- ⊙ **Owner = PlayerController_0**：此角色由监听服务器的客户端控制，它使用第一个名为PlayerController_0的PlayerController实例。
- ⊙ **Connection = Invalid Connection**：因为这是监听服务器的客户端，所以不需要连接服务器。

接下来，我们将在同一个窗口中查看Client 1 Character。

$16.7.7$ 客户端1角色（Client 1 Character）

与客户端1控制的角色相关的值如下。

- ⊙ **LocalRole = ROLE_Authority**：该角色是在服务器上生成的，即当前的游戏实例。
- ⊙ **RemoteRole = ROLE_AutonomousProxy**：这个角色是在服务器上生成的，但它是由另一个客户端控制的。
- ⊙ **Owner = PlayerController_1**：该角色由另一个客户端控制，该客户端使用第二个名为PlayerController_1的PlayerController实例。
- ⊙ **Connection = Valid Connection**：因为这个角色是由另一个客户端控制的，所以需要连接到服务器。

接下来，我们将在同一个窗口中查看Ownership Test Actor。

$16.7.8$ OwnershipTest Actor

这是将所有者设置为一定所有权半径内最接近的角色的立方体Actor。与此立方体Actor相关的值如下。

- ⊙ **LocalRole = ROLE_Authority**：这个Actor被放置在关卡中，并在服务器上生成，即当前的游戏实例。
- ⊙ **RemoteRole = ROLE_SimulatedProxy**：此Actor在服务器中生成，但不受任何客户端控制。
- ⊙ **Owner和Connection**：它们的价值将基于最接近的角色。如果在所有权半径内没有角色，那么它们将分别具有No Owner和Invalid Connection的值。

现在，让我们分析显示在Client 1窗口中的值。

$16.7.9$ 客户端（Client 1）窗口的输出

上一练习中Client 1窗口的效果，如图16-9所示。

客户端1窗口的值与服务器窗口的值除了LocalRole和RemoteRole的值会反转外，其它都相同，因为它们总是相对于我们所在的游戏实例。

另一个例外是服务器角色没有所有者，并且其他连接的客户端也没有有效连接。原因是客户端不存储玩家控制器和其他客户端的连接，只有服务器会这样做，但这部分内容将在"第18章 在多人游戏中使用游戏玩法框架类"中更深入地讨论。

↑图16-9　Client 1窗口

在本节中，我们讨论了如何使用角色来了解代码正在执行哪个版本的Actor，以及可以利用哪个版本来运行特定的代码。在下一节中，我们将介绍变量复制，这是服务器用来保持客户端同步的技术之一。

16.8 理解变量复制

服务器保持客户端同步的方法之一是使用变量复制。它的工作方式是，服务器中的变量复制系统每秒特定次数（在AActor∷NetUpdateFrequency变量中按每个Actor定义，并公开在蓝图中）会检查客户端中是否有需要更新的任何复制的变量（在下一节中解释）。

如果变量满足所有复制条件，那么服务器将向客户端发送更新并强制执行新值。

例如，如果我们有一个复制的Health变量，而客户端使用黑客工具将变量的值从10设置为100，那么复制系统将强制执行来自服务器的真实值，并将其更改回10，从而使黑客行为无效。

只有在以下情况下，变量才会被发送到客户端进行更新。

◉ 将变量设置为复制。

◉ 在服务器上的值已修改。

◉ 客户端与服务器上的值不同。

◉ Actor启用了复制。

◉ Actor是相关的，并且满足所有复制条件。

需要考虑的一件重要因素是，决定是否应该复制变量的逻辑每秒只会执行Actor::NetUpdate-Frequency一次。换句话说，在更改服务器上变量的值之后，服务器不会立即向客户端发送更新请求。

例如，如果我们有一个名为Test的整数复制变量，其默认值为5。在服务器上调用一个函数将Test设置为3，并在下一行将其值更改为8，则只有后一行更改才会向客户端发送更新请求。这样做的原因是这两个更改是在NetUpdateFrequency间隔之间进行的，因此当变量复制系统执行时，当前值是8，并且由于该值与存储在客户端上的值（仍然是5）不同，因此将更新它们。如果不将其设置为8，而是将其设置回5，则不会向客户端发送任何更改，因为值没有更改。

在下面的部分中，我们将介绍如何通过使用Replicated和ReplicatedUsing说明符以及DOREPLIFETIME和DOREPLIFETIME_CONDITION宏来复制变量。

16.8.1 复制变量

在虚幻引擎中，几乎任何可以使用UPROPERTY宏的变量类型都可以被设置为复制，可以使用两个说明符来实现这样的操作。我们将在下面的部分中继续介绍它们。

Replicated

如果我们只想说明一个变量是复制的，那么可以使用Replicated说明符。

下面是关于复制的例子。

```
UPROPERTY(Replicated)
float Health = 100.0f;
```

在前面的代码片段中，我们像平常一样声明了一个名为Health的浮点类型的变量。不同之处在于，我们添加了UPROPERTY(Replicated)代码让虚幻引擎知道Health变量将被复制。

ReplicatedUsing

如果我们想说明一个变量是复制的，并且每次更新时都应该调用一个函数，那么可以使用ReplicatedUsing=<Function Name>说明符。请看下面的例子。

```
UPROPERTY(ReplicatedUsing=OnRep_Health)
float Health = 100.0f;
UFUNCTION()
void OnRep_Health()
{
    UpdateHUD();
}
```

在前面的代码片段中，我们声明了一个名为Health的浮点类型的变量。不同之处在于，我们添加了UPROPERTY(ReplicatedUsing=OnRep_Health)来让虚幻引擎知道这个变量将被复制，并且应该在每次更新时调用OnRep_Health函数，在这个特定的情况下，调用的OnRep_Health函数用于更新HUD。

通常，回调函数的命名方案是OnRep_<Variable Name>。这种命名约定有助于清晰地识别出哪个回调函数对应于哪个被复制的变量。

> **注意事项**
>
> 在ReplicatedUsing说明符中使用的函数需要标记为UFUNCTION()。

GetLifetimeReplicatedProps

除了将变量标记为已复制之外，还需要在Actor的cpp文件中实现GetLifetimeReplicatedProps函数。需要注意的一点是，如果我们至少有一个需要复制的变量，这个函数就会在内部自动声明，因此不应该在Actor的头文件中声明它。这个函数的目的是每个复制的变量应该如何复制。我们可以通过在要复制的每个变量上使用DOREPLIFETIME宏及其变体来实现这一点。

DOREPLIFETIME

这个宏指定类中的复制变量（作为参数输入）将复制到所有客户端，而不需要额外的条件。以下是它的语法。

```
DOREPLIFETIME(<Class Name>, <Replicated Variable Name>);
```

以下是关于DOREPLIFETIME的示例。

```
void
AVariableReplicationActor::GetLifetimeReplicatedProps(TArray<
    FLifetimeProperty >& OutLifetimeProps) const
{
    Super::GetLifetimeReplicatedProps(OutLifetimeProps);
    DOREPLIFETIME(AVariableReplicationActor, Health);
}
```

在前面的代码片段中，我们使用DOREPLIFETIME宏告诉复制系统，AVariableReplicationActor类中的Health变量将在没有额外条件的情况下进行复制。

DOREPLIFETIME_CONDITION

这个宏指定类中的复制变量（作为参数输入）将只复制到满足条件（作为参数输入）的客户端。以下是DOREPLIFETIME_CONDITION的语法。

```
DOREPLIFETIME_CONDITION(<Class Name>, <Replicated Variable
Name>, <Condition>);
```

Condition参数可以是以下值之一。

- **COND_InitialOnly**：该变量只会在初始复制时复制一次。
- **COND_OwnerOnly**：变量只会复制到Actor的所有者。
- **COND_SkipOwner**：变量不会复制到Actor的所有者。
- **COND_SimulatedOnly**：变量只会复制到正在模拟的Actor。

- COND_AutonomousOnly：变量只会复制到自主的Actor。
- COND_SimulatedOrPhysics：该变量会复制到正在模拟的Actor或bRepPhysics设置为true的Actor。
- COND_InitialOrOwner：变量会在初始化复制时复制一次，并且会复制给Actor的所有者。
- COND_Custom：该变量根据SetCustomIsActiveOverride布尔条件（在AActor::PreReplication函数中使用）为true时，变量才会复制。

请看以下示例。

```
void
AVariableReplicationActor::GetLifetimeReplicatedProps(TArray<
    FLifetimeProperty >& OutLifetimeProps) const
{
    Super::GetLifetimeReplicatedProps(OutLifetimeProps);
    DOREPLIFETIME_CONDITION(AVariableReplicationActor,
    Health, COND_OwnerOnly);
}
```

在前面的代码片段中，我们使用DOREPLIFETIME_CONDITION宏告诉复制系统，AVariable-ReplicationActor类中的Health变量只会为这个Actor的所有者进行复制。这意味着，当Health变量的值发生变化时，这些变化只会发送给控制该Actor的客户端，而不会发送给其他所有客户端。

理解了变量复制的工作原理，接下来让我们完成一个练习，使用Replicated和ReplicatedUsing说明符，以及DOREPLIFETIME和DOREPLIFETIME_CONDITION宏。

练习16.03 使用Replicated、ReplicatedUsing、DOREPLIFETIME和DOREPLIFETIME_CONDITION复制变量

在这个练习中，我们将创建一个C++项目，该项目使用"**第三人称游戏**"模板作为基础，并向角色添加两个变量，这两个变量以以下方式复制。

- 变量A是一浮点类型，它将使用Replicated说明符和DOREPLIFETIME宏复制。
- 变量B是一整数类型，它将使用ReplicatedUsing说明符和DOREPLIFETIME_CONDITION宏复制。
- 如果它有权限，角色的Tick函数应该每帧将A和B递增1，并调用DrawDebugString在角色的位置显示它们的值。

请按照以下步骤完成这个练习。

步骤01 使用C++创建一个名为VariableReplication的"**第三人称游戏**"模板项目，并将其保存到指定的位置。

步骤02 项目被创建后，应该打开编辑器和Visual Studio解决方案。

步骤 03 关闭编辑器并返回到Visual Studio。

步骤 04 打开VariableReplicationCharacter.h文件，并使用受保护的A和B变量各自的复制说明符将其声明为UPROPERTY，代码如下。

```
UPROPERTY(Replicated)
float A = 100.0f;
UPROPERTY(ReplicatedUsing = OnRepNotify_B)
int32 B;
```

步骤 05 声明Tick函数受保护，代码如下。

```
virtual void Tick(float DeltaTime) override;
```

步骤 06 由于我们已经将B变量声明为ReplicatedUsing = OnRepNotify_B，还需要将受保护的OnRepNotify_B回调函数声明为UFUNCTION，代码如下。

```
UFUNCTION()
void OnRepNotify_B();
```

步骤 07 现在，打开VariableReplicationCharacter.cpp文件，并包含UnrealNetwork.h头文件，其中包含我们将要使用的DOREPLIFETIME宏的定义，代码如下。

```
#include "Net/UnrealNetwork.h"
```

步骤 08 实现GetLifetimeReplicatedProps函数，代码如下。

```
void
AVariableReplicationCharacter::GetLifetimeReplicatedProps
(TArray<FLifetimeProperty >& OutLifetimeProps) const
{
    Super::GetLifetimeReplicatedProps(OutLifetimeProps);
}
```

步骤 09 让复制系统知道A变量不会有任何额外的复制条件，代码如下。

```
DOREPLIFETIME(AVariableReplicationCharacter, A);
```

步骤 10 让复制系统知道B变量将只复制到这个Actor的所有者，代码如下。

```
DOREPLIFETIME_CONDITION(AVariableReplicationCharacter, B,
COND_OwnerOnly);
```

步骤 11 执行Tick函数，代码如下。

```
void AVariableReplicationCharacter::Tick(float DeltaTime)
{
    Super::Tick(DeltaTime);
}
```

步骤12 接下来，运行特定于权限的逻辑，在A和B上加1，代码如下。

```
if (HasAuthority())
{
    A++;
    B++;
}
```

由于该角色将在服务器上生成，因此只有服务器才会执行此逻辑。

步骤13 在角色的位置显示A和B的值，代码如下。

```
const FString Values = FString::Printf(TEXT("A =
%.2f    B = %d"), A, B);
DrawDebugString(GetWorld(), GetActorLocation(), Values,
nullptr, FColor::White, 0.0f, true);
```

步骤14 实现B变量的RepNotify函数，它会在屏幕上显示一条消息，表示B变量被更改为一个新值，代码如下。

```
void AVariableReplicationCharacter::OnRepNotify_B()
{
    const FString String = FString::Printf(TEXT("B was
    changed by the server and is now %d!"), B);
    GEngine->AddOnScreenDebugMessage(-1, 0.0f,
    FColor::Red,String);
}
```

最后，测试该项目。

步骤15 运行代码并等待编辑器完全加载。

步骤16 进入多人模式选项，将"**网络模式**"设置为"**以监听服务器运行**"，并将"**玩家数量**"设置为2。

步骤17 设置窗口大小为800×600。

步骤18 使用新编辑器窗口运行游戏。

通过完成这个练习，我们将能够在每个客户端上运行游戏，并且角色显示了各自的A和B值。

现在，让我们分析服务器（Server）和客户端1（Client 1）窗口中显示的值。

注意事项

服务器和客户端窗口的两个图像将有两个文本块，分别表示Server Character和Client 1 Character，但这些字符是在原始截图上手动添加的，以帮助我们理解服务器和客户端分别是哪个角色。

16.8.2 服务器窗口的输出

在服务器窗口中，有Server Character（服务器角色）的值，这是由服务器控制的角色，而在后台，还有Client 1 Character（客户端1角色）的值，如图16-10所示。

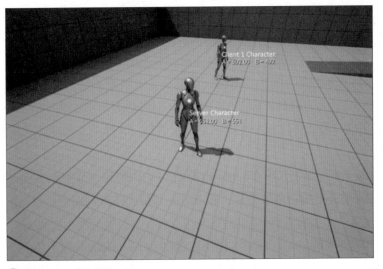

⬆图16-10　服务器窗口

输出如下。

◉ **Server Character**（服务器角色）：A=651.00；B=551

◉ **Client 1 Character**（客户端1角色）：A=592.00；B=492

在这个特定的时间点，**服务器角色**A的值为651，B的值为551。A和B的值不同的原因是A从100开始，B从0开始。这是经过551次A++和B++递增后的正确值。

客户端1角色的值与**服务器角色**的值不同，因为**客户端1**是在服务器之后创建的，所以在这种情况下，A++和B++的计数减少了59次。

接下来，我们将查看**Client 1**（客户端1）窗口。

16.8.3 客户端1窗口的输出

在客户端1窗口中，有Client 1 Character（客户端1角色）的值，这是由客户端1控制的角色，而在后台，有Server Character（服务器角色）的值，如图16-11所示。

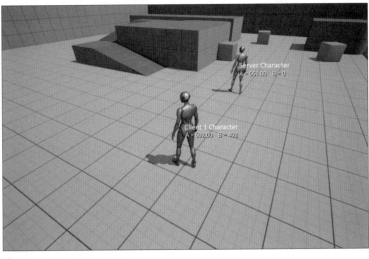

⬆图16-11　客户端1窗口

输出如下。

- ⊙ **Server Character（服务器角色）**：A=651.00；B=0
- ⊙ **Client 1 Character（客户端1角色）**：A=592.00；B=492

客户端1角色具有来自服务器的正确值，因此变量复制按预期进行工作。如果查看服务器角色，A的值是651，这是正确的，但是B的值是0。原因是A使用DOREPLIFETIME，它不添加任何额外的复制条件，因此每次在服务器上更改变量时，它都会复制变量并使客户端保持最新状态。

另一方面，B变量将COND_OwnerOnly和DOREPLIFETIME_CONDITION一起使用，并且由于客户端1不是拥有服务器角色的客户端（拥有服务器角色的客户端是监听服务器的客户端），因此该值不会被复制，并且默认值0保持不变。

如果返回到代码并更改B的复制条件以使用COND_SimulatedOnly而不是COND_OwnerOnly，在客户端1窗口中结果将相反。B的值将被复制到服务器角色，但它不会复制到它自己的角色。

> **注意事项**
>
> RepNotify消息显示在**服务器**窗口而不是**客户端**窗口的原因是，在编辑器中播放时，两个窗口共享相同的进程，因此在屏幕上打印文本将不准确。为了获得正确的行为，我们需要运行游戏的打包版本。

16.9 探索2D混合空间

在"第2章 使用虚幻引擎"中我们创建了一个1D混合空间，来基于Speed轴的值的角色的运动状态（空闲、行走和跑）之间混合。对于那个特定的例子，它的运行效果非常好，因为只需要在一个轴上运动，但如果我们希望角色也能够左右移动，那么就不能这样操作了。

考虑到这种情况，可以使用虚幻引擎的2D混合空间。概念几乎与1D混合空间相同，唯一的区别是有一个额外的动画轴，因此不仅可以水平方向上混合，还可以在垂直方向混合。

让我们将1D混合空间的知识应用到下一个练习中，在那里将为可以左右移动的角色创建一个2D混合空间。

练习*16.04* 创建一个运动的2D混合空间

在这个练习中，我们将创建一个使用两个轴而不是一个轴的混合空间。垂直轴是Speed，将介于0和200之间。水平轴为Direction，表示速度与pawn的旋转/前进向量之间的相对角度（−180到180）。

图16-12将帮助我们计算这个练习的方向。

图16-12显示了如何计算方向。正向向量表示角色当前面对的方向，而数字则表示正向向量

指向该方向，则正向向量与速度向量的夹角。如果角色朝某个方向看，并且按下某一个键让角色向右移动，那么速度向量就会垂直于正向向量。这就意味着这个夹角是90°，这就是我们的方向。

如果我们用这种逻辑来设置2D混合空间，就可以根据角色的移动角度使用正确的动画。

请按照以下步骤完成这个练习。

步骤01 使用蓝图创建一个名为Blendspace2D的新的"**第三人称游戏**"模板项目，并将其保存到指定位置。

步骤02 创建项目后，打开该项目的编辑器。

步骤03 接下来，将导入运动动画。在编辑器中，进入"内容 | Characters | Mannequins | Animations"文件夹。

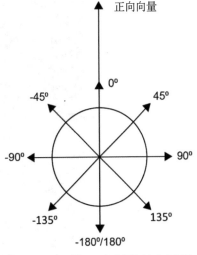

⬆ 图16-12　基于正向向量和速度之间的角度的方向值

步骤04 单击"**导入**"按钮。

步骤05 打开"**导入**"对话框，转到Chapter16 | Exercise16.04 | Assets文件夹，选择所有的.fbx文件，然后单击"**打开**"按钮。

步骤06 在"**FBX导入选项**"对话框中，确保将"**骨骼**"设置为SK_Mannequin骨骼，然后单击"**导入所有**"按钮。

步骤07 将所有新文件保存在Assets文件夹中。

如果打开任何一个新的动画，我们会注意到网格体在Z轴上被拉长了。下面让我们通过调整骨骼重定向来解决这个问题。

步骤08 转到"**内容** | Characters | Mannequins | Meshes"文件夹，打开SK_Mannequin骨骼，在左边显示骨头的列表。

步骤09 单击顶部搜索框右侧的齿轮图标，并启用"**显示重定向选项**"选项。

步骤10 在root骨骼上右击，在快捷菜单中选择"**递归设置平移重定向骨骼**"命令。

步骤11 最后，单击root骨骼右侧的"**骨骼**"下三角按钮，在列表中选择"**动画**"选项，根据相同的方法在pelvis骨骼也设置为动画。

步骤12 保存并关闭SK_Mannequin。

步骤13 打开内容浏览器，单击"**添加**"按钮，在列表中将光标悬停在"**动画**"选项上，在子列表中选择"**混合空间**"选项。

步骤14 打开"**选取骨骼**"窗口，选择SK_Mannequin骨骼。

步骤15 重命名混合空间为BS_Movement并双击打开它。

步骤16 在"**资产详情**"面板中，将"**水平坐标**"的"**最小轴值**"设置为-180、"**最大轴值**"设置为180；"**垂直坐标**"的"**最大轴值**"设置为200，并确保在两个区域中都勾选"**与网格对齐**"复选框，如图16-13所示。

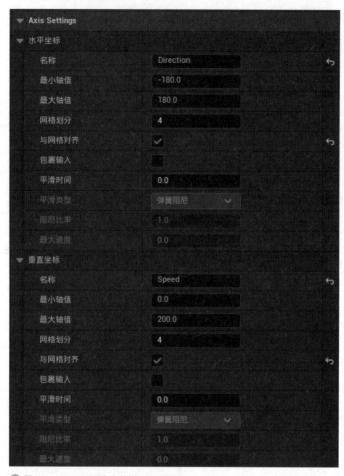

⬆图16-13　2D混合空间的轴设置

（步骤17）拖动Idle_Rifle_Ironsights动画，其中Speed为0、Direction为-180和180。

（步骤18）拖动Walk_Fwd_Rifle_Ironsights动画，其中Speed为200、Direction为0。

（步骤19）拖动Walk_Lt_Rifle_Ironsights动画，其中Speed为200、Direction为-90。

（步骤20）拖动Walk_Rt_Rifle_Ironsights动画，其中Speed为200、Direction为90。

（步骤21）拖动Walk_Bwd_Rifle_Ironsights动画，其中Speed为200、Direction为-180和180。

最终应该得到一个混合空间，可以通过按住Ctrl键并移动鼠标来预览。

（步骤22）现在，在"**资产详情**"面板上，将"**权重速度**"变量设置为5，以使插值更快。

（步骤23）保存并关闭混合空间。

（步骤24）现在，让我们更新动画蓝图，使其使用新的混合空间。

（步骤25）转到"**内容 | Characters | Mannequins | Animations**"文件夹并打开**ABP_Manny**动画蓝图。

（步骤26）接下来，在"**事件图表**"选项卡中创建一个名为Direction的新浮点类型的变量。

（步骤27）在序列中添加一个新的引脚，并使用**Calculate Direction**函数的结果设置Direction的值，该函数计算角色的速度和旋转之间的角度（-180到180），如图16-14所示。

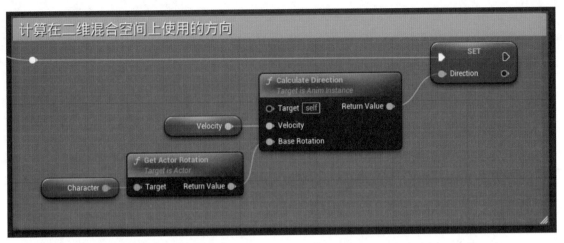

图16-14 计算在二维混合空间上使用的方向

步骤 28 在AnimGraph选项卡中,找到Control Rig节点并将Alpha参数设置为0.0,以禁用自动脚调整。

步骤 29 在Locomotion状态机中切换到Walk/Run状态,此时正在使用旧的1D混合空间,如图16-15所示。

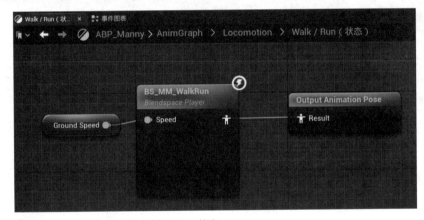

图16-15 AnimGraph中Walk/Run状态

步骤 30 将混合空间替换为BS_Movement,并使用Direction变量,如图16-16所示。

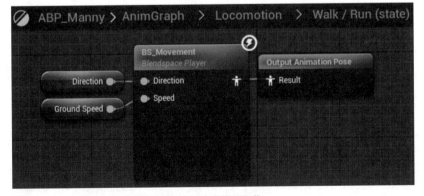

图16-16 1D混合空间已被新的2D混合空间所取代

步骤 31 转到Locomotion状态机中的Idle状态,并将动画改为使用Idle_Rifle_Ironsights。

步骤32 保存并关闭动画蓝图。现在，我们需要更新角色。

步骤33 转到"**内容 | ThirdPerson | Blueprints**"文件夹，打开BP_ThirdPerson-Character蓝图类。

步骤34 在角色的"**细节**"面板Pawn类别下勾选"**使用控制器旋转Yaw**"复选框，这将使角色的旋转始终面对控制旋转的偏航。

步骤35 转到"**角色移动：行走**"类别下将"**最大行走速度**"设置为200。

步骤36 取消勾选"**将旋转朝向运动**"复选框，这将阻止角色向运动方向旋转。

步骤37 选择Mesh组件，在"**细节**"面板中，将"**动画类**"设置为ABP_Manny动画蓝图，"**骨骼网格体资产**"设置为SKM_Manny_Simple骨骼网格体。

步骤38 保存并关闭角色蓝图。

如果我们现在使用两个客户端玩游戏并移动角色，它将向前或向后行走，也会进行侧移，如图16-17所示。

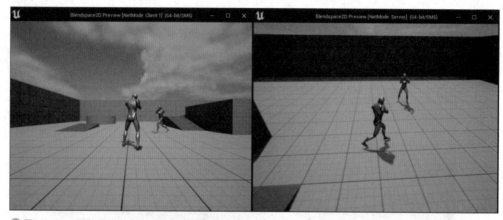

⬆图16-17　服务器和客户端1窗口上的预期输出效果

通过完成此练习，我们已经更好地理解如何创建2D混合空间和它的工作原理，以及与使用常规1D混合空间相比具有的优势。

在下一节中，我们将学习如何变换角色的骨骼，以便可以根据摄像机的俯仰角度来上下旋转玩家的躯干。

16.10 Transform（Modify）Bone节点

在AnimGraph选项卡中，我们可以利用Transform (Modify) Bone节点，在运行时对骨骼进行平移、旋转和缩放操作。

在AnimGraph选项卡的空白处右击，在打开的上下文菜单的搜索框中输入transform (modify)，然后从列表中选择Transform (Modify) Bone节点。选择该节点，在"**细节**"面板上显示很多参数。

下面介绍该节点相关参数的含义。

◉ **要修改的骨骼**：该参数将告诉节点要变换的骨骼。

在这个参数的下面，有三个区域表示每个变换操作（平移、旋转和缩放）。在每个区域中，可以执行以下操作。

平移、旋转、缩放：此参数用于设置节点要应用多少特定的变换操作。最终结果将取决于选择的模式（将在下一节中介绍）。

设置该值有四种方法。

◉ 设置一个常量，例如（$X=0.0$，$Y=0.0$，$Z=0.0$）。

◉ 通过单击右侧的下三角按钮并从列表中选择可用的函数或变量，将其绑定到函数或变量上。

◉ 使用可以从函数设置的动态值，即使它没有公开为引脚。

◉ 使用一个变量，以便它可以在运行时更改。要启用此功能，还需要执行以下步骤（这个例子适用于"**旋转**"，但同样也适用于"**平移**"和"**缩放**"）。

I. 在"**细节**"面板中单击"**旋转**"右侧的下三角按钮，确保在列表中选择"**公开为引脚**"选项，如图16-18所示。这样操作，常量值的文本框将会消失。

II. Transform (Modify) Bone节点将添加一个输入，这样就可以插入变量了，如图16-19所示。

⬆ 图16-18 确保选中"公开为引脚"选项

⬆ 图16-19 变量用作Transform (Modify) Bone节点的输入

III. **设置模式**：用于设置节点如何处理该值。我们可以从以下三个选项中选择模式。

☐ **忽略**：不要对提供的值做任何操作。

☐ **替换现有项**：使用提供的值替换骨骼的当前值。

☐ **添加至现有**：获取骨骼的当前值，并将提供的值添加到其中。

IV. **设置旋转空间**：定义节点应用变换的空间。我们可以从以下四个选项中选择相关选项。

☐ **世界场景空间**：变换将发生在世界场景空间中。

☐ **组件空间**：变换将发生在骨骼网格体组件空间中。

☐ **父骨骼空间**：变换将发生在所选骨骼的父骨骼空间中。

☐ **骨骼空间**：变换将在选定骨骼的空间中。

V. **透明度**：此选项设置控制要应用的变换的数量。例如，如果将"**透明度**"的值设置为浮点数，则会出现以下不同值的行为。

☐ 透明度为0.0，则不应用变换。

☐ 透明度为0.5，则只应用一半的变换。

☐ 透明度为1.0，则应用整个变换。

在下一个练习中，我们将使用Transform (Modify) Bone节点来启用"练习16.04　创建一个运动的2D混合空间"中的角色，根据摄像机的旋转上下查看。

练习16.05 | 创建能上下查看的角色

在这个练习中，我们将使用"练习16.04　创建一个运动的2D混合空间"中的项目，并使角色能够根据摄像机的旋转上下查看。为了实现这一点，我们将使用Transform (Modify) Bone节点根据摄像机的间距在组件空间中旋转spine_03骨骼。

请按照以下步骤完成这个练习。

步骤01 首先，需要打开"练习16.04　创建一个运动的2D混合空间"中的项目。

步骤02 转到"**内容 | Characters | Mannequins | Animations**"文件夹并打开ABP_Manny动画蓝图。

步骤03 转到"**事件图表**"选项卡并创建一个名为Pitch的浮点类型的变量。

步骤04 在序列中添加一个新的引脚，并使用角色Rotation和Base Aim Rotation之间的减法（或增量）来设置Pitch的值，如图16-20所示。

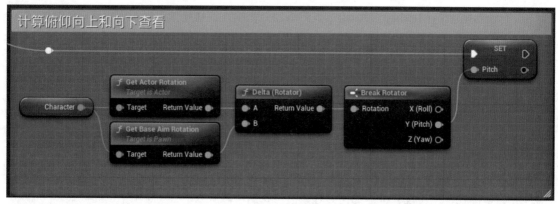

⬆ 图16-20　计算Pitch的值

这将可以从旋转器中获得Pitch的值，这是我们唯一感兴趣的旋转的部分

> **注意事项**
>
> Break Rotator节点可以将Rotator变量分离为三个浮点变量，分别表示Pitch、Yaw和Roll。当我们想要访问每个组件的值，或者处理一个或两个组件，而不是处理整个旋转时，这是很有用的。

作为使用Break Rotator节点的替代方法，可以在Return Value引脚上右击，并在快捷菜单中选择"**分割结构体引脚**"命令。需要注意，只有当Return Value没有连接到任何内容时，才会在快捷菜单中显示"**分割结构体引脚**"命令。完成拆分后，它将为Roll、Pitch和Yaw创建三个独立的连线，就像Break Rotator节点一样，但没有额外的节点。

对Return Value拆分后的效果如图16-21所示。

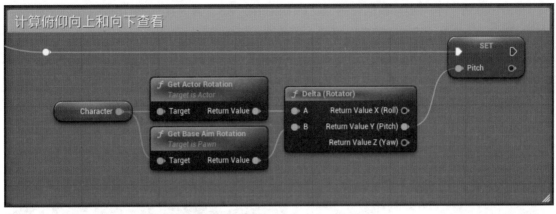

🔼 图16-21 使用"拆分结构体引脚"命令计算Pitch的值

这个逻辑使用pawn的旋转，并从摄像机的旋转中减去它，以获得**Pitch**的差异，如图16-22所示。

步骤05 接下来，切换至**AnimGraph**选项卡，添加一个Transform (Modify) Bone节点，在"**细节**"面板中设置相关参数，如图16-23所示。

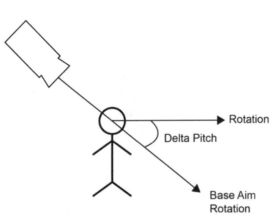

🔼 图16-22 计算Pitch的方法

🔼 图16-23 Transform (Modify) Bone节点的设置

注意事项

我们可以双击导线来创建一个重新路由节点，可以调整导线的位置，使其不与其他节点重叠，从而使代码更易于阅读。

在图16-23中，将"**要修改的骨骼**"设置为spine_03，因为这是我们想要旋转的骨骼。将"**旋转模式**"设置为"**添加至现有**"模式，因为我们希望保持动画的原始旋转并为其添加偏移量。将"**平移模式**"和"**缩放模式**"设置为"**忽略**"，并从其下拉列表中取消选中"**公开为引脚**"选项。

步骤 06 连接Transform (Modify) Bone节点到Control Rig和Output Pose节点，如图16-24所示。

⬆ 图16-24　连接Transform (Modify) Bone到Output Pose节点

在图16-24中，显示AnimGraph选项卡，将允许角色根据摄像机的俯仰旋转spine_03骨骼以实现上下查看。为了将Control Rig节点连接到Transform (Modify) Bone节点，我们需要从本地空间转换到组件空间。执行Transform (Modify) Bone节点后，我们需要转换回本地空间，以便能够连接到Output Pose节点。

注意事项

我们将Pitch变量连接到Roll，因为骨骼中的骨头是以这种方式在内部旋转的。我们也可以在输入参数上使用"**分割结构体引脚**"功能，这样就不必添加**Make Rotator**节点。

如果使用两个客户端测试这个项目，并在其中一个角色上上下移动鼠标，我们会注意到它会上下倾斜，如图16-25所示。

⬆ 图16-25　角色根据摄像机旋转向上和向下看

通过完成这个练习，我们掌握了如何在运行时使用动画蓝图中的Transform (modify) Bone节点修改骨骼。该节点可用于各种场景。

在下一个活动中，我们将通过创建用于多人“**第一人称射击游戏**”（FPS）项目的角色来测试所学到的知识。

活动16.01 | 为多人第一人称射击游戏项目创建角色

在这个活动中，我们将为接下来的几章中构建的多人第一人称射击游戏项目创建角色。角色将拥有一些不同的机制，但对于这个活动，我们只需要创造一个能够行走、跳跃、向上/向下看的角色，并拥有两个复制的属性：health（生命值）和armor（护甲）。

请按照以下步骤完成此活动。

步骤01 使用C++创建一个名为MultiplayerFPS的空白项目，并取消勾选“**初学者内容包**”复选框。

步骤02 从“Activity16.01 | Assets”文件夹中导入骨骼网格体和动画，并将它们分别放置在“**内容 | Player | Mesh**”和“**内容 | Player | Animations**”文件夹中。

步骤03 从“Activity16.01 | Assets”文件夹中将以下声音导入到“**内容 | Player | Sounds**”文件夹中。

- Jump.wav：使用**播放声音**动画通知在Jump_From_Stand_Ironsights动画上播放这个声音。
- Footstep.wav：在每次行走动画中，当脚在地板上时，使用播放声音动画通知播放此声音。
- Spawn.wav：在角色中的SpawnSound变量上使用这个参数。

步骤04 通过重新定位骨骼并创建一个名为Camera的插槽来设置骨骼网格体，该插槽是头部骨骼的子节点，在“**细节**”面板中设置“**相对位置**”为（X=7.88, Y=4.73, Z=-10.00）。

步骤05 在“**内容 | Player | Animations**”文件夹中创建一个名为BS_Movement的2D混合空间，使用导入的运动动画，打开创建的2D混合空间，在“**资产详情**”面板中将“**权重速度**”设置为5。

步骤06 使用在“第4章　玩家输入入门”中学到的知识创建输入操作。

- IA_Move(2D轴)：W、S、A、D
- IA_Look(轴2D)：鼠标X、鼠标Y
- IA_Jump(数字)：空格键

步骤07 将新的输入操作添加到名为IMC_Player的新输入映射情景。

步骤08 创建一个名为FPSCharacter的C++类，完成以下工作。

- 派生自“**角色**”类。
- 摄像机组件附在Camera插槽上的骨骼网格体上，Pawn Control Rotation设置为true。
- 有Health和Armor的变量，只能复制给所有者。
- 有Max Health和Max Armor的变量。
- 有一个Armor Absorption的变量，这是护甲吸收多少百分比的伤害。
- 具有一个构造函数，用于初始化摄像机、禁用tick、并将“**最大行走速度**”设置为800、“**跳跃Z速度**”设置为600。

- 在BeginPlay中，如果有权限，则播放生成音效并初始化Health为Max Health。
- 添加输入映射情境并绑定输入操作。
- 具有添加、删除、设置生命值的功能。它还应该有一个返回角色死亡或未死亡位置的函数。
- 具有添加、设置、吸收护甲的功能。护甲吸收根据Armor Absorption变量减少护甲，并根据以下公式改变伤害值。

```
Damage = (Damage * (1 - ArmorAbsorption)) -
FMath::Min(RemainingArmor, 0);
```

步骤 09 在"内容 | Player | Animations"文件夹中创建一个名为ABP_Player的动画蓝图，该动画蓝图具有以下状态的状态机。

- **Idle/Run:** 将BS_Movement与Speed和Direction变量一起使用。
- **Jump:** 当Is Jumping变量为true时，播放跳动画并从Idle/Run状态过渡。
- 使用Transform (Modify) Bone节点，使角色根据摄像机的俯仰上下看。

步骤 10 在"内容 | UI"文件夹中创建一个名为WBP_HUD的UMG控件，使用在"第15章　探索收集品、能量升级和拾取物"中获得的知识，以Health：100和Armor：100格式显示角色的Health和Armor。

步骤 11 在"内容 | Player"文件夹中创建一个蓝图，该蓝图从FPSCharacter派生，并命名为BP_Player。

设置网格体组件，使其具有以下值。

- **骨骼网格体资产：** 内容 | Player | Mesh | SK_Mannequin
- **动画类：** Content | Player | Animations | ABP_Player
- **位置：**（*X*=0.0,*Y*=0.0,*Z*=-88.0）
- **旋转：**（*X*=0.0,*Y*=0.0,*Z*=-90.0）
- **Move Input Action:** Content | Player | Inputs | IA_Move
- **Look Input Action:** Content | Player | Inputs | IA_Look
- **Jump Input Action:** Content | Player | Inputs | IA_Jump
- 在Begin Play事件中，它需要创建WBP_HUD的控件实例并将其添加到视口中。

步骤 12 在"**内容 | Blueprints**"文件夹中创建一个蓝图，名称为BP_GameMode，该蓝图派生自MultiplayerFPSGameModeBase，它将使用BP_Player作为DefaultPawn类。

步骤 13 在"**内容 | Maps**"文件夹中创建一个名为DM-Test的测试地图，并将其设置为"**项目设置**"中的默认地图。

结果应该是这样一个项目，每个客户端都有一个可以移动、跳跃和四处张望的第一人称角色。这些动作也将被复制，以便每个客户端都能够看到其他客户端的角色正在做什么。

每个客户端都有一个显示生命值和护甲值的HUD，如图16-26所示。

↑ 图16-26 预期输出效果

注意事项

这个活动的解决方案可以在GitHub上找到：https://github.com/PacktPublishing/Elevating-Game-Experiences-with-Unreal-Engine-5-Second-Edition/tree/main/Activity%20solutions。

通过完成此活动，我们深入了解了服务器-客户端体系结构、变量复制、角色、2D混合空间和Transform (Modify) Bone节点的工作原理。

16.11 本章总结

在本章中，我们学习了一些关键的多人游戏的概念，例如服务器-客户端架构的工作原理、服务器和客户端的职责、监听服务器比专用服务器更容易设置但不如其轻便、所有权和连接、角色和变量复制等。

我们还学习了一些实用的动画技术，例如如何使用2D混合空间，它允许使用双轴网格在动画之间混合；了解了Transform (Modify) Bone节点，它可以在运行时修改骨骼网格体的骨骼。在本章最后，我们创建了一个第一人称多人射击游戏项目，其中的角色可以行走、观看和跳跃。这将是多人第一人称射击游戏项目的基础，我们将在接下来的几章中继续完善该项目。

在下一章中，我们将学习如何使用远程过程调用（RPC），它允许客户端和服务器相互执行函数。我们还将介绍如何在编辑器中使用枚举，以及如何使用数组索引包装来循环迭代数组，并在超出其限制时进行循环处理。

第17章

使用远程过程调用

在前一章中，我们学习了关键的多人游戏概念，包括服务器-客户端架构、连接和所有权、角色和变量复制。我们还学习了如何制作2D混合空间，并使用Transform (Modify) Bone节点在运行时修改骨骼。我们利用这些知识创造了一个基本的第一人称射击角色，能够行走、跳跃和四处张望。

在本章中，我们将介绍远程过程调用（RPC），这是另一个重要的多人游戏概念。它允许服务器在客户端执行函数，同时也可以让客户端在服务器端执行函数。到目前为止，我们已经理解了变量复制作为服务器和客户端之间通信的一种形式。然而，仅靠变量是不够的。因为服务器可能需要在客户端执行不涉及更新变量值的特定逻辑。客户端还需要一种方式将其意图告知服务器，以便服务器可以验证该操作并让其他客户端知道它。这将确保多人游戏世界在所有连接的客户端之间同步。我们还将介绍如何使用枚举并将它们公开给编辑器，以及数组索引包装，它可以在两个方向上迭代数组，并在超出其限制时进行循环。

在本章中，我们将讨论以下内容。

- ⊙ 理解远程过程调用
- ⊙ 向编辑器公开枚举
- ⊙ 使用数组索引包装

在本章结束时，我们将理解远程过程调用是如何使服务器和客户端相互执行逻辑的。我们还将学习如何向编辑器公开枚举，并使用数组索引来实现双向循环遍历数组。

17.1 技术要求

学习本章，要求如下。

◉ 安装虚幻引擎5。

◉ 安装Visual Studio 2022。

本章的完整代码可从本书的GitHub存储库下载，链接：https://github.com/PacktPublishing/Elevating-Game-Experiences-with-Unreal-Engine-5-Second-Edition。

在下一节中，我们将研究远程过程调用。

17.2 理解远程过程调用

我们在"第16章 多人游戏基础"中介绍了变量复制，虽然这是一个非常有用的功能，但它在远程游戏实例（客户端到服务器或服务器到客户端）中执行自定义代码方面有些限制，主要有两个原因。

◉ 第一个原因：变量复制严格来说是一种服务器到客户端的通信形式。当服务器需要更新客户端上的变量值时，它会使用变量复制。但是，这种机制下客户端无法使用变量复制通过改变变量的值来告诉服务器执行一些自定义逻辑。

◉ 第二个原因：顾名思义，变量复制是由变量的值驱动的，因此即使变量复制允许客户端到服务器的通信，也需要更改客户端上的变量值来触发服务器上的RepNotify函数来运行自定义逻辑，这种方法不是很实用。

为了解决这个问题，虚幻引擎支持远程过程调用，它的工作原理就像可以定义和调用的普通函数一样。然而，它们将在远程游戏实例上执行，不是在本地执行，也不是绑定到变量。为了能够使用远程过程调用，请确保在具有有效连接和启用复制的Actor中定义它们。

有三种类型的远程过程调用，每一种都有不同的用途。

◉ 服务器RPC（Server RPC）

◉ 多播RPC（Multicast RPC）

◉ 客户端RPC（Client RPC）

让我们详细了解这三种类型的远程过程调用，并理解何时使用它们。

17.2.1 服务器RPC

每次需要服务器在定义了远程过程调用的Actor上运行函数时，都要使用服务器RPC。这么做有两个主要原因。

- 第一个原因是安全性。在制作多人游戏时，尤其是竞技型游戏时，我们必须假设客户端会试图作弊。确保不存在作弊的方法是强迫客户端通过服务器来执行对游戏玩法至关重要的功能。
- 第二个原因是同步性。因为关键的游戏逻辑只在服务器上执行，所以重要的变量只会在服务器上更改，这将自动触发变量复制逻辑，以便在更改时更新客户端。

这方面的一个例子是当一个客户端的角色试图发射武器。因为客户端总是有可能试图作弊，所以我们不能只在本地执行发射武器逻辑。正确的做法是让客户端调用服务器RPC，让服务器通过确保角色有足够的弹药、已装备武器等来验证Fire动作。如果所有检查都正常，那么服务器将扣除弹药变量，最后，它将执行一个多播RPC（稍后将介绍），该RPC将告诉所有客户端在该角色上播放发射动画。

声明

若要声明服务器RPC，可以在UFUNCTION宏上使用Server说明符，代码如下。

```
UFUNCTION(Server, Reliable, WithValidation)
void ServerRPCFunction(int32 IntegerParameter, float
FloatParameter, AActor* ActorParameter);
```

在前面的代码片段中，在UFUNCTION宏上使用了Server说明符，以声明该函数是服务器RPC。我们可以像普通函数一样在服务器RPC上使用参数，但是需要注意一些事项，这些事项将在后面解释，以及Reliable和WithValidation说明符的用途。

执行

要执行服务器RPC，可以从定义它的Actor实例上的客户端调用它，代码如下。

```
void ARPCTest::CallMyOwnServerRPC(int32 IntegerParameter)
{
    ServerMyOwnRPC(IntegerParameter);
}
```

前面的代码片段实现了CallMyOwnServerRPC函数，该函数调用在其自己的ARPCTest类中定义的ServerMyOwnRPC RPC函数，并带有一个整数参数。这将在该Actor实例的服务器版本上执行ServerMyOwnRPC函数的实现。我们也可以从另一个Actor的实例调用服务器RPC，代码如下。

```
void ARPCTest::CallServerRPCOfAnotherActor(AAnotherActor*
OtherActor)
{
    if(OtherActor != nullptr)
    {
        OtherActor->ServerAnotherActorRPC();
    }
}
```

前面的代码片段实现了CallServerRPCOfAnotherActor函数，该函数在OtherActor实例上调用在AAnotherActor中定义的ServerAnotherActorRPC函数，只要该函数是有效的。这将在OtherActor实例的服务器版本上执行ServerAnotherActorRPC函数的实现。

17.2.2 多播RPC

我们希望服务器指示所有客户端在定义了RPC的Actor上运行一个函数时，可以使用多播RPC。

这方面的一个例子是当一个客户端的角色试图发射武器。在客户端调用服务器RPC请求发射武器的权限，并且服务器已经验证了请求（弹药已经被扣除、轨迹和炮弹被处理）之后，我们还需要执行一个多播RPC，以便该特定角色的所有实例都播放发射动画。

声明

要声明一个多播RPC，需要在UFUNCTION宏上使用NetMulticast说明符，代码如下。

```
UFUNCTION(NetMulticast, Unreliable)
void MulticastRPCFunction(int32 IntegerParameter, float
FloatParameter, AActor* ActorParameter);
```

在前面的代码片段中，在UFUNCTION宏上使用NetMulticast说明符来说明该函数是一个多播RPC。我们可以像普通函数一样在多播RPC上设置参数，但要注意与服务器RPC相同的注意事项。关于Unreliable说明符将在后面进行解释。

执行

要执行多播RPC，必须在定义它的Actor实例的服务器上调用它，代码如下。

```
void ARPCTest::CallMyOwnMulticastRPC(int32 IntegerParameter)
{
    MulticastMyOwnRPC(IntegerParameter);
}
```

前面的代码片段实现了CallMyOwnMulticastRPC函数，该函数调用在其自己的ARPCTest类中定义的MulticastMyOwnRPC RPC函数，并带有一个整数参数。这将在该Actor实例的所有客户端版本上执行MulticastMyOwnRPC函数的实现。我们也可以从另一个Actor的实例调用多播RPC，代码如下。

```
void ARPCTest::CallMulticastRPCOfAnotherActor(AAnotherActor*
OtherActor)
{
    if(OtherActor != nullptr)
    {
        OtherActor->MulticastAnotherActorRPC();
    }
}
```

前面的代码片段实现了CallMulticastRPCOfAnotherActor函数，该函数在OtherActor实例上调用在AAnotherActor中定义的MulticastAnotherActorRPC函数，只要该函数是有效的。这将在OtherActor实例的所有客户端版本上执行MulticastAnotherActorRPC函数的实现。

17.2.3 客户端RPC

我们希望服务器仅指示拥有的客户端在定义了RPC的Actor上运行函数时，可以使用客户端RPC。要设置拥有的客户端，还需要在服务器上调用SetOwner，并使用客户端的玩家控制器进行设置。

这方面的一个例子是，当一个角色被炮弹击中，并播放一个只有客户端会听到的痛苦声音。通过从服务器调用客户端RPC，声音将只在拥有的客户端上播放，而不是在其他客户端上播放。

声明

要声明客户端RPC，需要在UFUNCTION宏上使用Client说明符，代码如下。

```
UFUNCTION(Client, Unreliable)
void ClientRPCFunction(int32 IntegerParameter, float
FloatParameter, Aactor* ActorParameter);
```

在前面的代码片段中，在UFUNCTION宏上使用Client说明符来说明该函数是一个客户端RPC。我们可以像普通函数一样在客户端RPC上使用参数，但要注意与服务器RPC和多播RPC相同的注意事项。Unreliable说明符将在后面解释。

执行

要执行客户端RPC，必须在定义它的Actor实例上从服务器调用它，代码如下。

```
void ARPCTest::CallMyOwnClientRPC(int32 IntegerParameter)
{
ClientMyOwnRPC(IntegerParameter);
}
```

前面的代码片段实现了CallMyOwnClientRPC函数，该函数调用在其自己的ARPCTest类中定义的ClientMyOwnRPC RPC函数，并带有一个整数参数。这将在拥有该Actor实例的客户端版本上执行ClientMyOwnRPC函数的实现。我们也可以从另一个Actor的实例调用客户端RPC，代码如下。

```
void ARPCTest::CallClientRPCOfAnotherActor(AAnotherActor*
OtherActor)
{
    if(OtherActor != nullptr)
    {
        OtherActor->ClientAnotherActorRPC();
    }
}
```

前面的代码片段实现了CallClientRPCOfAnotherActor函数，该函数在OtherActor实例上调用AAnotherActor中定义的ClientAnotherActorRPC函数，只要该函数是有效的。这将在拥有的客户端版本的OtherActor实例上执行ClientAnotherActorRPC函数的实现。

I7.2.4 使用RPC时的重要注意事项

RPC非常有用，但在使用它们时需要考虑以下几点。

实现

RPC的实现与典型函数的实现略有不同。我们不应该像通常那样实现函数，而应该只实现它的_Implementation版本，即使没有在头文件中声明它。请看下面的例子。

◉ 服务器RPC

```
void ARPCTest::ServerRPCTest_Implementation(int32
IntegerParameter, float FloatParameter, AActor* ActorParameter)
{
}
```

在前面的代码片段中，我们实现了ServerRPCTest函数的_Implementation版本，该函数使用了三个参数。

◉ 多播RPC

```
void ARPCTest::MulticastRPCTest_Implementation(int32
IntegerParameter, float FloatParameter, AActor* ActorParameter)
{
}
```

在前面的代码片段中，我们实现了MulticastRPCTest函数的_Implementation版本，该函数使用了三个参数。

◉ 客户端RPC

```
void ARPCTest::ClientRPCTest_Implementation(int32
IntegerParameter, float FloatParameter, AActor* ActorParameter)
{
}
```

在前面的代码片段中，我们实现了ClientRPCTest函数的_Implementation版本，该函数使用了三个参数。

正如从前面的示例中看到的那样，与正在实现的RPC类型无关，我们应该只实现函数的_Implementation版本，而不是普通版本，代码如下。

```
void ARPCTest::ServerRPCFunction(int32 IntegerParameter, float
FloatParameter, AActor* ActorParameter)
{
}
```

在前面的代码中，我们定义了ServerRPCFunction的正常实现。如果我们像这样实现RPC，将得到一个错误，并显示它已经实现了。原因是，当在头文件中声明RPC函数时，虚幻引擎将自动在内部创建正常的实现，如果调用此实现，将执行通过网络发送RPC请求的逻辑，当它到达远程计算机时，将调用_Implementation版本。由于同一个函数不能有两个实现，因此会引发编译错误。要解决这个问题，只需确保只实现RPC的_Implementation版本。

接下来，我们将查看名称前缀。

名称前缀

在虚幻引擎中，最好在RPC前面加上相应类型。请看下面的例子。

- 名为RPCFunction的服务器RPC应该命名为ServerRPCFunction
- 名为RPCFunction的多播RPC应该命名为MulticastRPCFunction
- 名为RPCFunction的客户端RPC应该命名为ClientRPCFunction

返回值

由于RPC的执行通常在不同的设备上异步执行，不能有返回值，因此它总是需要为无返回值的类型。

重写

通过在没有UFUNCTION宏的情况下在子类中声明和实现_Implementation函数，可以重写RPC的实现来扩展或绕过父类的功能。让我们来看一个例子。

以下是父类的声明。

```
UFUNCTION(Server, Reliable)
void ServerRPCTest(int32 IntegerParameter);
```

在前面的代码片段中，我们在父类中声明了ServerRPCTest函数，该函数使用一个整数参数。

如果我们想要重写子类上的函数，还需要使用以下声明。

```
virtual void ServerRPCTest_Implementation(int32
IntegerParameter) override;
```

在前面的代码片段中，我们重写了子类头文件中的ServerRPCTest_Implementation函数的声明。该函数的实现与任何其他重写一样，如果仍然希望执行父函数，则可以调用Super::ServerRPCTest_Implementation。

有效的连接

要使Actor能够执行其RPC，还需要有一个有效的连接。如果我们尝试在没有有效连接的Actor上调用RPC，那么在远程实例上不会发生任何事情。我们必须确保Actor是一个玩家控制器，被玩家控制器所拥有（如果适用），或者它的所有者具有有效的连接。

支持的参数类型

当使用RPC时，我们可以像添加其他函数一样添加参数。在编写本文时，RPC支持大多数常见的类型（如bool、int32、float、FText、FString、FName和TArray等），但不是所有类型都支持，例如TSet和TMap。在支持的类型中，我们必须特别注意的是指向任何UObject类或子类的指针，特别是Actor。

如果创建一个带有Actor参数的RPC，那么这个Actor也需要存在于远程游戏实例中，否则，它的值为nullptr。另一件需要考虑的重要事项是，每个版本的Actor的实例名可能不同。这意味着，如果调用带有Actor参数的RPC，那么调用RPC时Actor的实例名可能与在远程实例上执行RPC时的实例名不同。下面的例子可以帮助我们理解这一点，如图17-1所示。

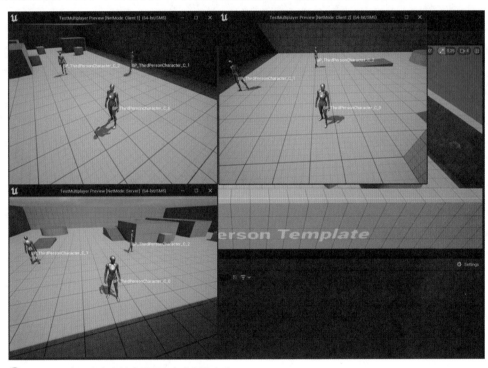

⬆ 图17-1　在三个客户端中显示角色实例的名称

在图17-1中，可以看到三个正在运行的客户端（其中一个是监听服务器），并且每个窗口都显示所有角色实例的名称。如果查看**Client 1**（客户端1）窗口，它的受控角色实例称为BP_ThirdPersonCharacter_C_0，但在**Server**（服务器）窗口中，等效角色称为BP_ThirdPersonCharacter_C_1。这意味着如果**Client 1**调用服务器RPC并传递BP_ThirdPersonCharacter_C_0作为参数，那么当RPC在服务器上执行时，参数将是BP_ThirdPersonCharacter_C_1，这是该游戏实例中等效角色的实例名。

在目标计算机上执行RPC

我们可以直接在目标计算机上调用RPC，它们仍然会执行。换句话说，在服务器上调用服务器RPC，它将在服务器上执行，也可以在客户端上调用多播或客户端RPC，但在后一种情况下，它将只在调用RPC的客户端上执行逻辑。无论哪种方式，在这些情况下，我们都可以直接调用_

Implementation版本，以更快地执行逻辑。

原因是_Implementation版本只包含要执行的逻辑，而不包含常规调用所具有的通过网络创建和发送RPC请求的开销。

请看下面在服务器上有权限的Actor的例子。

```
void ARPCTest::CallServerRPC(int32 IntegerParameter)
{
    if(HasAuthority())
    {
        ServerRPCFunction_Implementation(IntegerParameter);
    }
    else ServerRPCFunction(IntegerParameter);
}
```

在前面的示例中，有一个CallServerRPC函数，它以两种不同的方式调用ServerRPCFunction函数。如果Actor已经在服务器上，那么它将调用ServerRPCFunction_Implementation，将跳过之前介绍过的开销。

如果Actor不在服务器上，那么它将通过使用ServerRPCFunction执行常规调用，这会增加创建和通过网络发送RPC请求所需的开销。

验证

在定义RPC时，可以选择使用附加函数来检查在调用RPC之前是否有任何无效输入。这是为了避免处理RPC的无效输入，这些无效输入可能由于作弊或其他原因造成的。

要使用验证，需要将WithValidation说明符添加到UFUNCTION宏中。当使用该说明符时，将强制实现函数的_Validate版本，该版本将返回一个布尔值，说明是否可以执行RPC。

请看下面的例子。

```
UFUNCTION(Server, Reliable, WithValidation)
void ServerSetHealth(float NewHealth);
```

在前面的代码片段中，我们声明了一个名为ServerSetHealth的经过验证的服务器RPC，它接受一个浮点参数作为Health的新值，实现代码如下。

```
bool ARPCTest::ServerSetHealth_Validate(float NewHealth)
{
    return NewHealth >= 0.0f && NewHealth <= MaxHealth;
}
void ARPCTest::ServerSetHealth_Implementation(float NewHealth)
{
    Health = NewHealth;
}
```

在前面的代码片段中，我们实现了_Validate函数，该函数将检查新的生命值是否在0和生命值的最大值之间。如果客户端试图作弊，调用ServerSetHealth函数并传入200，而MaxHealth的值为100，则不会调用RPC，这会阻止客户端使用超出一定范围的值更改生命值。如果_Validate函数返回true，则像往常一样调用_Implementation函数，该函数用NewHealth的值设置Health。

可靠性

在声明RPC时，需要在UFUNCTION宏中使用Reliable或Unreliable说明符。以下是这两个说明符的概述及其应用。

- ⊙ Reliable：当我们希望通过重复请求直到远程计算机确认其接收，从而确保RPC被执行时，可以使用它。这应该只用于非常重要的RPC，例如执行关键的游戏玩法逻辑。下面是如何使用Reliable的一个例子，代码如下。

```
UFUNCTION(Server, Reliable)
void ServerReliableRPCFunction(int32 IntegerParameter);
```

- ⊙ Unreliable：当我们不关心RPC是否由于恶劣的网络条件而执行时（例如播放声音或生成粒子效果），可以使用该选项。这应该只用于那些不是很重要RPC，或者经常被调用来更新值，因为偶尔丢失几次调用的RPC也不会造成太大影响。下面是如何使用Unreliable的一个例子，代码如下。

```
UFUNCTION(Server, Unreliable)
void ServerUnreliableRPCFunction(int32 IntegerParameter);
```

注意事项

如果想了解更多关于RPC的信息，请访问以下链接：https://docs.unrealengine.com/en-US/Gameplay/Networking/Actors/RPCs/index.html。

在以下练习中，我们将学习如何实现不同类型的RPC。

练习*17.01* 使用远程过程调用

在这个练习中，我们将创建一个使用"**第三人称游戏**"模板的C++项目，并将以下方式扩展它。

- ⊙ 添加一个新的Ammo整数变量，默认值为5，并复制到所有客户端。
- ⊙ 添加一个开火动画，该动画会播放开火的声音，当服务器告诉客户端开火请求是有效时播放**开火动画蒙太奇**动画。
- ⊙ 增加了一个没有弹药的声音，当服务器告诉客户端其弹药不足时就会播放该声音。
- ⊙ 每次玩家按下鼠标左键时，客户端将执行一个可靠且有效的服务器RPC，用来检查角色是否有足够的弹药。如果有弹药，它将从Ammo变量中减去1，并调用一个不可靠的多播RPC，该RPC在每个客户端中播放开火动画。如果没有弹药，那么它将执行一个不可靠的客户端RPC，它将播放No Ammo Sound（没有弹药的声音），只有拥有的客户端才能听到该声音。
- ⊙ 设置一个计时器，防止客户端在播放开火动画后1.5秒内连续按开火键。

请按照以下步骤完成这个练习。

步骤 01 使用C++创建一个名为RPC的新的"**第三人称游戏**"模板项目，并将其保存到指定的位置。

步骤 02 项目被创建后，将打开编辑器和Visual Studio解决方案。

步骤 03 关闭编辑器并返回到Visual Studio。

步骤 04 打开RPCCharacter.h并声明受保护的FireTimer变量，这将用于防止客户端滥用Fire动作，代码如下。

```
FTimerHandle FireTimer;
```

步骤 05 声明受保护的复制Ammo变量，该变量以5次射击开始，代码如下。

```
UPROPERTY(Replicated)
int32 Ammo = 5;
```

步骤 06 声明受保护的动画蒙太奇变量，该变量将在角色开火时播放，代码如下。

```
UPROPERTY(EditDefaultsOnly, Category = "RPC Character")
UAnimMontage* FireAnimMontage;
```

步骤 07 声明受保护的声音变量，将在角色没有弹药时播放，代码如下。

```
UPROPERTY(EditDefaultsOnly, Category = "RPC Character")
USoundBase* NoAmmoSound;
```

步骤 08 重写Tick函数，代码如下。

```
virtual void Tick(float DeltaSeconds) override;
```

步骤 09 声明用于触发的可靠且经过验证的服务器RPC，代码如下。

```
UFUNCTION(Server, Reliable, WithValidation, Category =
"RPC Character")
void ServerFire();
```

步骤 10 声明将在所有客户端播放开火动画的不可靠多播RPC，代码如下。

```
UFUNCTION(NetMulticast, Unreliable, Category = "RPC
Character")
void MulticastFire();
```

步骤 11 声明不可靠的客户端RPC，它只会在自己的客户端中播放声音，代码如下。

```
UFUNCTION(Client, Unreliable, Category = "RPC Character")
void ClientPlaySound2D(USoundBase* Sound);
```

步骤 12 打开RPCCharacter.cpp文件，包括PlaySound2D函数的GameplayStatics.h和UnrealNetwork.h文件，这样我们就可以使用DOREPLIFETIME_CONDITION宏了，代码如下。

```
#include "Kismet/GameplayStatics.h""
#include "Net/UnrealNetwork.h"
```

步骤13 在构造函数的结束时，启用Tick函数，代码如下。

```
PrimaryActorTick.bCanEverTick = true;
```

步骤14 实现GetLifetimeReplicatedProps函数，以便将Ammo变量复制到所有客户端，代码如下。

```
void ARPCCharacter::GetLifetimeReplicatedProps(TArray<
FLifetimeProperty >& OutLifetimeProps) const
{
Super::GetLifetimeReplicatedProps(OutLifetimeProps);
DOREPLIFETIME(ARPCCharacter, Ammo);
}
```

步骤15 接下来，实现Tick函数，该函数显示Ammo变量的值，代码如下。

```
void ARPCCharacter::Tick(float DeltaSeconds)
{
    Super::Tick(DeltaSeconds);
    const FString AmmoString =
    FString::Printf(TEXT("Ammo = %d"), Ammo);
    DrawDebugString(GetWorld(), GetActorLocation(),
    AmmoString, nullptr, FColor::White, 0.0f, true);
}
```

步骤16 在SetupPlayerInputController函数的末尾，将Fire操作映射到ServerFire函数，代码如下。

```
PlayerInputComponent->BindAction("Fire", IE_Pressed,
this, &ARPCCharacter::ServerFire);
```

步骤17 实现开火服务器RPC验证功能，代码如下。

```
bool ARPCCharacter::ServerFire_Validate()
{
    return true;
}
```

步骤18 实现开火服务器RPC实现功能，代码如下。

```
void ARPCCharacter::ServerFire_Implementation()
{

}
```

步骤19 自上次射击后开火计时器仍处于活动状态，我们需要添加逻辑来中止该函数，代码如下。

```
if (GetWorldTimerManager().IsTimerActive(FireTimer))
{
return;
}
```

步骤 20 检查角色是否有弹药。如果没有，则仅在控制角色的客户端中播放NoAmmoSound并中止该功能，代码如下。

```
if (Ammo == 0)
{
    ClientPlaySound2D(NoAmmoSound);
    return;
}
```

步骤 21 在播放开火动画时扣除弹药并设置FireTimer变量，以防止该函数被滥用，代码如下。

```
Ammo--;
GetWorldTimerManager().SetTimer(FireTimer, 1.5f, false);
```

步骤 22 调用开火多播RPC，使所有客户端播放开火动画，代码如下。

```
MulticastFire();
```

步骤 23 实现开火多播RPC，将播放开火动画蒙太奇，代码如下。

```
void ARPCCharacter::MulticastFire_Implementation()
{
    if (FireAnimMontage != nullptr)
    {
        PlayAnimMontage(FireAnimMontage);
    }
}
```

步骤 24 实现播放2D声音的客户端RPC，代码如下。

```
void ARPCCharacter::ClientPlaySound2D_
Implementation(USoundBase* Sound)
{
    UGameplayStatics::PlaySound2D(GetWorld(), Sound);
}
```

最后，可以在编辑器中启动项目。

步骤 25 编译代码并等待编辑器完全加载。

步骤 26 打开"**项目设置**"窗口，在"**引擎**"类别下选择"**输入**"选项，然后添加Fire操作映射，如图17-2所示。

⬆图17-2 添加新的Fire操作映射

步骤 27 关闭"**项目设置**"窗口。

步骤 28 在内容浏览器中，转到"**内容**"文件夹，创建一个名为Audio的新文件夹，然后打开它。

步骤 **29** 单击"**导入**"按钮，在打开的"**导入**"对话框中进入"Exercise17.01 | Assets"文件夹，导入NoAmmo.wav和Fire.wav文件。

步骤 **30** 保存这两个文件。

步骤 **31** 进入"内容 | Characters | Mannequins | Animations"文件夹。

步骤 **32** 单击"**导入**"按钮，在打开的"**导入**"对话框中转到"Exercise17.01 | Assets"文件夹，并导入ThirdPersonFire.fbx文件。在"**FBX导入选项**"对话框中确保使用SK_Mannequin骨骼，然后单击"**导入**"按钮。

步骤 **33** 打开新的动画，并在0.3秒时添加"**播放音效**"的动画通知，在"**细节**"面板中设置"**音效**"为Fire声音。

步骤 **34** 接着找到"**启用根运动**"选项并将其设置为true。这将防止角色在播放动画时移动。

步骤 **35** 保存并关闭ThirdPersonFire。

步骤 **36** 右击ThirdPersonFire，在快捷菜单中选择"**创建>创建动画组成**"命令。

步骤 **37** Animations文件夹中应该包含以下内容，如图17-3所示。

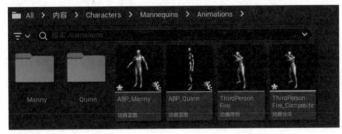

⬆ 图17-3 人体模型的Animations文件夹

步骤 **38** 打开ABP_Manny动画蓝图，转到AnimGraph选项卡。

步骤 **39** 找到Control Rig节点并将Alpha设置为0.0，以禁用自动脚调整，如图17-4所示。

⬆ 图17-4 禁用自动脚部调整

步骤 **40** 保存并关闭ABP_Manny动画蓝图。

步骤 **41** 在"内容 | Characters | Mannequins | Meshes"文件夹中打开SK_Mannequin骨骼，并重新定位（如练习16.04所示）root和pelvis骨骼，以便它们使用"**动画**"。剩下的骨骼使用"**骨骼**"。

步骤 **42** 保存并关闭SK_Mannequin。

步骤 **43** 转到"内容 | ThirdPerson | Blueprints"文件夹并打开BP_ThirdPersonCharacter蓝图。

步骤 **44** 在"**类默认值**"中，将NoAmmo Sound设置为使用NoAmmo，并将Fire动画蒙太奇设置为ThirdPersonFire_Montage。

步骤 45 保存并关闭BP_ThirdPersonCharacter。

步骤 46 进入多人游戏选项，将"网络模式"设置为"以监听服务器运行"，"玩家数量"设置为2。

步骤 47 将窗口大小设置为800×600，并使用新编辑器窗口（PIE）播放。

输出效果，如图17-5所示。

⬆ 图17-5　此练习的输出结果

通过完成这个练习，我们可以在每个客户端上进行游戏。每次按下鼠标左键，客户端的角色就会播放**开火动画蒙太奇**，所有客户端都能看到，而且它的弹药会减少1。如果试图在弹药数量为0时开火，该客户端将听到No Ammo Sound声音，并且不会执行开火动画，因为服务器没有调用多播RPC。如果尝试继续使用开火按钮，会注意到在动画播放完成后才触发新的开火动作。

在本节中，我们学习了如何使用不同类型的RPC及其注意事项。在下一节中，我们将介绍枚举类型以及如何向编辑器公开枚举。

 17.3 向编辑器公开枚举

枚举是一种用户定义的数据类型，它包含一个整数常量列表，其中每个项都有一个指定的人性化名称，这使得代码更容易阅读。例如，如果我们想要表示一个角色可能处于的不同状态，可以使用一个整数变量，其中0表示角色是空闲的，1表示在行走，以此类推。这种方法的问题在于，当我们看到类似if(State == 0)这样的代码时，很难记住0的含义，除非使用某种类型的文档或注释来帮助记忆。要解决这个问题，应该使用枚举，可以在枚举中编写类似if(State == EState::Idle)这样的代码，这样更明确，也更容易理解。

在C++中，有两种类型的枚举：旧的原始枚举和在C++11中引入的新枚举类。如果我们希望在编辑器中使用新的枚举类，第一反应可能是以典型的方式来实现，即分别用UPROPERTY或UFUNCTION声明一个使用枚举的变量或函数。

这样操作的问题是，会得到一个编译错误。请看下面的例子。

```
enum class ETestEnum : uint8
{
    EnumValue1,
    EnumValue2,
    EnumValue3
};
```

在前面的代码片段中，我们声明了一个名为ETestEnum的枚举类，它有三个可能的值：EnumValue1、EnumValue2和EnumValue3。

之后，在类中输入以下代码。

```
UPROPERTY(EditDefaultsOnly, BlueprintReadOnly, Category =
"Test")
ETestEnum TestEnum;
UFUNCTION(BlueprintCallable, Category = "Test")
void SetTestEnum(ETestEnum NewTestEnum) { TestEnum =
NewTestEnum; }
```

在前面的代码片段中，我们声明了一个UPROPERTY变量和一个使用ETestEnum枚举的UFUNCTION函数。如果进行编译，会得到以下编译错误。

```
error : Unrecognized type 'ETestEnum' - type must be a UCLASS,
USTRUCT or UENUM
```

注意事项

在虚幻引擎中，最好用字母E作为枚举名称的前缀，例如，EWeaponType和EAmmoType。

发生此错误是因为当使用UPROPERTY或UFUNCTION宏向编辑器公开类、结构或枚举时，需要分别使用UCLASS、USTRUCT和UENUM宏将其添加到虚幻引擎反射系统中。

注意事项

我们可以在以下链接中了解更多关于虚幻引擎反射系统的信息：https://www.unrealengine.com/en-US/blog/unreal-property-system-reflection。

有了这些知识，修复前面的错误就很简单了，代码如下。

```
UENUM()
enum class ETestEnum : uint8
{
  EnumValue1,
  EnumValue2,
  EnumValue3
};
```

在下一节中，我们将研究TEnumAsByte类型。

$17.3.1$ TEnumAsByte

如果我们希望将变量公开给使用原始枚举的引擎，那么需要使用TEnumAsByte类型。如果使用原始枚举（而不是枚举类）声明UPROPERTY变量，就会得到编译错误。

请看下面的例子，代码如下。

```
UENUM()
enum ETestRawEnum
{
    EnumValue1,
    EnumValue2,
    EnumValue3
};
```

假设使用ETestRawEnum声明一个UPROPERTY变量，代码如下。

```
UPROPERTY(EdiDefaultsOnly, BlueprintReadOnly, Category =
"Test")
ETestRawEnum TestRawEnum;
```

将得到以下编译错误。

```
error : You cannot use the raw enum name as a type for member
variables, instead use TEnumAsByte or a C++11 enum class with
an explicit underlying type.
```

要修复这个错误，需要将变量的枚举类型（在本例中是EtestRawEnum）用TEnumAsByte<>包围起来，代码如下。

```
UPROPERTY(EditDefaultsOnly, BlueprintReadOnly, Category =
"Test")
TEnumAsByte<ETestRawEnum> TestRawEnum;
```

在下一节中，我们将研究UMETA宏。

$17.3.2$ UMETA

当我们使用UENUM宏向虚幻引擎反射系统中添加枚举时，可以在枚举的每个值上使用UMETA宏。UMETA宏，就像其他宏（比如UPROPERTY或UFUNCTION）一样，可以使用说明符来通知虚幻引擎如何处理该值。让我们看一下最常用的UMETA说明符。

DisplayName

该说明符可以定义一个新名称，以便在编辑器中显示枚举值时更容易读取该名称。

请看一个示例，代码如下。

```
UENUM()
```

```
enum class ETestEnum : uint8
{
    EnumValue1 UMETA(DisplayName = "My First Option"),
    EnumValue2 UMETA(DisplayName = "My Second Option"),
    EnumValue3 UMETA(DisplayName = "My Third Option")
};
```

让我们声明以下变量。

```
UPROPERTY(EditDefaultsOnly, BlueprintReadOnly, Category =
"Test")
ETestEnum TestEnum;
```

当我们打开编辑器并查看TestEnum变量时，将看到一个下拉列表，其中EnumValue1、EnumValue2和EnumValue3分别替换为My First Option、My Second Option和My Third Option。

Hidden

此说明符可以从下拉菜单中隐藏特定的枚举值。当有一个枚举值只希望在C++中使用而不想在编辑器中使用时，通常使用此方法。

请看一个示例，代码如下。

```
UENUM()
enum class ETestEnum : uint8
{
    EnumValue1 UMETA(DisplayName = "My First Option"),
    EnumValue2 UMETA(Hidden),
    EnumValue3 UMETA(DisplayName = "My Third Option")
};
```

让我们声明以下变量。

```
UPROPERTY(EditDefaultsOnly, BlueprintReadOnly, Category =
"Test")
ETestEnum TestEnum;
```

当我们打开编辑器并查看TestEnum变量时，将看到一个下拉列表。此时，My Second Option 没有出现在下拉列表中，因此无法选择该选项。

注意事项

有关所有UMETA说明符的更多信息，请访问以下链接：https://docs.unrealengine.com/en-US/ Programming/UnrealArchitecture/Reference/Metadata/#enummetadataspecifiers。

在下一节中，我们将介绍UENUM宏的BlueprintType说明符。

I7.3.3 | BlueprintType

这个UENUM说明符将把枚举公开给蓝图。这意味着在下拉列表中将有一个枚举条目，用于创建新变量或函数的输入/输出，如图17-6所示。

它还将创建可以在编辑器中对枚举调用的其他函数，如图17-7所示。

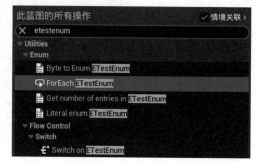

⬆图17-6　设置一个变量使用ETestEnum变量类型　　⬆图17-7　使用BlueprintType时可用的附加功能列表

在使用枚举时，通常想知道它有多少个值。在虚幻引擎中，通常的做法是添加MAX作为最后一个值，它将自动隐藏在编辑器中。

请看一个具体的示例，代码如下。

```
UENUM()
enum class ETestEnum : uint8
{
    EnumValue1,
    EnumValue2,
    EnumValue3,
    MAX
};
```

如果我们想知道C++中ETestEnum有多少个值，只需要执行以下操作。

```
const int32 MaxCount = static_cast<int32>(ETestEnum::MAX);
```

这是因为C++中的枚举在内部存储为数字，其中第一个值为0，第二个值为1，依此类推。这意味着只要MAX是最后一个值，它将始终拥有枚举中值的总数。需要考虑的一件重要事情是，为了使MAX提供正确的值，我们不能更改枚举的内部编号的顺序，代码如下。

```
UENUM()
enum class ETestEnum : uint8
{
    EnumValue1 = 4,
    EnumValue2 = 78,
    EnumValue3 = 100,
    MAX
};
```

在这种情况下，MAX将是101，因为它将使用紧挨着前一个值的数字，即EnumValue3 = 100。

使用MAX意味着仅在C++中使用，而不是在编辑器中使用，因为MAX值隐藏在蓝图中。为了获得蓝图中枚举的条目数，应该在UENUM宏中使用BlueprintType说明符来公开上下文菜单上的一些有用的函数。然后，我们只需要在上下文菜单中键入枚举的名称。如果选择Get number of entries in ETestEnum选项，将拥有一个返回该枚举的条目数的函数。

在下一个练习中，将在编辑器中使用C++枚举。

练习*17.02* 在编辑器中使用C++枚举

在本练习中，我们将创建一个使用"**第三人称游戏**"模板的新C++项目。我们将在创建的模板中添加以下内容。

- 一个名为EWeaponType的枚举，其中包含三种武器：手枪、霰弹枪和火箭筒。
- 一个名为EAmmoType的枚举，其中包含三种弹药类型：子弹、炮弹和火箭弹。
- 一个名为Weapon的变量，它使用EWeaponType来表示当前武器的类型。
- 一个名为Ammo的整数数组变量，用于保存每种类型的弹药数量，初始化值为10。
- 当玩家按下1、2或3键时，武器变量将分别设置为手枪、霰弹枪或火箭筒。
- 当玩家按下鼠标左键时，当前武器的弹药将被消耗。
- 每次调用Tick函数时，角色将显示当前武器类型和等效弹药类型和数量。

请按照以下步骤完成这个练习。

步骤01 使用C++创建一个名为Enumerations的新的"**第三人称游戏**"模板项目，并将其保存到指定的位置。

项目创建后，将打开编辑器和Visual Studio解决方案。

步骤02 关闭编辑器并返回到Visual Studio。

步骤03 打开Enumerations.h文件。

步骤04 创建一个名为ENUM_TO_INT32的宏，将枚举转换为int32数据类型，代码如下。

```
#define ENUM_TO_INT32(Value) static_cast<int32>(Value)
```

步骤05 创建一个名为ENUM_TO_FSTRING的宏，该宏将获取枚举数据类型的值的显示名称，并将其转换为FString数据类型，代码如下。

```
#define ENUM_TO_FSTRING(Enum, Value)
FindObject<UEnum>(ANY_PACKAGE, TEXT(Enum), true)-
>GetDisplayNameTextByIndex(ENUM_TO_INT32(Value)).
ToString()
```

步骤06 声明EWeaponType和EammoType枚举，代码如下。

```
UENUM(BlueprintType)
enum class EWeaponType : uint8
{
    Pistol UMETA(Display Name = "Glock 19"),
    Shotgun UMETA(Display Name = "Winchester M1897"),
```

```
    RocketLauncher UMETA(Display Name = "RPG"),
    MAX
};
UENUM(BlueprintType)
enum class EAmmoType : uint8
{
    Bullets UMETA(DisplayName = "9mm Bullets"),
    Shells UMETA(Display Name = "12 Gauge Shotgun
    Shells"),
    Rockets UMETA(Display Name = "RPG Rockets"),
    MAX
};
```

步骤07 打开EnumerationsCharacter.h文件，并在EnumerationsCharacter.generated.h之前添加Enumerations.h文件，代码如下。

```
#include "Enumerations.h"
```

步骤08 声明保存所选武器的武器类型的受保护Weapon变量，代码如下。

```
UPROPERTY(BlueprintReadOnly, Category = "Enumerations
Character")
EWeaponType Weapon;
```

步骤09 声明保存每种类型弹药数量的受保护Ammo数组，代码如下。

```
UPROPERTY(EditDefaultsOnly, BlueprintReadOnly, Category =
"Enumerations Character")
TArray<int32> Ammo;
```

步骤10 声明Begin Play和Tick函数的受保护重写，代码如下。

```
virtual void BeginPlay() override;
virtual void Tick(float DeltaSeconds) override;
```

步骤11 声明受保护的输入函数，代码如下。

```
void Pistol();
void Shotgun();
void RocketLauncher();
void Fire();
```

步骤12 打开EnumerationsCharacter.cpp文件，在SetupPlayerInputController函数的末尾绑定新的操作映射，代码如下。

```
PlayerInputComponent->BindAction("Pistol", IE_Pressed,
this, &AEnumerationsCharacter::Pistol);
PlayerInputComponent->BindAction("Shotgun", IE_Pressed,
this, &AEnumerationsCharacter::Shotgun);
PlayerInputComponent->BindAction("Rocket Launcher", IE_
Pressed, this, &AEnumerationsCharacter::RocketLauncher);
```

```
PlayerInputComponent->BindAction("Fire", IE_Pressed,
this, &AEnumerationsCharacter::Fire);
```

步骤13 接下来，实现BeginPlay的重写，该重写执行父逻辑，但也用EAmmoType枚举中的条目数初始化Ammo数组的大小。数组中的每个位置也将初始化为值10，代码如下。

```
void AEnumerationsCharacter::BeginPlay()
{
    Super::BeginPlay();
    constexpr int32 AmmoTypeCount =
    ENUM_TO_INT32(EAmmoType::MAX);
    Ammo.Init(10, AmmoTypeCount);
}
```

步骤14 实现对Tick的重写，代码如下。

```
void AEnumerationsCharacter::Tick(float DeltaSeconds)
{
    Super::Tick(DeltaSeconds);
}
```

步骤15 将Weapon变量转换为int32类型，并将Weapon变量转换为Fstring类型，代码如下。

```
const int32 WeaponIndex = ENUM_TO_INT32(Weapon);
const FString WeaponString = ENUM_TO_
FSTRING("EWeaponType", Weapon);
```

步骤16 将弹药类型转换为FString并获得当前武器的弹药数量，代码如下。

```
const FString AmmoTypeString = ENUM_TO_
FSTRING("EAmmoType", Weapon);
const int32 AmmoCount = Ammo[WeaponIndex];
```

我们使用Weapon来获取弹药类型的字符串，因为EAmmoType中的条目匹配等效EWeaponType的弹药类型。换句话说，Pistol = 0使用Bullets = 0，Shotgun = 1使用Shells = 1，RocketLauncher = 2使用Rockets = 2，因此这是一个我们可以使用的1对1映射。

步骤17 在角色所在位置显示当前武器的名称及其对应的弹药类型和弹药数量，代码如下。

```
const FString String = FString::Printf(TEXT("Weapon =
%s\nAmmo Type = %s\nAmmo Count = %d"), *WeaponString,
*AmmoTypeString, AmmoCount);
DrawDebugString(GetWorld(), GetActorLocation(), String,
nullptr, FColor::White, 0.0f, true);
```

步骤18 实现装备输入函数，以设置Weapon变量为相应的值，代码如下。

```
void AEnumerationsCharacter::Pistol()
{
    Weapon = EWeaponType::Pistol;
}
```

```
void AEnumerationsCharacter::Shotgun()
{
    Weapon = EWeaponType::Shotgun;
}
void AEnumerationsCharacter::RocketLauncher()
{
    Weapon = EWeaponType::RocketLauncher;
}
```

步骤19 执行开火输入函数，只要结果值大于或等于0，该函数将使用武器索引获得相应的弹药类型计数并减去1，代码如下。

```
void AEnumerationsCharacter::Fire()
{
    const int32 WeaponIndex = ENUM_TO_INT32(Weapon);
    const int32 NewRawAmmoCount = Ammo[WeaponIndex] - 1;
    const int32 NewAmmoCount =
    FMath::Max(NewRawAmmoCount, 0);
    Ammo[WeaponIndex] = NewAmmoCount;
}
```

步骤20 编译代码并运行编辑器。

步骤21 打开"**项目设置**"窗口，在"**引擎**"类别下选择"**输入**"选项，然后添加新的操作映射，如图17-8所示。

步骤22 关闭"**项目设置**"窗口。

步骤23 确保"**网络模式**"设置为"**运行Standalone**"，"**玩家数量**"设

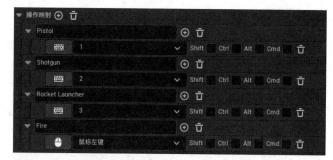

⬆图17-8　添加Pistol、Shotgun、Rocket Launcher和Fire绑定

置为1。通过"**新建编辑器窗口(PIE)**"播放，输出结果，如图17-9所示。

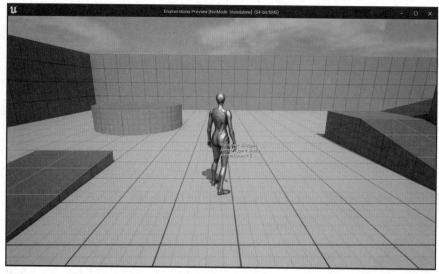

⬆图17-9　本练习的输出效果

通过完成这个练习，我们可以使用键盘上的1、2和3键来切换当前的武器。还会注意到每一次更新都会显示当前武器的类型以及相应的弹药类型和弹药数量。如果按下鼠标左键，这将扣除当前武器的弹药数量，但弹药数量永远不会低于0。

在本节中，我们理解了如何向编辑器公开枚举，以便在蓝图中使用它们。在下一节中，我们将介绍数组索引包装，它可以迭代超出其限制的数组，并从另一边将其包装回来。

17.4 使用数组索引包装

有时，我们使用数组来存储信息，可能希望在两个方向上进行迭代，并能够包装索引，以便它不会超出索引限制并导致游戏崩溃。这方面的一个例子是射击游戏中的上一个/下一个武器逻辑，我们拥有一系列武器，希望能够在特定方向上循环使用它们，当到达第一个或最后一个索引时，希望分别循环回到最后一个和第一个索引。这样做的典型方法如下。

```cpp
AWeapon * APlayer::GetPreviousWeapon()
{
    if(WeaponIndex - 1 < 0)
    {
        WeaponIndex = Weapons.Num() - 1;
    }
    else
    {
        WeaponIndex--;
    }
    return Weapons[WeaponIndex];
}
AWeapon * APlayer::GetNextWeapon()
{
    if(WeaponIndex + 1 > Weapons.Num() - 1)
    {
        WeaponIndex = 0;
    }
    else
    {
        WeaponIndex++;
    }
    return Weapons[WeaponIndex];
}
```

在前面的代码中，我们设置了WeaponIndex变量（声明为类的成员），以便在新武器索引超出武器数组的限制时进行循环，这可能在两种情况下发生。第一种情况是当玩家装备了库存中最后一件武器，而我们想要下一件武器。在这种情况下，应该回到第一个武器。

第二种情况是当玩家装备了库存中的第一件武器，而我们想要的是之前的武器。在这种情况下，应该回到最后一个武器。

虽然示例代码有效，但是要解决这样一个微小的问题，仍然需要大量的代码。为了改进这段代码，有一个数学运算可以帮助我们在一个函数中自动处理这两种情况。它被称为取模（在C++中用"%"运算符表示），可以得到两个数之间相除的余数。

那么，我们如何使用取模来包装数组的索引呢？让我们使用模运算符重写前面的例子中的代码。

```cpp
AWeapon * APlayer::GetNewWeapon(int32 Direction)
{
    const int32 WeaponCount = Weapons.Num();
    const int32 NewRawIndex = WeaponIndex + Direction;
    const in32 NewWrappedIndex = NewIndex % WeaponCount;
    WeaponIndex = (NewClampedIndex + WeaponCount) %
    WeaponCount;
    return Weapons[WeaponIndex];
}
```

这是新版本，看起来有点难以理解，但它功能更强大，更紧凑。如果不使用变量来存储每个操作的中间值，则可能只需要一两行代码就可以完成整个函数。

让我们分解上面的代码片段。

- const int WeaponCount = Weapons.Num()：我们需要知道数组的大小，以确定索引应该返回0的位置。换句话说，如果WeaponCount = 4，那么数组有0、1、2和3这4个索引，这告诉我们索引4是应该返回0的索引。

- const int32 NewRawIndex = WeaponIndex + Direction：这是新的原始索引，不关心数组的限制。Direction变量用于指示要添加到数组当前索引的偏移量。如果我们想要上一个索引，则为-1，如果想要下一个索引，则为1。

- const in32 NewWrappedIndex = NewIndex % WeaponCount：这将确保NewWrappedIndex的值始终在0到WeaponCount − 1的区间内。并在需要时进行包装，这是由于取模属性实现的。因此，如果NewRawIndex为4，那么NewWrappedIndex将变为0，因为4除以4没有余数，所以取模为0。

如果Direction总是1，意味着我们只想要下一个索引，那么NewWrappedIndex的值就能够满足我们的需要了。然而，我们还想用Direction为-1的情况，那么会有一个问题，因为取模运算不会正确包装负索引的索引。因此，如果WeaponIndex为0而Direction为-1，那么NewWrappedIndex将为-1，这是不正确的。为了解决这个问题，还需要做一些额外的计算。

- WeaponIndex = (NewWrappedIndex + WeaponCount) % WeaponCount：这将添加WeaponCount到NewWrappedIndex中，使其为正数，并再次应用取模来获得正确的包装索引，从而解决了问题。

- return Weapons[WeaponIndex]：返回计算的WeaponIndex位置的武器。

让我们来看一个实际的例子，以帮助我们直观地理解所有这些是如何工作的。

武器：

- [0] Knife（刀）

- [1] Pistol（手枪）
- [2] Shotgun（霰弹枪）
- [3] Rocket Launcher（火箭筒）

WeaponCount = Weapons.Num()，因此它的值是4。

让我们假设WeaponIndex = 3， Direction = 1。

我们将得到以下内容。

- NewRawIndex = WeaponIndex + Direction，即3+1=4
- NewWrappedIndex = NewRawIndex % WeaponCount，即4%4=0
- WeaponIndex = (NewWrappedIndex + WeaponCount) % WeaponCount，即(0+4)%4=0

在这个例子中，WeaponIndex的初始值是3，也就是Rocket Launcher。我们需要下一件武器，所以将Direction设置为1。执行计算，WeaponIndex现在将是0，武器是Knife。这是想要的行为，因为我们有四件武器，所以返回到第一个索引。在本例中，由于NewRawIndex是正数的，我们可以直接使用NewWrappedIndex，而不进行额外的计算。

让我们使用不同的值再次调试它。

假设WeaponIndex=0，Direction=-1。

- NewRawIndex = WeaponIndex + Direction，即0+-1=-1
- NewWrappedIndex = NewIndex % WeaponCount，即-1%4=-1
- WeaponIndex = (NewWrappedIndex + WeaponCount) % WeaponCount，即(-1+4)%4=3

在这个例子中，WeaponIndex的初始值是0，也就是Knife，我们需要上一件武器，所以将Direction设置为-1。经过计算，WeaponIndex现在将是3，武器是Rocket Launcher。这是想要的行为，因为我们有四件武器，所以返回到最后一个索引。在这种情况下，由于NewRawIndex是负数的，我们不能只使用NewWrappedIndex，还需要做额外的计算来得到正确的值。

在下一个练习中，我们将使用所获得的知识在两个方向的武器枚举之间循环。

练习17.03 使用数组索引包装在枚举之间循环

在本练习中，我们将使用"练习17.02 在编辑器中使用C++枚举"中的项目，并添加两个用于循环武器的新操作映射。"**鼠标滚轮上滚**"将转到上一个武器类型，而"**鼠标滚轮上滚**"将转到下一个武器类型。

请按照以下步骤完成这个练习。

步骤01 首先，打开"练习17.02 在编辑器中使用C++枚举"中的Visual Studio项目。

接下来，我们将更新Enumerations.h并添加一个宏，该宏将以一种非常方便的方式处理数组索引包装。

步骤02 打开Enumerations.h并添加GET_WRAPPED_ARRAY_INDEX宏。这将应用之前介绍的模公式，代码如下。

```
#define GET_WRAPPED_ARRAY_INDEX(Index, Count) (Index %
Count + Count) % Count
```

打开EnumerationsCharacter.h并声明武器循环的新输入函数，代码如下。

```
void PreviousWeapon();
void NextWeapon();
```

步骤 04 声明CycleWeapons函数，代码如下。

```
void CycleWeapons(int32 Direction);
```

步骤 05 打开EnumerationsCharacter.cpp并在SetupPlayerInputController函数中绑定新的操作映射，代码如下。

```
PlayerInputComponent->BindAction("Previous Weapon", IE_
Pressed, this, &AEnumerationsCharacter::PreviousWeapon);
PlayerInputComponent->BindAction("Next Weapon", IE_
Pressed, this, &AEnumerationsCharacter::NextWeapon);
```

步骤 06 现在，实现新的输入函数，代码如下。

```
void AEnumerationsCharacter::PreviousWeapon()
{
    CycleWeapons(-1);
}
void AEnumerationsCharacter::NextWeapon()
{
    CycleWeapons(1);
}
```

在前面的代码片段中，我们定义了处理Previous Weapon和Next Weapon的操作映射的函数。每个函数都使用CycleWeapons函数，上一个武器的方向为-1，下一个武器的方向为1。

步骤 07 实现CycleWeapons函数，该函数根据当前武器索引的Direction参数进行数组索引包装，代码如下。

```
void AEnumerationsCharacter::CycleWeapons(int32
Direction)
{
    const int32 WeaponIndex = ENUM_TO_INT32(Weapon);
    const int32 AmmoCount = Ammo.Num();
    const int32 NextRawWeaponIndex = WeaponIndex +
    Direction;
    const int32 NextWeaponIndex =
    GET_WRAPPED_ARRAY_INDEX(NextRawWeaponIndex ,
    AmmoCount);
    Weapon = static_cast<EWeaponType>(NextWeaponIndex);
}
```

步骤 08 编译代码并运行编辑器。

步骤 09 打开"**项目设置**"窗口，在"**引擎**"类别下选择"**输入**"选项，然后添加新的操作映射，如图17-10所示。

图17-10　添加上一个武器和下一个武器绑定

步骤10 关闭"**项目设置**"窗口。

步骤11 确保"**网络模式**"设置为"**运行Standalone**","**玩家数量**"设置为1。以"**新建编辑器窗口(PIE)**"播放,输出效果如图17-11所示。

图17-11　本练习的输出效果

完成这个练习,我们可以使用鼠标滚轮在武器之间循环。如果选择火箭筒,并使用鼠标滚轮向下转到下一个武器,它会返回手枪。如果当前武器为手枪使用鼠标滚轮向上到手枪的上一个武器,它将返回到火箭筒。在接下来的活动中,我们将把武器和弹药的概念添加到在"第16章　多人游戏基础"中开始的多人游戏项目中

活动I7.OI | 为多人第一人称射击游戏添加武器和弹药

在这个活动中,我们将把武器和弹药的概念添加到在上一章开始的多人第一人称射击项目中。我们将需要使用本章中介绍的不同类型的RPC来完成此活动。

请按照以下步骤完成此活动。

步骤 **01** 打开"活动16.01　为多人第一人称射击游戏项目创建角色"的MultiplayerFPS项目。

步骤 **02** 创建一个名为Upper Body的AnimMontage插槽。

步骤 **03** 从"Activity17.01｜Assets"文件夹中导入动画（Pistol_Fire.fbx、MachineGun_Fire.fbx和Railgun_Fire.fbx）到"内容｜Player｜Animations"文件夹中。

步骤 **04** 为Pistol_Fire、MachineGun_Fire和Railgun_Fire创建一个动画蒙太奇，并确保它们具有以下配置。

- ⊙ **Pistol_Fire_Montage**：Blend In时间为0.01，Blend Out时间为0.1，并确保它使用Upper Body插槽。

- ⊙ **MachineGun_Fire_Montage**：Blend In时间为0.01，Blend Out时间为0.1，并确保它使用Upper Body插槽。

- ⊙ **Railgun_Fire_Montage**：确保它使用Upper Body插槽。

步骤 **05** 从"Activity17.01｜Assets"文件夹中将SK_Weapon.fbx（将材质导入方法设置为"**创建新材质**"）、NoAmmo.wav、WeaponChange.wav和Hit.wav导入到"内容｜Weapons"文件夹中。

步骤 **06** 从"Activity17.01｜Assets"文件夹中导入Pistol_Fire_Sound.wav到"内容｜Weapons｜Pistol"文件夹中，并在Pistol_Fire动画的"**播放音效**"中使用该文件。

步骤 **07** 从M_FPGun创建一个简单的绿色材质实例，命名为MI_Pistol，并将其放在"内容｜Weapons｜Pistol"文件夹中。

步骤 **08** 从"Activity17.01｜Assets"文件夹中导入MachineGun_Fire_Sound.wav到"内容｜Weapons｜MachineGun"文件夹中，并在MachineGun_Fire动画的"**播放音效**"中使用该文件。

步骤 **09** 从M_FPGun中创建一个简单的红色材质实例，命名为MI_MachineGun，并将其放在"内容｜Weapons｜MachineGun"文件夹中。

步骤 **10** 从"Activity17.01｜Assets"文件夹中导入Railgun_Fire_Sound.wav到"内容｜Weapons｜Railgun"文件夹中，并在Railgun_Fire动画的"**播放音效**"中使用该文件。

步骤 **11** 从M_FPGun中创建一个简单的白色材质实例，命名为MI_Railgun，并将其放在"内容｜Weapons｜Railgun"文件夹中。

步骤 **12** 编辑SK_Mannequin_Skeleton，在hand_r上创建一个插槽，将插槽命名为GripPoint，将"相对位置"设置为（X=-10.403845，Y=6.0，Z=-3.124871），"相对旋转"设置为（X=0.0，Y=0.0，Z=90.0）。

步骤 **13** 使用在"第4章　玩家输入入门"中获得的知识，将以下输入操作添加到"内容｜Player｜Inputs"文件夹中。

- ⊙ **IA_Fire (Digital)**：鼠标左键

- ⊙ **IA_Pistol (Digital)**：1

- ⊙ **IA_MachineGun (Digital)**：2

- ⊙ **IA_Railgun (Digital)**：3

- ⊙ **IA_PreviousWeapon (Digital)**：鼠标滚轮上滚

◉ IA_NextWeapon (Digital)：鼠标滚轮下滚

(**步骤14**) 向IMC_Player添加新的输入操作。

(**步骤15**) 在MultiplayerFPS.h中，创建ENUM_TO_INT32(Enum)宏，该宏将枚举强制转换为int32；创建GET_WRAPPED_ARRAY_INDEX(Index, Count)宏，该宏使用数组索引包装来确保索引在数组的限制内。

(**步骤16**) 创建一个名为EnumTypes.h的头文件，其中包含以下枚举。

◉ EweaponType：Pistol、MachineGun、Railgun、MAX

◉ EweaponFireMode：Single、Automatic

◉ EammoType：PistolBullets、MachineGunBullets、Slugs、MAX

(**步骤17**) 创建一个名为Weapon的C++类，该类派生自Actor类，并有一个名为Mesh的骨骼网格体组件作为根组件。

就变量而言，它存储了名称、武器类型、弹药类型、射击模式、命中扫描的距离、命中扫描造成的伤害、射击速率、射击时使用的动画蒙太奇以及没有弹药时播放的声音。就功能而言，它需要能够开火（同时也能够停止开火，因为这是自动射击模式），这将检查玩家是否能够开火。如果可以，那么它将在所有客户端中播放开火动画，并在摄像机位置和方向上以给定的长度进行射线检测，以伤害击中的actor。如果没有弹药，它只会在自己的客户端上播放声音。

(**步骤18**) 编辑FPSCharacter，使其支持新的输入操作：Fire、Pistol、Machine Gun、Railgun、Previous Weapon和Next Weapon。就变量而言，它需要存储每种类型的弹药数量、当前装备的武器、所有武器类别和生成实例、击中另一名玩家时播放的声音，以及更换武器时播放的声音。就功能而言，它需要能够装备/循环/添加武器、管理弹药（添加、移除和获取）、处理角色受伤的情况、在所有客户端上播放动画组合，并在拥有的客户端上播放声音。

(**步骤19**) 从AWeapon创建BP_Pistol，将其放在"内容 | Weapons | Pistol"文件夹中，并使用以下值配置它。

◉ Skeletal Mesh：内容\Weapons\SK_Weapon

◉ Material：内容\Weapons\Pistol\MI_Pistol

◉ Name：Pistol Mk I

◉ Weapon Type：Pistol

◉ Ammo Type：Pistol Bullets

◉ Fire Mode：Automatic

◉ Hit Scan Range：9999.9、Hit Scan Damage：5.0、Fire Rate：0.5

◉ Fire Anim Montage：内容\Player\Animations\Pistol_Fire_Montage

◉ NoAmmoSound：内容\Weapons\NoAmmo

(**步骤20**) 从Aweapon创建BP_MachineGun，将其放在"内容 | Weapons | MachineGun"文件夹中，并使用以下值配置它。

◉ Skeletal Mesh：内容\Weapons\SK_Weapon

◉ Material：内容\Weapons\MachineGun\MI_MachineGun

◉ Name：Machine Gun Mk I

- **Weapon Type：** Machine Gun
- **Ammo Type：** Machine Gun Bullets
- **Fire Mode：** Automatic
- **Hit Scan Range:** 9999.9、**Hit Scan Damage：** 5.0、**Fire Rate：** 0.1
- **Fire Anim Montage：** 内容\Player\Animations\MachineGun_Fire_Montage
- **NoAmmoSound：** 内容\Weapons\NoAmmo

步骤 21 从Aweapon中创建BP_Railgun，将其放在"内容｜Weapons｜Railgun"文件夹中，并使用以下值配置它。

- **Skeletal Mesh：** 内容\Weapons\SK_Weapon
- **Material：** 内容\Weapons\Railgun\MI_Railgun
- **Name：** Railgun Mk I
- **Weapon Type：** Railgun
- **AmmoType：** Slugs
- **Fire Mode：** Single
- **Hit Scan Range:** 9999.9、**Hit Scan Damage：** 100.0、**Fire Rate：** 1.5
- **Fire Anim Montage：** 内容\Player\Animations\Railgun_Fire_Montage
- **No Ammo Sound：** 内容\Weapons\NoAmmo

步骤 22 使用以下值配置BP_Player。

- **Weapon Classes（Index 0：** BP_Pistol、**Index 1：** BP_MachineGun、**Index 2：** BP_Railgun）
- **Hit Sound：** 内容\Weapons\Hit
- **Weapon Change Sound：** 内容\Weapons\WeaponChange
- **Fire Input Action：** 内容\Player\Inputs\IA_Fire
- **Pistol Input Action：** 内容\Player\Inputs\IA_Pistol
- **Machine Gun Input Action：** 内容\Player\Inputs\IA_MachineGun
- **Railgun Input Action：** 内容\Player\Inputs\IA_Railgun
- **Previous Weapon Input Action：** 内容\Player\Inputs\IA_Previous
- **Next Weapon Input Action：** 内容\Player\Inputs\IA_NextWeapon

步骤 23 使网格体组件阻挡可见通道，以便可以被武器的命中扫描击中。

步骤 24 编辑ABP_Player，使其在spine_01骨骼上使用Layered blend Per bone节点，并启用Mesh Space Rotation Blend，以便上半身动画使用Upper Body插槽。

步骤 25 编辑WBP_HUD，使其在屏幕中间显示一个白色十字准星、当前武器，以及生命值和护甲指示器下的弹药数量。

结果应该是这样一个项目，每个客户端都将拥有带有弹药的武器，并能够使用它们射击和伤害其他玩家。我们还可以通过使用键盘上的1、2和3键选择武器，并使用鼠标上下滚轮分别选择上一个和下一个武器。输出效果如图17-12所示。

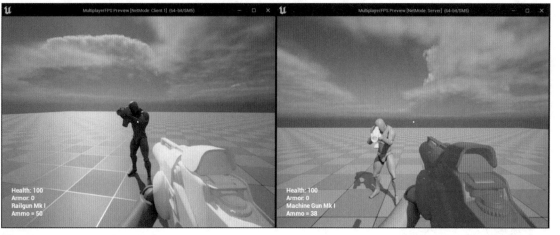

⬆ 图17-12 本活动的输出效果

> **注意事项**
>
> 这个活动的解决方案可以在GitHub上找到：https://github.com/PacktPublishing/Elevating-Game-Experiences-with-Unreal-Engine-5-Second-Edition/tree/main/Activity%20solutions。

通过完成本活动，我们对RPC、枚举和数组索引包装的工作原理有了深入的了解。

 # 17.5 本章总结

在本章中，我们学习了如何使用RPC来允许服务器和客户端相互执行逻辑。我们还学习了如何在虚幻引擎中使用UENUM宏进行枚举工作，以及如何使用数组索引包装，这有助于在两个方向上迭代数组，并在超出其索引限制时循环。

通过完成本章的学习，我们掌握了如何开发一款基本的游戏，实现了玩家之间互相射击和武器切换功能。

在下一章中，我们将学习在多人游戏中最常见的游戏框架类的实例，以及玩家状态和游戏状态类。我们还将介绍在多人游戏中使用的游戏模式中的一些新概念，以及一些有用的通用内置功能。

第 18 章

在多人游戏中使用游戏玩法框架类

在上一章中，我们介绍了远程过程调用（RPC），这种机制允许服务器和客户端相互执行远程函数。此外，我们还介绍了枚举和数组索引包装，这些功能使得数组能够在两个方向上进行迭代，并在超出其限制时进行循环。

在本章中，我们将学习最常见的游戏玩法框架（Gameplay Framework）类，并了解它们的实例在多人游戏环境中的位置。理解这一点很重要，这样就可以在特定的游戏实例中访问这些实例。这方面的一个例子是，只有服务器应该能够访问游戏模式实例，因为我们不希望客户端能够修改游戏规则。

我们还将介绍游戏状态和玩家状态类，顾名思义，它们分别存储有关游戏状态和每个玩家状态的信息。在本章的结尾，我们将介绍游戏模式中的一些新概念，以及一些有用的内置功能。

在本章中，我们将讨论以下内容。

⊙ 在多人游戏中访问游戏玩法框架实例
⊙ 使用游戏模式、玩家状态和游戏状态

在本章结束时，我们将理解多人游戏中最重要的游戏玩法框架类的实例存在于何处，以及游戏状态和玩家状态如何存储可被任何客户端都能访问的信息。我们还将了解如何充分利用游戏模式类和其他有用的内置功能。

18.1 技术要求

学习本章，要求如下。

◎ 安装虚幻引擎5。

◎ 安装Visual Studio 2022。

本章的完整代码可从本书的GitHub存储库下载，链接：https://github.com/PacktPublishing/Elevating-Game-Experiences-with-Unreal-Engine-5-Second-Edition。

在下一节中，我们将学习如何在多人游戏中访问游戏玩法框架实例。

18.2 在多人游戏中访问游戏玩法框架实例

虚幻引擎提供了一组内置类（游戏玩法框架），这些类提供了大多数游戏需要的常见功能，例如定义游戏规则（游戏模式）的方法、控制角色的方法（玩家控制器和pawn/角色类）等。当在多人游戏环境中创建游戏玩法框架类的实例时，我们需要知道它是否存在于服务器、客户端或所属客户端上。考虑到这一点，游戏玩法框架类的实例总是属于以下类别之一。

◎ **仅服务器：** 该实例只存在于服务器上。

◎ **服务器和客户端：** 实例将存在于服务器和客户端上。

◎ **服务器和所属客户端：** 实例将存在于服务器和所属客户端上。

◎ **只拥有客户端：** 实例只存在于拥有的客户端上。

图18-1中的图表显示了每个类别以及游戏玩法框架中最常见的类别。

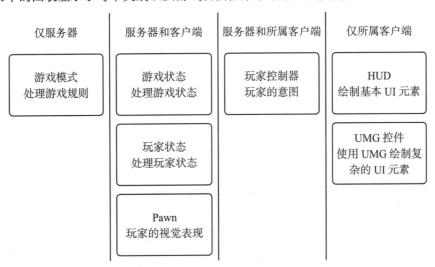

🔹 图18-1 最常见的游戏玩法框架分类

让我们更深刻地理解图18-1中每个类的含义。

- **游戏模式（仅服务器）**：游戏模式（Game Mode）类定义了游戏规则，它的实例只能由服务器访问。如果客户端试图访问它，则实例将始终无效，以防止客户端更改游戏规则。
- **游戏状态（服务器和客户端）**：游戏状态（Game State）类存储游戏的状态，它的实例可以被服务器和客户端访问。游戏状态将在下一节中更深入地讨论。
- **玩家状态（服务器和客户端）**：玩家状态类存储玩家的状态，它的实例可以被服务器和客户端访问。玩家状态将在下一节中更深入地讨论。
- **Pawn（服务器和客户端）**：Pawn类是玩家的可视化表示，它的实例可以被服务器和客户端访问。
- **玩家控制器（服务器和所属客户端）**：玩家控制器类代表玩家的意图，它被转发给当前拥有的pawn，它的实例只能在服务器和所属客户端上访问。出于安全原因，客户端不能访问其他客户端的玩家控制器，因此他们应该使用服务器进行通信。如果客户端调用UGameplayStatics::GetPlayerController函数的索引不是0（这将返回它的玩家控制器），则返回的实例将永远是无效的。这意味着服务器是唯一能够访问所有玩家控制器的地方。我们可以通过调用AController::IsLocalController函数来检查一个玩家控制器实例是否在它所属客户端中。
- **HUD（仅所属客户端）**：HUD类被用作在屏幕上绘制基本形状和文本的直接模式。它用于UI，服务器和其他客户端不需要知道它，因此它的实例只在所属客户端上可用。
- **UMG控件（仅所属客户端）**：UMG控件类用于在屏幕上显示复杂的UI。它用于UI，服务器和其他客户端不需要知道它，因此它的实例只在所属客户端上可用。

为了帮助理解这些概念，我们将以《刀塔2》（*Dota 2*）为例进行介绍。

- 游戏模式定义了游戏的不同阶段（游戏前的英雄挑选阶段、游戏实际阶段，以及游戏后的胜利者阶段），最终目标是摧毁其他团队的远古遗迹。由于游戏模式是一个对游戏玩法至关重要的类，因此不允许客户端访问它。
- 游戏状态存储了经过的时间，无论是白天还是晚上，每个团队的分数等，因此服务器和客户端需要能够访问它。
- 玩家状态存储了玩家的姓名、所选英雄，以及击杀/死亡/辅助比率，因此服务器和客户端都需要能够访问它。
- Pawn可以是英雄、信使、幻象等，由玩家控制，因此服务器和客户端需要能够访问它。
- 玩家控制器将输入信息传递给被控制的pawn，因此只有服务器和所属客户端才能访问它。
- UI类（HUD和User Widget）只需要在所属的客户端上显示所有信息。

在下一个练习中，将显示最常见的游戏玩法框架类的实例值。

练习18.01 | 显示游戏玩法框架实例值

在这个练习中，我们将创建一个"第三人称游戏"模板的新C++项目，并添加以下内容。

- 在所属客户商上，玩家控制器创建一个简单的UMG控件并将其添加到显示菜单实例名称的视口中。

⦿ 在Tick函数中，角色显示其实例的值（作为pawn），以及它是否具有游戏模式、游戏状态、玩家状态、玩家控制器和HUD的有效实例。

请按照以下步骤完成这个练习。

步骤01 使用C++创建一个名为GFInstances的新的"**第三人称游戏**"模板项目（就像在游戏玩法框架实例中一样），并将其保存到指定的位置。创建项目后，打开编辑器和Visual Studio解决方案。

步骤02 在编辑器中，创建一个新的C++类名称为GFInstancePlayerController，该类派生自PlayerController。编译结束，关闭编辑器，然后返回Visual Studio。

步骤03 打开GFInstancesCharacter.h文件，为Tick函数声明受保护重写，代码如下。

```
virtual void Tick(float DeltaSeconds) override;
```

步骤04 打开GFInstancesCharacter.cpp文件，实现Tick函数，代码如下。

```
void AGFInstancesCharacter::Tick(float DeltaSeconds)
{
    Super::Tick(DeltaSeconds);
}
```

步骤05 获取游戏模式、游戏状态、玩家控制器和HUD的实例，代码如下。

```
const AGameModeBase* GameMode = GetWorld()-
>GetAuthGameMode();
const AGameStateBase* GameState = GetWorld()-
>GetGameState();
const APlayerController* PlayerController =
    Cast<APlayerController>(GetController());
const AHUD* HUD = PlayerController != nullptr ?
PlayerController->GetHUD() : nullptr;
```

在前面的代码片段中，我们将游戏模式、游戏状态、玩家控制器和HUD的实例存储在单独的变量中，以便可以检查它们是否有效。

步骤06 为每个游戏玩法框架类创建一个字符串，代码如下。

```
const FString GameModeString = GameMode != nullptr ?
    TEXT("Valid") : TEXT("Invalid");
const FString GameStateString = GameState != nullptr ?
    TEXT("Valid") : TEXT("Invalid");
const FString PlayerStateString = GetPlayerState() !=
nullptr ? TEXT("Valid") : TEXT("Invalid");
const FString PawnString = GetName();
const FString PlayerControllerString = PlayerController
!= nullptr ? TEXT("Valid") : TEXT("Invalid");
const FString HUDString = HUD != nullptr ? TEXT("Valid"):
    TEXT("Invalid");
```

在这里，我们创建了字符串来存储pawn的名称，并检查其他游戏玩法框架实例是否有效。

步骤07 在屏幕上显示每个字符串，代码如下。

```
const FString String = FString::Printf(TEXT("Game Mode =
%s\nGame
    State = %s\nPlayerState = %s\nPawn = %s\nPlayer
Controller =
    %s\nHUD = %s"), *GameModeString, *GameStateString,
    *PlayerStateString, *PawnString,
    *PlayerControllerString,
    *HUDString);
DrawDebugString(GetWorld(), GetActorLocation(), String,
nullptr, FColor::White, 0.0f, true);
```

在前面的代码片段中，我们打印了字符串，这些字符串表示pawn的名称以及其他游戏玩法框架实例是否有效。

步骤08 在转移到AGFInstancesPlayerController类之前，我们需要告诉虚幻引擎需要使用UMG功能，以便可以使用UUserWidget类。因此，我们需要打开GFInstances.Build.cs，并将UMG添加到PublicDependencyModuleNames字符串数组中，代码如下。

```
PublicDependencyModuleNames.AddRange(new string[]
{ "Core", "CoreUObject", "Engine", "InputCore",
"HeadMountedDisplay", "UMG" });
```

如果尝试编译，在添加新模块时出现错误，则清理后再重新编译项目。如果还出现错误，请尝试重新启动IDE。

步骤09 打开GFInstancesPlayerController.h并添加受保护的变量来创建UMG控件，代码如下。

```
UPROPERTY(EditDefaultsOnly, BlueprintReadOnly, Category =
"GF Instance Player Controller")
TSubclassOf<UUserWidget> MenuClass;
UPROPERTY()
UUserWidget* Menu;
```

步骤10 声明BeginPlay函数的受保护重写，代码如下。

```
virtual void BeginPlay() override;
```

步骤11 打开GFInstancesPlayerController.cpp文件，并在其中包括UserWidget.h文件，代码如下。

```
#include "Blueprint/UserWidget.h"
```

步骤12 实现BeginPlay函数，代码如下。

```
void AGFInstancePlayerController::BeginPlay()
{
    Super::BeginPlay();
}
```

步骤13 如果控件是本地控制器并且MenuClass变量有效，则创建控件并将其添加到视口中，代码如下。

```
if (IsLocalController() && MenuClass != nullptr)
{
    Menu = CreateWidget<UUserWidget>(this, MenuClass);
    if (Menu != nullptr)
    {
        Menu->AddToViewport(0);
    }
}
```

步骤14 编译并运行代码。

步骤15 在内容浏览器中转到"**内容**"文件夹，创建一个名为UI的新文件夹，然后打开它。

步骤16 创建一个名为WBP_Menu的新控件蓝图并打开它。

步骤17 添加一个画布面板到"**层级**"面板。

步骤18 添加一个名为Name的文本到画布面板，并将其设置为一个变量。

步骤19 更改文本名称，并勾选"**大小到内容**"复选框。

步骤20 单击工具栏右侧的"**图表**"按钮，切换至"**事件图表**"选项卡中，按以下方式实现Event Construct事件，如图18-2所示。

⬆图18-2　显示WBP_Menu实例名称的Event Construct

步骤21 保存并关闭WBP_Menu。

步骤22 转到"**内容**"文件夹，创建一个名为BP_PlayerController的蓝图，该蓝图派生自GFInstancesPlayerController。

步骤23 打开BP_PlayerController蓝图，并设置"**菜单类**"使用WBP_Menu。

步骤24 保存并关闭BP_PlayerController蓝图。

步骤25 创建一个名为BP_GameMode的蓝图，该蓝图派生自GFInstancesGameMode。

步骤26 打开BP_GameMode蓝图并设置"**玩家控制器类**"使用BP_PlayerController。

步骤27 保存并关闭BP_GameMode蓝图。

步骤28 进入"**世界场景设置**"面板，将"**游戏模式重载**"设置为None，然后保存地图。

步骤29 打开"**项目设置**"窗口，从左侧面板的"**项目**"类别下选择"**地图和模式**"选项。

步骤30 在右侧区域设置"**默认游戏模式**"为BP_GameMode。

步骤31 关闭"**项目设置**"窗口。

最后，测试项目。

步骤 32 进入多人游戏选项，将"**网络模式**"设置为"**以监听服务器运行**"，并将"**玩家数量**"设置为2。

步骤 33 将窗口大小设置为800×600，并使用"**新编辑器窗口(PIE)**"播放。

应该得到以下输出效果，如图18-3所示。

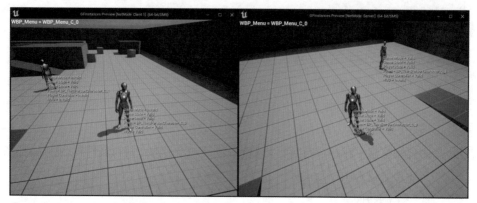

⬆ 图18-3　在Server和Client 1窗口上的预期结果

现在已经完成了这个练习，每个角色都显示了自己的名称，以及游戏模式、游戏状态、玩家状态、玩家控制器和HUD的实例是否有效。同时还在屏幕的左上角显示WBP_Menu UMG控件的实例名称。

现在，让我们分析Server（服务器）和Client 1（客户端1）窗口中显示的值。

注意事项

服务器和客户端1窗口的两个图像将有两个文本块，分别表示Server Character（服务器角色）和Client 1 Character（客户端1角色）。这些文本在原始截图中手动输入的，以帮助我们理解各个角色。

$18.2.1$ 服务器窗口的输出

前面练习中服务器窗口的输出内容，如图18-4所示。

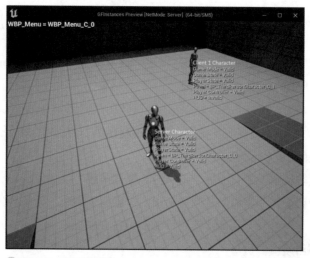

⬆ 图18-4　服务器窗口

在图18-4中，有Server Character和Client 1 Character的值。WBP_Menu的UMG控件显示在窗口的左上角，并且仅为服务器角色的玩家控制器创建，因为它是此窗口中唯一控制角色的玩家控制器。

首先，让我们分析Server Character（服务器角色）的值。

服务器角色

这是监听服务器所控制的角色。该角色的取值如下。

- Game Mode = Valid，因为游戏模式实例只存在于服务器中，所以游戏模式是有效的。
- Game State = Valid，因为游戏状态实例存在于客户端和服务器上，所以游戏状态是有效的。
- Player State = Valid，因为玩家状态实例存在于客户端和服务器上，所以玩家状态是有效的。
- Pawn = BP_ThirdPersonCharacter_C_0，因为Pawn实例存在于客户端和服务器上，所以pawn是这样的。
- Player Controller = Valid，因为玩家控制器实例存在于所属客户端和服务器上，所以玩家控制器是有效的。
- HUD = Valid，因为HUD实例只存在于所属客户端，所以HUD是有效的。

接下来，我们将在同一窗口中查看Client 1 Character（客户端1角色）。

客户端1角色

这是客户端1控制的角色。该角色的取值如下。

- Game Mode = Valid，因为游戏模式实例只存在于服务器中，所以游戏模式是有效的。
- Game State = Valid，因为游戏状态实例存在于客户端和服务器上，所以游戏状态是有效的。
- Player State = Valid，因为玩家状态实例存在于客户端和服务器上，所以玩家状态是有效的。
- Pawn = BP_ThirdPersonCharacter_C_1，因为pawn实例存在于客户端和服务器上，所以pawn是这样的。
- Player Controller = Valid，因为玩家控制器实例存在于所属客户端和服务器上，所以玩家控制器是有效的。
- HUD = Invalid，因为HUD实例只存在于所属客户端，所以HUD是无有效的。

18.2.2 客户端1窗口的输出

上一练习中客户端1窗口的输出内容，如图18-5所示。

在图18-5中，有Client 1 Character和Server Character的值。WBP_Menu的UMG控件显示在窗口的左上角，并且仅为Client 1 Character的玩家控制器创建，因为它是此窗口中唯一控制角色的玩家控制器。

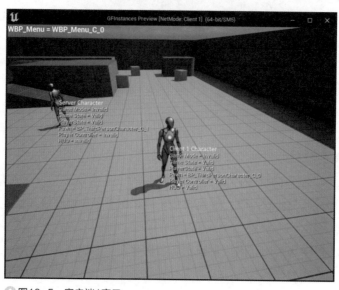

图18-5　客户端1窗口

首先，让我们分析客户端1角色的值。

客户端1角色

这是客户端1控制的角色。该角色的取值如下。

- Game Mode = Invalid，因为游戏模式实例只存在于服务器中，所以游戏模式是无效的。

- Game State = Valid，因为游戏状态实例存在于服务器和客户端，所以游戏状态是有效的。

- Player State = Valid，因为玩家状态实例存在于服务器和客户端，所以玩家状态是有效的。

- Pawn = BP_ThirdPersonCharacter_C_0，因为Pawn实例存在于服务器和客户端，所以pawn是这样的。

- Player Controller = Valid，因为玩家控制器实例存在于服务器和所属客户端，所以玩家控制器是有效的。

- HUD = Valid，因为HUD实例只存在于所属客户端，所以HUD是有效的。

接下来，我们将在同一个窗口中查看服务器角色。

服务器角色

这是监听服务器控制的角色。该角色的取值如下。

- Game Mode = Invalid，因为游戏模式实例只存在于服务器中，所以游戏模式是无效的。

- Game State = Valid，因为游戏状态实例存在于服务器和客户端，所以游戏状态是有效的。

- Player State = Valid，因为玩家状态实例存在于服务器和客户端，所以玩家状态是有效的。

- Pawn = BP_ThirdPersonCharacter_C_1，因为pawn实例存在于服务器和客户端，所以pawn是这样的。
- Player Controller = Invalid，因为玩家控制器实例存在于服务器和所属客户端，所有玩家控制器是无效的。
- HUD = Invalid，因为HUD实例只存在于所属客户端，所以HUD是无效的。

通过完成这个练习，我们应该能够更好地理解游戏玩法框架类的每个实例存在何处，以及不存在何处。在下一节中，我们将介绍玩家状态和游戏状态类，以及一些关于游戏模式和有用的内置功能的其他概念。

18.3 使用游戏模式、玩家状态和游戏状态

到目前为止，我们已经介绍了游戏玩法框架中大多数重要的类，包括游戏模式、玩家控制器和pawn。在本节中，我们将介绍玩家状态、游戏状态和一些关于游戏模式的其他概念，以及一些有用的内置函数。

18.3.1 游戏模式

我们已经讨论了游戏模式及其工作原理，但仍有一些其他的概念需要了解。让我们来看一看吧。

构造函数

要设置默认类值，可以使用构造函数，代码如下。

```
ATestGameMode::ATestGameMode()
{
    DefaultPawnClass = AMyCharacter::StaticClass();
    PlayerControllerClass =
    AMyPlayerController::StaticClass();
    PlayerStateClass = AMyPlayerState::StaticClass();
    GameStateClass = AMyGameState::StaticClass();
}
```

前面的代码指定在使用此游戏模式时生成pawn、玩家控制器、玩家状态和游戏状态的类。

获取游戏模式实例

访问游戏模式实例，需要使用下面的代码从GetWorld函数中获取它。

```
AGameModeBase* GameMode = GetWorld()->GetAuthGameMode();
```

前面的代码访问当前的游戏模式实例，但必须确保是在服务器上调用它，因为由于安全原因，这将在客户端是无效的。

比赛状态

到目前为止，我们只使用了AGameModeBase类，这是框架中最基本的游戏模式类。虽然这对于某些类型的游戏来说已经足够了，但在某些情况下，我们可能需要更多的功能。这方面的一个例子是，如果我们想创建一个大厅系统，只有当所有玩家都做好准备时，比赛才会开始。这个例子不可能只使用AGameModeBase类的内置函数。对于这种情况，最好使用AGameMode类，该类是AGameModeBase的子类，增加了对比赛状态的支持。比赛状态的工作方式是通过使用状态机来实现，该状态机在给定时间只能处于以下状态之一。

- EnteringMap：这是世界仍在加载时的起始状态，Actor还没有开始行动。当世界完成加载，Actor将转换到WaitingToStart状态。

- WaitingToStart：当游戏世界加载完成，角色正在运行时设置此状态，此时玩家的pawn尚未生成，因为游戏还没有开始。当状态机进入此状态时，它将调用HandleMatchIs-WaitingToStart函数。如果ReadyToStartMatch函数返回true，或者在代码的某个地方调用了StartMatch函数，则状态机将转换到InProgress状态。

- InProgress：这个状态是真正的游戏发生的地方。当状态机进入此状态时，它将为玩家生成pawn，对世界中的所有Actor调用BeginPlay，并调用HandleMatchHasStarted函数。如果ReadyToEndMatch函数返回true，或者在代码的某个地方调用了EndMatch函数，则状态机将转换到WaitingPostMatch状态。

- WaitingPostMatch：在比赛结束时设置此状态。当状态机进入此状态时，它将调用HandleMatchHasEnded函数。在这种状态下，Actor仍在活动，但新玩家无法加入。当它开始卸载世界时，将转换到LeavingMap状态。

- LeavingMap：这个状态是在卸载世界时设置的。当状态机进入此状态时，它将调用HandleLeavingMap函数。当状态机开始加载新关卡时，它将转换到EnteringMap状态。

- Aborted：这是一个失败状态，只能通过调用AbortMatch函数来设置，该函数用于标记阻止比赛发生的错误。

为了帮助我们更好地理解这些概念，下面再次以《刀塔2》为例进行介绍。

- EnteringMap：地图加载时，状态机将处于此状态。

- WaitingToStart：地图加载完毕，玩家开始挑选英雄时，状态机就会进入这个状态。ReadyToStartMatch函数将检查是否所有玩家都选择了他们的英雄，如果都选择了，比赛就可以开始了。

- InProgress：游戏正在进行时，状态机将处于此状态。玩家控制他们的英雄去农场和与其他玩家战斗。ReadyToEndMatch函数将不断检查每个古代人的健康状况，以查看其中是否有被摧毁，如果有的话，比赛就结束了。

- WaitingPostMatch：游戏结束时，状态机将处于此状态，玩家可以看到被破坏的古代人，以及显示获胜团队名称的消息。

- ◉ **LeavingMap:** 卸载地图时，状态机将处于这种状态。
- ◉ **Aborted:** 如果其中一个玩家在初始阶段连接失败，则状态机将处于此状态，从而中止整个比赛。

重生玩家

当玩家死亡而且想让其重生时，通常有两种选择。第一种选择是重用相同的pawn实例，手动将其状态重置为默认值，并将其传送到重生位置。第二种选择是销毁当前的pawn实例并生成一个新的pawn实例，该实例的状态将被重置。如果我们喜欢后一种选择，那么AGameMode-Base::RestartPlayer函数将为某个玩家控制器生成新pawn实例的逻辑，并将其放置在玩家开始处。

需要考虑的一件重要事情是，如果玩家控制器还没有拥有一个pawn，那么这个函数只会生成一个新的pawn实例，因此在调用RestartPlayer之前，确保销毁被控制的pawn。

请看下面的例子，代码如下。

```cpp
void ATestGameMode::OnDeath(APlayerController*
VictimController)
{
    if(VictimController == nullptr)
    {
        return;
    }
    APawn* Pawn = VictimController->GetPawn();
    if(Pawn != nullptr)
    {
        Pawn->Destroy();
    }
    RestartPlayer(VictimController);
}
```

在前面的代码中，有OnDeath函数，该函数接受死亡玩家的玩家控制器，销毁其控制的pawn，并调用RestartPlayer函数来生成一个新实例。默认情况下，新的pawn实例将在玩家首次生成时在玩家起始点处生成。或者，可以告诉游戏模式，我们想在随机玩家起始点处生成。要做到这一点，还需要重写AGameModeBase::ShouldSpawnAtStartSpot函数并强制它return false，代码如下。

```cpp
bool ATestGameMode::ShouldSpawnAtStartSpot(AController* Player)
{
    return false;
}
```

前面的代码将使游戏模式使用随机玩家起始处生成pawn实例，而不是使用玩家起始处生成。

注意事项

有关游戏模式的更多信息，请访问以下链接：https://docs.unrealengine.com/en-US/Gameplay/Framework/GameMode/#gamemodes和https://docs.unrealengine.com/en-US/API/Runtime/Engine/GameFramework/AGameMode/index.html。

18.3.2 | 玩家状态

玩家状态类存储了其他客户端需要知道的关于特定玩家的信息（例如他们当前的分数、击杀、死亡和辅助等），这是因为其他客户端无法访问该玩家的玩家控制器。最常使用的内置函数是GetPlayerName()、GetScore和GetPingInMilliseconds()，它们分别提供玩家的名称、分数和延迟（ping）。

如何使用玩家状态的一个很好的例子是《使命召唤》等多人射击游戏中的计分板条目，因为每个客户端都需要知道玩家的名字、击杀、死亡和辅助等信息。玩家状态实例可以通过多种方式访问，下面让我们看看最常见的几种方式。

AController: PlayerState

这个变量包含与控制器相关的玩家状态，并且只能由服务器和所属客户端访问。下面的代码展示了如何使用这个变量。

```
APlayerState* PlayerState = Controller->PlayerState;
```

AController::GetPlayerState ()

这个函数返回与控制器相关的玩家状态，并且只能由服务器和所属客户端访问。这个函数也有一个模板版本，这样我们就可以将它转换为自定义玩家状态类。下面的代码展示了如何使用该函数的默认版本和模板版本。

```
// 默认版本
APlayerState* PlayerState = Controller->GetPlayerState();
// 模板版本
ATestPlayerState* MyPlayerState = Controller->GetPlayerState<AT
estPlayerState>();
```

APawn::GetPlayerState ()

这个函数返回与拥有pawn的控制器相关联的玩家状态，并且可以被服务器和客户端访问。这个函数也有一个模板版本，我们也可以将它转换为自定义玩家状态类。下面的代码展示了如何使用该函数的默认版本和模板版本。

```
// 默认版本
APlayerState* PlayerState = Pawn->GetPlayerState();
// 模板版本
ATestPlayerState* MyPlayerState = Pawn-
    >GetPlayerState<ATestPlayerState>();
```

AGameState::PlayerArray

游戏状态中的这个变量（将在下一节中介绍）存储每个玩家的玩家状态实例，并且可以在服务器和客户端上访问。下面的代码展示了如何使用这个变量。

```
TArray<APlayerState*> PlayerStates = GameState->PlayerArray;
```

为了帮助我们更好地理解这些概念，将再次以《刀塔2》为例进行介绍。玩家状态至少包含以下变量。

- **名字（Name）**：玩家的名字。
- **英雄（Hero）**：玩家选中的英雄。
- **生命值（Health）**：英雄的生命值。
- **法力（Mana）**：英雄的法力值。
- **属性（Stats）**：英雄的属性。
- **等级（Level）**：英雄当前所在的等级。
- **击杀/死亡/辅助（Kill/Death/Assist）**：玩家的击杀/死亡/辅助比率。

注意事项

有关玩家状态的更多信息，请访问以下链接：https://docs.unrealengine.com/en-US/API/Runtime/Engine/GameFramework/APlayerState/index.html。

18.3.3 游戏状态

游戏状态类存储其他客户端需要知道的关于游戏的信息（例如比赛的时间和赢得游戏所需的分数），这是因为它们无法访问游戏模式。使用最广泛的变量是PlayerArray，该变量是一个数组，提供每个连接的客户端的玩家状态。关于如何使用游戏状态的一个很好的例子便是《使命召唤》等多人射击游戏中的记分板，因为每个客户端都需要知道获胜所需要击杀数量，以及每个连接玩家的姓名、击杀/死亡/辅助和延迟（ping）。PlayerArray允许服务器将所有这些信息打包并发送给每个客户端，这样它们就可以在自己的用户界面上准确地显示记分板。

游戏状态实例可以通过多种方式访问，下面介绍访问的几种方式。

UWorld::GetGameState()

这个函数返回与世界相关的游戏状态，可以在服务器和客户端访问。这个函数也有一个模板版本，我们也可以将它转换为自定义游戏状态类。下面的例子展示了如何使用该函数的默认版本和模板版本。

```
// 默认版本
AGameStateBase* GameState = GetWorld()->GetGameState();
// 模板版本
AMyGameState* MyGameState = GetWorld()-
>GetGameState<AMyGameState>();
```

AGameModeBase::GameState

这个变量包含与游戏模式相关的游戏状态，并且只能在服务器上访问。下面的代码展示了如何使用这个变量。

```
AGameStateBase* GameState = GameMode->GameState;
```

AGameModeBase::GetGameState ()

这个函数返回与游戏模式相关的游戏状态，并且只能在服务器上访问。这个函数也有一个模板版本，我们也可以将它转换为自定义游戏状态类。下面的代码展示了如何使用该函数的默认版本和模板版本。

```
// 默认版本
AGameStateBase* GameState = GameMode->GetGameState<AGameStateB
ase>();
// 模板版本
AMyGameState* MyGameState = GameMode-
>GetGameState<AMyGameState>();
```

为了帮助我们更好地理解这些概念，将再次以《刀塔2》为例进行介绍。游戏状态将包含以下变量。

- ⊙ **Elapsed Time：** 比赛进行了多长时间。
- ⊙ **Radiant Kills：** Radiant战队击杀了多少Dire英雄。
- ⊙ **Dire Kills：** Dire团队杀死了多少Radiant英雄。
- ⊙ **Day/Night Timer：** 用于确定是白天还是晚上。

注意事项

有关游戏状态的更多信息，请访问以下链接：https://docs.unrealengine.com/en-US/API/Runtime/Engine/GameFramework/AGameState/index.html。

18.3.4 有用的内置函数

虚幻引擎5内置了很多有用的函数。下面介绍一些在游戏开发过程中有用的例子。

void AActor::EndPlay (const EEndPlayReason::Type EndPlayReason)

当Actor停止游戏时将调用此函数，与BeginPlay函数相反。这个函数有一个名为EndPlay-Reason的参数，它会告诉玩家为什么Actor停止玩游戏（如果它被销毁了或者玩家停止了PIE等）。以下示例将向屏幕打印Actor停止游戏的信息。

```
void ATestActor::EndPlay(const EEndPlayReason::Type
EndPlayReason)
{
    Super::EndPlay(EndPlayReason);
    const FString String = FString::Printf(TEXT("The actor %s
    has just stopped playing"), *GetName());
    GEngine->AddOnScreenDebugMessage(-1, 2.0f, FColor::Red,
```

```
String);
}
```

void ACharacter::Landed(const FHitResult& Hit)

当玩家在空中降落到地面上时，这个函数将被调用。下面的代码表示当玩家降落在一个地面上时，会播放一个声音。

```
void ATestCharacter::Landed(const FHitResult& Hit)
{
    Super::Landed(Hit);
    UGameplayStatics::PlaySound2D(GetWorld(), LandSound);
}
```

bool UWorld::ServerTravel(const FString& FURL, bool bAbsolute, bool bShouldSkipGameNotify)

这个函数将使服务器加载一个新的地图，并将所有连接的客户端都加入进来。这与使用其他加载地图的方法（如UGameplayStatics::OpenLevel函数）不同，因为它不会带来客户端，它只会在服务器上加载地图，并断开与客户端的连接。

以下代码用于获取当前的地图名称，使用服务器传输来重新加载它，并带来连接的客户端。

```
void ATestGameModeBase::RestartMap()
{
    const FString URL = GetWorld()->GetName();
    GetWorld()->ServerTravel(URL, false, false);
}
```

void TArray::Sort(const PREDICATE_CLASS& Predicate)

TArray数据结构附带了Sort函数，该函数可以使用lambda函数对数组的值进行排序，该函数返回是否应该首先排序A值，然后再排序B值。下面的代码将一个整数数组按从最小到最大的值排序。

```
void ATestActor::SortValues()
{
    TArray<int32> SortTest;
    SortTest.Add(43);
    SortTest.Add(1);
    SortTest.Add(23);
    SortTest.Add(8);
    SortTest.Sort([](const int32& A, const int32& B) { return
    A < B; });
}
```

前面的代码将对SortTest数组的值[43,1,23,8]从最小到最大排序，即[1,8,23,43]。

void AActor::FellOutOfWorld(const UDamageType& DmgType)

在虚幻引擎中，有一个称为"**摧毁Z**"的概念，这是一个在Z轴上具有特定值的平面（在"**世界场景设置**"面板中设置）。如果一个Actor的Z值低于设定的值，它将调用FellOutOfWorld函数，该函数在默认情况下会销毁该Actor。下面的代码会在屏幕上打印出Actor从世界上掉下来的相关信息。

```
void AFPSCharacter::FellOutOfWorld(const UDamageType& DmgType)
{
    Super::FellOutOfWorld(DmgType);
    const FString String = FString::Printf(TEXT("The actor %s
    has fell out of the world"), *GetName());
    GEngine->AddOnScreenDebugMessage(-1, 2.0f, FColor::Red,
    String);
}
```

URotatingMovementComponent

该组件会根据RotationRate变量中定义的速率，在每个轴上随时间旋转其拥有的Actor。要使用它，需要包含以下头文件，代码如下。

```
#include "GameFramework/RotatingMovementComponent.h"
```

还必须声明组件变量，代码如下。

```
UPROPERTY(VisibleAnywhere, BlueprintReadOnly, Category = "Test
Actor")
URotatingMovementComponent* RotatingMovement;
```

最后，必须在Actor构造函数中初始化它，代码如下。

```
RotatingMovement = CreateDefaultSubobject
    <URotatingMovementComponent>("Rotating Movement");
RotatingMovement->RotationRate = FRotator(0.0, 90.0f, 0);
```

在前面的代码中，RotationRate设置为在Z轴上每秒旋转90度。

练习18.02 | 制作一个简单的多人拾取游戏

在本练习中，我们将创建一个使用"**第三人称游戏**"模板的新C++项目。将发生以下情况。

- ◉ 在所属客户端上，玩家控制器将创建一个UMG控件并添加到视口中，该控件为每个玩家显示得分，并从最高到最低排序，以及已收集了拾取物的数量。
- ◉ 创建一个简单的拾取物Actor类，该类为捡起它的玩家提供10分。拾取物也将在Z轴上每秒旋转90度。
- ◉ 将"**摧毁Z**"设置为−500，并使玩家重生，而且每次从世界坠落时损失10分。
- ◉ 游戏将在没有可拾取物品时结束。游戏结束后，所有角色都将被摧毁，并且在5秒后，服务器将执行服务器旅行调用，重新加载相同的地图，并带上连接的客户端。

请按照以下步骤完成本练习的C++部分。

步骤01 使用C++创建一个名为Pickups的新的"**第三人称游戏**"模板项目，并将其保存到指定的位置。

步骤02 项目创建后，打开编辑器和Visual Studio解决方案。

现在，让我们创建将要使用的新C++类。

步骤03 创建一个派生自Actor的Pickup类。

步骤04 创建一个PickupsGameState类，派生自GameState。

步骤05 创建一个PickupsPlayerState类，派生自PlayerState。

步骤06 创建一个PickupsPlayerController类，派生自PlayerController。

步骤07 关闭编辑器并打开Visual Studio。

接下来，我们将在PickupsGameState类上操作。

步骤01 打开PickupsGameState.h文件并声明受保护的复制整数变量PickupsRemaining，该变量告诉所有客户端关卡中还有拾取物的数量，代码如下。

```
UPROPERTY(Replicated, BlueprintReadOnly)
int32 PickupsRemaining;
```

步骤02 声明BeginPlay函数的受保护重写，代码如下。

```
virtual void BeginPlay() override;
```

步骤03 声明受保护的GetPlayerStatesOrderedByScore函数，代码如下。

```
UFUNCTION(BlueprintCallable)
TArray<APlayerState*> GetPlayerStatesOrderedByScore()
const;
```

步骤04 实现公共RemovePickup函数，该函数从PickupsRemaining变量中删除一个拾取物，代码如下。

```
void RemovePickup() { PickupsRemaining--; }
```

步骤05 实现公共HasPickups函数，该函数返回是否还有拾取物，代码如下。

```
bool HasPickups() const { return PickupsRemaining > 0; }
```

步骤06 打开PickupsGameState.cpp文件，代码如下。其中包括Pickup.h、GameplayStatics.h、UnrealNetwork.h和PlayerState.h文件。

```
#include "Pickup.h"
#include "Kismet/GameplayStatics.h"
#include "Net/UnrealNetwork.h"
#include "GameFramework/PlayerState.h"
```

步骤07 实现GetLifetimeReplicatedProps函数，并使PickupRemaining变量复制到所有客户端，代码如下。

```
void APickupsGameState::GetLifetimeReplicatedProps(TArray<
    FLifetimeProperty >& OutLifetimeProps) const
{
    Super::GetLifetimeReplicatedProps(OutLifetimeProps);
    DOREPLIFETIME(APickupsGameState, PickupsRemaining);
}
```

步骤 08 实现BeginPlay重写函数，并通过获取世界上所有的拾取物来设置PickupsRemaining的值，代码如下。

```
void APickupsGameState::BeginPlay()
{
    Super::BeginPlay();
    TArray<AActor*> Pickups;
    UGameplayStatics::GetAllActorsOfClass(this,
        APickup::StaticClass(), Pickups);
    PickupsRemaining = Pickups.Num();
}
```

步骤 09 实现GetPlayerStatesOrderedByScore函数，该函数复制PlayerArray变量并对其进行排序，以便得分最高的玩家首先显示，代码如下。

```
TArray<APlayerState*>
APickupsGameState::GetPlayerStatesOrderedByScore() const
{
    TArray<APlayerState*> PlayerStates(PlayerArray);
    PlayerStates.Sort([](const APlayerState& A, const
    APlayerState&
        B) { return A.GetScore() > B.GetScore(); });
    return PlayerStates;
}
```

接下来，让我们处理PickupsPlayerState类。请按照以下步骤进行操作。

步骤 01 打开PickupsPlayerState.h文件并声明受保护的复制整数变量Pickups，它表示一个玩家收集了多少个拾取物，代码如下。

```
UPROPERTY(Replicated, BlueprintReadOnly)
int32 Pickups;
```

步骤 02 实现公共AddPickup函数，将一个拾取物添加到Pickups变量中。

```
void AddPickup() { Pickups++; }
```

步骤 03 打开PickupsPlayerState.cpp，并包括UnrealNetwork.h文件，代码如下。

```
#include "Net/UnrealNetwork.h"
```

步骤 04 实现GetLifetimeReplicatedProps函数，并使Pickups变量复制到所有客户端，代码如下。

```
void
APickupsPlayerState::GetLifetimeReplicatedProps(TArray<
```

```
        FLifetimeProperty >& OutLifetimeProps) const
{
        Super::GetLifetimeReplicatedProps(OutLifetimeProps);
        DOREPLIFETIME(APickupsPlayerState, Pickups);
}
```

接下来，让我们处理PickupsPlayerController类。

步骤 05 打开PickupsPlayerController.h并声明受保护的ScoreboardMenuClass变量，它将设置用于记分牌的UMG控件类，代码如下。

```
UPROPERTY(EditDefaultsOnly, BlueprintReadOnly, Category =
"Pickup Player Controller")
TSubclassOf<class UUserWidget> ScoreboardMenuClass;
```

步骤 06 声明受保护的ScoreboardMenu变量，该变量存储将在BeginPlay函数上创建的计分板UMG控件实例，代码如下。

```
UPROPERTY()
class UUserWidget* ScoreboardMenu;
```

步骤 07 声明BeginPlay函数的受保护重写，代码如下。

```
virtual void BeginPlay() override;
```

步骤 08 打开PickupsPlayerController.cpp并包含UserWidget.h文件，代码如下。

```
#include "Blueprint/UserWidget.h"
```

步骤 09 实现BeginPlay重写函数，对于所属客户端，创建并添加计分板UMG控件到视口，代码如下。

```
void ApickupsPlayerController::BeginPlay()
{
        Super::BeginPlay();
        if (IsLocalController() && ScoreboardMenuClass !=
        nullptr)
        {
                ScoreboardMenu = CreateWidget<UUserWidget>(this,
                ScoreboardMenuClass);
                if (ScoreboardMenu != nullptr)
                {
                        ScoreboardMenu->AddToViewport(0);
                }
        }
}
```

现在，让我们编辑PickupsGameMode类。

步骤 01 打开PickupsGameMode.h文件，并将#include语句中的GameModeBase.h替换为Game-Mode.h，代码如下。

```
#include "GameFramework/GameMode.h"
```

(步骤 02) 使类派生自AgameMode，而不是AgameModeBase，代码如下。

```
class APickupsGameMode : public AGameMode
```

(步骤 03) 声明受保护的游戏状态变量MyGameState，包含APickupsGameState类的实例，代码如下。

```
UPROPERTY()
class APickupsGameState* MyGameState;
```

(步骤 04) 将构造器移动到保护区域，并删除公共区域。

(步骤 05) 声明BeginPlay函数的受保护重写，代码如下。

```
virtual void BeginPlay() override;
```

(步骤 06) 声明ShouldSpawnAtStartSpot函数的受保护重写，代码如下。

```
virtual bool ShouldSpawnAtStartSpot(AController* Player)
    override;
```

(步骤 07) 声明游戏模式的比赛状态功能的受保护重写，代码如下。

```
virtual void HandleMatchHasStarted() override;
virtual void HandleMatchHasEnded() override;
virtual bool ReadyToStartMatch_Implementation() override;
virtual bool ReadyToEndMatch_Implementation() override;
```

(步骤 08) 声明受保护的RestartMap函数，代码如下。

```
void RestartMap() const;
```

(步骤 09) 打开PickupsGameMode.cpp文件，包括GameplayStatics.h和PickupGameState.h文件，代码如下。

```
#include "Kismet/GameplayStatics.h"
#include "PickupsGameState.h"
```

(步骤 10) 实现BeginPlay重写函数，该函数存储APickupGameState实例，代码如下。

```
void APickupsGameMode::BeginPlay()
{
    Super::BeginPlay();
    MyGameState = GetGameState<APickupsGameState>();
}
```

(步骤 11) 实现ShouldSpawnAtStartSpot重写函数，这表明我们希望玩家在随机玩家起始处重生，而不是总是在同一个玩家起始处生成，代码如下。

```
bool APickupsGameMode::ShouldSpawnAtStartSpot
```

```
    (AController* Player)
{
    return false;
}
```

步骤12 实现HandleMatchHasStarted重写函数，该函数打印到屏幕上，通知玩家游戏已经开始，代码如下。

```
void APickupsGameMode::HandleMatchHasStarted()
{
    Super::HandleMatchHasStarted();
    GEngine->AddOnScreenDebugMessage(-1, 2.0f,
    FColor::Green, "The game has started!");
}
```

步骤13 实现HandleMatchHasEnded重写函数，该函数打印到屏幕上，通知玩家游戏已经结束，销毁所有角色，并安排计时器重新开始地图，代码如下。

```
void APickupsGameMode::HandleMatchHasEnded()
{
    Super::HandleMatchHasEnded();
    GEngine->AddOnScreenDebugMessage(-1, 2.0f,
    FColor::Red, "The game has ended!");
    TArray<AActor*> Characters;
        UGameplayStatics::GetAllActorsOfClass(this,
        APickupsCharacter::StaticClass(), Characters);
    for (AActor* Character : Characters)
    {
        Character->Destroy();
    }
    FTimerHandle TimerHandle;
    GetWorldTimerManager().SetTimer(TimerHandle, this,
        &APickupsGameMode::RestartMap, 5.0f);
}
```

步骤14 实现ReadyToStartMatch_Implementation重写函数，这表明比赛可以立即开始，代码如下。

```
bool APickupsGameMode::ReadyToStartMatch_Implementation()
{
    return true;
}
```

步骤15 实现ReadyToEndMatch_Implementation重写函数，该函数指示当游戏状态没有剩余的拾取物时，比赛结束，代码如下。

```
bool APickupsGameMode::ReadyToEndMatch_Implementation()
{
    return MyGameState != nullptr && !MyGameState
    ->HasPickups();
}
```

（步骤 **16**）实现RestartMap函数，该函数执行服务器跳转到同一关卡并带上所有客户端，代码如下。

```
void APickupsGameMode::RestartMap() const
{
    GetWorld()->ServerTravel(GetWorld()->GetName(),
    false, false);
}
```

现在，让我们编辑PickupsCharacter类。请按照以下步骤进行操作。

（步骤 **01**）打开PickupsCharacter.h文件，声明下落和落地时受保护的声音变量，代码如下。

```
UPROPERTY(EditDefaultsOnly, BlueprintReadOnly, Category =
    "Pickups Character")
USoundBase* FallSound;
UPROPERTY(EditDefaultsOnly, BlueprintReadOnly, Category =
    "Pickups Character")
USoundBase* LandSound;
```

（步骤 **02**）声明受保护的重写函数，代码如下。

```
virtual void EndPlay(const EEndPlayReason::Type
EndPlayReason) override;
virtual void Landed(const FHitResult& Hit) override;
virtual void FellOutOfWorld(const UDamageType& DmgType)
override;
```

（步骤 **03**）声明将分数和拾取物品添加到玩家状态的公共函数，代码如下。

```
void AddScore(const float Score) const;
void AddPickup() const;
```

（步骤 **04**）声明在所属客户端上播放声音的公共客户端RPC，代码如下。

```
UFUNCTION(Client, Unreliable)
void ClientPlaySound2D(USoundBase* Sound);
```

（步骤 **05**）打开PickupsCharacter.cpp文件，包括PickupsPlayerState.h、GameMode.h、PlayerState.h和GameplayStatics.h，代码如下。

```
#include "PickupsPlayerState.h"
#include "GameFramework/GameMode.h"
#include "GameFramework/PlayerState.h"
#include "Kismet/GameplayStatics.h"
```

（步骤 **06**）实现EndPlay重写函数，当角色被摧毁时播放下落的声音，代码如下。

```
void APickupsCharacter::EndPlay(const
EEndPlayReason::Type EndPlayReason)
{
    Super::EndPlay(EndPlayReason);
    if (EndPlayReason == EEndPlayReason::Destroyed)
```

```
        {
            UGameplayStatics::PlaySound2D(GetWorld(),
            FallSound);
        }
    }
}
```

步骤 07 实现Landed重写函数，该函数播放落地的声音，代码如下。

```
void APickupsCharacter::Landed(const FHitResult& Hit)
{
    Super::Landed(Hit);
    UGameplayStatics::PlaySound2D(GetWorld(), LandSound);
}
```

步骤 08 实现FellOutOfWorld重写函数，该函数存储控制器，从得分中删除10分，销毁角色，并告诉游戏模式使用之前的控制器重新启动玩家，代码如下。

```
void APickupsCharacter::FellOutOfWorld(const UDamageType&
    DmgType)
{
    AController* TempController = Controller;
    AddScore(-10);
    Destroy();
    AGameMode* GameMode = GetWorld()
    ->GetAuthGameMode<AGameMode>();
    if (GameMode != nullptr)
    {
        GameMode->RestartPlayer(TempController);
    }
}
```

步骤 09 实现AddScore函数，在玩家状态中添加一定数量的分数，代码如下。

```
void APickupsCharacter::AddScore(const float Score) const
{
    APlayerState* MyPlayerState = GetPlayerState();
    if (MyPlayerState != nullptr)
    {
        const float CurrentScore = MyPlayerState->GetScore();
        MyPlayerState->SetScore(CurrentScore + Score);
    }
}
```

步骤 10 实现AddPickup函数，在我们的自定义玩家状态中为Pickup变量添加一个拾取物，代码如下。

```
void APickupsCharacter::AddPickup() const
{
    APickupsPlayerState* MyPlayerState =
        GetPlayerState<APickupsPlayerState>();
    if (MyPlayerState != nullptr)
    {
```

```
        MyPlayerState->AddPickup();
    }
}
```

步骤**11** 实现ClientPlaySound2D_Implementation函数，该函数在所属客户端上播放声音，代码如下。

```
void APickupsCharacter::ClientPlaySound2D_
Implementation(USoundBase* Sound)
{
    UGameplayStatics::PlaySound2D(GetWorld(), Sound);
}
```

现在，让我们来处理Pickup类。请按照以下步骤进行操作。

步骤**01** 打开Pickup.h文件，清除所有现有功能并删除公共区域。

步骤**02** 声明受保护的静态网格体组件为Mesh，代码如下。

```
UPROPERTY(VisibleAnywhere, BlueprintReadOnly, Category =
    "Pickup")
UStaticMeshComponent* Mesh;
```

步骤**03** 声明受保护的旋转运动组件为RotatingMovement，代码如下。

```
UPROPERTY(VisibleAnywhere, BlueprintReadOnly, Category =
    "Pickup")
class URotatingMovementComponent* RotatingMovement;
```

步骤**04** 声明受保护的PickupSound变量，代码如下。

```
UPROPERTY(EditDefaultsOnly, BlueprintReadOnly, Category =
    "Pickup")
USoundBase* PickupSound;
```

步骤**05** 声明受保护的构造函数和BeginPlay重写，代码如下。

```
APickup();
virtual void BeginPlay() override;
```

步骤**06** 声明受保护的OnBeginOverlap函数，代码如下。

```
UFUNCTION()
void OnBeginOverlap(UPrimitiveComponent* OverlappedComp,
AActor*
    OtherActor, UPrimitiveComponent* OtherComp, int32
    OtherBodyIndex, bool bFromSweep, const FHitResult&
    Hit);
```

步骤**07** 打开Pickup.cpp文件，在Pickup.h代码之后添加PickupsCharacter.h、PickupsGameState.h和RotatingMovementComponent.h文件，代码如下。

```
#include "PickupsCharacter.h"
#include "PickupsGameState.h"
```

```
#include "GameFramework/RotatingMovementComponent.h"
```

步骤 08 在构造函数中，初始化Mesh组件，使其与所有组件重叠，并使其成为根组件，代码如下。

```
Mesh =
CreateDefaultSubobject<UStaticMeshComponent>("Mesh");
Mesh->SetCollisionProfileName("OverlapAll");
RootComponent = Mesh;
```

步骤 09 在构造函数中初始化旋转运动组件，使其在Z轴上每秒旋转90度，代码如下。

```
RotatingMovement = CreateDefaultSubobject
    <URotatingMovementComponent>("Rotating Movement");
RotatingMovement->RotationRate = FRotator(0.0, 90.0f, 0);
```

步骤 10 要完成构造函数，请启用复制并禁用Tick函数，代码如下。

```
bReplicates = true;
PrimaryActorTick.bCanEverTick = false;
```

步骤 11 在BeginPlay函数的结尾，将Mesh的开始重叠事件绑定到OnBeginOverlap函数，代码如下。

```
Mesh->OnComponentBeginOverlap.AddDynamic(this,
&APickup::OnBeginOverlap);
```

步骤 12 删除Tick函数的定义。

步骤 13 实现OnBeginOverlap函数，该函数检查角色是否有效并具有权限，从游戏状态中移除拾取物，在所属客户端上播放拾取声音，并为角色添加10分和拾取物，代码如下。完成以上操作后，拾取物就会自毁。

```
void APickup::OnBeginOverlap(UPrimitiveComponent*
OverlappedComp,
    AActor* OtherActor, UPrimitiveComponent* OtherComp,
    int32
    OtherBodyIndex, bool bFromSweep, const FHitResult&
    Hit)
{
    APickupsCharacter* Character =
        Cast<APickupsCharacter>(OtherActor);
    if (Character == nullptr || !HasAuthority())
    {
        return;
    }
    APickupsGameState* GameState =
        Cast<APickupsGameState>(GetWorld()
    ->GetGameState());
    if (GameState != nullptr)
    {
        GameState->RemovePickup();
    }
```

```
    Character->ClientPlaySound2D(PickupSound);
    Character->AddScore(10);
    Character->AddPickup();
    Destroy();
}
```

（步骤14）打开Pickups.Build.cs文件，将UMG模块添加到PublicDependencyModuleNames中，代码如下。

```
PublicDependencyModuleNames.AddRange(new string[] {
"Core",
    "CoreUObject", "Engine", "InputCore",
    "HeadMountedDisplay",
    "UMG" });
```

如果编译并在添加新模块时出现错误，则清理并重新编译项目。如果还出现错误，请尝试重新启动IDE。

（步骤15）编译并运行代码，直到编辑器加载完成。

加载完成后，我们将导入一些资产并创建一些蓝图，这些蓝图来源于我们刚刚创建的C++类。首先，让我们导入声音文件。

（步骤01）在内容浏览器中创建并进入"内容｜Sounds"文件夹。

（步骤02）从"Exercise18.02｜Assets"文件夹中导入Pickup.wav、Footstep.wav、Jump.wav、Land.wav和Fall.wav文件。

（步骤03）保存新文件。

（步骤04）打开位于"内容｜Characters｜Mannequins｜Animations｜Manny"文件夹中的MM_Jump动画序列，在第0帧添加"**播放音效**"动画通知，在"**细节**"面板中设置"音效"参数为Jump音效。

（步骤05）保存并关闭MM_Jump动画序列。

（步骤06）打开位于"内容｜Characters｜Mannequins｜Animations｜Quinn"文件夹中的MF_Run_Fwd动画序列，并在0.24、0.56、0.82、1.12、1.38和1.70秒时添加"**播放音效**"动画通知。在"**细节**"面板中设置"音效"参数为Footstep音效。

（步骤07）保存并关闭MF_Run_Fwd动画序列。

（步骤08）打开位于"内容｜Characters｜Mannequins｜Animations｜Quinn"文件夹中的MF_Walk_Fwd动画序列，并在0.33、0.72、1.23和1.7秒时添加两个"**播放音效**"动画序列。在"**细节**"面板中设置"音效"参数为Footstep音效。

（步骤09）保存并关闭MF_Walk_Fwd动画序列。

现在，让我们在角色蓝图中设置声音。

（步骤01）打开位于"内容｜ThirdPerson｜Blueprints"文件夹中的BP_ThirdPersonCharacter蓝图，设置Fall Sound和Land Sound，它们分别使用Fall和Land音效。

（步骤02）保存并关闭BP_ThirdPersonCharacter蓝图。

（步骤03）创建并打开"内容｜Blueprints"文件夹。

（步骤04）创建一个从Pickup类派生的名为BP_Pickup的新蓝图，并打开它。

步骤05 配置"**静态网格体组件**"的方法如下。

- 缩放：*X*=0.5，*Y*=0.5，*Z*=0.5
- **静态网格体**：Engine\BasicShapes\Cube
- **材质**：Engine\Engineematerials\CubeMaterial

注意事项

要显示引擎内容，需要单击静态网格体的下拉菜单，单击搜索框右侧的齿轮图标，并确保"**显示引擎内容**"选项设置为true。

步骤06 设置Pickup Sound变量以使用Pickup声音。

步骤07 保存并关闭BP_Pickup蓝图。

现在，让我们创建记分牌UM控件。遵循以下步骤进行操作。

步骤01 创建并进入"内容 | UI"文件夹。

步骤02 创建一个名为WBP_Scoreboard_Header的新控件蓝图。

- 在"**层级**"面板中添加**画布面板**。
- 在画布面板上添加一个名为**Name**的文本块，勾选"**是变量**"和"**大小到内容**"复选框，设置"**文本**"为Player Name、"**颜色和不透明度**"为绿色。
- 添加一个名为Score的文本块到画布面板，勾选"**是变量**"复选框，设置"**位置X**"为500、"**对齐**"为（1.0，0.0），勾选"**大小到内容**"复选框、"**文本**"设置为Score、"**颜色和不透明度**"为绿色。
- 在画布面板上添加一个名为Pickups的文本块，勾选"**是变量**"复选框，设置"**位置X**"为650、"**对齐**"为（1.0，0.0）、勾选"**大小到内容**"复选框、"**文本**"设置为Pickups、"**颜色和不透明度**"为绿色。

步骤03 保存并关闭WBP_Scoreboard_Header控件蓝图。

步骤04 回到"内容 | UI"文件夹，复制WBP_Scoreboard_Header控件蓝图，将其重命名为WBP_Scoreboard_Entry，然后打开它。

步骤05 将所有文本块从绿色改为白色。

步骤06 切换至"**图表**"模式，用以下配置创建Player State变量，如图18-6所示。

步骤07 切换回"**设计器**"模式，选择名为Name的文本块，其中"**文本**"设置为PlayerName，并将其绑定到下拉列表中的GetPlayerName函数，如图18-7所示。

⬆ 图18-6 创建Player State变量

⬆ 图18-7 绑定玩家名称的函数

步骤 08 选择名为Score的文本块，"**文本**"设置为Score，并将其绑定到下拉列表中的Score变量，如图18-8所示。

步骤 09 创建一个名为Pickups的文本块，"**文本**"设置为Pickups，并将其绑定到下拉列表中的Pickups变量，如图18-9所示。

⬆ 图18-8 绑定玩家分数函数

⬆ 图18-9 绑定拾取计数函数

步骤 10 创建一个名为Get Typeface的纯函数，执行以下操作，如图18-10所示。

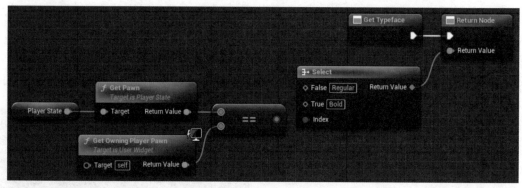

⬆ 图18-10 确定条目应以粗体还是常规显示

在图18-10中，使用了一个Select节点，该节点是通过从返回值中拖拽一条引线到空白区域并释放鼠标左键，然后在上下文菜单中搜索Select并在列表中选择Select节点创建的。使用Select节点来选择要使用的字体的名称，因此，如果玩家状态的pawn与拥有控件的pawn不同，则应该返回Regular（常规）；如果相同，则返回Bold（粗体）。我们这样做是为了用粗体突出显示玩家的状态条目。

步骤 11 图18-11实现Event Construct事件。

在图18-11中，设置了Name、Score和Pickups的字体，使用Bold字体突出显示哪个记分牌条目相对于当前客户端的玩

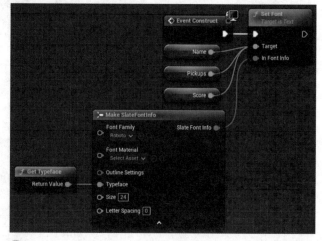

⬆ 图18-11 设置名称、分数和拾取物的文本的"事件图表"选项卡

家。对于其余的玩家，使用Regular字体。如果找不到Roboto字体，则从下拉列表中选择"**显示引擎内容**"选项。

步骤 **12** 保存并关闭WBP_Scoreboard_Entry控件蓝图。

步骤 **13** 创建并打开WBP_Scoreboard控件蓝图，在"**层级**"面板中添加画布面板。

步骤 **14** 转到"**图表**"模式，创建一个名为Game State的新变量，其类型为Pickups Game State。

步骤 **15** 返回"**设计器**"模式，将一个名为Scoreboard的垂直框添加到画布面板，并在"**细节**"面板中勾选"**大小到内容**"复选框。

步骤 **16** 在Scoreboard上添加一个名为PickupsRemaining的文本块，将"**文本**"设置为100 Pickup(s) Remaining。

步骤 **17** 在Scoreboard上添加一个名为PlayerStates的垂直框，勾选"**是变量**"复选框，在"**填充**"类别下设置"**顶部**"为50，效果如图18-12所示。

⬆ 图18-12　WBP_Scoreboard控件的层级结构

步骤 **18** 使用以下函数绑定PickupsRemaining文本块的"**文本**"值，如图18-13所示。

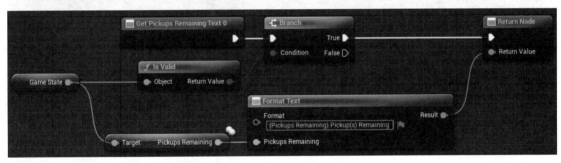

⬆ 图18-13　显示世界上剩余的拾取物的数量

步骤 **19** 转到"**事件图表**"选项卡，创建一个名为Add Scoreboard Header的新事件，将WBP_Scoreboard_Header的实例添加到Player States中，如图18-14所示。

⬆ 图18-14　Add Scoreboard Header事件

步骤 **20** 创建一个名为Add Scoreboard Entries的新事件。该事件将按分数对所有玩家状态进行排序，并在玩家状态中添加一个WBP_Scoreboard_Entry实例，如图18-15所示。

第 *18* 章　在多人游戏中使用游戏玩法框架类

1
2
3
4
5
6
7
8
9
10
11
12
13
14
15
16
17
18

图18-15 Add Scoreboard Entries事件

步骤 **21** 创建一个名为Update Scoreboard的新事件。这个事件清除玩家状态中的控件，并调用Add Scoreboard Header和Add Scoreboard Entries函数，如图18-16所示。

图18-16 Update Scoreboard事件

步骤 **22** 按照以下方式实现Event Construct事件，如图18-17所示。

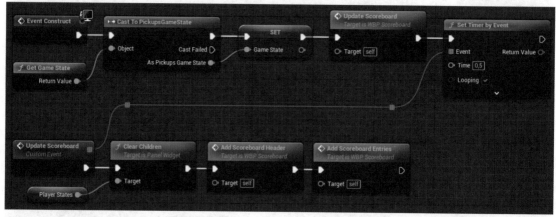

图18-17 实现Event Construct事件

在图18-17中，我们获得游戏状态实例、更新计分板，并安排计时器每0.5秒自动调用Update Scoreboard事件。

步骤 **23** 保存并关闭WBP_Scoreboard控件蓝图。

现在，让我们为玩家控制器创建蓝图。请按照以下步骤进行操作。

步骤 **01** 转到"内容 | Blueprints"文件夹中并创建一个名为BP_PlayerController的新蓝图，该蓝图派生自PickupsPlayerController类。

步骤 **02** 打开新蓝图并设置Scoreboard Menu为WBP_Scoreboard。

步骤 **03** 保存并关闭BP_PlayerController。

步骤 **04** 创建一个名为BP_GameMode的新蓝图，该蓝图派生自PickupsGameMode类，并打开它，更改以下变量。

- **游戏状态类**：PickupsGameState
- **玩家控制器类**：BP_PlayerController
- **玩家状态类**：PickupsPlayerState

步骤05 保存并关闭BP_GameMode蓝图。

步骤06 接下来，让我们配置"项目设置"窗口，以便它使用新的游戏模式。

步骤07 打开"项目设置"窗口，从左侧面板"项目"类别下选择"地图和模式"选项。

步骤08 设置"默认游戏模式"为BP_GameMode。

步骤09 关闭"项目设置"窗口。

现在，让我们修改主关卡。遵循以下步骤进行操作。

步骤01 确保已打开ThirdPersonMap关卡，位于"内容丨ThirdPerson丨Maps"文件夹中。

步骤02 添加一些立文体Actor作为平台。确保它们之间有空隙，以迫使玩家跳上去，并且有可能从关卡上掉下来。

步骤03 在整个地图中添加一些玩家的初始角色。

步骤04 添加至少50个BP_Pickup实例，并将它们分布在整个地图上。

步骤05 图18-18是一个配置地图的可能方法的示例。

步骤06 在"世界场景设置"面板中，将"游戏模式重载"设置为"无"，然后保存所有内容。

步骤07 进入多人游戏选项，将"网络模式"设置为"以监听服务器运行"，并将"玩家数量"设置为2。

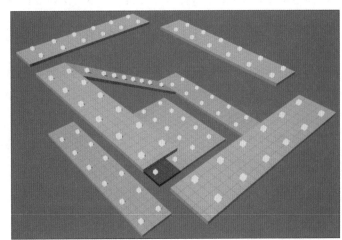

图18-18 地图配置示例

步骤08 将窗口大小设置为800×600，并使用"新建编辑器窗口(PIE)"播放。

输出结果如图18-19所示。

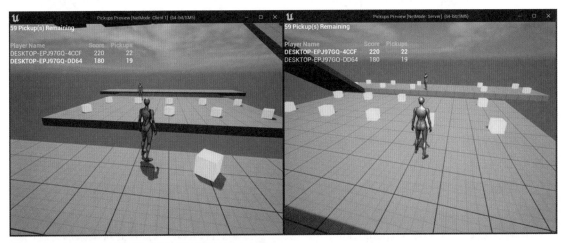

图18-19 监听服务器和客户机1拾取世界中的立方体

通过完成此练习，我们可以在每个客户端上进行游戏。需要注意，角色只需与立方体重叠，就可以收集并获得10分。如果角色从关卡中掉落，他们将在随机玩家起始处重生，并损失10分。

收集到所有的拾取物时，游戏将结束，并且5秒后，将执行服务器旅行以重新加载相同的关卡，并携带所有客户端。用户界面显示关卡中剩余的拾取物数量，以及包含每个玩家的姓名、分数和拾取物信息的计分板。

在接下来的活动中，我们将添加计分板、击杀限制、死亡/重生的概念，以及角色在多人第一人称射击游戏中拾取武器、弹药、盔甲和生命值的能力。

活动18.01 在多人第一人称射击游戏中添加死亡、重生、计分板、杀戮限制和拾取

在此活动中，我们将死亡/重生的概念以及角色收集拾取物品的功能添加到多人第一人称射击游戏中。我们还会在游戏中添加记分板和击杀限制，这样游戏就有了最终的目标。

请按照以下步骤完成此活动。

步骤01 打开"活动17.01 为多人第一人称射击游戏添加武器和弹药"中创建的Multiplayer-FPS项目。编译代码并运行编辑器。

步骤02 创建一个名为FPSGameState的C++类，该类派生自GameState类，并拥有一个击杀限制变量和一个返回按击杀数排序的玩家状态的函数。

步骤03 创建一个名为FPSPlayerState的C++类，它派生于PlayerState类，并存储玩家的击杀次数和死亡次数。

步骤04 创建一个名为PlayerMenu的C++类，该类派生自UserWidget类，并具有一些BlueprintImplementableEvent函数来切换计分板可见性、设置计分板可见性，以及通知玩家何时被杀。

步骤05 创建一个名为FPSPlayerController的C++类，该类派生于APlayerController，它在所属客户端上创建PlayerMenu UMG控件实例。

步骤06 创建一个名为Pickup的C++类，该类派生自Actor类，并具有一个在Z轴上每秒旋转90度的静态网格体，并且在重叠时可以被玩家拾取。拾取后，会播放拾取声音，并禁用碰撞和可见性。经过一段时间后，它将使其可见并能够再次碰撞。

步骤07 创建一个名为AmmoPickup的C++类，该类派生自Pickup类，并为玩家添加一定数量的弹药类型。

步骤08 创建一个名为ArmorPickup的C++类，该类派生自Pickup类，并为玩家添加一定数量的护甲。

步骤09 创建一个名为HealthPickup的C++类，该类派生自Pickup类，并为玩家添加一定数量的生命值。

步骤10 创建一个名为WeaponPickup的C++类，该类派生自Pickup类，并为玩家添加特定的武器类型。如果玩家已经拥有武器，它将添加一定数量的弹药。

步骤11 编辑FPSCharacter类，使其执行以下操作。

◎ 角色受损后，会检查自己是否已经死亡。如果已经死亡，它就会记录杀手角色的死亡和玩家的死亡，并让它重生。如果角色没有死亡，它会在所属客户端上播放痛苦的声音。

◎ 当角色死亡并执行EndPlay函数时，应该销毁其所有武器实例。

◎ 如果角色从世界上掉下来，它将记录玩家的死亡并重生。

◎ 如果玩家按Tab键，它将切换记分板菜单的可见性。

(步骤12) 编辑MultiplayerFPSGameModeBase类，将其执行以下操作。

◎ 使用GameMode类而不是GameModeBase类。

◎ 储存赢得游戏所需的击杀次数。

◎ 使用自定义玩家控制器、玩家状态和游戏状态类。

◎ 使其实现比赛状态功能，以便比赛立即开始，并在有玩家达到要求的击杀数时结束比赛。

◎ 当比赛结束时，它将在5秒后执行服务器跳转到同一关卡。

◎ 当玩家死亡时，将击杀（被其他玩家击杀时）和死亡添加到各自的玩家状态，以及在随机玩家起始处重生玩家。

(步骤13) 从"Activity18.01｜Assets"中导入AmmoPickup.wav到"内容｜Pickups｜Ammo"文件夹中。

(步骤14) 在"内容｜Pickups｜Ammo"文件夹中创建BP_PistolBullets_Pickup蓝图，该蓝图派生自AmmoPickup，并使用以下值进行配置。

◎ **缩放:** *X*=0.5，*Y*=0.5，*Z*=0.5

◎ **静态网格体:** Engine\BasicShapes\Cube

◎ **材质:** 内容\Weapon\Pistol\MI_Pistol

◎ **弹药类型:** Pistol Bullets

◎ **弹药数量:** 25

◎ **拾音声音:** 内容\Pickup\Ammo\AmmoPickup

(步骤15) 在"内容｜Pickups｜Ammo"文件夹中，创建BP_MachineGunBullets_Pickup蓝图，该蓝图派生自AmmoPickup，并使用以下值进行配置。

◎ **缩放:** *X*=0.5，*Y*=0.5，*Z*=0.5

◎ **静态网格体:** Engine\BasicShapes\Cube

◎ **材质:** 内容\Weapon\MachineGun\MI_MachineGun

◎ **弹药类型:** Machine Gun Bullets

◎ **弹药数量:** 50

◎ **拾取声音:** 内容\Pickup\Ammo\AmmoPickup

(步骤16) 从AmmoPickup中创建BP_Slugs_Pickup，将其放在"Content｜Pickups｜Ammo"中，并使用以下值配置。

◎ **缩放:** *X*=0.5，*Y*=0.5，*Z*=0.5

◎ **静态网格体:** Engine\BasicShapes\Cube

◎ **材质:** 内容\Weapon\Railgun\MI_Railgun

◎ **弹药类型:** Slugs

- 弹药数量: 5
- 拾取声音: 内容\Pickup\Ammo\AmmoPickup

步骤17 从 "Activity18.01 | Assets" 文件夹中导入ArmorPickup.wav到 "内容 | Pickups | Armor" 文件夹中。

步骤18 在 "内容 | Pickups | Armor" 文件夹中创建M_Armor材质，设置其 "**基本颜色**" 为蓝色，Metallic设置为1。

步骤19 在 "内容 | Pickups | Armor" 文件夹中创建BP_Armor_Pickup蓝图，该蓝图派生自ArmorPickup，并使用以下值进行配置。

- **缩放**: X=1.0，Y=1.5，Z=1.0
- **静态网格体**: Engine\BasicShapes\Cube
- **材质**: 内容\Pickup\Armor\M_Armor
- **护甲数量**: 50
- **拾取声音**: 内容\Pickup\Armor\ArmorPickup

步骤20 从 "Activity18.01 | Assets" 文件夹中导入HealthPickup.wav到 "内容 | Pickups | Health" 文件夹中。

步骤21 在 "内容 | Pickups | Health" 文件夹中创建M_Health材质，"**基本颜色**" 设置为绿色，Metallic和 "**粗糙度**" 均设置为0.5。

步骤22 在 "内容 | Pickups | Health" 文件夹中创建BP_Health_Pickup蓝图，该蓝图派生自HealthPickup，并使用以下值进行配置。

- **静态网格体**: Engine\BasicShapes\Sphere
- **材质**: 内容\Pickup\Health\M_Health
- **健康值**: 50
- **拾取声音**: Content\Pickup\Health\HealthPickup

步骤23 从 "Activity18.01 | Assets" 文件夹中导入WeaponPickup.wav到 "内容 | Pickups | Weapon" 文件夹中。

步骤24 在 "内容 | Pickups | Weapon" 文件夹中创建BP_Pistol_Pickup蓝图，该蓝图派生自WeaponPickup，并使用以下值进行配置。

- **静态网格体**: 内容\Pickup\Weapon\SM_Weapon
- **材质**: 内容\Weapon\Pistol\MI_Pistol
- **武器类型**: Pistol
- **弹药数量**: 25
- **拾取声音**: 内容\Pickup\Weapon\WeaponPickup

步骤25 在 "内容 | Pickups | Weapon" 文件夹中创建BP_MachineGun_Pickup蓝图，该蓝图派生自WeaponPickup，并使用以下值进行配置。

- **静态网格体**: 内容\Pickup\Weapon\SM_Weapon
- **材质**: 内容\Weapon\MachineGun\MI_MachineGun
- **武器类型**: Machine Gun

○ **弹药数量：** 50

○ **拾取声音：** 内容\Pickup\Weapon\WeaponPickup

步骤26 在"内容 | Pickups | Weapon"文件夹中创建BP_Railgun_Pickup蓝图，该蓝图派生自WeaponPickup，并使用以下值进行配置。

○ **静态网格体：** 内容\Pickup\Weapon\SM_Weapon

○ **材质：** 内容\Weapon\Railgun\MI_Railgun

○ **武器类型：** Railgun

○ **弹药数量：** 5

○ **拾取声音：** 内容\Pickup\Weapon\WeaponPickup

步骤27 从"Activity18.01 | Assets"文件夹中导入Land.wav和Pain.wav到"内容 | Player | Sounds"文件夹中。

步骤28 编辑BP_Player蓝图，使用Pain和Land声音，并删除在Begin Play事件中创建并将WBP_HUD实例添加到视口的所有节点。

步骤29 在"内容 | UI"文件夹中创建一个名为WBP_Scoreboard_Entry的UMG控件，用于显示FPSPlayerState的名称、击杀、死亡和延迟。

步骤30 创建一个名为WBP_Scoreboard_Header的UMG控件，用于显示姓名、击杀、死亡和延迟的标题。

步骤31 创建一个名为WBP_Scoreboard的UMG控件，用于显示游戏状态的击杀限制，该控件有一个垂直框，其中WBP_Scoreboard_Header作为第一个条目，然后为游戏状态实例中的每个FPSPlayerState添加一个WBP_Scoreboard_Entry。垂直框将通过计时器每0.5秒更新一次，通过清除其子项并重新添加它们来实现更新。

步骤32 编辑WBP_HUD控件蓝图，使其添加一个名为Killed的新文本块，其"**可视性**"设置为"**隐藏**"。当玩家杀死某人时，会使文本块可见，显示被杀死玩家的名字，并在1秒后隐藏。

步骤33 从PlayerMenu中创建一个名为WBP_PlayerMenu的新蓝图，并将其放在"内容 | UI"文件夹中。使用一个控件切换器，将WBP_HUD的实例设置为索引0，将WBP_Scoreboard的实例设置为索引1。在"**事件图表**"选项卡中，确保重写了在C++中设置为BlueprintImplementableEvent的Toggle Scoreboard、Set Scoreboard Visibility和Notify Kill事件。Toggle Scoreboard事件将控件切换器的活动索引切换到0和1之间，Scoreboard Visibility事件将控件切换器的活动索引设置为0或1，Notify Kill事件告诉WBP_HUD实例设置文本并在1秒后被隐藏。

步骤34 在"**内容**"文件夹中创建BP_PlayerController蓝图，该蓝图派生自FPSPlayerController，并设置PlayerMenuClass变量为使用WBP_PlayerMenu。

步骤35 编辑BP_GameMode蓝图，并设置"**玩家控制器类**"使用BP_PlayerController。

步骤36 创建输入操作IA_Scoreboard，用Tab键切换记分板，并更新IMC_Player。

步骤37 编辑DM-Test关卡，确保至少有三个新玩家起始点在不同的位置。然后，放置每个不同拾取物的实例。

步骤38 在"**世界场景设置**"面板中，将"**摧毁Z**"设置为-500。

输出效果如图18-20所示。

图18-20 本活动的预期输出效果

结果应该是这样一个项目，其中每个客户端的角色可以使用并能够在三种不同的武器之间切换。如果一个角色杀死了另一个角色，应该记录击杀和死亡，并在随机玩家起始点处复活死亡的角色。项目中有一个记分板，显示每个玩家的姓名、击杀数、死亡数和延迟。角色可以从关卡中掉下来，这只能算作死亡，也可以在随机玩家起始点处重生。角色还应该能够在关卡中拾取不同的拾取物来获得弹药、护甲、生命值和武器。当达到击杀限制时，会显示记分板并在5秒后服务器跳转到同一关卡，以此结束游戏。

18.4 本章总结

在本章中，我们理解了游戏玩法框架类的实例存在于某些特定的游戏实例中，但并非存在所有实例中。我们还理解了游戏状态和玩家状态类的用途，以及游戏模式的概念和一些有用的内置函数。

在本章最后，我们制作了一个基础但功能强大的多人射击游戏，可以作为进一步开发游戏的基础。接着添加了新的武器、弹药类型、射击模式和拾取物等，以使其功能更加完善和有趣。

学完本书后，我们能够更好地理解了如何使用虚幻引擎5让游戏变得栩栩如生了。本书中涵盖了许多从简单到高级的主题，从本书中我们学会了使用不同的模板创建项目，以及使用蓝图创建Actor和组件。然后，学习了从头开始创建功能齐全的第三人称游戏模板，包括导入所需的资产、设置动画蓝图、混合空间、游戏模式和角色，以及定义和处理输入。

我们开始了第一个项目：一个简单的躲避球游戏，它使用了游戏物理和碰撞、投射物移动组件、Actor组件、接口、蓝图函数库、UMG、音效和粒子效果。在此之后，我们学习了通过使用人工智能、动画蒙太奇和可破坏网格体创建一个简单的超级横版动作游戏。最后，我们学习了使用服务器-客户端架构、变量复制和RPC创建多人第一人称射击游戏，以及玩家状态、游戏状态和游戏模式类的工作方式。

通过使用虚幻引擎不同部分来完成各种项目，我们现在对虚幻引擎5的工作原理有了深刻的理解。虽然这是本书的结尾，但这只是我们使用虚幻引擎5进入游戏开发的旅程的开始。